普通高等教育"十一五"国家级规划教材
21世纪高等职业教育信息技术类规划教材
21 Shiji Gaodeng Zhiye Jiaoyu Xinxi Jishulei Guihua Jiaocai

中小型网络组建技术

ZHONGXIAOXING WANGLUO ZUJIAN JISHU

余明辉 汪双顶 主编

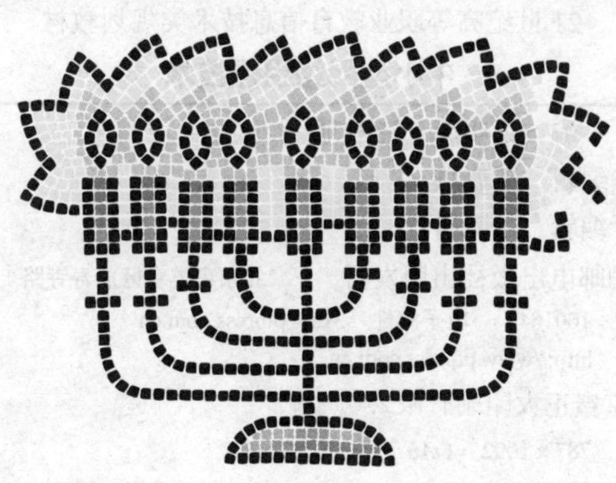

人民邮电出版社
北京

图书在版编目（CIP）数据

中小型网络组建技术 / 余明辉，汪双顶主编. —北京：人民邮电出版社，2009.4（2016.7 重印）
普通高等教育“十一五”国家级规划教材. 21世纪高等职业教育信息技术类规划教材
ISBN 978-7-115-19624-8

I. 中… II. ①余…②汪… III. 计算机网络－高等学校：技术学校－教材 IV. TP393

中国版本图书馆CIP数据核字（2009）第022405号

内 容 提 要

本书是普通高等教育“十一五”国家级规划教材。

本书以项目为载体，将组建中小型网络需掌握的知识和技能重组于各项目和工作任务中，适合理论实训一体化教学。

本书共搭建了 9 个工作项目场景：构建小型办公网、构建 Windows Server 2003 下的网络服务器、构建 Linux 下的网络服务器、构建复杂办公网、构建多区域网络、连接局域网到互联网、构建无线局域网、广域网技术、网络规划与设计。每个项目包括若干个工作任务，每个工作任务由任务分析、相关知识和任务实施组成。本书还在实训项目中列出同一任务不同实现技术的内容，方便学生拓展学习。

本书可作为高等职业院校计算机网络技术、计算机应用技术等专业相关课程的教材，也可供各类培训、网络技术从业人员参考使用。

普通高等教育“十一五”国家级规划教材

21 世纪高等职业教育信息技术类规划教材

中小型网络组建技术

◆ 主　　编　余明辉　汪双顶
　责任编辑　潘春燕
　执行编辑　赵慧君

◆ 人民邮电出版社出版发行　　北京市丰台区成寿寺路 11 号
　邮编　100164　　电子邮件　315@ptpress.com.cn
　网址　http://www.ptpress.com.cn
　北京鑫正大印刷有限公司印刷

◆ 开本：787 × 1092　1/16
　印张：20　　　　2009 年 4 月第 1 版
　字数：511 千字　　　　2016 年 7 月北京第 10 次印刷

ISBN 978-7-115-19624-8/TP

定价：32.00 元

读者服务热线：（010）81055256　印装质量热线：（010）81055316

反盗版热线：（010）81055315

前言

计算机网络技术是当今最热门的计算机技术之一，近几年来，高职高专院校纷纷开设计算机网络技术专业，为培养计算机网络技术人才起到了积极的作用。

在《关于全面提高高等职业教育教学质量的若干意见》（教高[2006]16号）文件和国家示范性高等职业院校建设计划的推动下，高等职业教育正在进行工学结合、基于工作过程、理实一体化等一系列的课程改革，在此背景下，我们在总结多年教学经验的基础上，联合了网络设备厂商工程师和企业网络管理人员共同编写了本书。

在编写之前，我们首先分析了组建中小型网络的工作任务和需具备的职业能力，包括组建办公网络、实现网络互联、构建网络服务器和网络规划与设计等，要完成这些工作任务，必须具备以下能力：能根据不同的应用需求构建网络拓扑结构，熟悉市场上主流的网络互联设备，能安装配置交换机、路由器、VPN、无线网络等设备，掌握网络应用服务器的安装与配置，能设计中小型网络方案等。本书针对以上内容进行了详细的阐述，并给出具体的操作步骤，提供一定数量的实训项目和习题，以帮助学生在巩固基础知识的同时，能够灵活应用。为方便教学，本书还配备了 PPT 课件、习题答案、课程标准等丰富的教学资源，任课教师可登录人民邮电出版社教学服务与资源网（www.ptpedu.com.cn）免费下载使用。

本书的参考学时为96学时，其中理论学时为40学时，实训环节为56学时，各章的参考学时参见下面的学时分配表。

单　元	课程内容	学时分配	
		讲　授	实　训
项目一	构建小型办公网	3	4
项目二	构建 Windows Server 2003 下的网络服务器	4	6
项目三	构建 Linux 下的网络服务器	4	6
项目四	构建复杂办公网	10	12
项目五	构建多区域网络	6	6
项目六	连接局域网到互联网	3	6
项目七	构建无线局域网	3	4
项目八	广域网技术	3	4
项目九	网络规划与设计	4	8
课时总计		40	56

本书由广州番禺职业技术学院余明辉、钟伟成，福建星网锐捷网络有限公司汪双顶，湖南巴陵石油化工有限公司童小兵共同编写。具体分工如下：余明辉编写了项目一和项目六，汪双顶编写了项目四、五、七、八、九，钟伟成编写了项目三，童小兵编写了项目二。

由于作者水平和时间有限，书中难免存在错误和不足之处，敬请广大读者批评指正。

编者

2009 年 1 月

目 录

项目一

构建小型办公网

在信息时代，人们的生活和工作已离不开计算机了，并且很少有单机环境下使用计算机的情况，大家总是把多个计算机连接起来，形成网络，共享资源。人们在家庭使用家庭网络，在办公室使用办公网络，在图书馆、机场、餐厅等公共场所使用无线网络。

我们每天使用的网络，虽然它们的规模、样式各不相同，但都需要最基本的两类组成设备，一类是用户终端使用设备，如计算机、打印机、PDA、智能手机、ATM机等；另一类是网络互联设备，如集线器、交换机、双绞线、光缆、无线介质等。

网络组建可能因规模、需求和现实环境的不同而不同，但一个小型办公/家庭网络却是最常见、最简单的网络。这种生活中常见网络组织模型，可能会存在于一个房间，或出现在一个办公区域、一个家庭、一个网吧，甚至一个楼层内部，小型局域网络也具有复杂网络所具有的各种关键技术。本项目将学习构建一个简单的、小型办公室环境网络，以实现办公室内部的信息共享、交流和协同工作，从而创建出全方位的无纸化办公环境。

任务一　组建SOHO网络

一、任务分析

为保证奥运顺利进行，北京奥运期间实施了多项交通管控措施，李先生所在的公司和很多公司一样，采取了单位办公和员工在家办公相结合的形式，这不仅减轻了北京道路压力，还能让员工更轻松、更自由地观看奥运会赛事。

全球信息化和网络化的潮流给人们的工作模式带来新的变革，衍生出来一种信息化的工作模式：SOHO（Small Office Home Office，小型家居办公室）。这种模式正成为今日生活时尚，在SOHO环境中，许多行业的从业人员在家里通过网络进行工作，消除了上下班用在交通上的额外浪费，从而提高了工作效率，为自己的业余生活创造出更加美好的环境，提高自己的生活质量。

李先生一家三口，李太太是中学教师，李先生的女儿李小姐两年前大学毕业，在一家外贸公司上班。李先生家的 SOHO 网络环境跟随网络技术的发展，进行了几次更新换代。

① 李先生家里原有一台计算机，通过电话拨号上网。

② 2001 年，由于工作所需，家里又添置了一台计算机，两台计算机通过双机互连，组成简单的对等网络环境，共享 ADSL 上网。

③ 2003 年，李先生觉得双机互连速度过慢，购买了一台 8 端口的集线器升级了网络。

④ 2006 年，李小姐购置了 1 台笔记本电脑后，李先生又对家庭网络又进行了升级，添置了一台带 4 个 RJ-45 接口的无线宽带路由器构成无线宽带网络环境，不但计算机能上网，李小姐的智能手机也能通过该网络上网。

本任务将实施双机互连组成网络，其他网络升级内容，将在后续项目中学习。

二、相关知识

（一）认识局域网

站在不同的角度可以将计算机网络划分为不同的类型，从地理范围来划分网络是最基本的划分方法，按这种标准可以将计算机网络划分为局域网（LAN）、城域网（MAN）、广域网（WAN）和互联网（Internet）4 种类型。局域网一般限定在小于 10km 的较小的区域范围内，是最常见、应用最广的一种网络，它是其他类型网络的基础。

局域网具有连接范围窄、用户数少、建立和维护容易、数据传输质量好和连接速率高等特点。目前最快的局域网是 10Gbit/s 以太网，局域网的特性主要由网络拓扑结构、传输介质和介质访问控制方法决定。下面简单介绍网络拓扑结构。

网络拓扑结构就是网络中计算机的连接方式，即布局。计算机网络的连接方式有多种，主要有总线形、环形、星形、树形等拓扑结构，下面简单介绍星形拓扑及树形拓扑结构。

1. 星形拓扑结构

星形拓扑是目前以太局域网的结构，它由中央节点和通过点到点通信链路接到中央节点的各个站点组成，如图 1-1 所示。

主要优点：控制简单、故障诊断和隔离容易、方便服务。

主要缺点：电缆长度和安装工作量可观；中央节点的负担较重，形成瓶颈；各站点的分布处理能力较低。

2. 树形拓扑结构

把星形拓扑进一步发展和补充，就发展为树形拓扑。形状像一棵倒置的树，顶端是树根，树根以下带分支，每个分支还可再带子分支。大型局域网就是树形结构，典型的树形结构分三层：树根为核心层，由核心交换机连接；树干为汇聚层，由汇聚交换机上连核心层交换机，下接接入层交换机；树枝为接入层，由接入层交换机上连汇聚交换机，下接计算机。如图 1-2 所示。

主要优点：易于扩展、故障隔离较容易。

主要缺点：各个节点对根的依赖性太大。

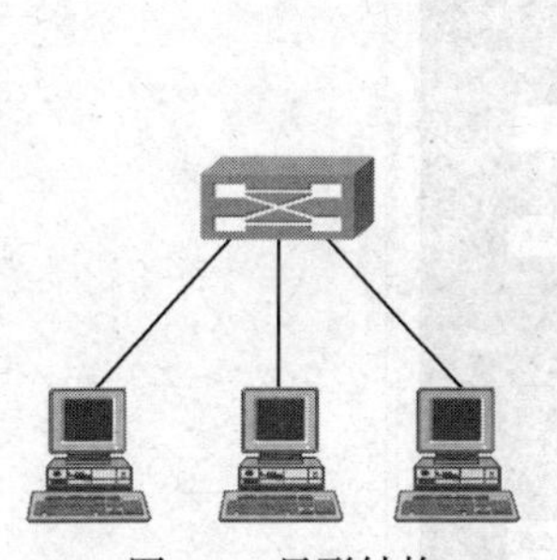

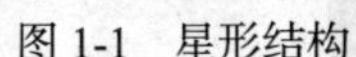

图 1-1　星形结构

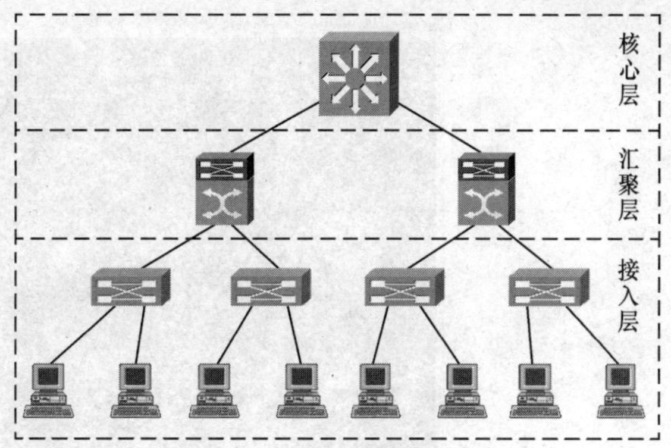

图 1-2　树形结构

（二）认识网卡

1. 网卡的结构与功能

网卡（NIC）又称为网络接口卡或网络适配器，它安装在计算机中，通过传输介质与集线器或交换机相连，是将计算机接入局域网的必备设备。广义上的网卡由网卡驱动程序和网卡硬件组成，驱动程序使网卡和计算机操作系统兼容，实现 PC 与网络的通信，没有安装驱动程序的网卡是不能和其他计算机通信的。网卡硬件和驱动程序安装成功后的设备管理器窗口如图 1-3 所示。

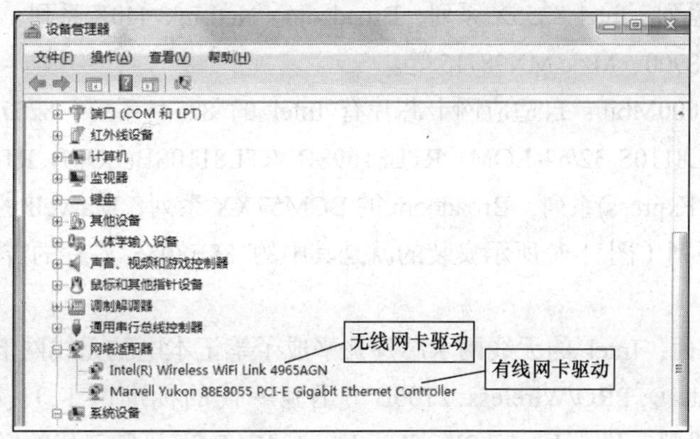

图 1-3　计算机成功安装了一块无线网卡和一块有线网卡

每块网卡的 ROM 中烧录了一个世界唯一的 ID 号，即 MAC 地址，这个 MAC 地址表示安装这块网卡的主机在网络上的物理地址，它由 48 位二进制数组成，通常分为 6 段，一般用十六进制表示，如 00-17-42-6F-BE-9B。局域网中根据这个地址进行通信。在命令行方式下，用 ipconfig/all 命令可查看网卡芯片型号、MAC 地址和网络连接等信息，如图 1-4 所示是用 ipconfig/all 查看网络信息情况，环境是：笔记本电脑，Windows Vista 操作系统，安装了图 1-3 所示的无线网卡和有线网卡，主用无线网卡连接网络。

网卡的主要功能是接收和发送数据。网卡与主机之间是并行通信，网卡与传输介质之间是串行通信，接收数据时网卡将来自传输介质的串行数据转换为并行数据暂存于网卡的 RAM 中，再传送给主机；发送数据时将来自主机的并行数据转换为串行数据暂存于 RAM 中，再经过传输介质发送到网络。网卡在接收和发送数据时，可以用“半双工”或“全双工”的方式完成，现在的网卡绝大部分都是全双工通信的。

图 1-4　用 ipconfig/all 查看网络信息

2. 网卡芯片

网卡的主控制芯片是网卡的核心元件，一块网卡性能的好坏，主要就是看这块芯片的质量。网卡芯片的型号决定了网卡的型号。网卡芯片的厂商主要有 Intel、Realtek、3Com、Marvell、Broadcom、Davicom、Atheros、VIA、SIS 等。

如果按网卡主芯片的速度来划分，常见的 10/100Mbit/s 自适应网卡芯片有 Realtek 8139 系列/810X 系列、VIA VT610X 系列、Intel 8255X 系列、Broadcom NetLink 440X 系列、3COM 3C920 系列、Davicom DM9102、SIS900、Mxic MX98715 等。

常见的 10/100/1000Mbit/s 自适应网卡芯片有 Intel 的 8254*系列、8257X 系列，Realtek 的 RTL8169S-32/64、RTL8110S-32/64(LOM)、RTL8169SB、RTL8110SB(LOM)、RTL8168(PCI Express)、RTL8111(LOM、PCI Express)系列，Broadcom 的 BCM57XX 系列，Marvell 的 88E8001/88E8053/88E8055/88E806X 系列（图 1-3 所示安装的就是其中的 88E8055 芯片的吉比特网卡），VIA 的 VT612X 系列等。

无线网卡芯片方面，Intel 的无线网卡芯片几乎成了笔记本电脑无线网卡标配，常见的 Intel 无线网卡芯片有 Intel® PRO/Wireless 2100B（迅驰一代的标准网卡）、Intel® PRO/Wireless 2100BG/2915ABG（迅驰二代）、Intel® PRO/Wireless 3945ABG（迅驰三代的标配）、Intel® Wireless Wi-Fi Link 4965AGN（迅驰四代）（图 1-3 所示安装的就是该芯片无线网卡）。其他无线网卡芯片有 Broadcom 的 BCM43XX 和 BCM9430X 系列，Atheros 的 AR5000 系列、AR6000 系列、AR9001 系列，SIS 的 SIS16X 系列，VIT 的 VT665X 系列，Realtek 的 818X 系列和 8190-GR。

图 1-5 为 Realtek RTL8139D 百兆比特网卡芯片，图 1-6 为支持 802.11 b/g 的 Broadcom BCM4318 无线网卡芯片。

图 1-5　Realtek RTL8139D 百兆比特网卡芯片

图 1-6　Broadcom BCM4318 无线网卡芯片

3. 以太网卡的工作原理

以太网卡发送数据时，网卡首先侦听介质上是否有载波（载波由电压指示），如果有，则认为其他站点正在传送信息，继续侦听介质。一旦通信介质在一定时间段内（称为帧间缝隙，9.6μs）是安静的，即没有被其他站点占用，则开始进行帧数据发送，同时继续侦听通信介质，以检测冲突。在发送数据期间，如果检测到冲突，则立即停止该次发送，并向介质发送一个“阻塞”信号，告知其他站点已经发生冲突，从而丢弃那些可能一直在接收的受到损坏的帧数据，并等待一段随机时间。在等待一段随机时间后，再进行新的发送。如果重传多次后（大于 16 次）仍发生冲突，就放弃发送。

接收时，网卡浏览介质上传输的每个帧，如果其长度小于 64 字节，则认为是冲突碎片。如果接收到的帧不是冲突碎片且目的地址是本地地址，则对帧进行完整性校验，如果帧长度大于 1518 字节（称为超长帧，可能由错误的 LAN 驱动程序或干扰造成）或未能通过 CRC 校验，则认为该帧发生了畸变。通过校验的帧被认为是有效的，网卡将它接收下来进行本地处理。

4. 网卡分类

下面从不同的角度对网卡进行分类。

（1）按网卡结构分类

按网卡结构分类可分为板载集成网卡和独立网卡两类。对于台式机，计算机主板大多集成了 RJ-45 接口的网卡，笔记本电脑大多集成了 RJ-45 接口网卡和无线网卡。独立网卡是单独的，PCI 接口的网卡通过 PCI 插槽插到计算机上，USB 接口的网卡用 USB 接口与计算机相连。

（2）按带宽分类

按带宽分类，有线网卡主要有 10Mbit/s 网卡、100Mbit/s 网卡、10/100Mbit/s 自适应网卡、1000Mbit/s 网卡、10/100/1000Mbit/s 自适应网卡以及 10Gbit/s 网卡。目前使用的网卡大多是 10/100Mbit/s 自适应网卡，自适应是指网卡可以与远端网络设备（集线器或交换机）自动协商，确定当前传输速率是 10Mbit/s 还是 100Mbit/s。

（3）传输介质分类

按传输介质分类，有双绞线 RJ-45 接口网卡，图 1-7 所示为 PCI 的 RJ-45 接口网卡，图 1-8 所示为 USB 的 RJ-45 接口网卡；光纤接口（ST、SC）网卡如图 1-9 所示；图 1-10 所示为两款 USB 无线网卡；粗同轴电缆 AUI 端口网卡和细同轴电缆 BNC 端口网卡，已淡出市场。

图 1-7　PCI 的 RJ-45 接口网卡

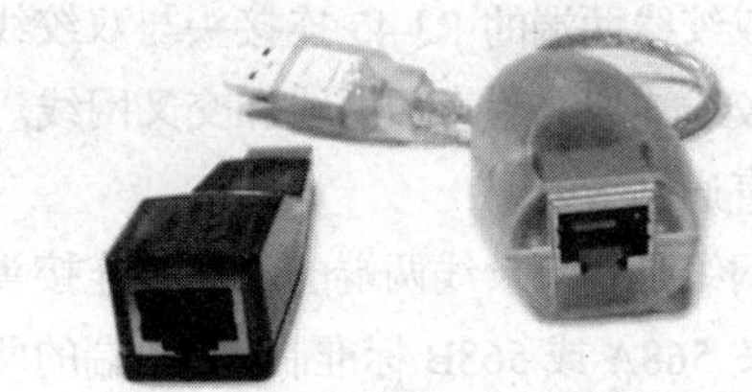

图 1-8　USB 的 RJ-45 接口网卡

图 1-9　光纤接口网卡

图 1-10　两款 USB 无线网卡（左图带天线）

（三）用双绞线连接网络

网络传输介质包括双绞线、光纤、无线以及已退出市场的粗同轴电缆和细同轴电缆。目前市场上用于网络传输的双绞线产品有 5E 类双绞线、6 类双绞线，另外还有 6A 类双绞线和 7 类双绞线，光纤产品有单模光纤和多模光纤。

双绞线两端安装 RJ-45 连接器（水晶头）将计算机与计算机、计算机与集线器（交换机）、集线器（交换机）与集线器（交换机）连接起来，形成网络环境。为了便于安装与管理，局域网中常用的 4 对非屏蔽双绞线（UTP）每对双绞线都有颜色标示，分别为蓝色、橙色、绿色和棕色线对。各线对中，其中一根的颜色为线对颜色加上白色条纹或斑点（纯色），另一根的颜色为白底色加线对颜色的条纹或斑点。具体的颜色编码如表 1-1 所示。

表 1–1　　4 对 UTP 电缆颜色编码

线　对	颜 色 色 标	缩　写
线对 1	白—蓝 蓝	W—BL BL
线对 2	白—橙 橙	W—O O
线对 3	白—绿 绿	W—G G
线对 4	白—棕 棕	W—BR BR

1. 双绞线连接标准

EIA/TIA 定义了两个双绞线连接的标准：568A 和 568B，它们所定义的 RJ-45 连接头各引脚与双绞线各线对排列的线序如下（见图 1-11）。

T568A 的线序是：白绿、绿、白橙、蓝、白蓝、橙、白棕、棕。

T568B 的线序是：白橙、橙、白绿、蓝、白蓝、绿、白棕、棕。

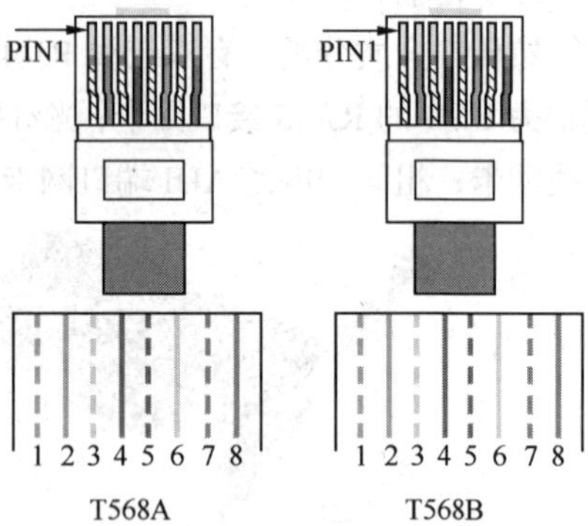

根据双绞线两端的 RJ-45 连接头与双绞线的连接标准可将双绞线连线分为直通网线和交叉网线。

（1）直通网线

直通网线是指双绞线两端的 RJ-45 连接头与双绞线的连接均按 568A 或 568B 标准制作，两端的两对双绞芯线 1、2 脚和 3、6 脚直接对应。

PIN1　PIN1

1 2 3 4 5 6 7 8　1 2 3 4 5 6 7 8

T568A　T568B

图 1-11　568A 和 568B 连接标准

（2）交叉网线

交叉网线是指双绞线一端的 RJ-45 连接头与双绞线的连接按 568A 标准制作，另一端按 568B 标准制作。即一对双绞芯线在一端连 1、2 脚，另一端连 3、6 脚；另一对双绞芯线在一端连 3、6 脚，另一端连 1、2 脚。即两端的 1、2 脚和 3、6 脚交叉对应。

2. 网络设备接口通信标准

在以太网中，用双绞线作为传输介质的网络设备的接口都是 RJ-45 连接头。在以双绞线为传

输介质的 10Mbit/s 和 100Mbit/s 以太网中除了 100Base-T4 外，其他都只使用了四对线对中的两对即 1、2 线对与 3、6 线对进行通信。

（1）网卡接口

网卡接口和双绞线相连有 1、2、3、4、5、6、7、8 引脚，其中只有 1、2 脚和 3、6 脚用于通信，如表 1-2 所示。1、2 脚负责发送数据（TX+，TX－），而 3、6 脚负责接收数据（RX+，RX－）。

表 1-2　网卡接口各引脚定义

引　脚	网卡上 RJ-45 插座信号	引　脚	网卡上 RJ-45 插座信号
1	TX+（发送）	5	未使用
2	TX－（发送）	6	RX－（接收）
3	RX+（接收）	7	未使用
4	未使用	8	未使用

（2）交换机接口

交换机的接口通常分两种：交叉（MDI-X）接口，MDI-X 接口是指交换机的普通端口；直连（MDI）接口是指交换机的级连端口（Up-Link），级连端口主要用于与上一级的交换机相连。它们的通信规则如下。

- MDI 接口：1、2 脚发送信号，3、6 脚接收信号，与网卡的相同。
- MDI-X 接口：1、2 脚接收信号，3、6 脚发送信号，与网卡的相反。

3. 网络设备的连接

（1）计算机与计算机直连

由于通信的两台计算机的网卡都是 1、2 脚负责发送数据，而 3、6 脚负责接收数据，因此必须采用交叉网线才能完成直连的两台计算机间的通信。

（2）计算机与交换机的连接

组建局域网时，计算机与交换机相连，是指计算机连接到交换机的 MDI-X 接口，因网卡的 1、2 脚发送信号和 3、6 脚接收信号正好直接对应 MDI-X 接口的 1、2 脚接收信号和 3、6 脚发送信号，因此应该使用直通网线。

（3）交换机与交换机的级连

根据交换机的接口通信标准，一台交换机的 Up-Link 级连端口与另一交换机的 MDI-X（普通端口）相连，应使用直通网线。两台交换机的 MDI-X 相连，应使用交叉网线，如图 1-12 所示。

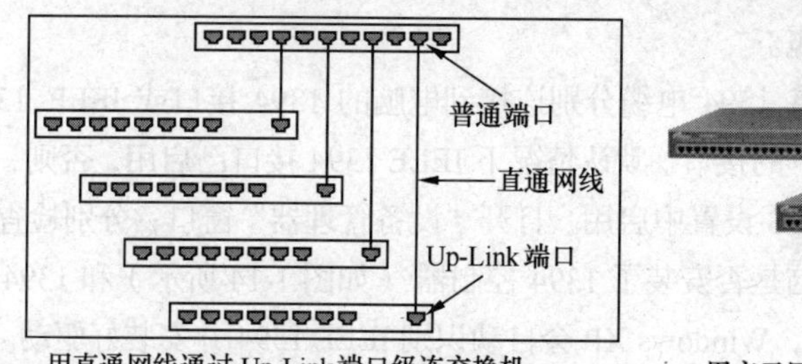

用直通网线通过 Up-Link 端口级连交换机

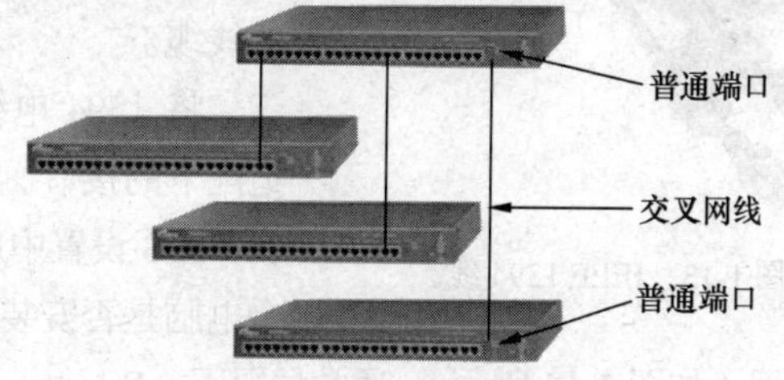

用交叉网线通过普通端口级连交换机

图 1-12　交换机与交换机的级连

通过分析网络设备之间的连接方式，从中能得出以下结论：同类型接口的设备间用交叉网线连接，不同类型接口的设备间用直通网线连接。值得注意的是，目前许多交换机都能支持

MDI-X/MDI 端口的自适应，能根据双绞线的接线方式自动切换接口类型，因此无论是使用直通网线还是使用交叉网线，都可连通对端设备。

（四）TCP/IP 通信协议

局域网的发展过程中，曾经开发了许多通信协议，但是只有少数被保留了下来，每种网络协议都有自己的优点，但是只有 TCP/IP 允许与 Internet 完全连接。Windows 操作系统自动安装 TCP/IP。TCP/IP 通信协议具有很大的灵活性，支持任意规模的网络，几乎可连接所有的服务器和工作站。它的灵活性也带来了它的复杂性，它需要针对不同网络进行不同设置，且每个节点至少需要一个“IP 地址”、一个“子网掩码”、一个“默认网关”和一个“主机名”。可以在“Internet 协议（TCP/IP）属性”对话框中手动配置 IP 地址。但是在局域网中，微软为了简化 TCP/IP 的设置，配置了一个动态主机配置协议（DHCP），它为客户端自动分配一个 IP 地址，避免了出错。

（五）双机互连方式

下面介绍 4 种双机互连方式。

1. 串、并口互连

串行接口，简称串口，也就是 COM 接口，采用串行通信协议的扩展接口，数据传输速率是 115kbit/s～230kbit/s，串口一般用来连接鼠标和外置 Modem 以及老式摄像头和写字板等设备，由于它的技术相对落后，且采用新技术的接口不断普及，目前新的笔记本电脑已开始取消该接口。

并行接口，简称并口，也就是 LPT 接口，采用并行通信协议的扩展接口，目前已由 USB 接口或 1394 接口全面取代。并口的数据传输速率比串口快 8 倍，标准并口的数据传输率为 1Mbit/s，一般用来连接打印机、扫描仪、游戏手柄等。所以并口又被称为打印口。

串口和并口都能通过直接电缆连接的方式实现双机互连，但在此方式下数据只能低速传输。

2. IEEE 1394 互连

IEEE 1394 是一种外部串行总线标准，它可以达到 400MB/s 的数据传输速率，十分适合视频影像的传输，如视频采集。新型台式机和笔记本电脑都提供了 IEEE 1394 端口，如果计算机上没有 IEEE 1394 插口，则需要购买一块 IEEE 1394 适配卡。因此，两台计算机之间，完全可以借助 IEEE 1394 端口和 IEEE 1394 线（如图 1-13 所示）连接。IEEE 1394 端子有 6 针和 4 针两种接口，因此，必须选择与计算机 IEEE 1394 接口匹配的线缆。

图 1-13　IEEE 1394 线

将 1394 电缆分别连接到电脑的 1394 接口或 IEEE 1394 适配卡的接口。默认情况下 IEEE 1394 接口已启用，否则，要在 BIOS 设置中启用。打开“设备管理器”窗口，分别检查两台电脑是否安装了 1394 控制器（如图 1-14 所示）和 1394 网络适配器（如图 1-15 所示）。通常情况下，Windows XP 会自动识别 IEEE 1394 并安装好驱动。

直接用 IEEE 1394 线互连两台电脑的 IEEE 1394 接口，再按常规方法为 IEEE 1394 连接设置相应的网络参数即可完成连接工作，使用上和用网线连接类似。IEEE 1394 连接具有支持热插拔、连接速度较快等优点，但该方法也存在连接配件贵、连接距离短（一般不会超过 3m）等缺点。

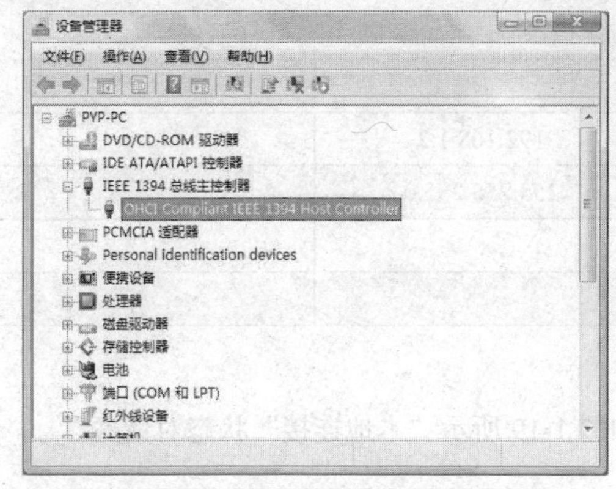

图 1-14　设备管理器中的 1394 总线主控制器

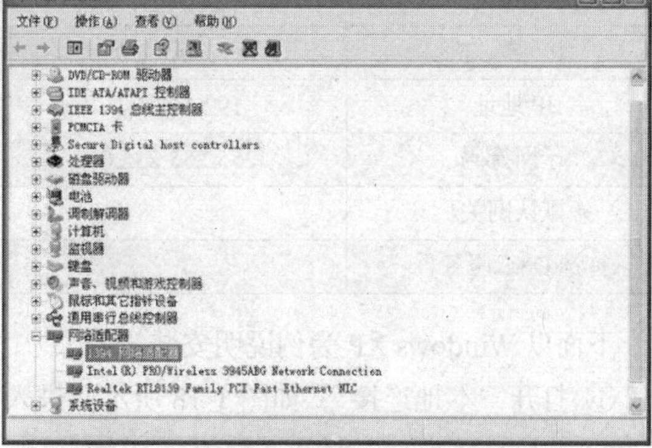

图 1-15　设备管理器中的 1394 网络适配器

3. USB 连网线互连

USB 互连的线路和传统的 USB 延长线不同，需要购买专门的 USB 连网线（一般不超过 3m），如图 1-16 所示，使用 USB 连网线将两台计算机通过 USB 接口连接后再安装 USB 连网线驱动。全部完成后就会在电脑中看到名为“USB Virtual Network Adapter”的虚拟连接，此时设置 IP 地址等网络参数即可。

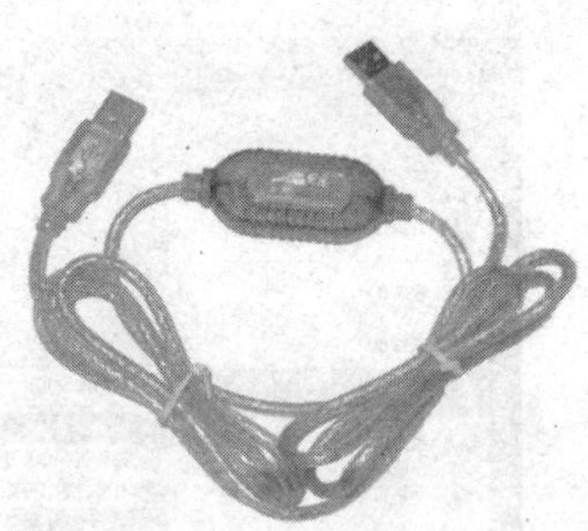

图 1-16　USB 连网线

三、任务实施

【任务场景】

李先生家里添置了两台计算机后，要将双机互连，组成简单的对等网络环境，共享 ADSL 上网。

【施工拓扑】

施工拓扑如图 1-17 所示。

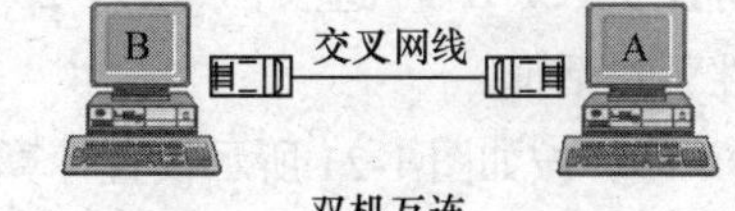

图 1-17　双机互连网络

【施工设备】

计算机 2 台，交叉网线 1 根。

【操作步骤】

步骤 1　物理连接双机

用 1 根交叉网线，插入两台计算机网卡的 RJ-45 接口中，即可连接好网络。

步骤 2　安装网卡驱动程序

网卡安装后，系统已内置许多厂商的网卡驱动程序，系统启动后即可检测到硬件，然后安装相应的驱动程序，真正实现“即插即用”。安装成功后，显示如图 1-3 所示的设备管理器界面。如果网卡驱动程序没安装好，需手动安装驱动程序。

步骤 3　设置 TCP/IP

物理连接好双机后，还需要对每台计算机配置 TCP/IP 的 IP 地址。要实现双机通信，两台计算机的 IP 地址必须在同一网段中，局域网中都用私有 IP 地址。本例中，用 C 类地址中的 192.168.1.0 网段，如表 1-3 所示。由于本项目不访问外网，所以不需设置默认网关；不用域名访问服务器也无需设置 DNS 服务器。

表 1-3　　计算机 IP 地址配置表

计 算 机	A	B	备 注
IP 地址	192.168.1.1	192.168.1.2	
子网掩码	255.255.255.0	255.255.255.0	
默认网关			
首选 DNS 服务器			

下面以 Windows XP 为例说明安装步骤。

① 打开“本地连接”，如图 1-18 所示，进入如图 1-19 所示“本地连接”状态对话框。

图 1-18　打开本地连接

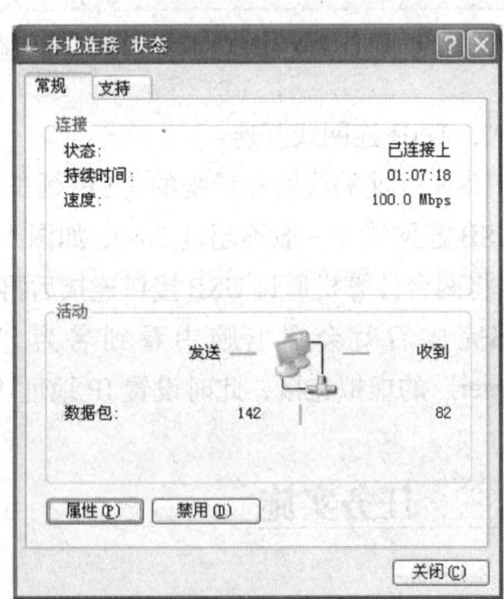

图 1-19　本地连接状态

② 单击“本地连接状态”对话框中的“属性”按钮，进入“本地连接属性”对话框，选择“Inernet 协议（TCP/IP）”选项，如图 1-20 所示，再单击“属性”按钮，进入“Internet 协议（TCP/IP）属性”对话框。

③ 按如图 1-21 所示设置计算机 B 的 IP 地址，同理设置计算机 A 的 IP 地址。

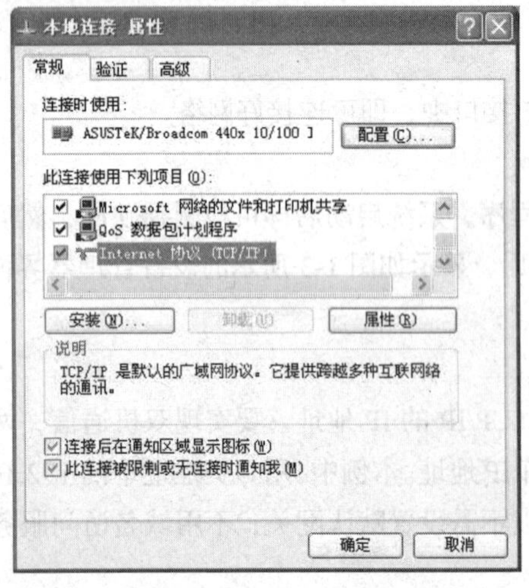

图 1-20　本地连接属性

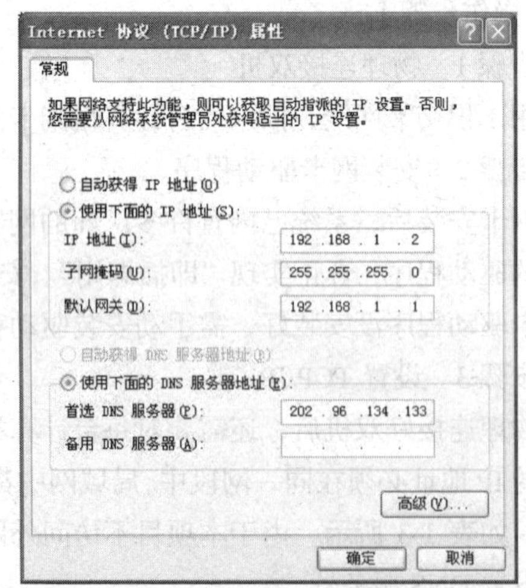

图 1-21　设置 IP 地址

④ 连通测试。用 ping 命令检测计算机 A 和计算机 B 是否连通。例如在计算机 A 中，在命令行的方式下 ping 计算机 B 的 IP 地址：ping 192.168.1.2，结果若如图 1-22 所示，则网络是连通的，结果若如图 1-23 所示，则网络未通，需检查网卡、网线和 IP 地址，看问题出在哪里。

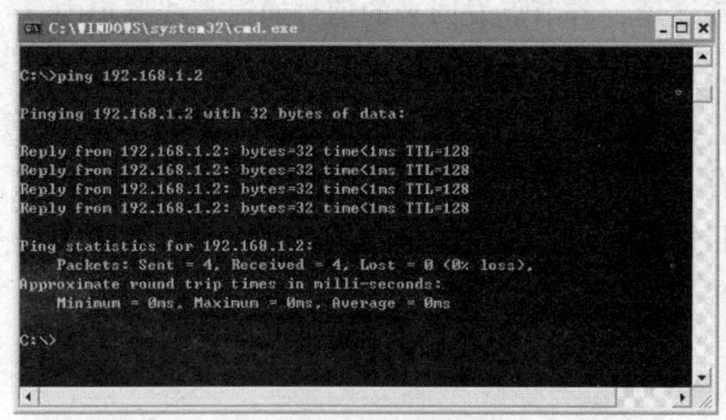

图 1-22　网络连通

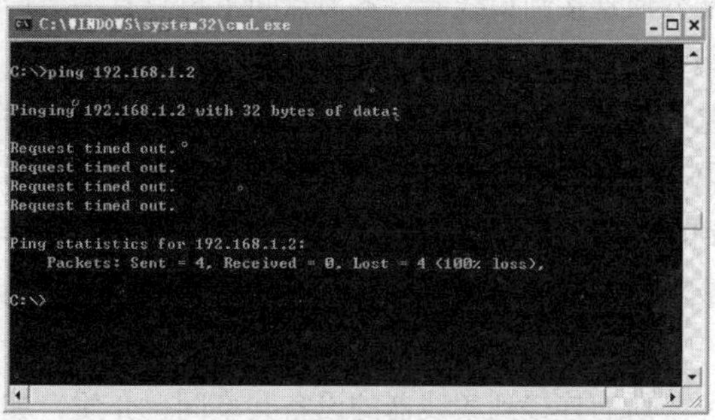

图 1-23　网络不通

任务二　组建办公室网络

一、任务分析

李先生所在的公司在海淀区的一栋 30 层的高层建筑中，拥有 3 层共 1800m^2 的办公场所，有员工 350 人，公司的历任领导非常重视信息化工作，从 20 世纪 80 年代初购买几万元一台的 PC 开始了公司的信息化之旅。

公司的办公网络环境也随着网络技术的发展和办公自动化的要求，进行了几次更新换代。最早建立的是 20 世纪 80 年代末期的同轴电缆总线型网络，到 20 世纪 90 年代中期改造为集线器连接的以太网，21 世纪之初升级为以交换机为核心的交换式网络。

二、相关知识

（一）用集线器组建办公室网络

集线器（Hub）是网络从总线形结构转变到星形结构的关键设备，集线器是多口中继器，主要功能是对接收到的信号进行再生整形放大，以扩大网络的传输距离，连接不同结构的网络，同时把所有节点集中在以它为中心的节点上。它把一个端口接收的全部信号向所有端口分发出去。一些集线器在分发之前将弱信号加强后重新发出，一些集线器则排列信号的时序以提供所有端口间的同步数据通信。由于对应 OSI 参考模型的第一层，因此集线器称为物理层设备。随着交换技术的发展，集线器已逐步被交换机所取代，目前主要用于小型低端网络的接入层和工业以太网。

1. 集线器的工作原理

集线器（Hub）的基本的工作原理是使用广播技术，就是集线器从任一个端口收到一个信息包后，它都将此信息包广播发送到其他的所有端口。如图 1-24 所示，一台 8 端口的集线器连接了 4 台计算机，现在计算机 A 要发送信息给计算机 D，计算机 A 的网卡将信息通过双绞线传送到集线器上，集线器不直接将信息发送给计算机 D，而是将信息进行“广播”，同时发送给 8 个端口。

各端口接收到这条广播信息后，对信息进行检查，连接计算机 D 的端口发现该信息是发给自己的，则接收，并传送给计算机 D，其他端口则不予理睬，丢弃该信息。

集线器构建的网络是一个共享式网络，和总线网络相比，它的每个站点都用它自己专用的传输介质连接到集线器，各节点间不再只有一个传输通道，各节点发回来的信号通过集线器集中，集线器再把信号整形、放大后发送到所有节点上，这样至少在上行通道上不再出现碰撞现象。但基于集线器的网络仍然是一个共享介质的局域网，这里的“共享”其实就是集线器内部总线，所以当上行通道与下行通道同时发送数据时仍然会存在信号碰撞现象。当集线器从其内部端口检测到碰撞时，产生碰撞强化信号向集线器所连接的目标端口进行传送。这时所有数据都将不能发送成功，形成网络堵塞。

集线器只支持半双工通信。

所有连接到集线器的设备共享同一介质，其结果是它们也共享同一冲突域、广播和带宽。因此集线器和它所连接的设备组成了一个单一的冲突域。如果一个节点发出一个广播信息，集线器会将这个广播传播给所有同它相连的节点，因此它也是一个单一的广播域，如图 1-24 所示。

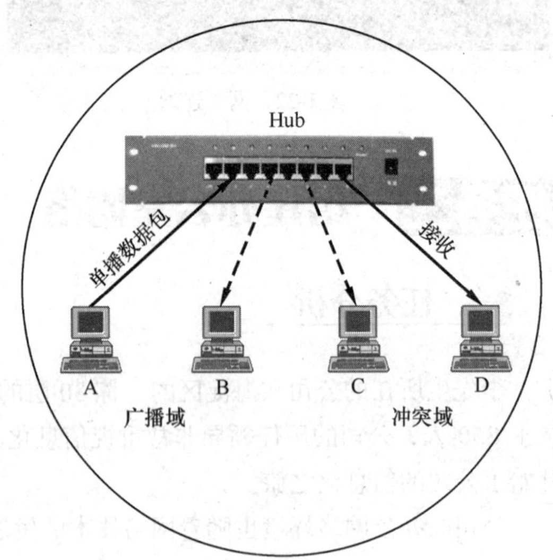

图 1-24　集线器工作原理

冲突、冲突域，广播、广播域的概念如下。

- 冲突：在以太网中，当两个数据帧同时被发到物理传输介质上并完全或部分重叠时，就发生了数据冲突，当冲突发生时，物理网段上的数据都不再有效。
- 冲突域：在同一个冲突域中的每一个节点都能收到所有被发送的帧。
- 影响冲突产生的因素：冲突是影响以太网性能的重要因素，由于冲突的存在，使得传统的以太网在负载超过 40%时，效率将明显下降。产生冲突的原因很多，如同一冲突域中节点的数量超多，产生冲突的可能性就越大。此外，诸如数据分给的长度（以太网的最大帧长度为 1518B）、网络的直径等因素也会影响冲突的产生。
- 广播：在网络传输中，向所有连通的节点发送消息称为广播。
- 广播域：网络中能接收任何一设备发出的广播帧的所有设备的集合。
- 广播和广播域的区别：广播网络指网络中所有的节点都可以收到传输的数据帧，不管该帧是否是发给这些节点。非目的节点的主机虽然收到该数据帧但不做处理。

2. 集线器的种类

（1）按端口数量划分

这是最基本的分类标准之一。集线器主要有 8 端口、16 端口和 24 端口等大类，也有如 4 端口、6 端口和 12 端口的集线器产品。

（2）按带宽划分

按照集线器所支持的带宽不同，通常可分为 10Mbit/s、100Mbit/s、10/100Mbit/s 3 种，由于集线器中所有端口都是共享集线器的背板带宽的，这里所指的带宽是指整个集线器所能提供的总带宽，而非每个端口所能提供的带宽。

（3）按照配置的形式划分

按集线器的配置，一般可分为固定型集线器、模块化集线器和堆叠式集线器 3 种。常见的是固定型集线器。模块化集线器一般都配有机架，带有多个卡槽，每个槽可放一块通信卡，每个卡的作用就相当于一个独立型集线器，多块卡通过安装在机架上的通信底板进行互连并进行相互间的通信。模块化集线器各个端口都有专用的带宽，只在各个网段内共享带宽，网段之间采用交换技术，从而减少冲突，提高通信效率，因此又称为端口交换机模块化 Hub。其实这类 Hub 已经采用交换机的部分技术，已不是单纯意义上的 Hub 了，它在较大型的网络中便于对用户的集中管理。图 1-25 所示是一款工业控制应用上的模块化集线器机架及模块插卡产品示意图。堆叠式集线器可以将多个集线器“堆叠”使用，当它们连接在一起时，其作用就像一个模块化集线器一样，堆叠在一起的集线器可以当作一个单元设备来进行管理。

图 1-25 模块化集线器机架及模块插卡

（4）按工作方式分

按工作方式可进一步划分为被动集线器、主动集线器、智能集线器和交换式集线器 4 种。

① 被动集线器（Passive Hub）。被动集线器只把多段网络介质连接在一起，允许信号通过，不对信号做任何处理，它不能提高网络性能，也不能帮助检测硬件错误或性能瓶颈，只是简单地从一个端口接收数据并通过所有端口分发，这是集线器可以做的最简单的事情。一般的总线带宽是 10Mbit/s。

② 主动集线器（Active Hub）。主动集线器拥有被动集线器的所有性能，此外还能监视数据。在以太网实现存储转发功能中，主动集线器在转发之前检查数据，纠正损坏的分组并调整时序，并对微弱信号进行放大后转发。此外，主动集线器还可以报告哪些设备失效，从而提供了一定的诊断能力。

③ 智能集线器（Intelligent Hub）。智能集线器又叫可网管型集线器，它除了主动集线器的特性外，还提供了集中管理功能。可通过 SNMP 对集线器进行简单管理，这种管理大多是通过增加网管模块来实现的。实现网管的最大用途是用于网络分段，从而缩小广播域，减少冲突提高数据传输效率。另外，通过网络管理可以在远程监测集线器的工作状态，并根据需要对网络传输进行必要的控制。智能集线器都提供一个 Console 端口，用于对集线器的管理。

④ 交换式集线器（Switching Hub）。交换集线器就是在一般智能集线器功能上又提供了线路交换能力和网络分段能力的一种智能集线器。由于集线器基本上是作为一种共享设备来定义的，因此通常把交换式集线器划入交换机类型里。

和总线型网络相比，集线器的最大优点是当网络系统中某条线路或某节点出现故障时，不会影响网上其他节点的正常工作。随着网络技术的发展，集线器的缺点越来越突出，主要存在用户带宽共享，带宽受限；广播方式，易造成网络风暴；非双工传输，网络通信效率低等几方面的不足。随着交换技术的发展，集线器市场已越来越小，处于淘汰的边缘。目前主要用于家庭或者小型企业的网络组建以及数据通信量较少的计算机监控领域。

3. 用集线器组建办公室网络

李先生所在的公司在 20 世纪 90 年代中期用集线器改造总线型网络，集线器 10Base-T 网络有“5-4-3”规则限制，即在 10Mbit/s 的以太网中，一个网段中最远端不得超过 5 条连接电缆，4 台集线器，且 5 条电缆中只有 3 条可连接服务器和工作站。因此，当时公司用集线器最多只能组建如

图 1-26 所示层级的 10Mbit/s 的以太网。

在这个结构的网络中，网络连接最远的是 PC1 到 PC2 的连接，共有 5 条电缆，分别为①～⑤，通过 4 台集线器，分别为 Hub2-Hub1-Hub4-Hub6，而直接连接工作站或服务器的只有 Hub2、Hub4、Hub6 三台集线器，Hub1 专门用来延长距离，不能连接服务器或工作站。

随着网络技术的发展，其他以太网就没有此限制了。

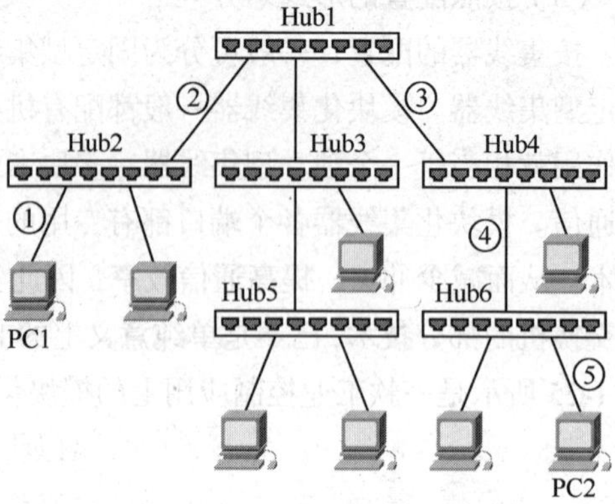

图 1-26 集线器组建 10Base-T 网络

（二）用交换机改进办公网络

由于集线器组建的网络存在以上种种缺陷，随着计算机性能的提高和通信量的巨增，交换式局域网技术应运而生。交换式局域网不需要改变网络其他硬件，包括线缆和网卡，仅需要用交换机来替代集线器，节省了用户网络升级费用。

1. 交换机组成

交换机是网络上一台特殊的通信计算机，它包括硬件系统和操作系统，交换机信息转发的核心通过 ASIC 芯片来实现，基本硬件构成包括 CPU、RAM、ROM、Flash 和接口。

2. 交换机数据接口类型

（1）双绞线 RJ-45 接口

RJ-45 接口是双绞线以太网接口类型，是交换机上数量最多的接口类型。它不仅在最基本的 10Base-T 以太网中使用，还在目前主流的 100Base-TX 快速以太网和 1000Base-TX 吉比特以太网中使用。

（2）光纤接口

光纤接口是光纤以太网接口类型。目前光纤传输介质发展相当迅速，各种光纤接口也是层出不穷，不过在局域网交换机中，无论是在 100Base-FX、1000Base-FX 网络中，光纤接口主要是 SC 类型。

（3）Console 接口

可进行网络管理的交换机上都有一个“Console”接口，它是专门用于对交换机进行配置和管理的。通过 Console 接口连接并配置交换机，是配置和管理交换机必须经过的步骤。因为其他方式的配置往往需要借助于 IP 地址、域名或设备名称才可以实现，而新购买的交换机显然不可能内置这些参数，所以 Console 接口是最常用、最基本的交换机管理和配置接口。

不同类型的交换机 Console 接口所处的位置并不相同，有的位于前面板，而有的则位于后面板。通常，模块化交换机大多位于前面板，而固定配置交换机则大多位于后面板。在该接口的上方或侧方都会有类似“Console”字样的标识。除位置不同之外，Console 接口的类型也有所不同，绝大多数交换机都采用 RJ-45 接口，但也有少数采用 DB-9 串口接口或 DB-25 串口接口。

3. 交换机的基本功能

（1）地址学习功能

交换机是一种基于 MAC 地址识别，能完成封装转发数据包功能的网络设备。交换机将目的地址不在交换机 MAC 地址对照表的数据包广播发送到所有端口，并把找到的这个目的 MAC 地

址，重新加入到自己的 MAC 地址列表中，这样下次再发送到这个 MAC 地址的节点时就直接转发，交换机的这种功能就称之为“MAC 地址学习”功能。

（2）转发或过滤选择

交换机根据目的 MAC 地址，通过查看 MAC 地址表，决定转发还是过滤。如果目标 MAC 地址和源 MAC 地址在交换机的同一物理端口上，则过滤该帧。

（3）防止交换机形成环路

物理冗余链路有助于提高局域网的可用性，当一条链路发生故障时，另一条链路可继续使用，从而不会使数据通信中止。但是如果因冗余链路而让交换机构成环路，则数据会在交换机中无休止地循环，形成广播风暴。多帧的重复复制导致 MAC 地址表不稳定，解决这一问题的方法就是使用生成树协议。

4. 交换机信息交换方式

目前，交换机在传送源和目的端口的数据包时通常采用直通式交换、存储转发式和碎片隔离方式 3 种数据包交换方式，其中存储转发式是交换机的主流交换方式。

（1）存储转发方式

存储转发（Store and Forward）是计算机网络领域中使用得最为广泛的技术之一，以太网交换机的控制器先将输入端口送来的数据包缓存起来，检查数据包是否正确，并过滤掉冲突包错误。确定包正确后，取出目的地址，通过查找表找到想要发送的输出端口地址，然后将该包发送出去。正因为如此，存储转发方式在数据处理时延时较长。但是它可以对进入交换机的数据包进行错误检测，并且能支持不同速度的输入/输出端口间的交换，可有效地改善网络性能。它的另一优点就是这种交换方式支持不同速度端口间的转换，保持高速端口和低速端口间协同工作。实现的办法是将 10Mbit/s 低速包存储起来，再通过 100Mbit/s 速率转发到端口上。

（2）直通交换方式

直通交换方式在输入端口检测到一个数据包时，检查该包的包头，获取包的目的地址，启动内部的动态查找表，将其转换成相应的输出端口，在输入与输出交叉处接通，把数据包直通到相应的端口，实现交换功能。由于它只检查数据包的包头（通常只检查 14 字节），不需要存储，所以切入方式具有延迟小、交换速度快的优点。但该方式因为数据包内容并没有被以太网交换机保存下来，所以无法检查所传送的数据包是否有误，不能提供错误检测能力，同时，由于没有缓存，不能将具有不同速率的输入/输出端口直接接通，而且容易丢包。

（3）碎片隔离式

这是介于直通式和存储转发式之间的一种解决方案。它在转发前先检查数据包的长度是否够 64 字节（512 bit），如果小于 64 字节，说明是假包（或称残帧），则丢弃该包；如果大于 64 字节，则发送该包。该方式的数据处理速度比存储转发方式快，但比直通式慢，但由于能够避免残帧的转发，所以被广泛应用于低档交换机中。

采用这类交换技术的交换机一般使用一种特殊的缓存，这种缓存采用一种先进先出（First In First Out，FIFO）方式，比特从一端进入然后再以同样的顺序从另一端出来。当帧被接收时，它被保存在 FIFO 缓存中。如果帧以小于 512bit 的长度结束，那么 FIFO 缓存中的内容（残帧）就会被丢弃。因此，不存在普通直通转发交换机存在的残帧转发问题，是一个非常好的解决方案。数据包在转发之前将被缓存保存下来，从而确保碰撞碎片不通过网络传播，能够在很大程度上提高网络传输效率。

5. 交换机的特点

交换机的主要功能包括物理编址、网络拓扑结构、错误校验、帧序列以及流量控制。目前中高档交换机还具备支持 VLAN（虚拟局域网）、支持链路聚合，核心交换机还具有路由和防火墙的功能。交换机与集线器相比有以下特点。

（1）在 OSI 中的工作层次不同

交换机和集线器在开放系统互连（OSI）参考模型中对应的层次不一样，集线器同时工作在第一层（物理层）和第二层（数据链路层），而交换机至少是工作在第二层，更高级的交换机可以工作在第三层（网络层）和第四层（传输层）。

（2）数据传输方式不同

集线器只能采用半双工方式进行传输，因为集线器是共享传输介质的，集线器一次只能传输一个任务，要么是接收数据，要么是发送数据。而交换机则不一样，它是采用全双工方式来传输数据的，因此在同一时刻可以同时进行数据的接收和发送，这不但令数据的传输速度大大加快，而且在整个系统的吞吐量方面，交换机比集线器至少要快一倍以上，因为它可以接收和发送同时进行，实际上还远不止一倍，因为一般来说交换机的端口带宽比集线器也要宽许多倍。

（3）“地址学习”功能

交换机是一种基于 MAC 地址识别，能完成封装转发数据包功能的网络设备。

（4）独享端口带宽

交换机还有一个重要特点就是它不像集线器一样所有端口共享带宽，它的每一端口都是独享交换机总带宽的一部分，这样在速率上对于每个端口来说有了根本的保障。集线器不管有多少个端口，所有端口都共享相同的带宽，在同一时刻只能有两个端口传送数据，其他端口只能等待。而交换机在同一时刻可进行多个端口对之间的数据传输，每一端口都是一个独立的冲突域，连接在其上的网络设备独享带宽，无须同其他设备竞争使用，提高了网络的传输速度。

（5）网络“分段”

通过对照地址表，交换机只允许必要的网络流量通过交换机，这就是后面将要介绍的 VLAN（虚拟局域网）。通过交换机的过滤和转发，可以有效地隔离广播风暴，减少误包和错包的出现，避免共享冲突，提高了网络的安全性。

6. 交换机的分类

交换机可以按下面几种方式进行分类。

（1）根据应用领域分类

根据应用领域来分，交换机可分为两种：广域网交换机和局域网交换机。广域网交换机主要应用于电信领域，提供通信用的基础平台。而局域网交换机则应用于局域网络，用于连接 PC 和网络打印机等终端设备。

（2）根据传输介质和传输速度分类

根据传输介质和传输速度来分，交换机可分为以太网交换机、快速以太网交换机、吉比特以太网交换机、10 吉比特（10Gbit/s）以太网交换机、FDDI 交换机、ATM 交换机和令牌环交换机等。本书主要介绍以太网交换机。

（3）根据交换机的结构分类

根据交换机的端口结构来分，交换机可分为固定端口交换机和模块化交换机两种不同的结构。固定端口交换机又分为带扩展插槽和不带扩展插槽两种。

固定端口交换机有 4 端口、8 端口、12 端口、16 端口、24 端口和 48 端口等多种规格，根据安装方式又将其分为桌面式交换机和机架式交换机。机架式交换机用于较大规模网络的接入层和汇聚层连接，端口数一般大于 16 端口，它的外形宽度符合 19 英寸国际标准，高为 1U，和配线架及路由器等其他网络设备安装于标准的 19 英寸机柜中。桌面式交换机的端口一般小于 12 端口，外形尺寸不是标准规格，不能安装于机柜内，通常只用于小型网络。固定端口式不带扩展槽交换机价格最便宜，固定端口式带扩展槽交换机是一种有固定端口数并带少量扩展槽的交换机，这种交换机在支持固定端口类型网络的基础上，还可以支持其他类型的网络，价格居中。

模块化交换机拥有更大的灵活性和可扩充性，用户可任意选择不同数量、不同速率和不同接口类型的模块，以适应千变万化的网络需求。而且，模块化交换机大都有很强的容错能力，支持交换模块的冗余备份，并且往往拥有可热插拔的双电源，以保证交换机的电力供应。一般来说模块化交换机应用于网络结构中的骨干层和汇聚层。

（4）根据是否支持网管功能分类

根据交换机是否支持网络管理功能，可以将交换机分为“网管型”和“非网管型”两大类。

① 非网管型交换机。非网管型交换机完成交换机的最基本的功能，不能通过交换机对网络进行控制和管理。

② 网管型交换机。网管型交换机的任务就是通过对交换机进行管理，使所有的网络处于健康的运行状态。网管型交换机支持 SNMP 协议，通过 Console 接口、Web 页面、Telnet 和网管软件等多种管理方式登录交换机，对该交换机的工作状态、网络运行状况进行本地或远程的实时监控，并通过启用/关闭端口、流量及端口工作模式设置、VLAN 划分、生成树算法设定等方式对网络进行管理。

（5）根据工作的协议层分类

根据工作的协议层来分，交换机可分为第二层交换机、第三层交换机和第四层交换机。

① 第二层交换机。第二层交换机依赖于链路层中的信息（如 MAC 地址）完成不同端口数据间的线速交换，这是最基本的交换技术产品，主要应用于网络接入层。

② 第三层交换机。第三层交换机具有路由功能，将 IP 地址信息用于网络路径选择，并实现不同网段之间的线速交换。当网络规模较大时，需要将网络划分为多个 VLAN 网段，以减小广播风暴的产生，提高网络的安全性能，所以第三层交换机用于大中型网络结构中的汇聚层和骨干层的连接。通常这类交换机是采用模块化结构，以适应灵活配置的需要。

③ 第四层交换机。第四层交换机可对传输层中包含在每一个 IP 包头的服务进程/协议（例如 HTTP、FTP、Telnet、SSL 等）进行处理，实现带宽分配、故障诊断和对 TCP/IP 应用程序数据流进行访问控制等功能。

（6）根据应用层次分类

从图 1-2 可知，大型局域网典型的拓扑结构为树形结构，相应的分为骨干层、汇聚层和接入层。从接入层至骨干层，用户越来越多，数据通信量越来越大，要求交换机的性能也越来越高。从网络拓扑结构看，交换机可分为骨干交换机、汇聚交换机和接入层交换机。由于拓扑结构的三层对应于行政组织机构的企业、部门和工作组（个人），因此从应用层次又将交换机分为企业级交换机、部门级交换机和工作组交换机。

① 企业级交换机（骨干交换机）。

企业级交换机位于企业网络的最顶层，属于高端交换机。企业级交换机可以提供用户化定制、优先级队列服务和网络安全控制，并能很快适应数据增长和改变的需要，从而满足用户的需求。企业级交换机不仅能传送海量数据和控制信息，在带宽、传输速率以及背板容量上要比一般交换机高出许多，更具有硬件冗余和软件可伸缩性特点，保证网络的可靠运行和网络扩展的需要。所以企业级交换机一般采用模块化结构，具有多个百兆比特、吉比特光纤接口甚至10吉比特光纤接口，且能支持500个信息点以上大型企业应用的交换机，锐捷网络RG-S9600系列超高密度多业务IPv6核心路由交换机如图1-27所示。

图1-27　RG-S9600系列

企业交换机还可以接入一个大底盘。这个底盘产品通常支持许多不同类型的网络组件，比如快速以太网和以太网中继器、FDDI集中器、令牌环MAU和路由器。

② 部门级交换机（汇聚交换机）。

部门级交换机是面向部门级网络使用的交换机，它较企业级交换机规模要小许多，处于网络的中间层，往上连至企业骨干层，往下连至网络的接入层。这类交换机可以是固定结构，也可以是模块化结构（插槽数较少），根据网络规模和应用需求，要配置不同数量的RJ-45双绞线接口和百兆比特、吉比特光纤接口。部门级交换机一般具有较为突出的智能型特点，支持基于端口的VLAN（虚拟局域网），可实现端口管理，可任意采用全双工或半双工传输模式，可对流量进行控制，因此要有网络管理功能，是三层交换机。图1-28所示是锐捷网络一款部门级交换机：RG-S3750多层交换机示意图。

图1-28　RG-S3750交换机

③ 工作组交换机（接入交换机）。

工作组交换机一般直接连接至桌面，通常为固定端口结构，配有一定数目的10/100Mbit/s以太网RJ-45口，如果用光纤接入到汇聚层，必须配有百兆/吉比特光纤接口，根据网络管理需要，可选择为可网管型或非网管型的交换机。

7. 交换机的配置

交换机是一台特殊的计算机主机，但由于交换机没有终端输出设备，因此，对网管型交换机进行配置和管理时要通过计算机进行，即把一台计算机配置成为相连交换机的仿真终端设备。

（1）交换机常见的配置访问方式

- 通过Console接口用仿真终端对交换机进行管理。
- 通过Telnet对交换机进行远程管理。
- 通过Web对交换机进行远程管理。
- 通过SNMP管理工作站对交换机进行管理。

以上4种管理交换机的方式中，后3种均要连接网络，因此，交换机第一次使用时，必须采用第1种方式对交换机进行配置，为交换机设置1个配置和管理交换机使用的IP地址。这种方式并不占用交换机的带宽，因此又称为“带外管理”（Out of Band）。

（2）配置交换机仿真终端

首先，需要先把计算机和交换机连接在一起，这样才能进行管理。可网管型交换机都附带一条串口电缆（Console 配置线），供网管员进行本地管理。先把串口电缆的一端插在交换机正面/

背面的 Console 接口上，如果该口是串口，则同时拧好螺钉，防止接触不良。串口线的另一端插在计算机的串口上，通常插在 COM1 口上，然后接通交换机和计算机电源，如图 1-29 所示，图中还连接了网线。

当设备处于稳定状态时，打开计算机操作系统中的“超级终端”程序，配置计算机为交换机的仿真终端，如图 1-30 所示。如果没有“超级终端”程序，可以在“添加/删除程序”中的“通信”组内添加。

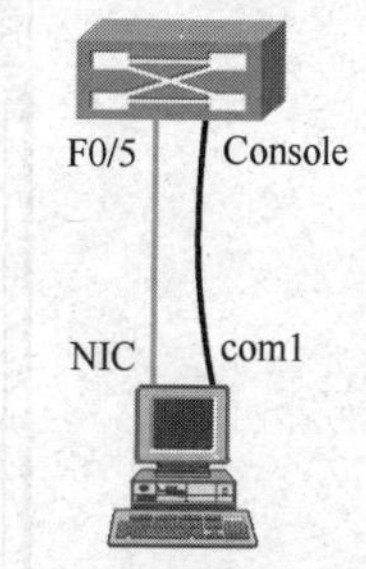

图 1-29　配置交换机仿真终端

在第一次运行“超级终端”时，系统默认为通过 Modem 连接，会要求用户输入连接的区号，随便输入一个即可。如果电脑中没有安装 Modem，则会提示“在连接之前必须安装调制解调器，现在就安装吗？”这里单击“否”按钮。

超级终端程序运行之后会提示建立一个新的连接名称，这里输入“switch”，如图 1-31 所示。

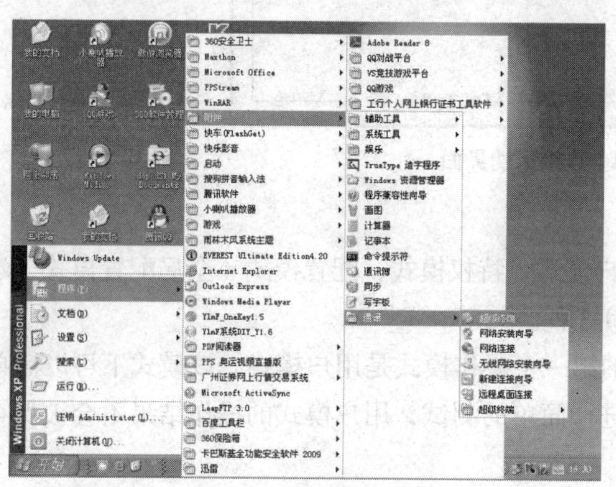

图 1-30　运行超级终端程序

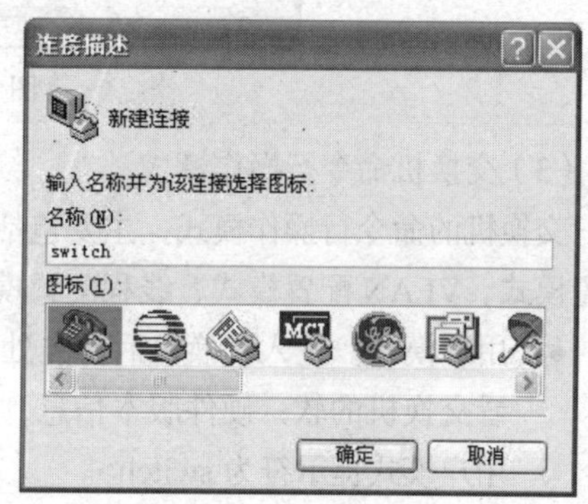

图 1-31　命名连接名称

单击“确定”按钮后，会出现一个窗口，要求用户选择连接时使用哪一个端口（COM1 或 COM2），如图 1-32 所示。单击“确定”按钮，会出现一个 COM 口属性的窗口，里面有波特率、数据位、奇偶检、停止位、流量控制等参数设置。设置通信参数：每秒位数 9600、数据位 8、停止位 1、无奇偶校验、无数据流控制，如图 1-33 所示。当然，最简单的办法是单击一下“还原默认值”按钮，就会调用到所需参数设置。

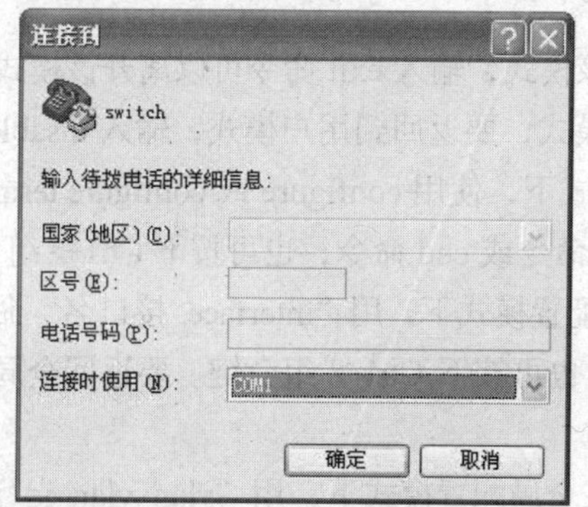

图 1-32　选择连接端口

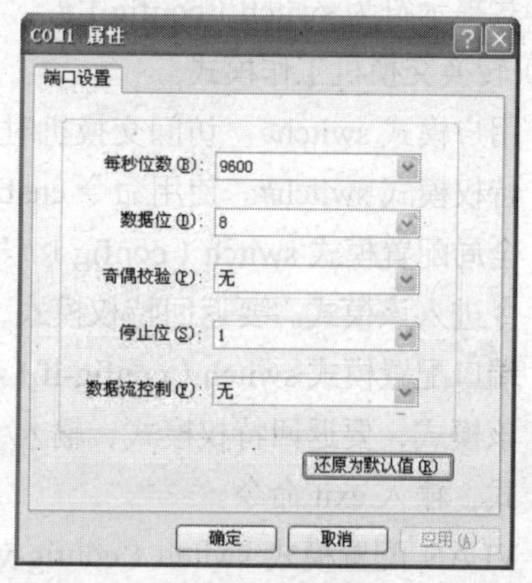

图 1-33　设置连接参数

设定好连接参数后，单击“确定”按钮，程序就会自动执行连接交换机的命令。图 1-34 所示为连接成功的界面。

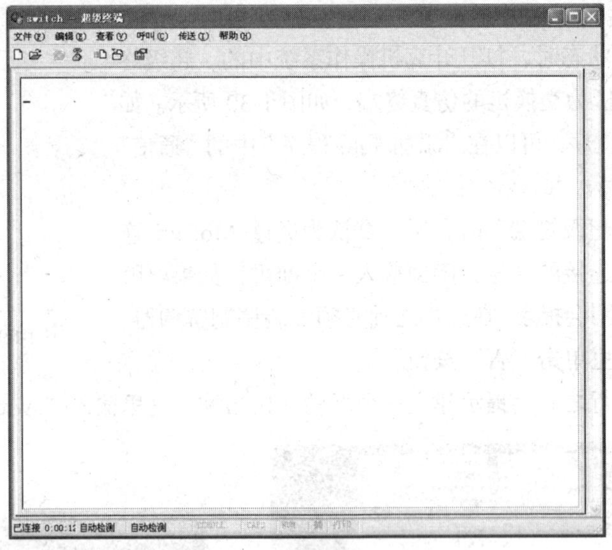

图 1-34 连接成功界面

（3）交换机命令行操作模式

交换机的命令行操作模式，主要包括用户模式、特权模式、配置模式（全局配置模式、端口配置模式、VLAN 配置模式、线程配置模式）3 种。

- 用户模式。进入交换机后首先处于的第一个操作模式是用户模式，该模式下可以简单查看交换机的软、硬件版本信息，并进行简单的测试，用户模式的操作结果不会被保存。用户模式提示符为 switch>。
- 特权模式。特权模式（Privileged EXEC 模式）是由用户模式进入的下一级模式，该模式下可以对交换机的配置文件进行管理，查看交换机的配置信息，进行网络的测试和调试等。特权模式提示符为 switch#，用命令 enable 进入。
- 配置模式。配置模式属于特权模式的下一级模式，该模式下可以配置交换机的全局性参数（如主机名、登录信息等）。先用命令 configure termimal 进入全局配置模式，再在该模式下进入下一级的配置子模式（端口、VLAN），对交换机具体的功能进行配置。全局模式提示符为 switch（config）#。

（4）转换交换机工作模式

- 用户模式 switch>。访问交换机时首先进入该模式，输入 exit 命令可以离开该模式。
- 特权模式 switch#。使用命令 enable 进入该模式，要返回到用户模式，输入 disable 命令。
- 全局配置模式 switch（config）#。在特权模式下，使用 configure 或 configure termimal 命令进入该模式。要返回特权模式，输入 exit 命令或 end 命令，也可按下 Ctrl+z 组合键。
- 端口配置模式 switch（config-if）#。在全局配置模式下，用“interface 接口名”命令进入该模式，要返回特权模式，输入 end 命令，也可按下 Ctrl+z 组合键。要返回全局配置模式，输入 exit 命令。
- VLAN 配置模式 switch（config-vlan）#。在全局配置模式下，用“vlan vlan_id”命令进入该模式。使用该模式可以配置 VLAN 参数，要返回特权模式，输入 end 命令，也可按

下 Ctrl+z 组合键。要返回全局配置模式，输入 exit 命令。

交换机命令行支持获取帮助信息、命令的简写、命令的自动补齐、快捷键功能。

（三）规划 IP 地址

2008 年 9 月，由中国互联网络信息中心（CNNIC）等主办的 2008 年 IP 地址资源研讨会透露，目前国际上分配给中国使用的 IPv4 网络地址已经用掉了 80%，中国的 IP 地址使用量已超过了日本，仅次于美国居世界第二位。按照目前互联网络发展速度，IPv4 网络地址资源只够分配 830 多天，这意味着大约到 2010 年时，如果不使用新的地址资源，新网民将无法正常上网。解决 IP 地址不够用的最好办法是升级到 IPv6 网络，但目前的解决办法是节约使用 IP 地址资源。

随着企业网络规模的不断扩大，IP 地址规划与管理在网络规划和管理中的地位越来越重要，IP 地址空间的分配，要与网络层次结构相适应，既要有效地利用地址空间，又要体现出网络的可扩展性和灵活性，同时能满足路由协议的要求，提高路由算法的效率，加快路由变化的收敛速度。要充分利用有限的公网 IP 地址资源保障 Intranet 和 Internet 间的通信。通过对 IP 地址管理，防止 IP 地址冲突、盗用等情况发生，使网络管理与维护更加方便。如果没有有效的 IP 地址管理，可能导致网络可用性和服务质量的下降，甚至导致网络的崩溃。

1. IP 地址基础

在计算机网络基础中，我们已学习到 IPv4 是现行的 IP，IP 地址使用 32 位二进制地址格式，为方便记忆，通常使用每八位二进制以点号划分的十进制来表示，它由网络地址和主机地址组成，如 202.172.18.111。

（1）IP 地址的分类

① A 类地址：4 个 8bit 组（octets）中第一个 octet 代表网络号，剩下的 3 个代表主机。范围是 0xxxxxxx，即 0～127。

② B 类地址：前 2 个 octets 代表网络号，剩下的 2 个代表主机位，范围是 10xxxxxx，即 128～191。

③ C 类地址：前 3 个 octets 代表网络号，剩下的 1 个代表主机位，范围是 110xxxxx，即 192～223。

④ D 类地址：多播地址，范围是 224～239。

⑤ E 类地址：保留用作实验的地址，范围是 240～255。

（2）子网掩码

与 IP 地址关系最紧密的就是子网掩码，它用来判断任意两个 IP 地址是否属于同一子网络，只有在同一子网的计算机才能直接通信。子网掩码中用二进制的 1 表示网络地址，0 表示主机地址，A 类、B 类和 C 类 3 种主类地址的子网掩码分别为 255.0.0.0（/8）、255.255.0.0（/16）和 255.255.255.0（/24）。

（3）子网划分

一方面，公网上可用的 IP 地址越来越少，另一方面在 IP 地址的使用过程中又存在浪费现象。比如路由器实现两个网络互连时只需 2 个 IP 地址，若分配一个主类地址给其使用，就会浪费很多地址资源，因此就产生了子网划分技术。子网划分就是将一个大的网络分成若干个小网使用。通过 IP 子网划分，网络管理员可以在已经得到的整块 IP 地址空间中创建多个子网络，以满足不同部门自行管理使用的需求。子网与网络地址相结合，不仅可以把位于不同物理位置的主机组合在

一起，还可以通过分离关键设备或者优化数据传送等措施提高网络安全性能，降低网络流量。

子网规划的过程涉及分析网络上的通信量形式，以确定哪些主机应该分在同一个子网中。我们要掌握需要的子网的整体数目，通常要考虑网络发展的因素，而留下一个空间。还需要考虑正在处理的网络的地址类别和预计的在每个子网中必须支持的主机的总数。

子网划分方法已在计算机网络基础等相关课程中进行了学习，在此不再重复。

（4）一些特殊的 IP 地址

① 127.0.0.1 是本地回环（loopback）测试地址。

② 255.255.255.255 是广播地址。

③ 0.0.0.0：代表任何网络。

④ 网络号全为 0：代表本网络或本网段。

⑤ 网络号全为 1：代表所有的网络。

⑥ 主机位全为 0：代表某个网段的任何主机地址。

⑦ 主机位全为 1：代表该网段的所有主机。

（5）私有 IP 地址

私有 IP 地址（private IP address），又称为保留地址，IPv4 中为了节约 IP 地址空间，增加网络的安全性，保留了一些 IP 地址段作为私网的 IP 地址。私有 IP 地址不能在 Internet 上使用，处于私有 IP 地址的网络称为内网或私网。局域网主要使用私有地址，要与 Internet 进行通信时，必须通过网络地址翻译（NAT）。

私有地址的范围如下。

① A 类地址中：10.0.0.0～10.255.255.255.255。

② B 类地址中：172.16.0.0～172.31.255.255。

③ C 类地址中：192.168.0.0～192.168.255.255。

2. IP 地址规划原则

IP 地址的分配应遵循以下几个原则。

① 唯一性：一个 IP 网络中不能有两个主机采用相同的 IP 地址。

② 简单性：地址分配应简单易于管理，降低网络扩展的复杂性，简化路由表的表项。

③ 连续性：连续地址在层次结构网络中易于进行路由总结（Route Summarization），大大缩减路由表，提高路由算法的效率。

④ 可扩展性：地址分配在每一层次上都要留有余量，在网络规模扩展时能保证地址总结所需的连续性。

⑤ 灵活性：地址分配应具有灵活性，可借助可变长子网掩码（VLSM）技术，以满足多种路由策略的优化，充分利用地址空间。

3. 静态和动态分配地址的选择

局域网有静态分配 IP 和动态分配 IP 两种地址管理方式，它们有以下的优缺点。

① 动态分配 IP 地址是由 DHCP 服务器分配的，这样便于集中统一管理，并且每一个新接入的主机都能够简单设置自动获取 IP 地址操作，来正确获得 IP 地址、子网掩码、缺省网关、DNS 等参数，在管理的工作量上比静态地址要减少很多，而且越大的网络越明显。而静态分配 IP 地址，首先需要规划好哪些主机使用哪些 IP 地址，绝对不能重复，然后再去客户主机上挨个设置必要的网络参数。并且当主机区域迁移时，还要记录释放 IP，并重新分配新的区域 IP 和配置网络参数。

这需要一张详细记录 IP 地址资源使用情况的表格，并且要根据变动实时更新，否则很容易出现 IP 冲突等问题。但是在一些特定的区块，如服务器群区域，每台服务器都需一个固定的 IP 地址，当然，也可以使用 DHCP 的地址绑定功能或者动态域名系统来实现类似的效果。

② 动态分配 IP 更利于节约使用地址资源。动态分配 IP 地址时，当一个 IP 地址不被主机使用时，它能根据设定释放出来供别的主机使用，DHCP 的地址池只要能满足同时使用的 IP 峰值即可。静态分配 IP 地址时，不接入网络的主机并不会释放掉 IP，所以这时必须考虑使用更大的 IP 地址段，确保有足够的 IP 资源。

③ 由于动态分配 IP 地址采用 DHCP 服务器集中管理和分配 IP 地址，网络中的 DHCP 服务器出现故障时，整个网络就有可能瘫痪，所以大型网络都要求有一台或一组热备份的 DHCP 服务器。当然在做 DHCP 服务器冗余时要注意，为了防止多台 DHCP 服务器为不同的客户机分配同一个 IP 地址，应该将该子网的 IP 段分割成几个部分，然后分别分配到各个 DHCP 服务器的作用域中，多台 DHCP 服务器的地址池不能有重叠。另外，客户机在与 DHCP 服务器通信时，如：地址申请、续约和释放等，都会占用一定的网络资源。静态分配 IP 地址不用额外设备服务器，也不另外占用网络通信资源，而且静态分配地址比动态分配更加容易定位故障点。在使用静态地址分配时，网络管理员最好设计一张 IP 地址资源使用表，将所有的主机和特定 IP 一一对应起来，出现了故障或者对某些主机进行控制管理时都比动态地址分配要简单得多。

何时使用静态分配呢？最重要的一个决定因素是网络规模的大小，大型网络和远程访问的网络适合动态地址分配，而小型网络适合用静态地址分配，最好是采用普通客户机采用动态分配而服务器等特殊主机采用静态分配，两者相结合的方式来对 IP 地址进行管理。

4. IP 地址、MAC 地址和交换机端口绑定

由于 IP 地址要求的唯一性，IP 地址管理中，不管是动态分配还是静态分配，都会存在 IP 地址非法盗用或是误操作产生 IP 地址冲突等现象，为了避免以上情况发生，增加网络的安全性，可以采用不同的处理办法，其中 IP 地址、MAC 地址和交换机端口绑定是保障合法用户使用唯一 IP 地址的最便捷的方式。

（1）IP 地址和 MAC 地址的绑定

MAC 地址在局域网中是唯一的，通过 IP 地址与主机 MAC 地址绑定，可以将 IP 地址固定给某主机使用。要实现 IP 地址和 MAC 地址的绑定，首先要查找主机的 MAC 地址，查找方法有：

- 在 Windows 2000、Windows XP 中，在 MS-DOS 下键入命令“Ipconfig/all”获得本机 IP 地址和 MAC 地址。
- 在 MS-DOS 方式下键入命令“Nbtstat -a 远程计算机名”，即可获得指定机器的 IP 地址和 MAC 地址。

① 用 ARP 命令绑定。

局域网中采用静态 IP 地址分配，并用代理服务器接入 Internet，在服务器端可用以下命令绑定 IP 地址和 MAC 地址：

ARP -s IP 地址　MAC 地址

例：ARP -s 192.168.0.2　00-A2-45-6D-38-3B

这样，就将静态 IP 地址 192.168.0.2 与网卡 MAC 地址为 00-A2-45-6D-38-3B 的计算机绑定在一起了，即使有人盗用了 IP 地址 192.168.0.2，也无法通过代理服务器上网。如果接入互联网有硬件防火墙，最好通过硬件防火墙来实现 IP 与 MAC 地址的绑定。

② DHCP 服务器绑定。

局域网中，如果是动态分配 IP 地址，可在 DHCP 服务器中实现 IP 地址和 MAC 地址的绑定。设置过程如下。

打开 DHCP 管理器，展开“作用域”，右键单击“保留”选项，在弹出的菜单中选择“新建保留”，弹出“新建保留”对话框。在该对话框中为绑定的客户机分别配置保留名称、绑定的 IP 地址和该主机的 MAC 地址，在“支持类型”中选择“两者”选项，最后单击“添加”按钮，如图 1-35 所示。这样在 DHCP 服务器的作用域中为该客户机绑定一个 IP 地址。

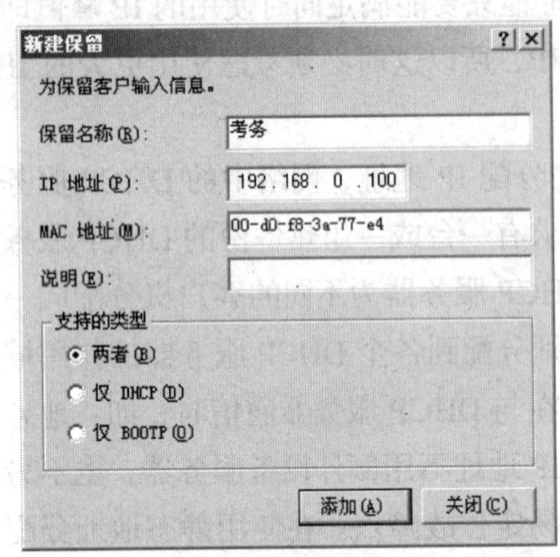

图 1-35 DHCP 服务器中建立 IP 地址和 MAC 地址的绑定

（2）MAC 地址与交换机端口绑定

本内容将在项目五中介绍。

5. IP 地址的使用

由于 Internet 的 IP 地址比较紧张，企业建立局域网后，从 ISP 处一般只能申请到有限的几个公网 IP 地址，不够分配给内部网的每一个设备，因此局域网中通常采用私有地址与公网地址结合使用的方式。公网 IP 地址留给企业对外服务的服务器、广域网连接的路由器及供局域网用户共享上网的 NAT 转换地址池使用。局域网的用户和给局域网用户提供服务的服务器使用私有 IP 地址。图 1-36 所示是一个典型的局域网 IP 地址分配图。

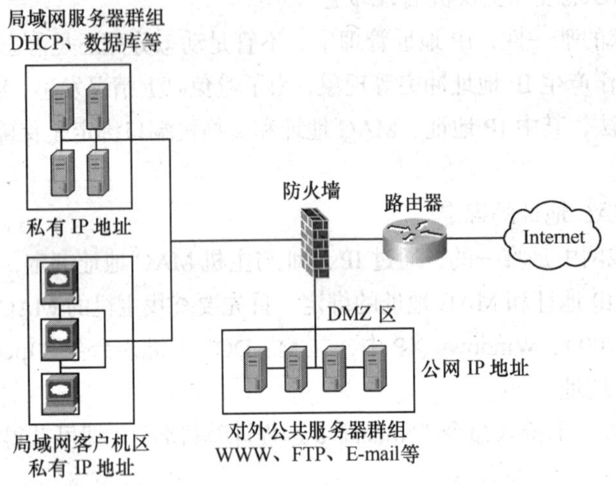

图 1-36 局域网 IP 地址分配图

三、任务实施

【任务场景】

北京某公司用交换机改造集线器共享型网络，希望通过改造来改善网络的工作效率，提高网络的传输速率和安全性。根据公司规模和计算机用户数量，网络结构为二层结构，核心交换机为一台锐捷 RG-S3750-24 交换机，接入交换机为锐捷 RG-S2126S 交换机，全部为网管型交换机，如

图 1-37 所示。

【施工拓扑】

教学中的简化的施工拓扑如图 1-38 所示。

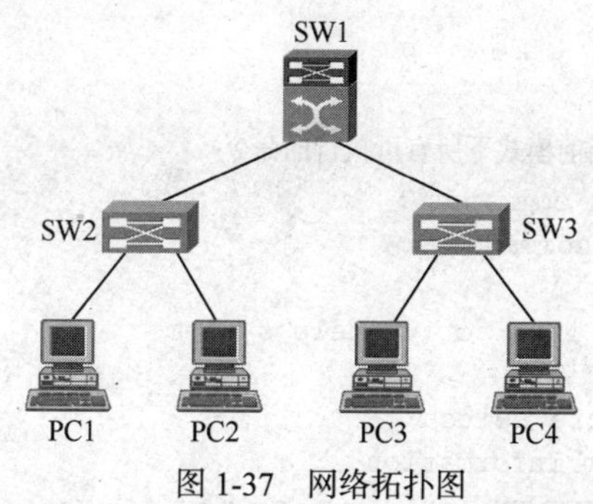

图 1-37　网络拓扑图

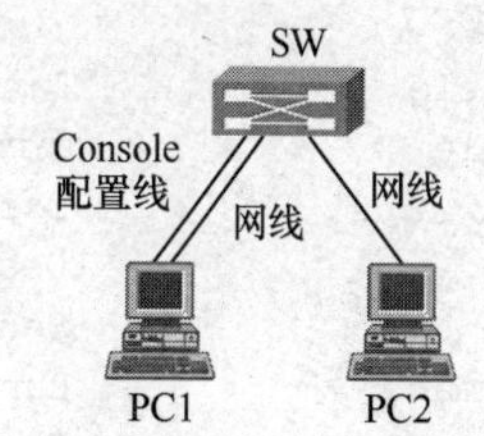

图 1-38　交换机配置拓扑图

【施工设备】

锐捷 RG-S2126S 交换机 1 台，计算机 2 台，直通网线 2 条，Console 配置线 1 条。

【操作步骤】

步骤 1　物理连接网络

① 使交换机和计算机处于断电状态，将双绞线的两端分别插入计算机或交换机的 RJ-45 接口中（本教材中所有网络设备接口都支持智能 MDI/MDIX 接口标准）。用 Console 配置线将 PC1 和交换机相连，形成如图 1-38 所示的网络结构。

② 给所有交换机和计算机加电。在交换机加电过程中，会听到风扇启动的声音，同时所有以太网接口处于红灯闪烁状态，此时设备在自动检测接口状态，当设备处于稳定状态时，有线路连接的接口会处于绿灯闪烁状态，表示该线路处于连通状态。

③ 设置 IP 地址。为网络规划好 IP 地址，网络中的主机在同一个网段：192.168.1.0/255.255.255.0，同任务 1 中步骤，为 2 台计算机设置好 IP 地址。

表 1–4　计算机 IP 地址配置表

计　算　机	PC1	PC2	备　　注
IP 地址	192.168.1.1	192.168.1.2	
子网掩码	255.255.255.0	255.255.255.0	
默认网关	192.168.1.1	192.168.1.1	

④ 用 ping 命令测试 2 台计算机的连通状况。

步骤 2　用超级终端登录到交换机

步骤 3　使用交换机的命令行管理界面

① 交换机命令行操作模式的进入。

```
switch>enable                                !进入特权模式
switch#
switch#configure terminal                    !进入全局配置模式
switch(config)#
switch(config)#interface fastethernet 0/5    !进入交换机 F0/5 的接口模式
switch(config-if)
```

```
switch(config-if)#exit                              !退回到上一级操作模式
switch(config)#
switch(config-if)#end                               !直接退回到特权模式
switch#
```

② 交换机命令行基本功能。

● 帮助信息

```
switch> ?                                !显示当前模式下所有可执行的命令
  disable              Turn off privileged commands
  enable               Turn on privileged commands
  exit                 Exit from the EXEC
  help                 Description of the interactive help system
  ping                 Send echo messages
  rcommand             Run command on remote switch
  show                 Show running system information
  telnet               Open a telnet connection
traceroute             Trace route to destination
switch#co?                               !显示当前模式下所有以 co 开头的命令
configure     copy
switch#copy ?                            !显示 copy 命令后可执行的参数
flash:                 Copy from flash: file system
  running-config        Copy from current system configuration
  startup-config        Copy from startup configuration
  tftp:                 Copy from tftp: file system
  xmodem                Copy from xmodem file syste
```

● 命令的简写

```
switch#conf ter  !交换机命令行支持命令的简写，该命令代表 configure terminal
switch(config)#
```

● 命令的自动补齐

```
switch#con  (按键盘的 TAB 键自动补齐 configure)       !交换机支持命令的自动补齐
switch#configure
```

● 命令的快捷键功能

```
switch(config-if)# ^Z                              !Ctrl+z 退回到特权模式
switch#
```

❖ 注意事项：

1. 命令行操作进行自动补齐或命令简写时，要求所简写的字母必须能够唯一区别该命令。如 switch# conf 可以代表 configure，但 switch#co 无法代表 configure，因为 co 开头的命令有两个 copy 和 configure，设备无法区别。

2. 注意区别每个操作模式下可执行的命令种类。交换机不可以跨模式执行命令。

步骤 4　交换机设备名称配置

```
switch> enable          !进入特权模式
switch# configure terminal  !进入全局模式
switch(config)# hostname 2008_switch    !配置交换机的设备名称为 2008_switch
2008_switch(config)#
```

步骤 5　交换机端口的基本配置

你是某公司网管，现公司有部分主机网卡属于 10Mbit/s 网卡，传输模式为半双工，为了能够实现主机之间的正常访问，现把和主机相连的交换机端口 F0/3 速率设为 10Mbit/s，传输模式设为

半双工，并开启该端口进行数据的转发。

① 交换机端口参数的配置。

```
2008_switch> enable
2008_switch# configure terminal
2008_switch(config)#interface fastethernet 0/3          !进行 F0/3 的端口模式
2008_switch(config-if)#speed 10                         !配置端口速率为 10Mbit/s
2008_switch(config-if)#duplex half                      !配置端口的双工模式为半双工
2008_switch(config-if)#no shutdown                      !开启该端口，使端口转发数据
```

对于百兆交换机，端口速率参数有 100（100Mbit/s）、10（10Mbit/s）、auto（自适应），默认是 auto。

配置双工模式有 full（全双工）、half（半双工）、auto（自适应），默认是 auto。

② 查看交换机端口的配置信息。

```
2008_switch#show interface fastethernet 0/3
Interface   : FastEthernet100BaseTX 0/3
Description :
AdminStatus : up                                  !查看端口的状态
OperStatus  : up
Hardware    : 10/100BaseTX
Mtu        : 1500
LastChange  : 0d:0h:0m:0s
AdminDuplex : Half                                !查看配置的双工模式
OperDuplex  : Unknown
AdminSpeed  : 10                                  !查看配置的速率
OperSpeed   : Unknown
FlowControlAdminStatus : Off
FlowControlOperStatus  : Off
Priority    : 0
Broadcast blocked        :DISABLE
Unknown multicast blocked :DISABLE
Unknown unicast blocked   :DISABLE
```

❖ 注意事项：交换机端口在默认情况下是开启的，AdminStatus 是 UP 状态，如果该端口没有实际连接其他设备，OperStatus 是 down 状态。

步骤 6　查看交换机的系统和配置信息

查看交换机的系统和配置信息命令要在特权模式下执行，Show version 查看交换机的版本信息，可以查看到交换机的硬件版本信息和软件版本信息，用于进行交换机操作系统升级时的依据。Show mac-address-table 查看交换机当前的 MAC 地址表信息。Show running-config 查看交换机当前生效的配置信息。

● 2008_switch#show version　　　　　　　!查看交换机的版本信息

```
System description      : Red-Giant Gigabit Intelligent Switch(S2126G) By Ruijie
Network                                  !系统描述信息
System uptime           : 0d:0h:43m:28s
System hardware version : 3.0                       !设备的硬件版本信息
System software version : 1.61(4) Build Sep  9 2005 Release
System BOOT version     : RG-S2126G-BOOT  01-02-02
System CTRL version     : RG-S2126G-CTRL  03-09-03 !操作系统版本信息
Running Switching Image : Layer2                    !二层交换机
```

- 2008_switch#show mac-address-table　　　　　!查看交换机的 MAC 地址表

```
Vlan       MAC Address         Type     Interface
---------- ----------------------------------------------
1          00d0.f888.2be2      DYNAMIC  Fa0/3
```

- 2008_switch#show running-config　　　　　!查看交换机当前生效的配置信息

```
System software version : 1.61(4) Build Sep  9 2005 Release
Building configuration...
Current configuration : 117 bytes
!
version 1.0
!
hostname 2008_switch                                  !配置的主机名
vlan 1
!
interface fastEthernet 0/3                            !针对 F0/3 端口配置的参数
 speed  10
 duplex half
!
End
```

任务三 共享办公网络

一、任务分析

李先生在办公网络中使用公司的办公自动化系统办公，访问 WWW 服务器浏览信息、收发电子邮件传递信息，使用 QQ 和 MSN 与朋友交流。在局域网应用中和同事共享打印机打印文件，共享文件实现信息共享，同时，李先生在单位还是小有名气的“电脑专家”，经常通过远程桌面连接指导同事的电脑操作。

二、任务实施

（一）Windows XP 下实现文件共享

【任务场景】

目前桌面操作系统大部分使用 Windows XP 操作系统，该系统有两种文件共享方式：简单文件共享（Simple File Sharing）和高级文件共享（Professional File Sharing）。默认情况下，简单文件共享是启用的。下面以 Windows XP Professional 为例介绍实现方式。

【施工拓扑】

局域网环境。

【施工设备】

若干安装 Windows XP 操作系统的计算机、交换机或集线器 1 台，网线若干。

【操作步骤】

1. 简单文件共享

Windows XP 允许通过简单文件共享，在网络上和其他电脑共享硬盘分区或者任意的文件夹。

而对于共享的硬盘分区或者文件夹，网络上的任何人都可以访问到，不需要访问者提供任何密码。

步骤 1　设置共享文件夹

首先，在想共享的文件夹上单击鼠标右键，选择“共享和安全”。如图 1-39 所示，指定共享的文件夹名称和是否允许更改，一般情况下，只允许网络用户只读共享，如果设置了用户可以更改你的文件，则网络用户有了删除文件的权限，这种删除是直接被清除掉，而不是先放到回收站。一旦你共享了硬盘分区或文件夹，那么它的子文件夹也同样会被共享。

如果我们共享了文件夹或硬盘分区，但是不想让所有人都能看见，则可以使用隐含共享。方法是，在设置共享名称的时候，在名称的最后添加一个美元符号“$”。这时通过网络邻居，对方就不能看见这个共享了。只能通过运行中输入\\机器名\隐含共享的文件夹名$直接访问，或对方通过直接映射网络驱动器的方式打开。

步骤 2　开启 Guest 账户

Windows XP 默认情况下，Guest 账户是没有开启的，要允许网络用户访问这台电脑，必须打开 Guest 账户。

① 依次执行“右击我的电脑→管理→计算机管理→本地用户和组→用户”，如果在右边的 Guest 账号上有一红叉，则 Guest 账户没有开启，右击 Guest，选“属性”，然后去掉“账号已停用”选择，如图 1-40 所示。

② 如果还是不能访问，可能是本地安全策略限制该用户不能访问。在启用了 Guest 用户或者本地有相应账号的情况下，单击“开始→设置→控制面板→管理工具→本地安全策略”打开“用户权利指派→拒绝从网络访问这台计算机”的用户列表，删除其中的 Guest 账号。

设置简单文件共享，网络上的任何用户都可以访问，无须密码，简单明了。

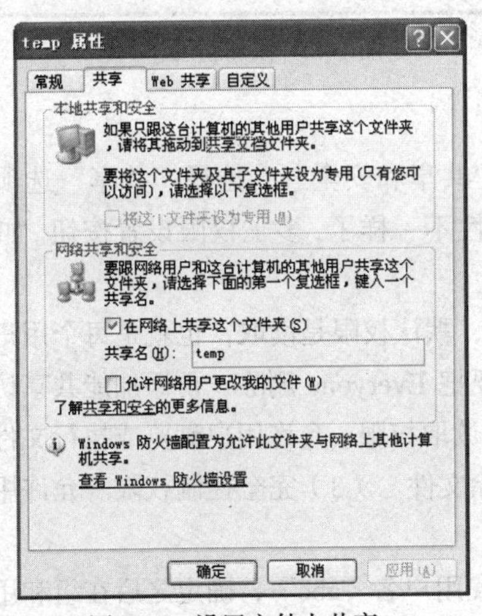

图 1-39　设置文件夹共享

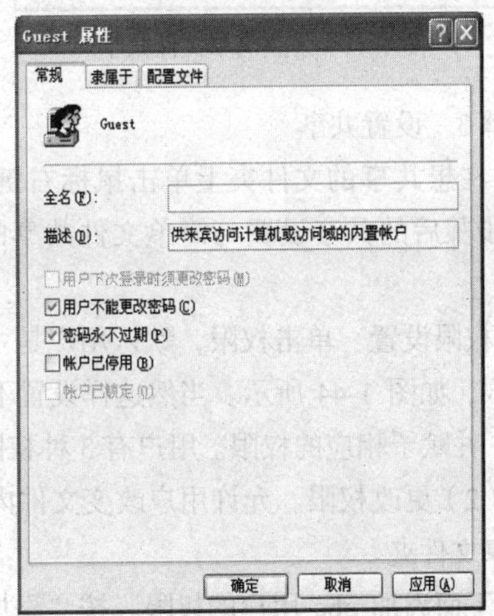

图 1-40　启用 Guest 账号

2. 高级文件共享

与简单文件共享相比，Windows XP 的高级文件共享增加了对共享访问的限制，它通过设置不同的账户，分别给予不用的权限，即设置 ACL（Access Control List，访问控制列表）来规划文件夹和硬盘分区的共享，达到限制用户访问的目的。

步骤 1　禁止简单文件共享

要启动高级文件共享，首先要禁用简单文件共享。首先任意打开一个文件夹，依次执行菜单栏的“工具→文件夹选项→查看的选项卡”，在高级设置里，去掉“使用简单文件共享（推荐）”选项，如图 1-41 所示。

步骤 2　设置账户

仅仅是开启默认 GUEST 账户并不能达到多用户不同权限访问的目的，而且在高级文件共享中，Windows XP 默认是不允许网络用户通过没有密码的账号访问共享文件的，所以，我们必须为不同权限的用户设置不同的账户。

以添加 abc 用户为例，依次执行“右击我的电脑→管理→计算机管理→本地用户和组→用户→新用户”，添加一个新用户 abc，并设置密码，如图 1-42 所示。

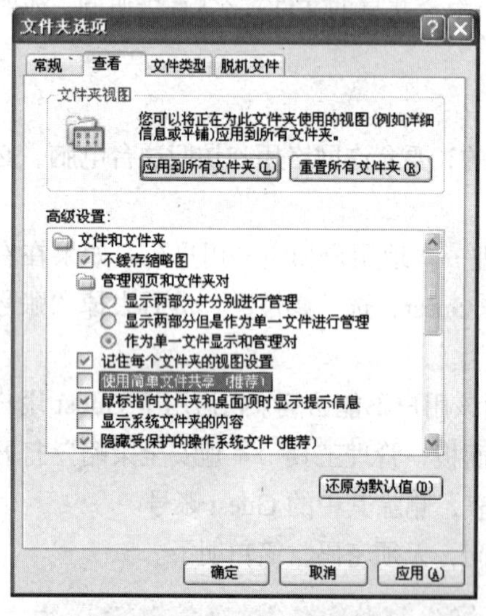

图 1-41　禁止简单文件共享

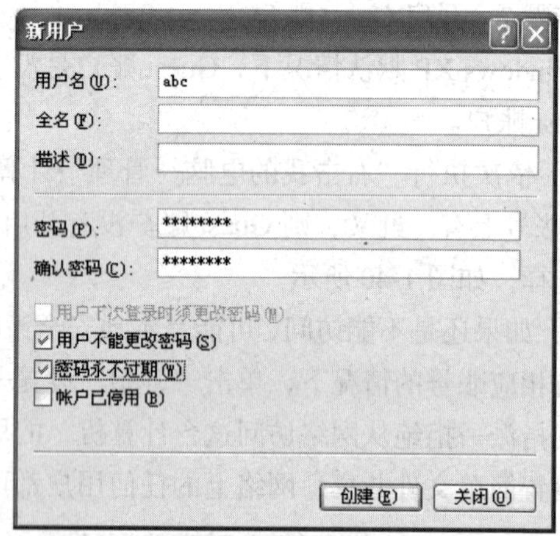

图 1-42　添加新用户

步骤 3　设置共享

① 在想共享的文件夹上单击鼠标右键，选择“共享和安全”，选择“共享”选项卡，经过以上步骤后的共享设置与简单文件共享的共享属性不一样了，多了权限设置按钮。如图 1-43 所示。

② 权限设置。单击权限，默认用户是 Everyone，默认权限是读取，也就是每个用户都有读取的权限，如图 1-44 所示。当然这样设置不安全，要把 Everyone 删除，再添加能共享访问的用户或组，并赋予相应的权限。用户有 3 种权限：（1）读取权限。允许用户浏览或执行文件夹中的文件。（2）更改权限。允许用户改变文件内容或删除文件。（3）完全控制权限。允许用户完全访问共享文件夹。

③ 下面添加 abc 用户的权限。按“添加”，查找用户名“abc”，确定之后在组和用户中就有了 abc 用户，如果我们设置 abc 用户只有读取权限，只需要在“读取”那里打勾就行了。如图 1-45 所示。

重复以上步骤，设置不同的账户不同权限。

❖ 注意事项，打开了高级共享，系统的所有分区都被默认为共享，必须把它改回来。

④ 如果觉得共享选项卡中的权限分类不细，不满足限制要求，可单击“安全”选项卡，添加用户或组，再赋予相应的权限，该权限有更细化的分类，包括：完全控制、修改、读取和运行、列出文件夹目录、读取、写入、特别的权限等，如图 1-46 所示。

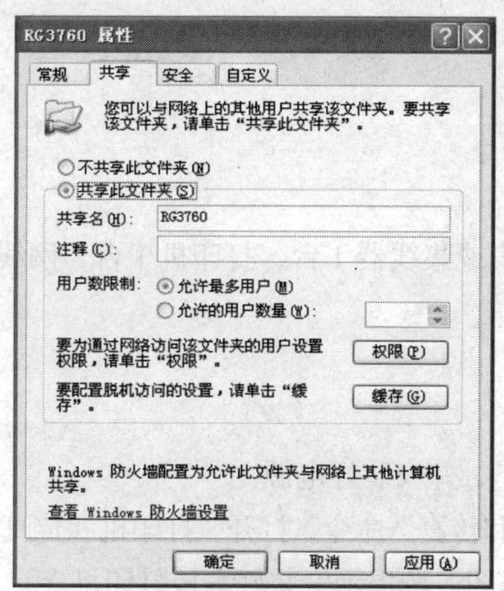

图 1-43 高级共享设置

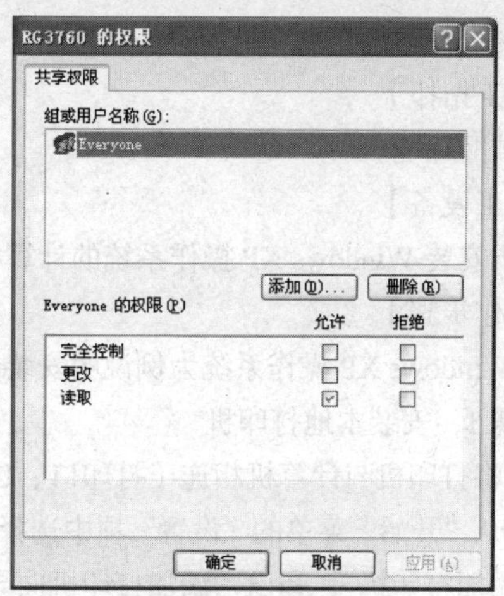

图 1-44 共享权限

图 1-45 添加共享用户和设置权限

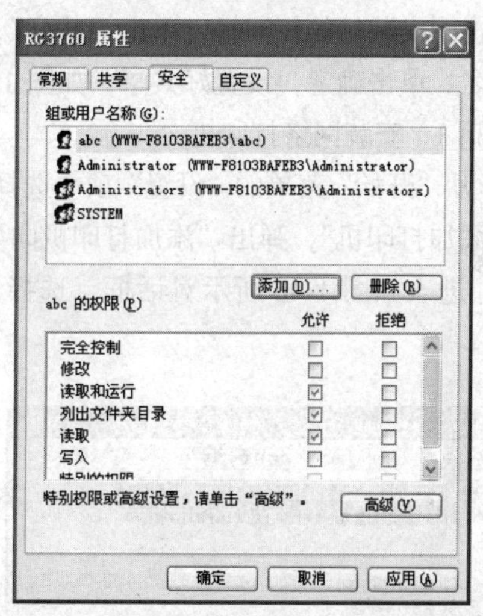

图 1-46 安全权限设置

步骤 4 网络用户访问共享文件夹

如果网络用户的操作系统是 Windows/2000/2003/XP 的话，访问时候提示用户密码，只要输入刚刚设置好的账户密码就可以正常访问了。如果客户机的操作系统是 Windows 95/98/Me，可以设置在登录 Windows 时直接登录到网络。

（二）Windows XP 下共享打印机

【任务场景】

打印机共享是办公网络的主要应用，同一办公室一般只安装一台打印机，同事们共享使用。网络上共享打印机时，先在本地计算机上安装打印机并设置为共享，然后再在同一网络上的其他计算机上安装网络打印机（安装网络打印机驱动程序）并使用网络打印机。

打印机安装包括安装硬件打印机和安装打印机驱动程序两个内容，硬件打印机的安装很简单，一是用信号线将打印机连接到本地计算机上，连上电源。我们通常所说的安装打印机指的是安装打印机的驱动程序。

有两种共享打印机方式，一种是通过连接打印机的计算机进行共享，另一种是用 IP 地址访问单独的网络打印机。本项目用第一种示例。

【施工拓扑】

局域网环境。

【施工设备】

若干安装 Windows XP 操作系统的计算机，交换机或集线器 1 台，打印机 1 台，网线若干。

【操作步骤】

以 Windows XP 操作系统为例说明安装步骤。

步骤 1　安装本地打印机

① 将打印机与计算机相连（打印口、USB 接口），并安装好电源。

② 从“开始”菜单的“设置”项中选择“打印机和传真”命令，打开“打印机和传真”窗口，单击“添加打印机”，弹出“添加打印机向导”对话框图，按提示安装好本地打印机。

步骤 2　设置打印机共享

右击刚安装好的打印机，单击“共享”，选择“共享”选项卡，选择“共享这台打印机”，输入共享名。单击确定，设置好共享，如图 1-47 所示。

步骤 3　安装网络打印机

① 从“开始”菜单的“设置”项中选择“打印机和传真”命令，打开“打印机和传真”窗口，单击“添加打印机”，弹出“添加打印机向导”对话框图，单击下一步。

② 进入如图 1-48 所示对话框，选择“网络打印机或连接到其他计算机的打印机”，单击下一步。

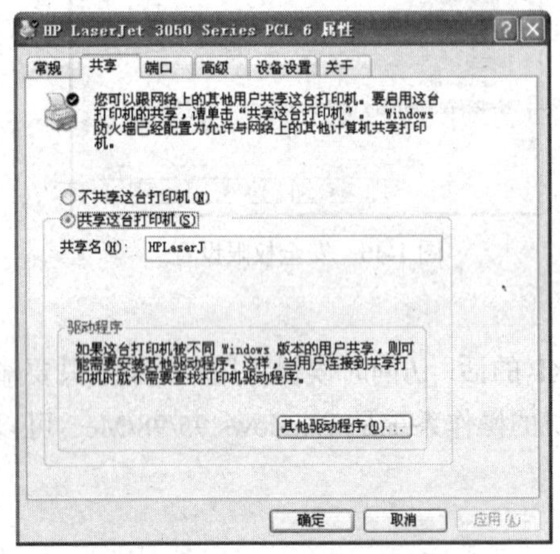

图 1-47　设置打印机共享

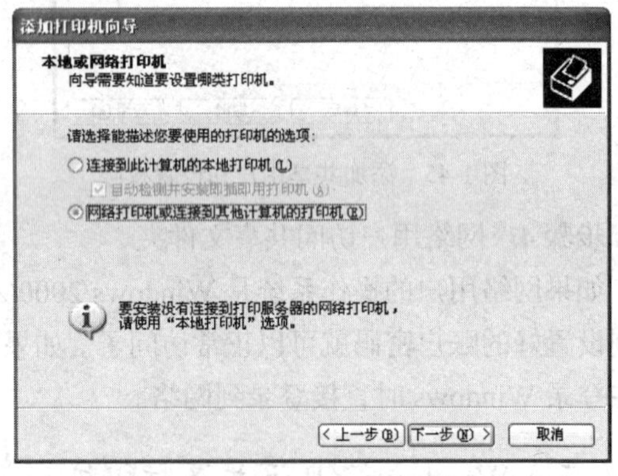

图 1-48　选择安装网络打印机

③ 进入如图 1-49 所示对话框，有浏览打印机、局域网格式直接输入打印机名、Internet 格式直接输入打印机名 3 种查找打印机的方式，在此选择浏览打印机的方式查找打印机，单击下一步。

④ 进入如图 1-50 所示的对话框，选择要安装的网络打印机，单击下一步。

⑤ 进入如图 1-51 所示的对话框，单击是。

⑥ 进入如图 1-52 所示的对话框，完成网络打印机的安装。

⑦ 安装完成，在打印机和传真窗口中出现刚安装的网络打印机，如图 1-53 所示。

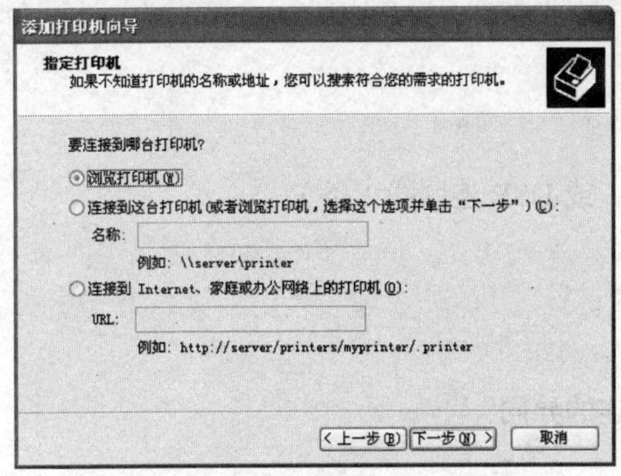

图 1-49　选择查找网络打印机方式

图 1-50　浏览打印机

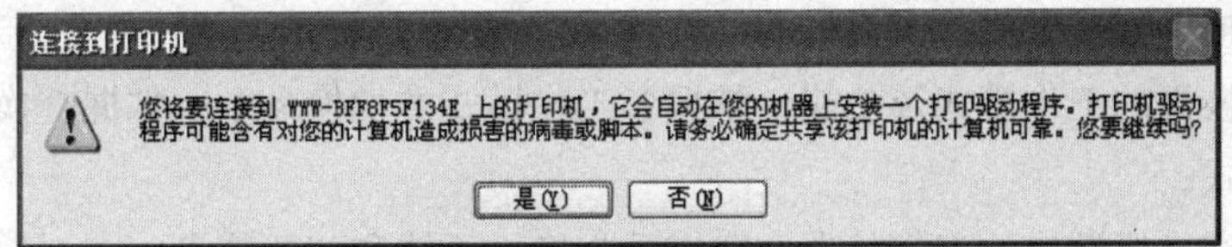

图 1-51　确定所选择的网络打印机

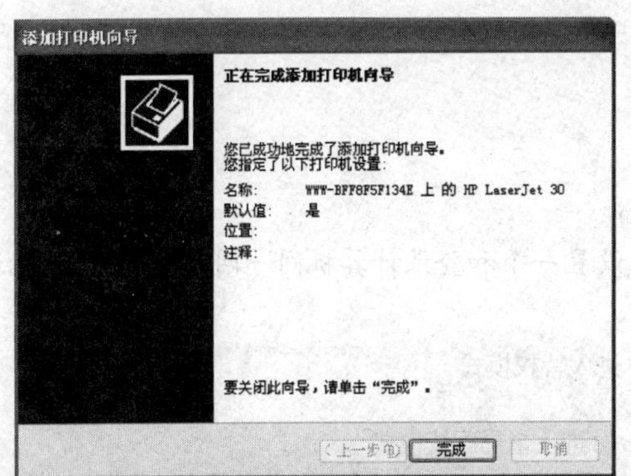

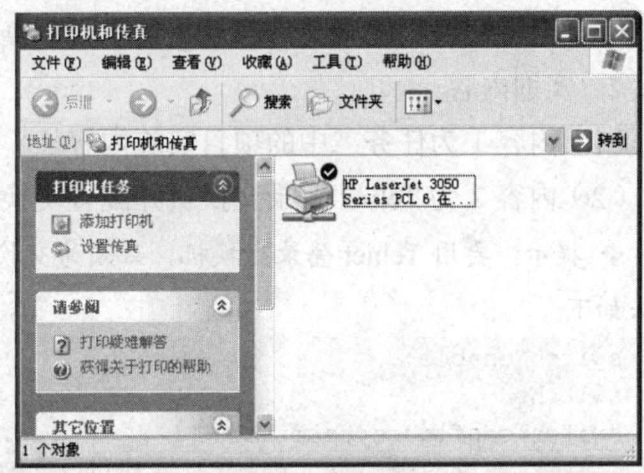

图 1-52　完成网络共享打印机的安装

图 1-53　安装后的网络共享打印机

步骤 4　使用共享打印机

使用共享打印机打印文档与使用本地打印机打印文档方法是一样的。例如，要打印一个 Word 文档，单击“文件”菜单“打印”命令，弹出“打印”对话框后，在打印机“名称”一栏中选择网络共享打印机即可。如果网络上有多台共享的打印机，而你的计算机也安装了多台网络打印机，那么，你可以在打印对话框中选择一台你所需要的网络打印机，使你的文档在这台打印机上打印。

实训项目

实训项目 1　双机互连

1. 实训目的与要求

学会用网线（或 1394 线，或 USB 连网线）实现双机互连，组建 SOHO 网络。

2. 实训内容

实训内容为任务一中项目实施内容。

3. 实训设备与材料

计算机 2 台，交叉网线 1 条（或 1394 线 1 条，或 USB 连网线 1 条）。

4. 实训拓扑

如图 1-17 所示。

5. 思考

交叉网线、1394 线、USB 连网线实现双机互连的异同？

实训项目 2　交换机基本配置

1. 实训目的与要求

（1）熟悉交换机连接方式，交换机的结构和端口类型；

（2）熟悉交换机的工作模式及功能，掌握各工作模式的切换命令，掌握交换机操作的帮助方式和快捷操作方式；

（3）能配置交换机端口的工作状态，会查看交换机系统和配置信息；

（4）会为交换机配置管理 IP 地址，能用 Telnet 登录交换机并对交换机进行配置；

（5）会将交换机配置文件与 tftp 服务器交换。

2. 实训内容

（1）内容 1 为任务二中的项目实施内容。

（2）内容 2 为 Telnet 登录交换机并配置交换机。

❖ 提示：要用 Telnet 登录交换机，必须为交换机设置一个和登录计算机同一网段的管理 IP 地址，方法如下：

```
switch>enable                                  !进入特权模式
switch#
switch#configure terminal                        !进入全局配置模式
switch(config)# interface vlan1 !打开交换机的管理 VLAN（VLAN1 是交换机的管理 VLAN）
switch(config-if)# ip address 192.168.1 254 255.255.255.0      !为交换机配置管理地址
switch(config-if)#no shutdown
switch(config-if)#exit
```

（3）内容 3 为将交换机配置文件与 tftp 服务器交换。

❖ 提示：tftp 服务器可将已配置好的交换机或路由器的配置文件上传至交换机或路由器，也可将交换机或路由器的配置文件下载到 tftp 服务器保存。

操作步骤如下：先在网络中的某台计算机上启动 tftp 服务器，然后在交换机的特权模式下执行以下命令，并按提示步骤操作。

```
switch# copy running-config tftp  !将交换机的配置文件下载到 tftp 服务器
switch# copy tftp running-config  ! 将 tftp 服务器中的配置文件上传到交换机
```

3. 实训设备与材料

交换机 1 台，计算机 2 台，网线 2 条。

4. 实训拓扑

如图 1-38 所示。

5. 思考

配置管理交换机时，有哪些方法可以帮助简化操作？

实训项目 3　局域网共享

1. 实训目的与要求

（1）学会在 Windows XP 下用简单文件共享和高级文件共享实现文件共享。

（2）能在局域网中共享打印机（有条件的共享安装独立的网络打印机）。

（3）能映射网络驱动器并访问共享文件夹。

（3）能在 Windows XP 下实现远程桌面连接并进行相应操作。

2. 实训内容

（1）内容 1 为任务三中项目实施内容。

（2）内容 2 映射网络驱动器。

❖ 提示：映射网络驱动器，就是将网络中其他计算机上设置的共享驱动器或文件夹，映射为本机上的一块硬盘，使用它就如同使用本机上的硬盘一样。实现映射操作从右击“我的电脑”，单击“映射网络驱动器”开始。

（3）内容 3 为远程桌面连接。

❖ 提示：远程桌面连接为 windows XP/2003 系统的默认安装，通过远程桌面连接到远程计算机后，就像操作本地计算机一样操作远程计算机。要设置某计算机能被远程桌面连接，右击“我的电脑”，选择“远程”选项卡进行相应设置。实现远程桌面连接可运行命令 mstsc.exe，或执行“开始→程序→附件→通信→远程桌面连接”。具体操作请参阅相关的操作指南。

3. 实训设备与材料

交换机 1 台，计算机 2 台，网线 2 条，打印机 1 台。

4. 思考

访问共享文件夹有哪几种方式？

习题

一、选择题

1. 下列（　　）拓扑结构中，单根电缆故障可能会使整个网络瘫痪？

A. 星形　　B. 总线形　　C. 环形　　D. 树形

2. MAC 地址由（　　）比特组成？

A. 16　　B. 8　　C. 64　　D. 48

3. 获取计算机主机 MAC 地址的命令有（　　）？

A. ping　　B. ipconfig/all　　C. ipconfig/renew　　D. show mac-address-table

4. 网络接口卡位于 OSI 模型的（　　）？

A. 数据链路层　B. 物理层　　C. 传输层　　D. 表示层

5. 当交换机不支持 MDI/MDIX 时，交换机间级连采用的线缆为（　　）。

A. 交叉线　　B. 直通线　　C. 反转线　　D. 任意线缆均可

6. 不能实现双机互联的线缆为（　　）。

A. 直通线　　B. 交叉线　　C. 1394 线　　D. USB 连网线

7. 适用于“5-4-3”规则限制的网络是（　　）。

A. 用集线器组建的 10Base-T 网络　　B. 用集线器组建的 100Base-T 网络

C. 用交换机组建的 10Base-T 网络　　D. 用交换机组建的 100Base-T 网络

8. 有关对交换机进行配置访问正确的描述是（　　）。

A. 只能在局域网中对交换机进行配置

B. 可以用缺省的管理 IP 地址远程登录交换机

C. 可以用通过 Console 配置的管理 IP 地址远程登录交换机

D. 交换机同一时刻只允许一个用户登录交换机

9. 在企业内部网络规划时，下列（　　）地址属于企业可以内部随意分配的私有地址。

A. 172.15.8.1　　B. 192.16.168.1　　C. 200.8.3.1　　D. 192.168.50.254

10. 一个 C 类地址段 192.168.1.0/24 进行子网划分，每个子网至少容纳 33 台主机，最多可以划分（　　）个子网？

A. 4　　B. 8　　C. 16　　D. 2

二、简答题

1. 试从网卡的引脚定义出发，分析为什么计算机与计算机用交叉网线相连。

2. 一个主机的 IP 地址是 220.218.115.213，掩码是 255.255.255.240，要求计算这个主机所在子网的网络地址和广播地址。

3. 某单位被分配到一个 C 类网络地址：202.123.98.0，根据使用情况，最少需要划分 5 个子网，每个子网最多有 27 台主机，试问如何进行子网划分？

4. 在网络管理中可采取什么措施制止 IP 地址冲突和 IP 地址盗用的现象发生？

5. 简述集线器与交换机的异同点。

项目二

构建 Windows Server 2003 下的网络服务器

某公司有近千名员工，设有机关科室单位 8 个、车间单位 9 个，年产值超亿元，办公计算机约 200 台。2007 年企业对网络进行了重新规划和升级工作，以达到与管理相适应的水平。网络拓扑结构如图 2-1 所示。公司办公网络的服务器使用 Windows Server 2003 企业版操作系统，客户端使用 Windows XP 操作系统。中心机房位于主办公楼，办公楼内用超 5 类网线综合布线，生产车间与中心机房用单模光缆连接，整体组成典型的星形网络结构，系统采用单域管理，通过核心交换机单模光缆与公司总部连接。为满足管理需要，该公司企业网络提供 DHCP、DNS、Web、FTP、E-mail 等服务。

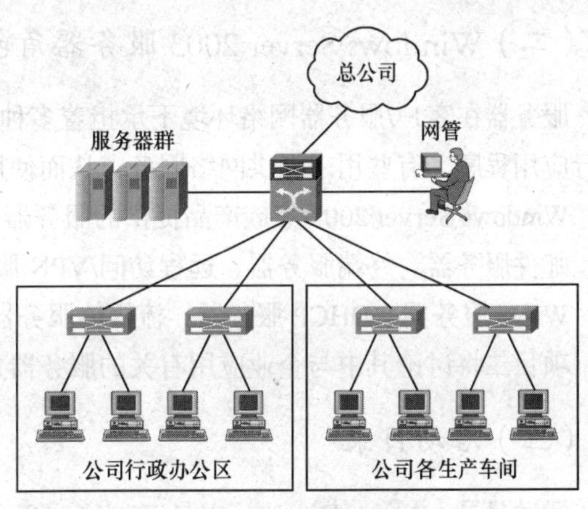

图 2-1　企业网络拓扑图

任务一　Windows Server 2003 与网络管理

一、任务分析

中心机房 4 台服务器全部安装 Windows Server 2003 Enterprise Edition，其中 1 台（主机名为 szbg15）用于 AD 主域控制器，还有 1 台（主机名为 szbg16）用于备份域控制器。

域控制器的安装、配置与管理是企业网络管理的核心工作。

二、相关知识

（一）Windows Server 2003 版本分类

Windows Server 2003，Standard Edition（标准版）：支持双路处理器，4GB 的内存。适用于一般中小企业。

Windows Server 2003，Enterprise Edition（企业版）：支持 8 路处理器，32GB 内存，28 个节点集群。这个版本还另外增加了一个支持 64 位计算的版本（Windows Server 2003 Enterprise Server 64-bit Edition），支持的内存更大。

Windows Server 2003，Datacenter Edition（数据中心版）：这是代表微软公司最高性能的产品，他的市场对象一直定位在最高端应用上，有着极其可靠的稳定性和扩展性能。支持 8～32 路处理器，64GB 的内存、28 个节点的集群。这个版本也另外增加了一个支持 64 位计算的版本（Windows Server 2003 Datacenter Server 64-bit Edition）。

Windows Server 2003，Web Edition（Web 版）：这是专门针对于 Web 服务器设计的，支持双路处理器，2GB 的内存。和其他版本的主要不同是，它仅能够在 AD 域中做成员服务器，而不能够做 DC 域控制器。

（二）Windows Server 2003 服务器角色

服务器在客户/服务器网络环境下承担着多种角色。有些服务器配置用来提供认证，有些用来运行应用程序，有些用来提供网络服务，从而使用户可以和网络中的其他服务器资源通信。

Windows Server 2003 家族产品提供的服务器角色有文件服务器、打印服务器、应用程序服务器、邮件服务器、终端服务器、远程访问/VPN 服务器、域控制器（Active Directory）、DNS 服务器、WINS 服务器、DHCP 服务器、流媒体服务器。

项目二将讨论其中与企业应用有关的服务器角色的安装、配置使用。

（三）活动目录

活动目录（Active Directory）是 Windows Server 2003 使用的目录服务。活动目录存储着有关网络对象的信息，其中包括域节点、计算机账户、用户账户的信息（如名称、密码、电话号码等）、组、组织单位和共享的网络资源（如文件夹和打印机等）。Windows Server 2003 使用多主复制模型，具有分层次和可扩展的名字空间、可调整性、与 DNS 集成、灵活的查询、在线备份和恢复、信息安全性等特征。

1. Windows Server 2003 目录服务功能

① 数据存储，也称为目录，它存储着与活动目录对象有关的信息。这些对象通常包括共享资源，如服务器、文件、打印机、网络用户和计算机账户。

② 制定一套规则，即架构，定义了包含在目录中的对象类和属性、这些对象实例的约束和限制及其名称的格式。

③ 包含目录中每个对象信息的全局编录。允许用户和管理员查找目录信息，而与目录中实际包含数据的域无关。

④ 建立查询和索引机制，可以使网络用户或应用程序发布并查找这些对象及其属性。

⑤ 通过网络分发目录数据的复制服务。域中的所有域控制器参与复制并包含它们所控制的域的所有目录信息的完整副本。对目录数据所做的任何更改都被复制到域中的所有域控制器。

⑥ 与网络安全登录过程的安全子系统的集成，以及对目录数据查询和数据修改的访问控制。

⑦ 为获得活动目录的所有功能，通过网络访问活动目录的计算机必须运行正确的客户软件。

2. 活动目录逻辑结构

在活动目录中，以逻辑结构组织资源，对逻辑资源的分组使用户能够通过名字而不是物理位置找到资源。活动目录的逻辑结构由森林、树、域组织单元和对象几个层次组成。

3. 域间信任关系

在域树中创建域时，相邻域（父域和子域）之间自动建立信任关系。如 yh.hnrtu.edu.cn 是 hnrtu.edu.cn 的子域，它们之间自动建立信任关系。在域林中，在树林根域和添加到树林的每个域树的根域之间自动建立信任关系。因为这些信任关系是可传递的，所以可以在域树或域林中的任何域之间进行用户和计算机的身份验证。

所有域信任关系都只能有两个域：信任域和受信任域。域信任具有多种关系属性：单向、双向、可传递、不可传递、外部信任、快捷信任等。

4. 活动目录的物理结构

活动目录的物理结构依赖于域控制器和站点，站点是一个在物理位置上有密切关系的计算机的集合，具有快速、便宜和可靠的网络线路的子网必须组合到一个站点中。同一个域中所有的域控制器都包含了域的整个目录，它们的数据库是相同的。

三、任务实施

【任务场景】

该公司用一个单域管理企业网络中的计算机用户，为安全起见需 2 台域控制器，一台主域控制器，一台备份域控制器，本项目示例安装主域控制器。

【施工拓扑】

施工拓扑图如图 2-1 所示。本任务中的其他实施项目都使用相同的施工拓扑图。

【施工设备】

安装 Windows Server 2003 操作系统的服务器 2 台以上，安装 Window XP 的计算机若干台，交换机最少一台，网线若干条。本任务中的其他实施项目都使用相同的施工设备。

【操作步骤】

在安装完 Windows Server 2003 并重新启动计算机后，系统会自动打开“管理您的服务器”对话框。也可以执行“开始→控制面板（或者：所有程序）→管理工具→管理您的服务器”命令打开“管理您的服务器”对话框，如图 2-2 所示。选择“添加或删除角色”，进入“配置您的服务器向导”窗口。

另外，还可以通过“开始→控制面板（或者：所有程序）→管理工具→配置您的服务器向导”直接进入“配置您的服务器向导”窗口。

① 进入“配置您的服务器向导”窗口，确认网络连接正常后，单击“下一步”按钮，进入如图 2-3 所示对话框。

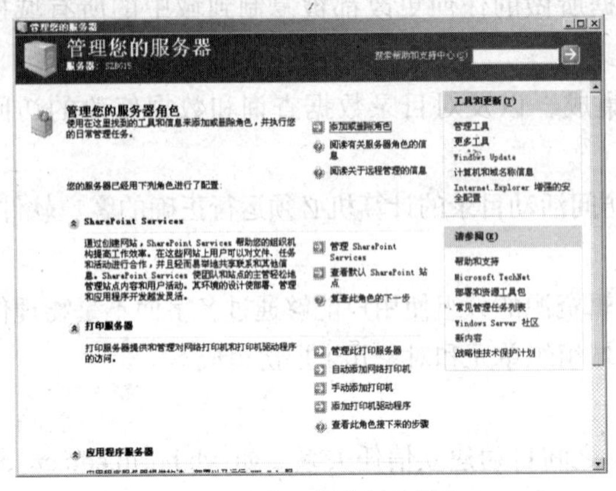

图 2-2 管理您的服务器窗口

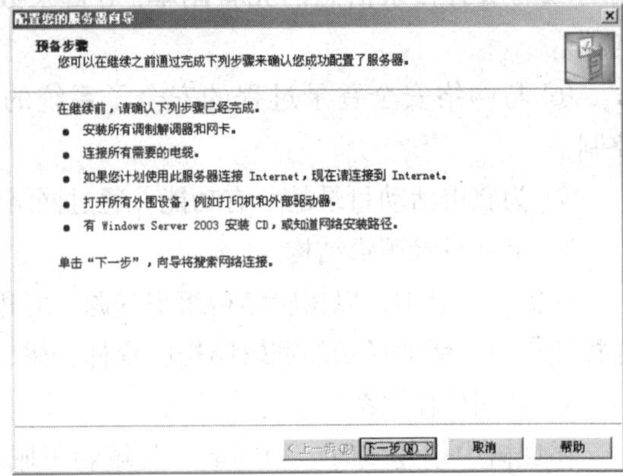

图 2-3 配置您的服务器向导第一步

② 进行“服务器角色”选择，在这里单击“域控制器（Active Directory）”，如图 2-4 所示，然后单击“下一步”按钮，进入对服务器角色选择的确认窗口，进入有关操作系统兼容性对话框，再单击“下一步”按钮。

③ 进入图 2-5 所示窗口，选择域控制器类型，需要根据本服务器在网络中是新域的域控制器还是现有域的额外域控制器作出不同的选择。本例中，由于是域中第 1 个域控制器，只能选择“新域的域控制器”项，单击“下一步”按钮。

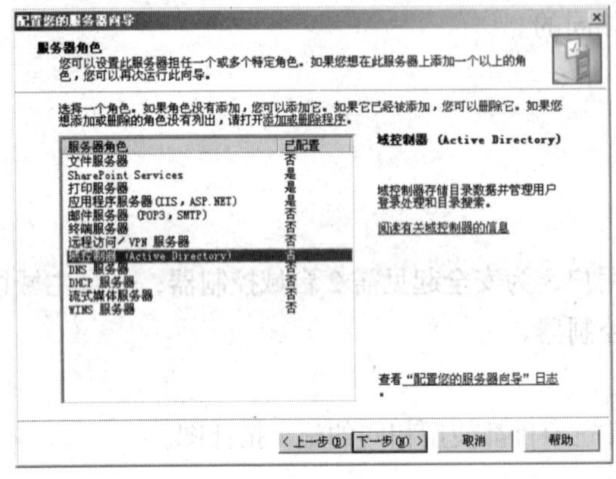

图 2-4 选择服务器角色

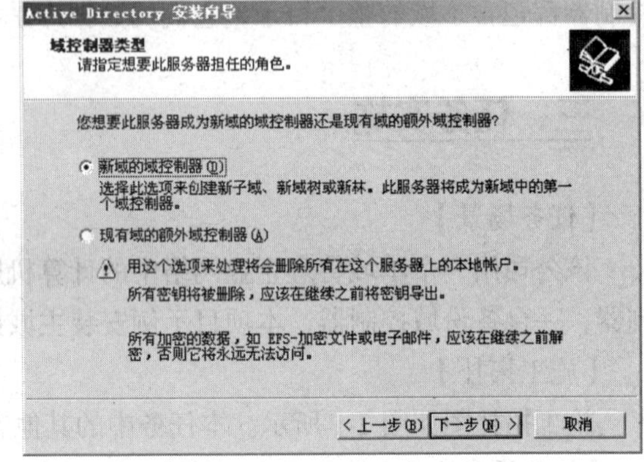

图 2-5 域控制器类型选择窗口

④ 进入图 2-6 所示对话框，为域控制器选择“在新林中的域”、“在现有域树中的子域”、“在现有的林中的域树”等 3 种域类型之一。由于我们现在安装的是第 1 个域，所以选择第一项“在新林中的域”。单击“下一步”按钮。

⑤ 在图 2-7 所示的“新域的 DNS 全名”对话框中输入本例的域名：ep.blsh.net，单击“下一步”按钮。

⑥ 进入图 2-8 所示的“NetBIOS 域名”对话框，输入 NetBIOS 名。安装向导会自动将“EP”作为域的 NetBIOS 名，也可以修改为其他名。单击“下一步”按钮。

⑦ 进入图 2-9 对话框，设置保存 Active Directory 数据库位置，本例取缺省值。单击“下一

步”按钮。

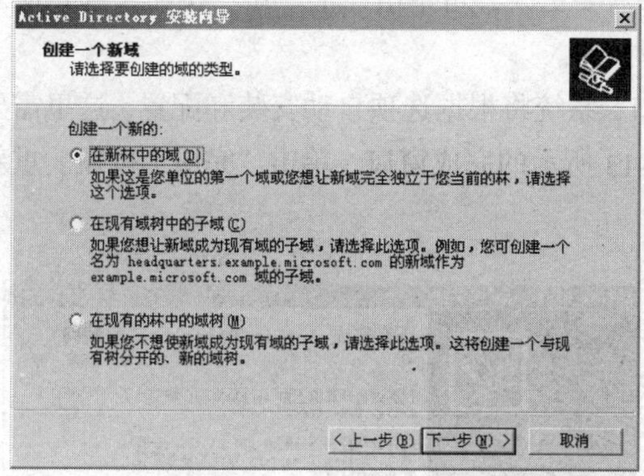

图 2-6　域类型选择窗口

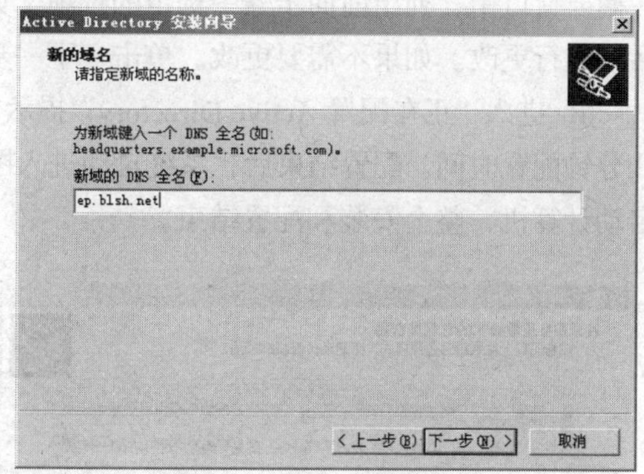

图 2-7　输入域名窗口

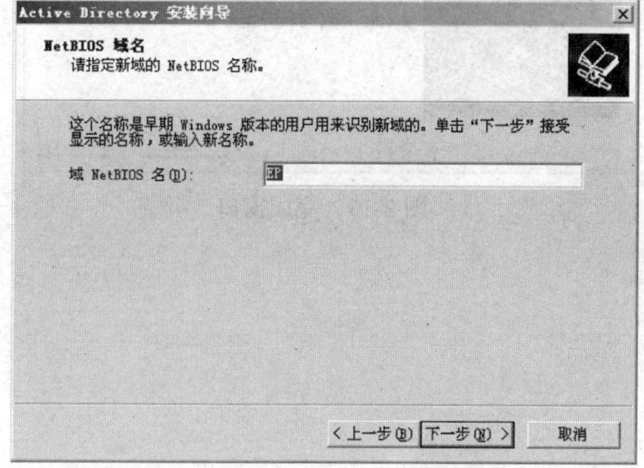

图 2-8　输入 NetBIOS 域名窗口

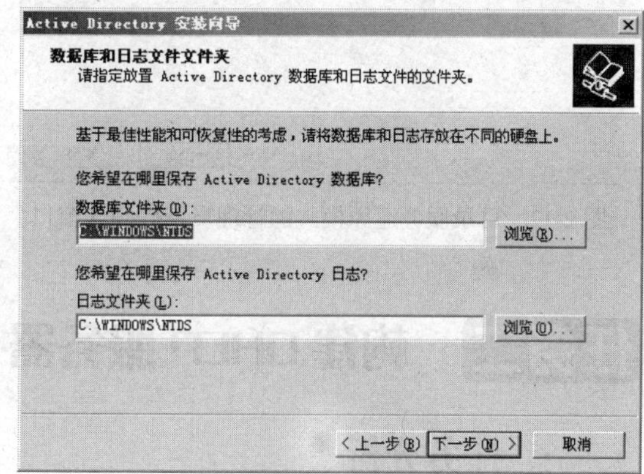

图 2-9　AD 数据库位置窗口

⑧ 进入图 2-10 对话框，输入 SYSVOL 文件夹的位置。本例取默认值。注意：SYSVOL 文件夹必须放在 NTFS 卷上。单击“下一步”按钮。

⑨ 如果向导无法同 DNS 服务器取得联系，或者在网络中还没有安装配置 DNS 服务器，系统会弹出如图 2-11 所示窗口。本例中，选择以后通过手动配置 DNS 来更正这个问题。单击“下一步”按钮，为用户和组对象选择默认权限，本例选择第 2 项：“只与 Windows 2000 或 WindwosServer 2003 操作系统兼容的权限”。单击“下一步”按钮。

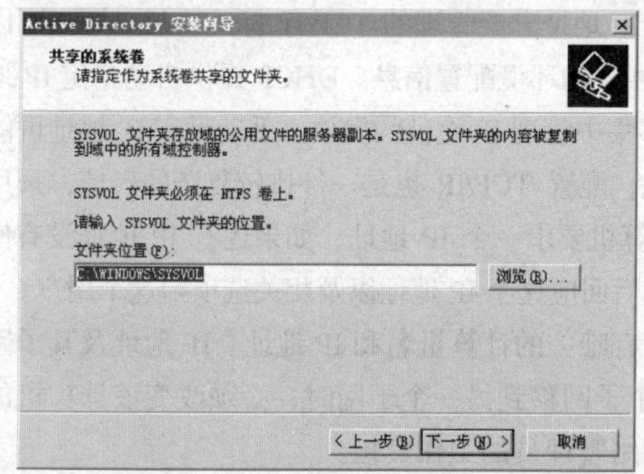

图 2-10　输入 SYSVOL 文件夹位置窗口

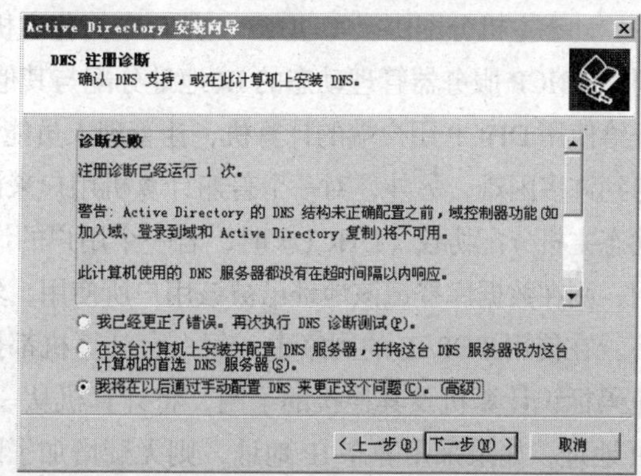

图 2-11　DNS 注册诊断窗口

⑩ 进入图 2-12 所示对话框，输入目录服务恢复模式的管理员密码。单击“下一步”按钮，在摘要窗口中，列出前面步骤中选定的选项，如果需要更改，可单击“上一步”按钮，到相应对话框进行更改。如果不需要更改，单击“下一步”按钮。

⑪ 进入“正在配置 Active Directory”提示窗口，系统将根据选项自动安装和配置，这里需要几分钟配置时间。配置结束后，系统自动进入图 2-13 所示的完成窗口，单击“完成”按钮。重新启动计算机，整个安装和配置结束。

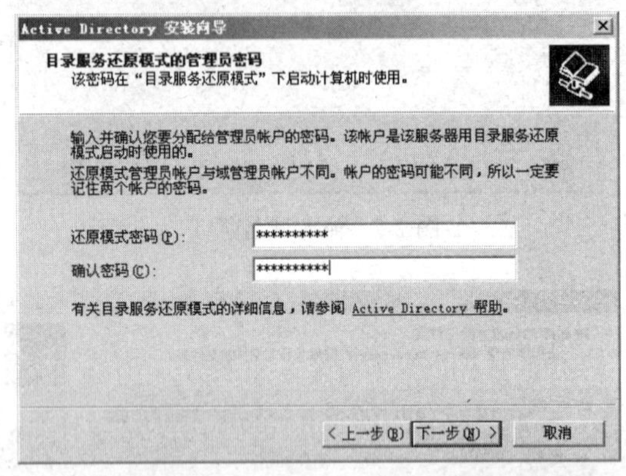

图 2-12　目录服务还原模式的管理员密码确认窗口

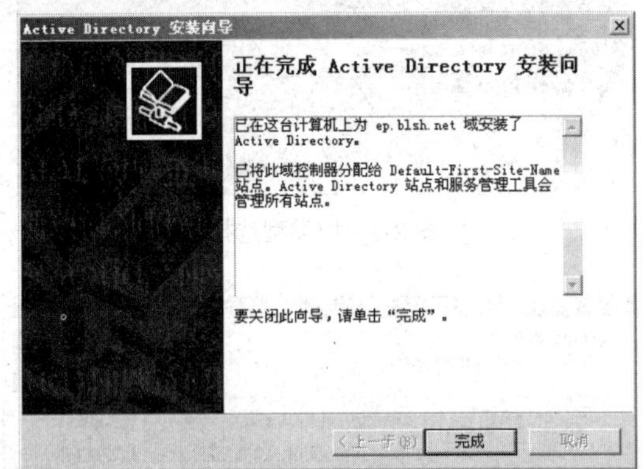

图 2-13　完成窗口

任务二　构建 DHCP 服务器

一、任务分析

为了便于管理，办公客户端计算机采用动态分配 IP 地址，需要安装配置 DHCP 服务器，由于企业规模小，用户数量少，DHCP 服务器与 AD 域控制器在同一台服务器上。

二、相关知识

（一）DHCP 简介

动态主机分配协议（DHCP）是一个简化主机 IP 地址分配管理的 TCP/IP 标准协议。用户可以利用 DHCP 服务器管理动态的 IP 地址分配与其他相关的环境配置信息。DHCP 提供自动指定 IP 地址给使用 DHCP 用户端的计算机，让管理人员能够集中管理 IP 地址的发放。手动设定 IP 地址可能遇到许多困难，另外，对一个普遍计算机用户来说，配置 TCP/IP 也是一件比较复杂的事情，采用动态主机分配协议（DHCP）时，若一个用户的计算机要求一个 IP 地址，如果还有 IP 地址没有使用，则在数据库登记该地址已被该用户所使用，然后回应这个 IP 地址以及相关选项给这个用户。

在使用 TCP/IP 的网络中，每一台计算机都拥有唯一的计算机名和 IP 地址。IP 地址及其子网掩码标识计算机及其连接的子网，将计算机从一个子网移到另一个子网时，必须改变该计算机的 IP 地址，如果采用静态 IP 地址，则无疑增加了网络管理员的工作负担。

从上面可以看出，采用 DHCP 后，无论对于网络管理员还是用户均非常方便，也不会像采用

静态分配 IP 地址一样，经常由于不同用户使用同一个 IP 地址而发生地址冲突，避免了由于 IP 地址冲突造成的无法使用网络资源的情况。

正常情况下，DHCP 服务器自动给客户端配置 IP 地址。但客户端跟 DHCP 服务器要求 IP 地址失败时，客户端可以从保留虚拟 IP（169.254.0.0 ）当中取得并设定 IP 地址，作为临时地址使用，客户端定时尝试与服务器通信，如果可以从 DHCP 服务器再度取得 IP 地址，就会更新所取得的 IP 地址。

（二）DHCP 的工作过程

1. DHCP 客户首次获得 IP 租约

DHCP 客户首次获得 IP 租约，需要经过 4 个阶段与 DHCP 服务器建立联系，如图 2-14 所示。

① IP 租用请求。DHCP 客户机启动后，通过 UDP 的 67 号端口广播一个 DHCPDISCOVER 信息包，向网络上任意一个 DHCP 服务器请求提供 IP 地址的租约。

② IP 租用提供。网络上所有的 DHCP 服务器均会收到此信息包，每台 DHCP 服务器通过 UDP 的 68 号端口给 DHCP 客户机回应一个 DHCPOFFER 广播包，提供一个 IP 地址。

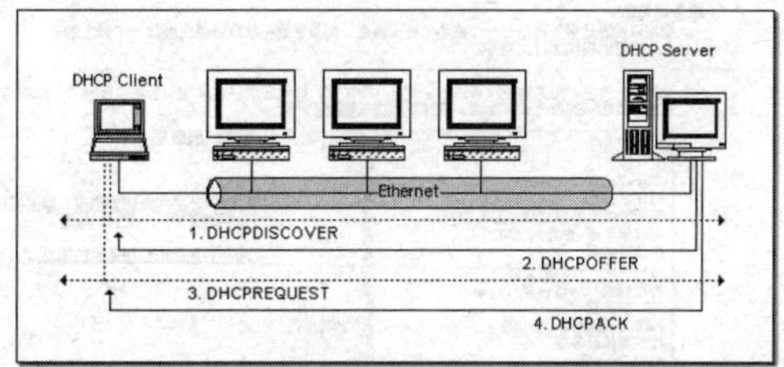

图 2-14 DHCP 的工作过程

③ IP 租用选择。客户机从不止一台 DHCP 服务器收到提供的 IP 租用之后，会选择第 1 个收到的 DHCPOFFER 包，并向网络中广播一个 DHCPREQUEST 消息包，表明自己已经接收了 1 个 DHCP 服务器提供的 IP 地址，该广播包中包含所接收的 IP 地址和服务器的 IP 地址。

④ IP 租约确认。被客户机选择的 DHCP 服务器在收到 DHCPREQUEST 广播后，会广播返回给客户机一个 DHCPACK 消息包，表明已经接受客户机的选择，并将这一 IP 地址的合法租用以及其他的配置信息都放入该广播包发给客户机。客户机在收到 DHCPACK 包后，会使用该广播包中的信息来配置自己的 TCP/IP，租用过程完成。

2. DHCP 客户进行 IP 租约更新

取得 IP 租约后，DHCP 客户机必须定期更新租约，否则当租约到期，就不能再使用此 IP 地址。每当租用时间到达租约的 50%和 87.5%时，客户机就必须发出 DHCPREQUEST 信息包，向 DHCP 服务器请求更新租约。在租约更新时，DHCP 客户机是以单点传送方式发出 DHCPREQUEST 信息包，不再进行广播。

① 在当前租约期已过去 50%时，DHCP 客户机直接向为其提供 IP 地址的 DHCP 服务器发送 DHCPREQUEST 消息包。如果客户机收到该服务器回应的 DHCPACK 消息包，客户机就根据包中所提供的新的租期以及其他已经更新的 TCP/IP 参数，更新自己的配置，完成 IP 租用更新；如果没有收到该服务器的回复，则客户机继续使用现有的 IP 地址。

② 如果在租约期过去 50%时未能成功更新，则客户机将在当前租期过去 87.5%时再次向为其提供 IP 地址的 DHCP 服务器联系。如果联系不成功，则重新开始 IP 租用过程。

③ DHCP 客户机重新启动时，它将尝试更新上次关机时拥有的 IP 租用。如果更新未能成功，客户机将尝试联系现有 IP 租用中的默认网关。如果联系成功且租用尚未到期，客户机认为自己仍然位于与它获得现有 IP 租约时相同的子网上，即它认为自己没有被移走，继续使用现有 IP 地址；

如果未能与默认网关联系成功，客户机认为自己已经被移到不同的子网上，则 DHCP 客户机将失去 TCP/IP 网络功能，此后，DHCP 客户机将每隔 5min 尝试一次重新开始新一轮的 IP 租用过程。

三、任务实施

【操作步骤】

① 启动“配置您的服务器向导”，如图 2-15 所示，选择 DHCP 服务器，单击“下一步”按钮，进入 DHCP 新建作用域向导，再单击“下一步”按钮。

② 进入图 2-16 所示对话框，输入 DHCP 作用域名称和描述，其中描述为可选项，单击“下一步”按钮。

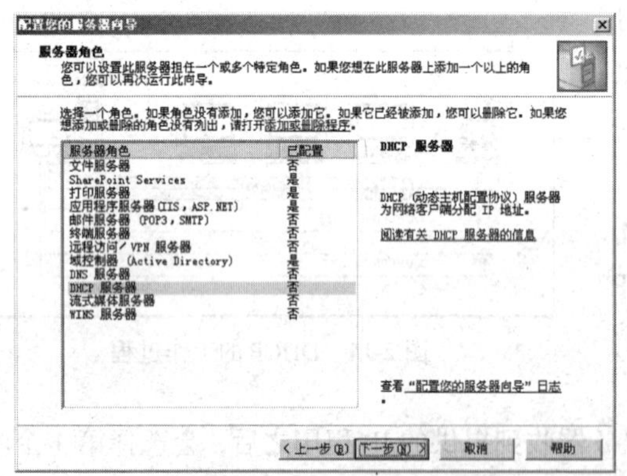

图 2-15 服务器角色选择窗口

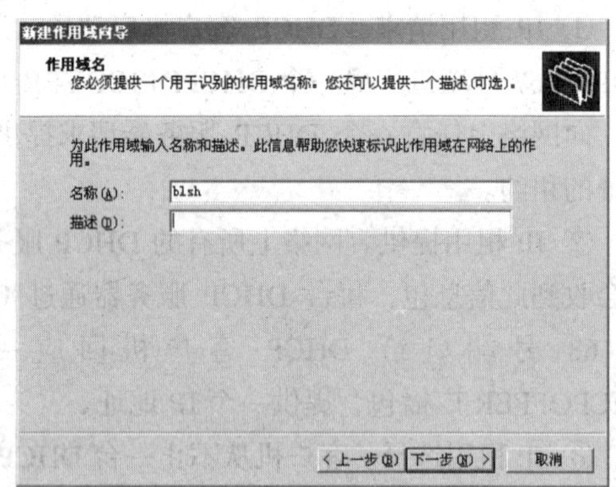

图 2-16 输入作用域名窗口

③ 进入图 2-17 所示对话框，输入 IP 地址范围、子网掩码。根据网络实际情况确定 IP 地址范围和子网掩码。本例中 IP 地址设为 192.168.1.20～192.168.1.254，单击“下一步”按钮。

④ 进入图 2-18 所示对话框，输入排除的 IP 地址（即 DHCP 不分配的 IP 地址），这里可以输入单个 IP 地址，也可以输入连续的地址段。本例没有排除的 IP 地址，单击“下一步”按钮。

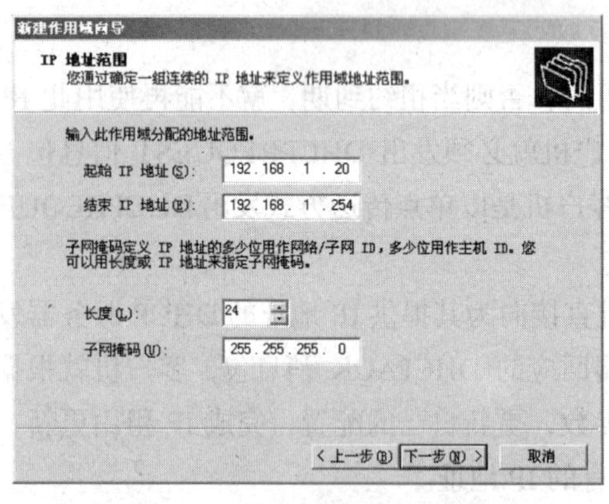

图 2-17 输入 IP 地址范围窗口

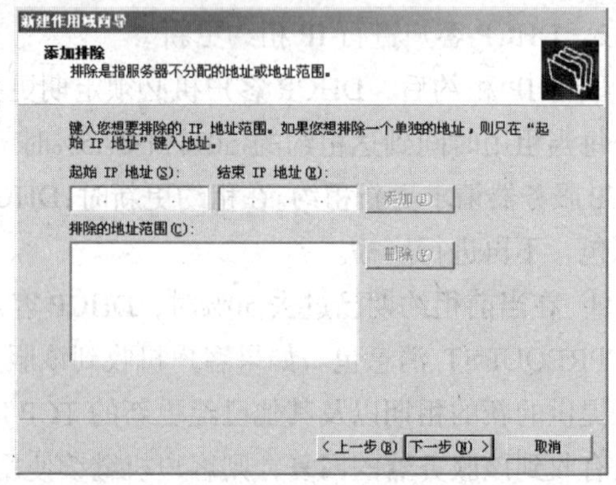

图 2-18 输入排除的 IP 地址窗口

⑤ 进入图 2-19 所示对话框，输入 IP 地址租约期限，本地选择默认值（8 天时间）。单击“下一步”按钮。

⑥ 进入图 2-20 所示配置 DHCP 选项选择窗口，本例选择第 1 项，配置 DHCP 选项。

⑦ 单击“下一步”按钮，输入默认网关 IP 地址，如图 2-21 所示，单击“下一步”按钮。

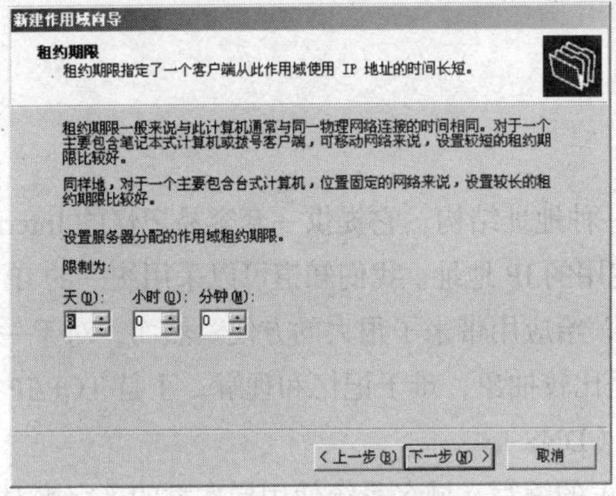

图 2-19　输入 IP 地址租约期限窗口

图 2-20　DHCP 选项选择窗口

⑧ 输入域名和 DNS 服务器名和 IP 地址。如图 2-22 所示，单击“下一步”按钮，添加 WINS 服务器地址（一般不用添加），单击“下一步”按钮。

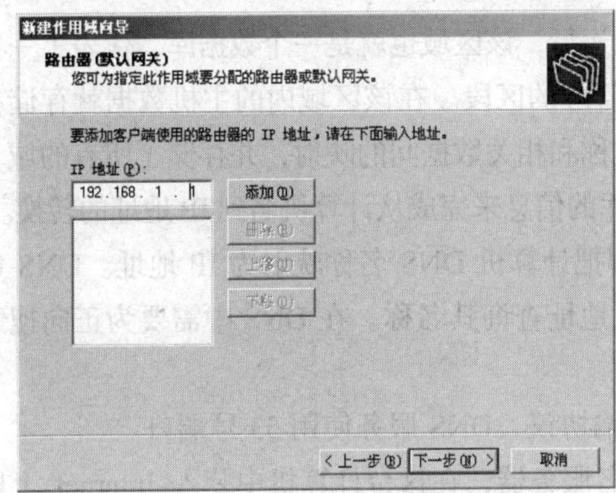

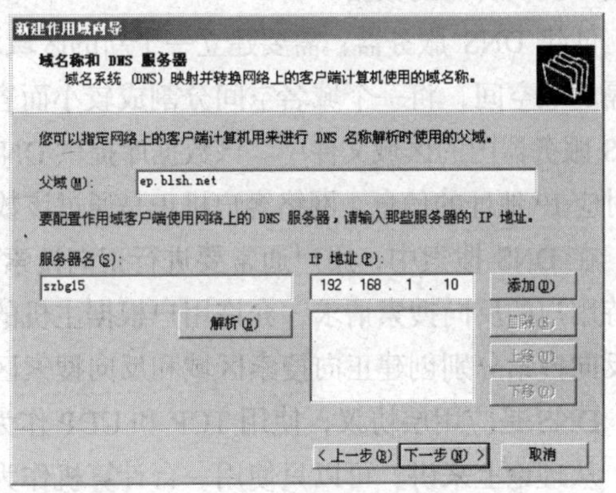

图 2-21　默认网关对话框　　　　图 2-22　域名和 DNS 服务器对话框

⑨ 进入如图 2-23 所示对话框，完成 DHCP 安装。

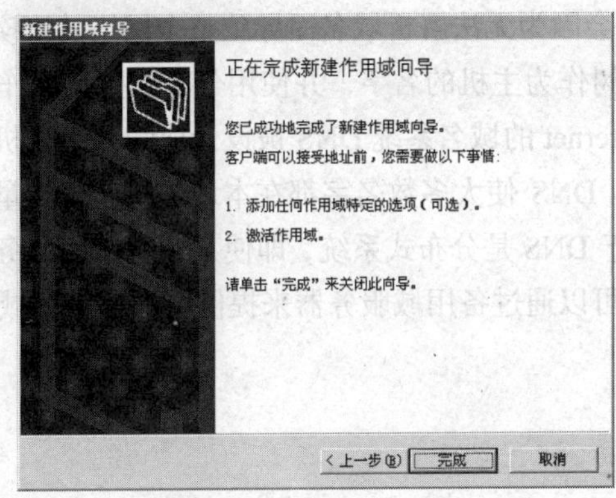

图 2-23　完成提示窗口

任务三　构建 DNS 服务器

一、任务分析

AD 安装时必须要求域中至少有 DNS 服务器，小规模企业，DNS 服务器与 AD 域控制器可在

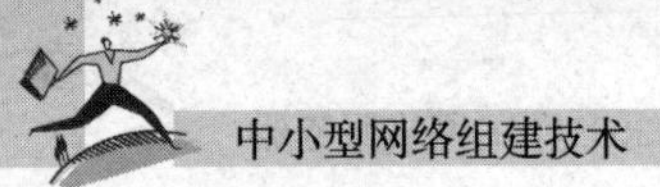

同一台服务器上。

二、相关知识

域名是用于在 Internet 上识别和定位计算机的一种地址结构，它提供一套容易记忆的 Internet 地址系统，并通过域名服务器 DNS 解释在网络上使用的 IP 地址。我们知道可以采用统一的 IP 地址来识别 Internet 上的主机，屏蔽底层的物理地址，给应用带来了很大的方便。然而，对于一般用户来说，以点分隔开的数字型的 IP 地址方式还是比较抽象，难于记忆和理解，于是 TCP/IP 专门设计了一种字符型的主机命名机制——域名系统（DNS）。

DNS 是英文 Domain Name System（域名系统）的缩写，域名系统使用层次型的名字来对网络上的每台计算机赋予一个直观的字符标识。其结构通常为：hostname.domain，即主机名+它所在的域名。当用户提出利用计算机的主机名称查询相应的 IP 地址请求的时候，DNS 服务器从其数据库提供所需的数据。

创建 DNS 服务器，需要建立一个新的区域才能运行，该区域也就是一个数据库，代表了一个间隔的域空间，将一个域名空间分割成较小而容易管理的区段。在该区域内的主机数据就存储在 DNS 服务器内的区域文件中。该数据库提供 DNS 名称和相关数据间的映射，并存储了所有的域名与对应 IP 地址的信息，网络客户机正是通过该数据库的信息来完成从计算机名到 IP 地址的转换。

在 DNS 搜索中，用户通常要进行正向搜索，即把计算机 DNS 名称映射为 IP 地址。DNS 也支持用户的反向搜索请求，允许用户根据主机的 IP 地址查询其名称。在 DNS 中需要为正向搜索和反向搜索分别创建正向搜索区域和反向搜索区域。

DNS 是应用层协议，使用 TCP 和 UDP 作为传输协议，DNS 服务使用 53 号端口。

从理论上来讲，可以只使用一台计算机作为域名服务器，在这台计算机中装入 Internet 上所有的主机名以及对应的 IP 地址，并回答整个 Internet 对所有 IP 地址的查询任务，但是随着 Internet 规模的扩大，这样的域名服务器肯定会因过负荷而无法提供正常的服务，并且一旦这台域名服务器出现故障，整个 Internet 就会因为无法解析域名而导致整个网络的瘫痪。从 1983 年开始，Internet 开始采用以层次结构的命名树作为主机的名字，并使用分布式数据库作为域名数据库存储机制的分布式域名系统（DNS）。Internet 的域名系统 DNS 被设计成为一个联机分布式数据库系统，并采用客户/服务器（C/S）结构。DNS 使大多数名字都在本地解析，仅少量解析需要在 Internet 上通信，因此系统效率很高。由于 DNS 是分布式系统，即使某一个域名服务器出现故障，仅仅只影响其管辖域的域名解析，并且可以通过备用域服务器来提供更加可靠的域名解析服务。

三、任务实施

【操作步骤】

安装 DNS 服务器的过程与安装 DHCP 服务器一样，只是在“配置您的服务器向导”的“服务器角色”窗口选择 DNS 服务器即可。

步骤 1　创建正向查找区域

① 在“配置您的服务器”向导的“服务器角色”窗口选择：DNS 服务器，如图 2-24 所示，单击“下一步”按钮。

② 进入如图 2-25 所示的“配置 DNS 服务器向导”窗口，单击“下一步”按钮。

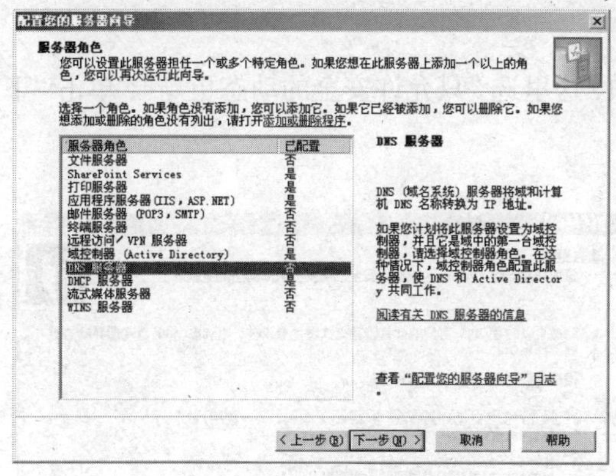

图 2-24　服务器角色选择窗口

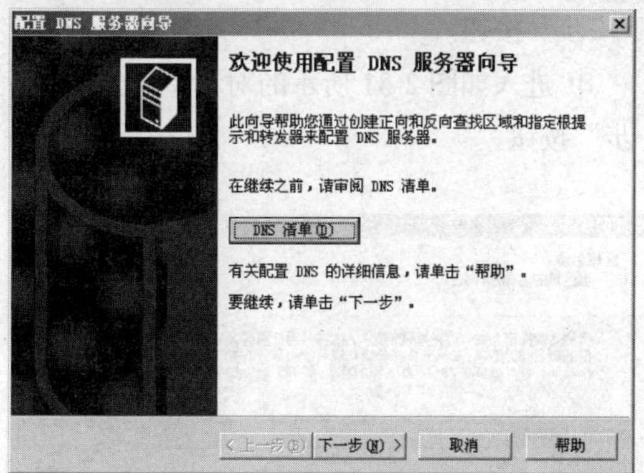

图 2-25　配置 DNS 服务器向导

③ 进入如图 2-26 所示的对话框，选择配置操作，由于业务需要，我们选择"创建正向和反向查找区域，单击"下一步"按钮。

④ 进入如图 2-27 所示的对话框，创建正向查找区域，单击"下一步"按钮。

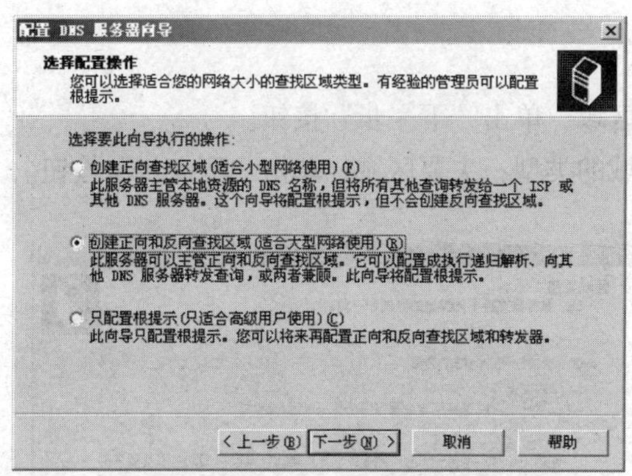

图 2-26　选择配置操作

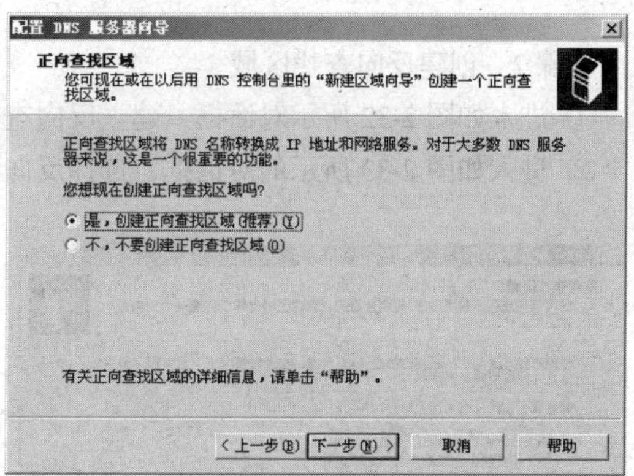

图 2-27　创建正向查找区域

⑤ 进入如图 2-28 所示的对话框，选择区域类型，这里选主要区域，单击"下一步"按钮。

⑥ 进入如图 2-29 所示的对话框，选择区域复制作用域，这里选域中的所有 DNS 服务器，单击"下一步"按钮。

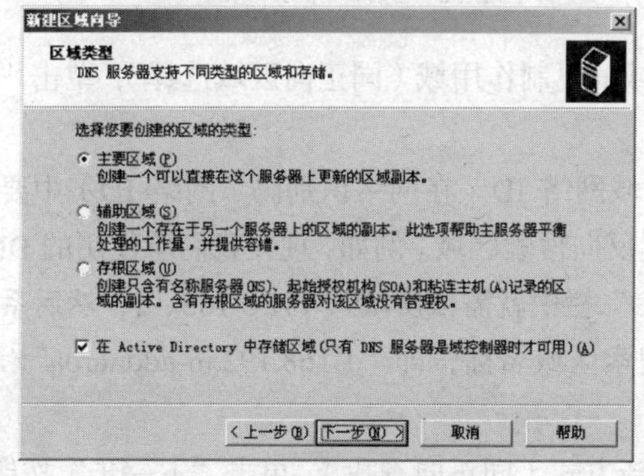

图 2-28　选择区域类型

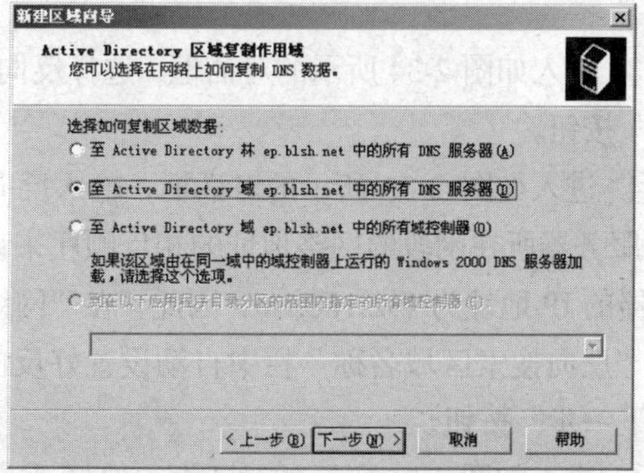

图 2-29　选择区域复制作用域

⑦ 进入如图 2-30 所示对话框，输入区域名称（DNS 名称空间），示例输入 ep.blsh.net，单击

“下一步”按钮。

⑧ 进入如图 2-31 所示的对话框，选择更新选项，这里选“只允许安全的动态更新”，单击“下一步”按钮。

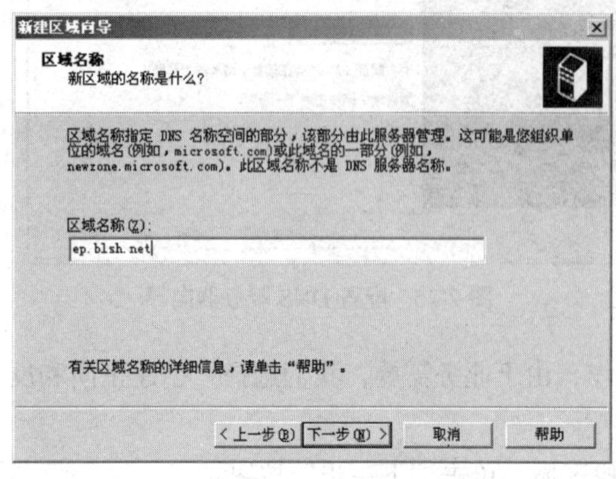

图 2-30 输入区域名称

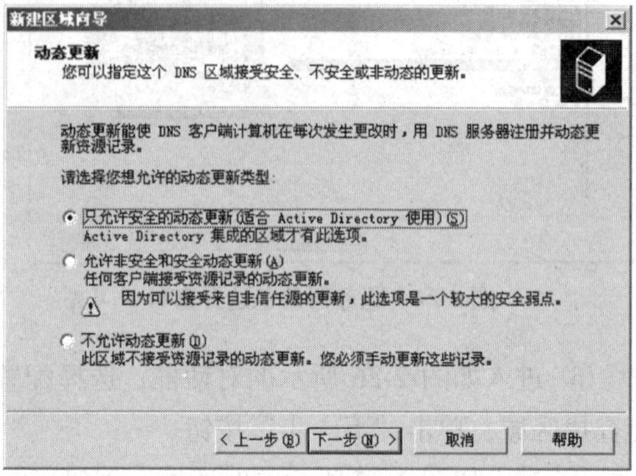

图 2-31 选择更新选项

步骤 2 创建反向查找区域

① 进入如图 2-32 所示对话框，建立反向查找区域，单击“下一步”按钮。

② 进入如图 2-33 所示的对话框，选择反向区域的类型：主要区域，单击“下一步”按钮。

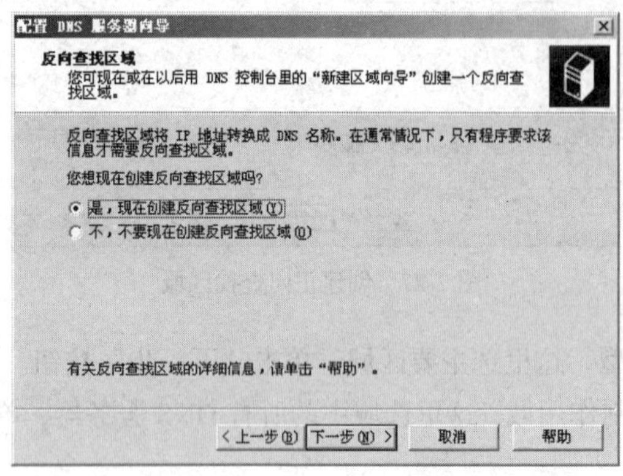

图 2-32 建立反向查找区域

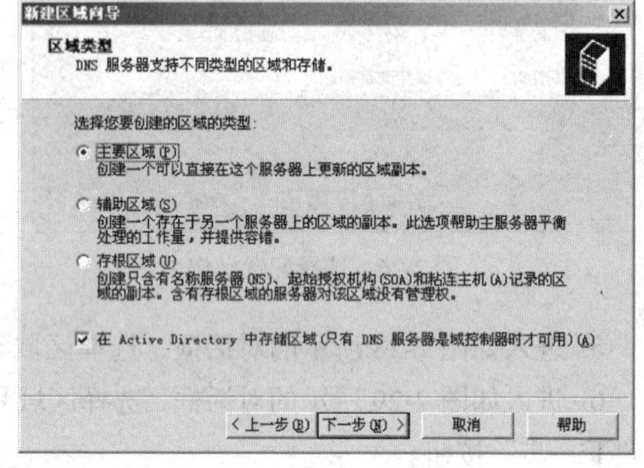

图 2-33 选择反向区域的类型

③ 进入如图 2-34 所示的对话框，选择反向区域的复制作用域（同正向区域选择），单击“下一步”按钮。

④ 进入如图 2-35 所示的对话框，输入反向区域网络 ID。在网络识别码（网络 ID）中要以 DNS 服务器所在网段的网络地址的相反顺序来设置反向搜索区域。例如，现在我们所使用的 DNS 服务器的 IP 地址为 192.168.1.0，因此，在“网络 ID”栏中就需依次填入 192、168、1，然后系统会在“反向搜索区域名称”栏中自动设置好反向搜索区域名称，即“1.168.192.in-addr.arpa”，单击“下一步”按钮。

⑤ 进入如图 2-36 所示的对话框，选择动态更新方式（同正向查找），单击“下一步”按钮。

⑥ 进入如图 2-37 所示的对话框，选择转发方式，由于企业内部要求，不转发无法答复的查询，单击“下一步”按钮。

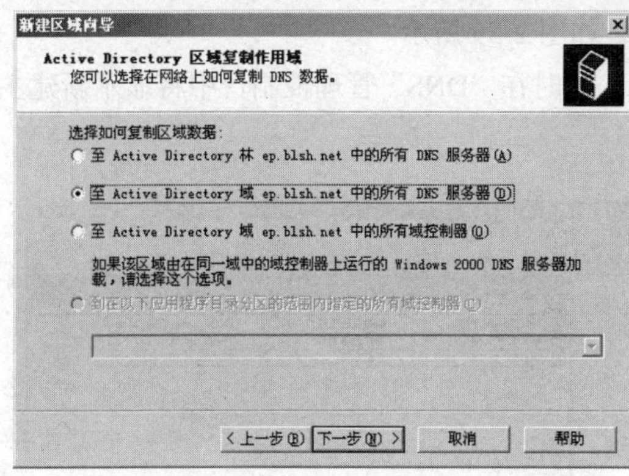

图 2-34　选择反向区域的复制作用域

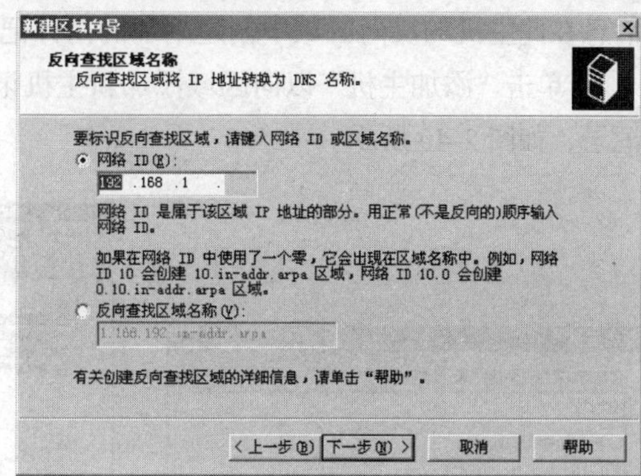

图 2-35　输入反向区域网络 ID

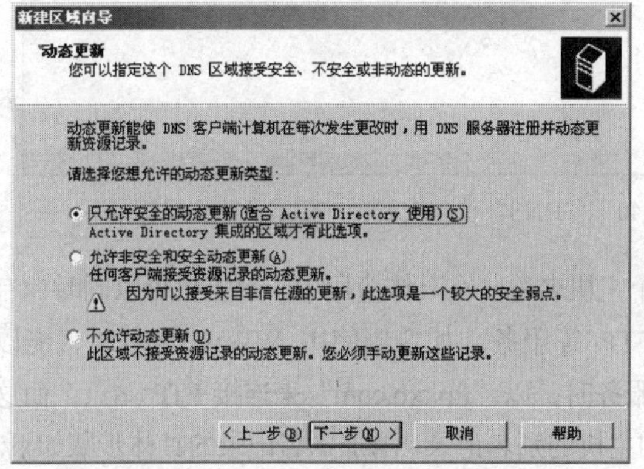

图 2-36　选择动态更新方式

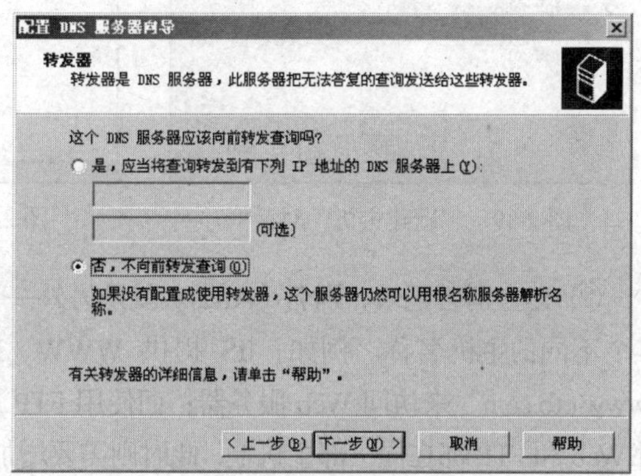

图 2-37　选择转发方式

⑦ 进入图 2-38 所示的完成配置对话框，完成配置，单击“完成”按钮。

步骤 3　建立和管理 DNS 服务器的资源记录

① 建立主机（A）资源记录。主机（A）资源记录在区域中使用，以将计算机（或主机）的 DNS 域名与它们的 IP 地址相关联，并能按多种方法添加到区域中。

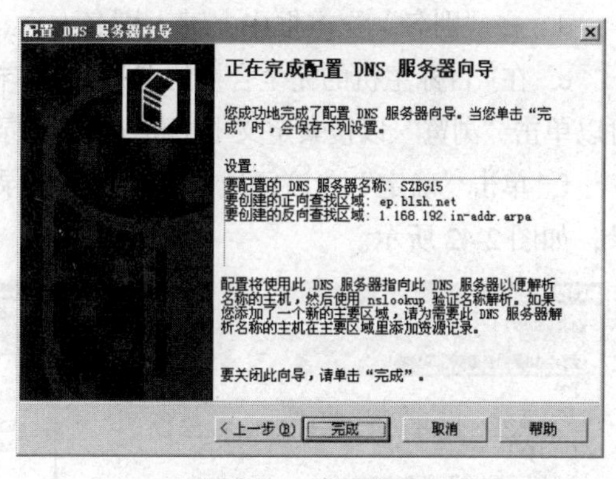

图 2-38　完成配置

并非所有计算机都需要主机（A）资源记录，但是在网络上共享资源的计算机需要该记录。共享资源并且需要用 DNS 域名进行识别的任何计算机，都需要采用 A 资源记录来提供对计算机 IP 地址的 DNS 名称解析。

向区域添加主机资源记录的步骤如下。

a. 打开 DNS 控制台。

b. 在控制台树中，单击相应的正向搜索区域。

c. 在“操作”菜单上，单击“新建主机”。

d. 在“名称”文本框中，键入新主机的 DNS 计算机名称。

e. 在“IP 地址”文本框中，键入新主机的 IP 地址。

f. 选中“创建相关的指针（PTR）记录”复选框，可以根据在“名称”和“IP 地址”中输入的信息在此主机的反向区域中创建附加的指针记录，如图 2-39 所示。

g. 单击“添加主机”以向区域添加新主机记录，此时在“DNS”管理控制台中将显示新建主机记录，如图 2-40 所示。

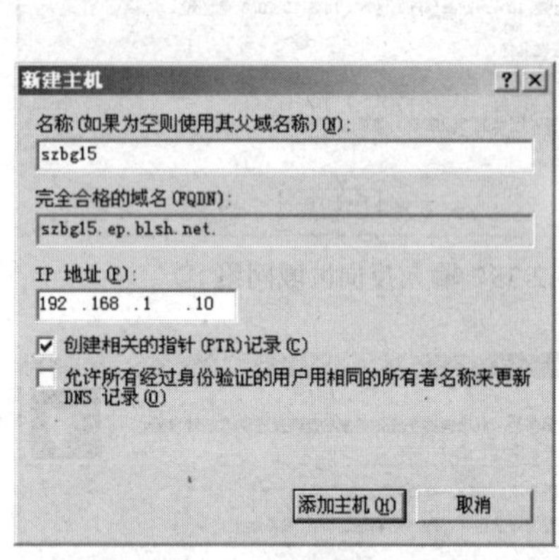
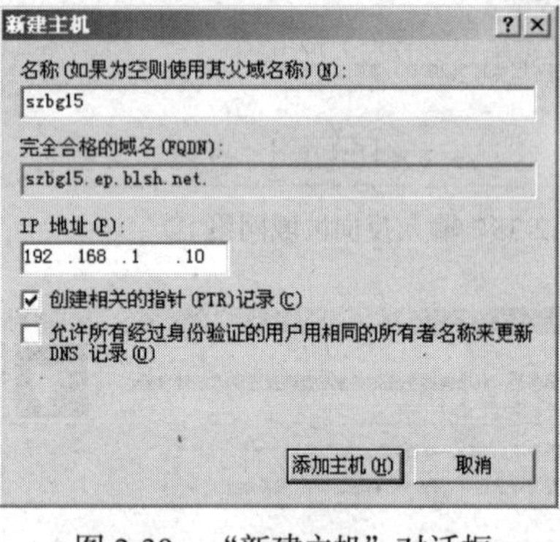

图 2-39 “新建主机”对话框

图 2-40 “DNS”管理控制台中显示新建主机记录

② 建立别名记录。别名（Alias）就是另外一个主机名称。在具体应用中一部主机可以同时拥有多个不同的主机名称。例如，IIS 提供 WWW、FTP 等服务，如希望使用 WWW 服务时，能以“www.txb.com”来访问 Web 服务器；而使用 FTP 服务时，以“ftp.txb.com”来连接 FTP 站点，而这时 Web 和 FTP 都在同一部主机上，此时则需要增加主机的别名记录。增加别名记录的具体步骤如下。

a. 打开 DNS 控制台。

b. 在控制台树中，单击相应的正向搜索区域。

c. 在“操作”菜单上，单击“新建别名”。

d. 在“别名”文本框中，键入别名。

e. 在“目标主机的完全合格的名称”文本框中，键入使用此别名的 DNS 主机的完全合格域名。可以单击“浏览”以搜索定义了主机（A）记录的域中的主机 DNS 名称空间，如图 2-41 所示。

f. 单击“确定”向该区域添加新别名记录，此时在“DNS”管理控制台中将显示新建别名记录，如图 2-42 所示。

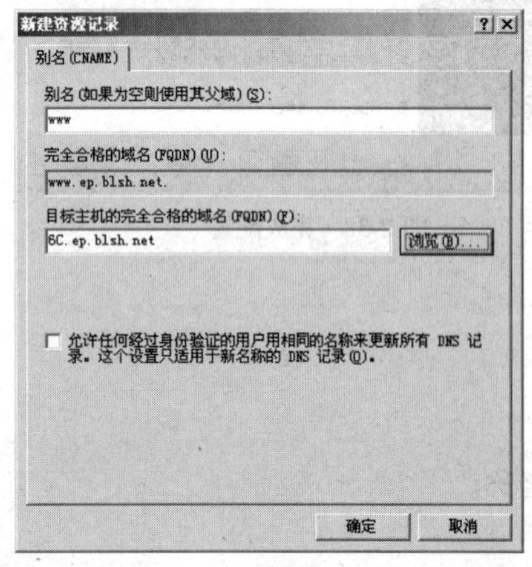

图 2-41 “新建资源记录（别名）”对话框

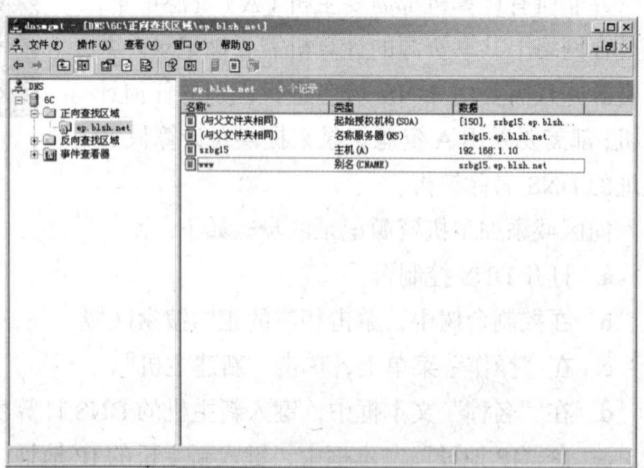

图 2-42 “DNS”管理控制台中显示新建别名记录

步骤 4　设置 DNS 客户端

设置了 DNS 服务器后，客户端必须正确指向该 DNS 服务器，才能查询到所要的地址。客户端有两种指向 DNS 服务器的方法。对于使用 DHCP 服务的网络，可由 DHCP 服务器统一指向 DNS 服务器，这样客户机自动分配 IP 地址时自动指向 DNS 服务器，具体配置方法请参考“DHCP 服务器”一节。客户端也可在“Internet 协议（TCP/IP）属性”对话框中指定 DNS 服务器，方法是在客户端“Internet 协议（TCP/IP）属性”对话框中选择“使用下面的 DNS 服务器地址”选项，并在“首选 DNS 服务器”栏后输入 DNS 服务器的 IP 地址。本例为：192.168.1.10，如图 2-43 所示。然后单击“确定”按钮完成 DNS 客户端的设置操作。

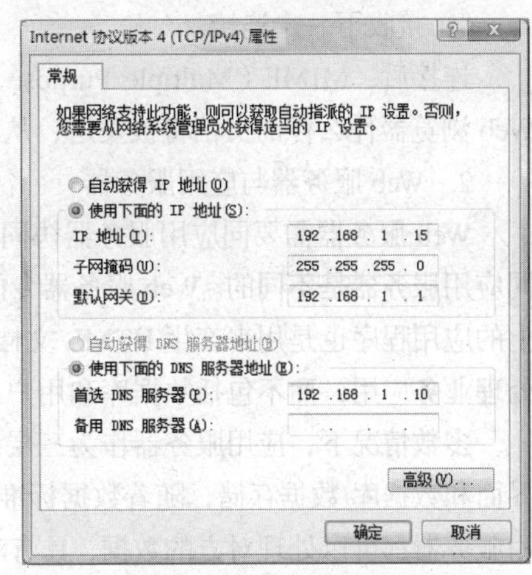

图 2-43　指定 DNS 服务器

任务四　用 IIS 构建 Web 和 FTP 服务器

一、任务分析

用 IIS 构建 Web 服务对于企业应用来讲过于简单，微软公司的 WSS 和其他第三方软件如 Serv-U 更适于企业在 IIS 上构建 Web 和 FTP 服务，但我们希望通过对 IIS 的配置增强大家对 Web 应用的理解，为今后进一步学习打下坚实的基础。

二、相关知识

（一）IIS 简介

Internet 信息服务简称为 IIS，伴随着 Windows Server 版本提高而变化，IIS 6.0 包含在 Windows Server 2003 服务器的 4 种版本之中。安装好 Windows Server 2003 之后，我们可以看到 Windows Server 2003/IIS 6.0 与以前的 Windows Server 2000/IIS5.0 不同，Windows Server 2003 默认不安装 IIS（除 Windows Server 2003 Web 版外）。

Web 服务器是指计算机和运行在它上面的 Web 服务软件的总和，Web 服务器使用超文本标记语言（HTML-Hyper Text Marked Language）描述网络的资源，创建网页，以供 Web 浏览器阅读。不管是一般文本还是图形，都能通过文档中的链接连接到服务器上的其他文档，从而使客户快速地搜寻他们想要的资料。

1. Web 服务器的工作原理

当 Web 服务器接到一个对 Web 页面的请求，并找到相应的文件 index.html，然后从宿主文件服务器上下载该文件并通过 HTTP 把它传输给 Web 浏览器（Web Browser）。

Web 服务器的处理过程包括了一个完整的逻辑阶段。

① 接受连接，产生静态或动态内容并把它们传回浏览器。

② 关闭连接。

③ 接收下一个连接。

连接后，MIME（Multiple Purpose Internet Mail Extension，多用途因特网邮件扩展）会告诉Web浏览器什么样的文档将被发送，从而为Web服务器的Web浏览器提供相应内容。

2. Web服务器与应用服务器

Web服务器需要同应用服务器协同工作，才能完成一个Web站点的功能。但是Web服务器同应用服务器是不同的。Web服务器专门用来向浏览器提供HTML文档和图像数据，Web服务器上的应用程序也是用来产生HTML文档和图像数据的；应用服务器只包含应用的业务逻辑，负责处理业务应用，而不包括数据库和用户界面程序。

多数情况下，应用服务器作为三层结构的中间层存在。在三层结构中，其他两层分别是用户界面和数据库/数据存储，随着数据标准技术的发展，特别是由于XML的出现，Web服务器和应用服务器都可以处理对方的数据，具有对方的功能。虽然应用服务器很容易具有提供Web网页的功能，但是却很难给应用服务器配置所有的Web功能。Web服务器要频繁、大量地传送HTML和图像数据，所以它一般都需要较高的I/O速度，而应用服务器要对数据做大量的处理，因此需要较大的CPU的处理能力。

3. FTP服务器简介

Internet上应用最广泛的文件传输服务使用文件传输协议（FTP，File Transfer Protocol），作为一个通用的协议，FTP涉及到前面讨论过的多种概念。FTP允许传输任意文件并且允许文件具有所有权与访问权限。更为重要的是，由于隐藏了独立计算机系统的细节，FTP适用于异构体系。

FTP是Internet中仍然在使用的最古老的协议之一。最初被定义的ARPAnet协议的一个组成部分，FTP的出现要早于TCP/IP。当TCP/IP创建后，开发了一个新版本的FTP用于新型的Internet协议。

一旦一个连接被打开，FTP就要求用户提供远程计算机的授权。为了做到这一点，用户必须输入一个登录名和口令，许多FTP版本提示输入登录名和口令。登录名对应于远程计算机上的一个合法的账户，决定哪些文件能被访问。如果用户提供的登录名是 franfy，那么该用户将同在远程机器上用franky登录的用户一样享有相同的文件访问权限。

尽管登录名和口令的使用可以帮助防止文件受到未经授权的访问，但是这种授权并不是很方便的。特别是要求每个用户都拥有一个合法的登录名和口令使得任意访问难以实现。为了允许任何用户都可以访问文件，在许多站点按惯例建立了一个只用于FTP的特殊计算机账户。该账户的登录名为anonymous，允许任意用户最小权限地访问文件。

（二）IIS安装

在Windows 2003中，安装IIS有3种途径：利用“管理您的服务器”向导、利用控制面板“添加或删除程序”的“添加/删除Windows组件”功能，或者执行无人值守安装。

以控制面板“添加或删除程序”的“添加/删除Windows组件”功能为例，说明安装过程。

① 进入控制面板，双击“添加或删除程序”，单击“添加/删除 Windows 组件”，如图2-44所示。

② 选择“应用程序服务器”，单击“详细信息”按钮。弹出“应用程序服务器”窗口，如图2-45所示，在其中选择“Internet信息服务（IIS）”，单击“确定”按钮。

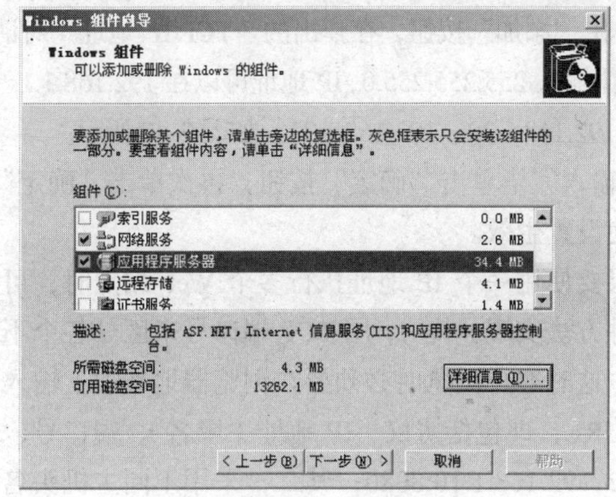

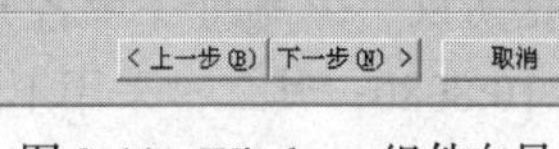

图 2-44　Windows 组件向导

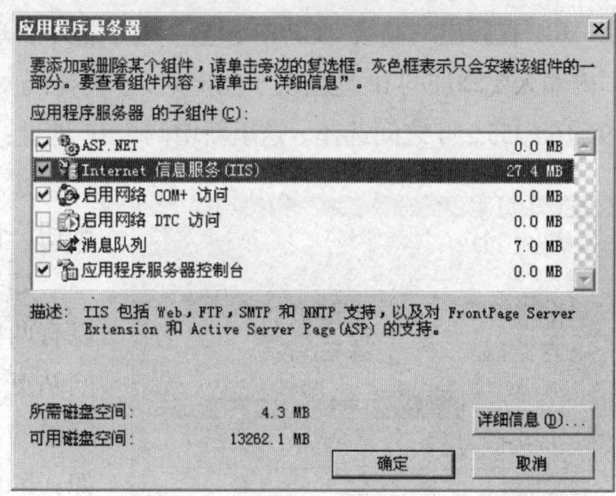

图 2-45　安装 IIS

三、任务实施

【任务场景】

该公司最初用 Windows Server 2003 自带的 IIS6.0 建立 Web 服务器，提供信息发布、内部论坛、电子商务等方面服务。

【操作步骤】

步骤 1　启动 IIS

单击 Windows 开始菜单→所有程序→管理工具→Internet 信息服务（IIS）管理器，即可启动“Internet 信息服务”管理工具，如图 2-46 所示。

步骤 2　Web 服务实现准备

IIS 安装成功后，自动产生一个默认的 Web 站点，为整个网络提供 Web 服务。在小型网络中往往只有一台 Web 服务器，但有时一个 Web 站点又无法满足工作要求，因此，可以在一台服务器上设置多个 Web 站点。为了实现这个任务，最好是在同一服务器上绑定多个 IP 地址。每个 Web 站点分别指定一个不同的 IP 地址，并采用默认 TCP 端口号 80。

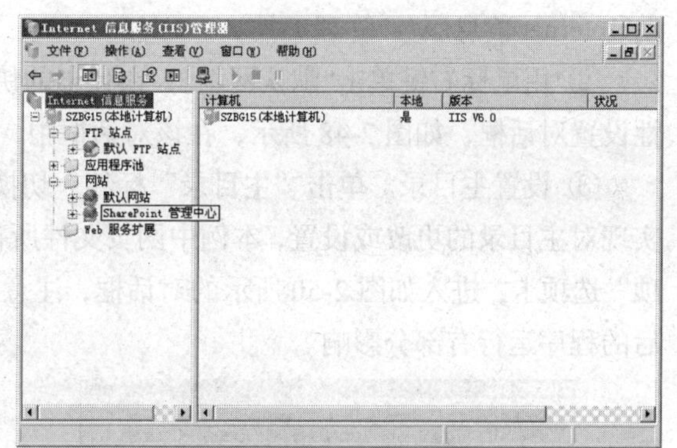

图 2-46　IIS 管理器

Windows Server 2003 上，除网卡对应的 IP 地址外，还可以绑定多个 IP 地址，用于设置内部多个 Web 和 FTP 虚拟站点。对绑定的多个 IP 地址没有限制，可以是不同网段的，而所有的 IP 地址都可绑定在一块网卡上，在服务器上进行 IP 地址的设置及多个 IP 地址绑定的操作步骤如下。

① 右击“网上邻居”，在菜单项中选择属性，弹出“网络连接”窗口，继续右击“本地连接”，在菜单项中选择属性，弹出“本地连接”属性窗口，选择“Internet 协议（TCP/IP）”，单击“属性”按钮。

② 在弹出的“Internet 协议（TCP/IP）属性”对话框中，可以看到服务器的“IP 地址”为 192.168.1.10，“子网掩码”为 255.255.255.0。要设置多个同时绑定在同一块网卡上的多个 IP 地址，需要单击“高级”按钮。

③ 在弹出"高级 TCP/IP 设置"对话框中，单击"添加"按钮，在弹出的"TCP/IP 地址"对话框内输入要添加的IP地址及子网掩码，子网掩码一律输入255.255.255.0，IP地址可以在192.168.1.1～192.168.255.254之间选择。这里新增两个IP地址：192.168.1.30、192.168.1.31，如图2-47所示。

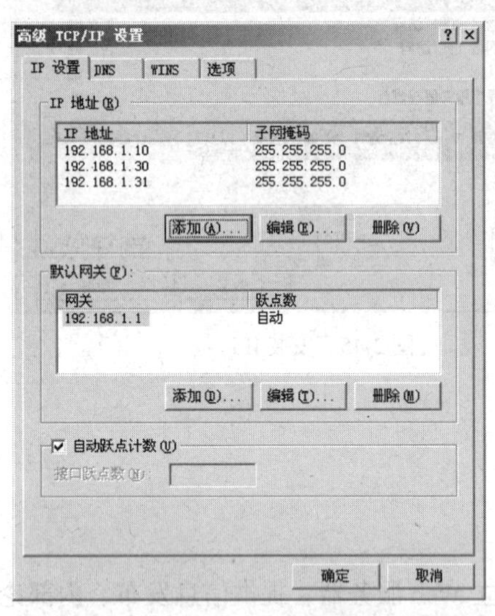

图2-47 "高级TCP/IP设置"对话框

④ 输入完毕单击"确定"按钮，再次单击"确定"按钮，使设置生效。

如果要使用一个IP地址执行多个Web站点时，可以有两种方法实现。其一，用TCP端口号来区分各个不同站点，这时客户浏览时必须要在浏览器地址栏上输入完整的URL，即包括协议、IP地址（域名）、端口号，如：http://192.168.1.10:8080；其二，采用不同主机头名称，将多个站点对应到单一IP地址上，即通过指定主机头名称的方法来实现。所谓"主机头名称"，实际上就是指如"www.blsh.com和"www.blsh1.com"之类的网址，因此，在使用"主机头"标识不同的站点时，还必须先进行DNS解析。在DNS中将"www.txb.com"和"www.txb1.com"都指向同一IP地址。

步骤3 "默认网站"的设置及访问

在完成上述准备工作后，接下来就通过IIS来实现Web服务的配置。首先通过对"默认Web站点"进行属性修改来实现Web服务。"默认网站"一般是用于向所有人开放的Web站点，局域网中的任何用户都可以无限地通过浏览器来查看它。该站点的主目录默认为C:\Inetpub\www.root。

① 单击Windows开始菜单→所有程序→管理工具→Internet信息服务（IIS）管理器，即可启动"Internet信息服务"管理工具。

② 用鼠标右键单击"默认网站"，在弹出的快捷菜单中选择"属性"，此时就可以打开站点属性设置对话框，如图2-48所示，在该对话框中，设置IP地址、TCP端口（默认80）等信息。

③ 设置主目录。单击"主目录"标签，切换到主目录设置页面，如图2-49所示，该页面可实现对主目录的更改或设置，本例中网页文件所在目录为e:\epweb。单击"配置"按钮，选择"选项"选项卡，进入如图2-50所示的对话框，注意检查启用父路径选项是否勾选，如未勾选将对以后的程序运行有部分影响。

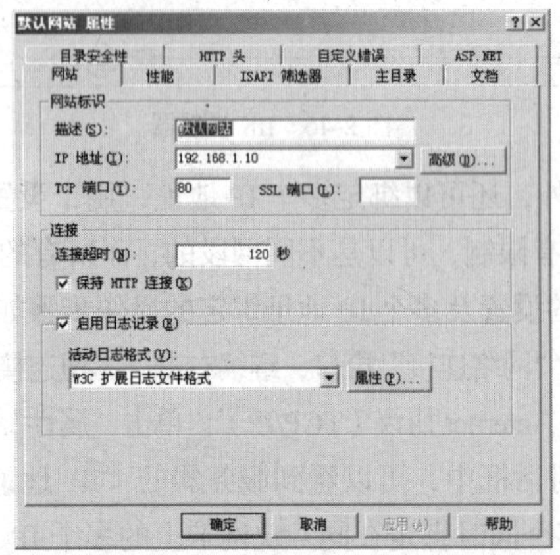

图2-48 "默认站点"属性

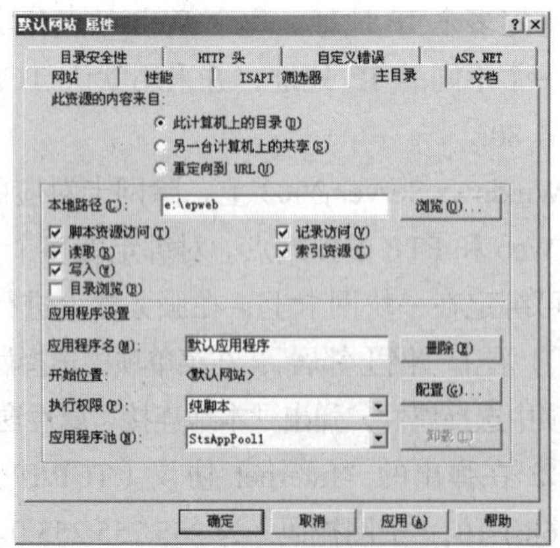

图2-49 设置主目录

④ 设置主页文档。单击“文档”标签，可切换到对主页文档的设置页面，主页文档是在浏览器中键入网站域名，而未制定所要访问的网页文件时，系统默认访问的页面文件。常见的主页文件名有 index.htm、index.html、index.asp、index.php、index.jap、default.htm、default.html、default.asp 等。

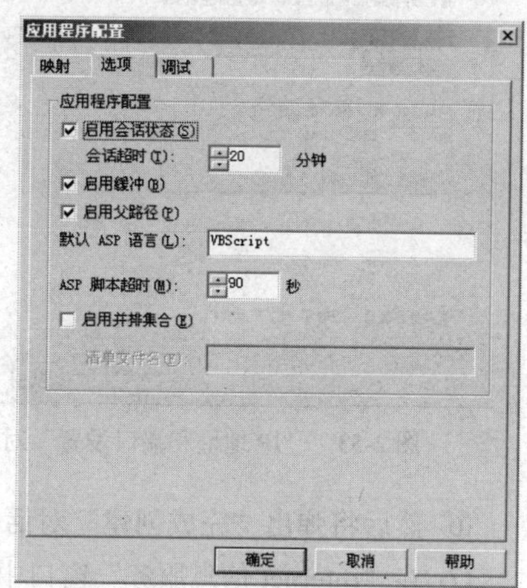

图 2-50　设置应用程序选项

IIS 默认的主页文档只有 default.htm 和 default.asp，根据需要，利用“添加”和“删除”按钮，可为站点设置所能解析的主页文档。

这样 IIS 默认的网站设置基本上完成了，在客户端可以通过 IE 浏览器访问该网站，既可以用服务器 IP 地址（如：http://192.168.1.10/），也可以用服务器域名地址（如：http://ep.blsh.net/，此时要求已启动 DNS）。

步骤 4　“新建网站”的设置及访问

在 IIS 中通过创建虚拟站点，在同一台 Web 服务器上提供多个 Web 站点服务，满足人们建立多种不同网站的需要。下面以新建一个访问服务器的另一个 IP 地址 192.168.1.30 的站点为例进行说明。在这之前先创建一个“E:\myweb”文件夹，将相应的 Web 发布内容放至该文件夹。

① 单击“Internet 信息服务”窗口中的服务器名，执行“新建”/“网站”命令，如图 2-51 所示。

② 在“Web 站点说明”对话框中，输入站点说明，如图 2-52 所示，单击“下一步”按钮。

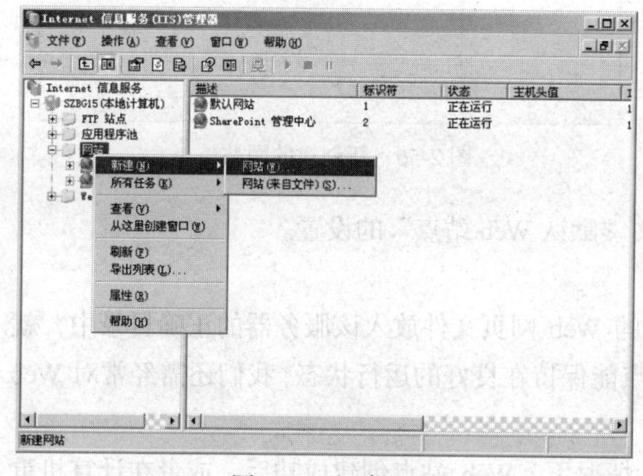

图 2-51　新建网站

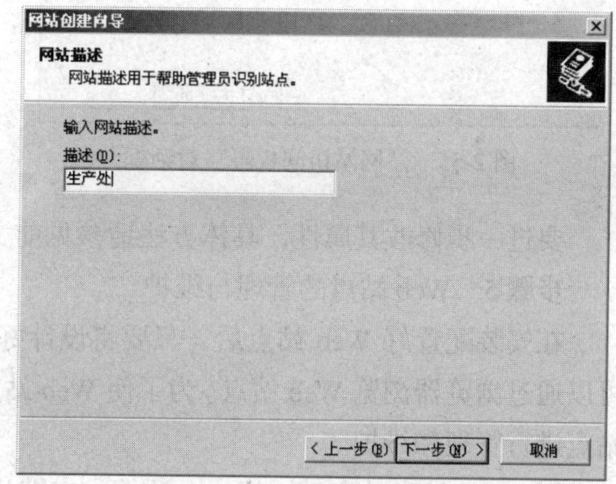

图 2-52　“网站描述”对话框

③ 在弹出的“IP 地址和端口设置”对话框中，设置 IP 地址和端口，其中 IP 地址要在下接列表中选择，在此下拉列表中有该服务器上绑定的全部 IP 地址，这里选取 192.168.1.30，如图 2-53 所示。端口采用默认值 80，主机头为（默认：无）单击“下一步”按钮。

④ 将弹出“网站主目录”对话框，如图 2-54 所示，在 Web 站点主目录中输入选定的路径“E:\myweb”，单击“下一步”按钮。

⑤ 将弹出“网站访问权限”对话框，如图 2-55 所示，在此对话框中可以设置访问权限，一般采用默认设置“读取”和“运行脚本”，单击“下一步”按钮。

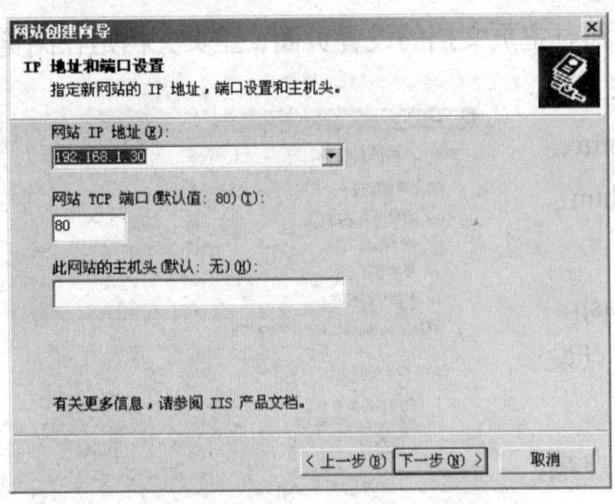

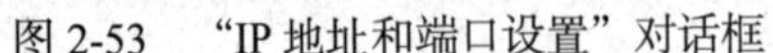
图 2-53 “IP 地址和端口设置”对话框

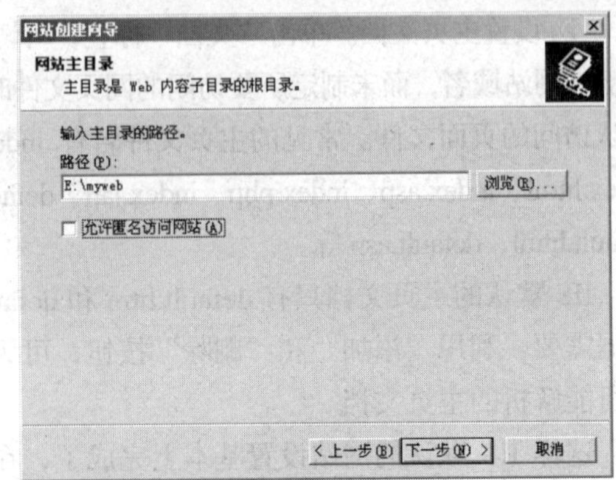

图 2-54 “网站主目录”对话框

⑥ 然后将弹出“完成创建”对话框，单击“完成”按钮，则完成了 Web 站点的创建。

⑦ 在“Internet 信息服务”窗口中可以看到一个名为“生产处网站”的新的 Web 站点已被创建，如图 2-56 所示。

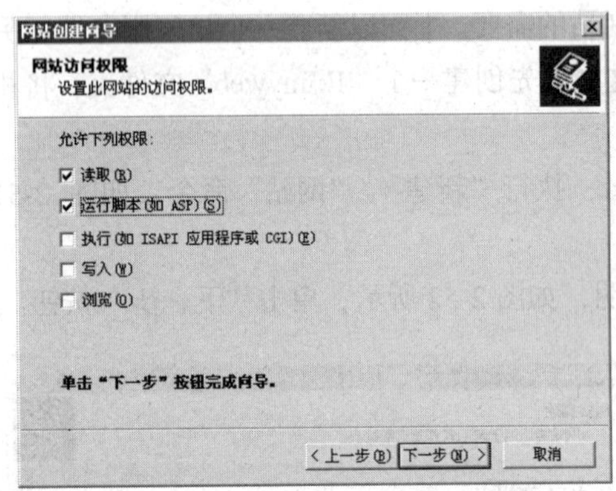

图 2-55 “网站访问权限”对话框

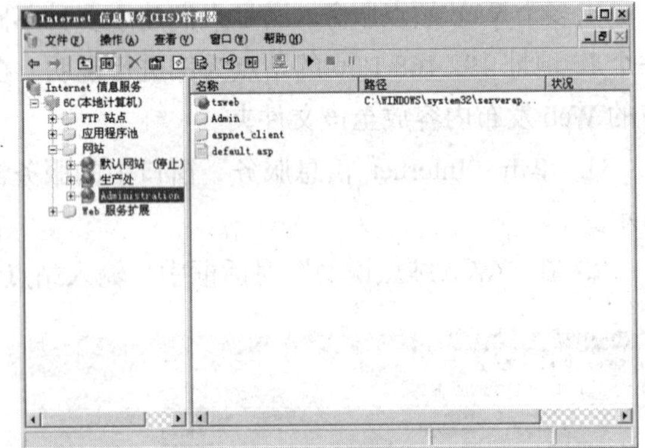

图 2-56 新创建的网站

要进一步修改其属性，具体方法请参见前文“默认 Web 站点”的设置。

步骤 5 Web 站点的管理与维护

在安装配置好 Web 站点后，只要将设计好的 Web 网页文件放入该服务器的正确目录中，就可以通过浏览器浏览 Web 站点。为了使 Web 站点能保持在良好的运行状态，我们还需经常对 Web 站点进行管理和维护。

① Web 站点的启动、停止、暂停。在默认情况下，Web 站点创建成功后，或者在计算机重新启动时都将自动启动。停止站点将停止 Web 服务，暂停站点将禁止 Web 服务接受新的连接，但不影响正在进行处理的请求。启动站点将重新启动或恢复 Web 服务。

开始、停止或暂停 Web 站点的方法：在“Internet 信息服务”窗口中，用鼠标右键单击想执行操作的 Web 站点，在快捷菜单中选择相应的命令。或者，也可以选择想执行操作的 Web 站点，再在工具栏中选择“开始”、“停止”或“暂停”按钮。

② 删除 Web 站点。删除站点的操作方法如下：在“Internet 信息服务”窗口中，选择想删除的 Web 站点，再在工具栏中单击“删除”按钮；也可以用鼠标右键单击准备执行删除操作的 Web 站点，在快捷菜单中选择“删除”命令即可。

删除 Web 站点，其实并没有真正删除它们的主目录文件，而只是删除了从 Web 站点到主目录的逻辑映射。

③ 站点配置的备份与还原。无论是重新安装操作系统还是将 IIS 服务器中的配置应用到其他计算机，站点配置的备份和还原都十分有用。

配置的备份与还原的操作步骤如下。

a. 在“Internet 信息服务”窗口中，选中“服务器”图标；

b. 在“操作”菜单中选择“备份/还原配置”，显示“配置备份/还原”对话框；

c. 单击“创建备份”按钮，显示“配置备份”对话框，键入该配置备份的文件名。接下来按提示操作即可。

任务五　用 Serv-U 构建 FTP 服务器

一、任务分析

FTP Serv-U 是 Windows 操作系统下最流行、功能最强大、使用最简单的 FTP 服务器软件之一，同时也是目前国内应用最多的 FTP 服务器软件。Serv-U 除了拥有其他同类软件所具备的几乎全部功能外，还支持断点续传、支持带宽限制、支持远程管理、支持虚拟主机等功能，再加上良好的安全机制、友好的管理界面及稳定的性能，使它赢得了很高的赞誉。本任务将从 Serv-U 的安装和设置方面入手介绍这款优秀软件的最基本使用方法。

二、相关知识

Serv-U 由两大部分组成，引擎和用户界面。Serv-U 引擎是一个常驻后台的程序，也是 Serv-U 整个软件的心脏部分，它负责处理来自各种 FTP 客户端软件的 FTP 命令，也是负责执行各种文件传送的软件。在运行 Serv-U 引擎文件后，我们看不到任何的用户界面，它只是在后台运行，通常我们无法影响它，但我们可以停止和开始它。Serv-U 引擎可以在任何 Windows 平台下作为一个本地系统服务来运行，系统服务随操作系统的启动而开始运行，而后我们就可以运行用户界面程序了。在 Win NT/2000/XP 系统中，Serv-U 会自动安装为一个系统服务，但在 Win 9x/Me 中，你需要在“服务器”面板中选择“自动开始”，才能让它转为系统服务。Serv-U 用户界面（ServUAdmin.exe）也就是 Serv-U 管理员（管理控制台），它负责与 Serv-U 引擎之间的交互。它可以让用户配置 Serv-U，包括创建域、定义用户、并告诉服务器是否可以访问。启动 Serv-U 管理员最简单的办法就是直接单击系统栏的“U”形图标，当然，你也可以从开始菜单中运行它。

“域”是一个很重要的概念，每个正在运行的 Serv-U 引擎可以被用来运行多个“虚拟”的 FTP 服务器，在管理员程序中，每个“虚拟”的 FTP 服务器都称为“域”，因此，对于服务器来说，建立多个域是非常有用的。每个域都有各自的“用户”、“组”和设置。一般说来，“设置向导”会在你第一次运行应用程序时设置好一个最初的域和用户账号。

三、任务实施

【任务场景】

某公司使用一段时间的 IIS6.0 后，感觉用 IIS6.0 做 Web 服务器和 FTP 服务器不能满足公司的要求，因此决定用其他软件代替 IIS6.0，经过比较，选用了 Serv-U。本任务中只示例用 Serv-U 构建 FTP 服务器。

【操作步骤】

购买 Serv-U 软件或从网上下载试用版软件后，安装过程并不复杂。Serv-U 有多种版本，我们使用 Serv-U 7.0 版。

步骤 1　安装 Serv-U

① 双击执行文件 servusetup.exe 即开始安装过程，阅读版权许可协议，选择“我同意”，进入下一步。

② 选择安装位置，可以通过右侧“浏览”更改为你选择的文件夹。

③ 选择开始目录。

④ 选择其他附加操作后，进入下一步。

⑤ 在进行以上一些安装准备后，如有更改则通过“上一步”完成，确认则单击“安装”按钮，开始文件复制的安装过程。

⑥ 安装结束，单击“完成”按钮。

步骤 2　配置 Serv-U

① 启动管理控制台。有两种方法启动管理控制台，一是通过“开始”菜单，二是双击状态栏托盘中 U 形图标。

第 1 次启动时，会弹出设定域的对话框。如图 2-57～图 2-60 所示。需要通过设定域名、访问协议、IP 地址等几个过程。本任务域名为：comdept，其余选择默认设置。

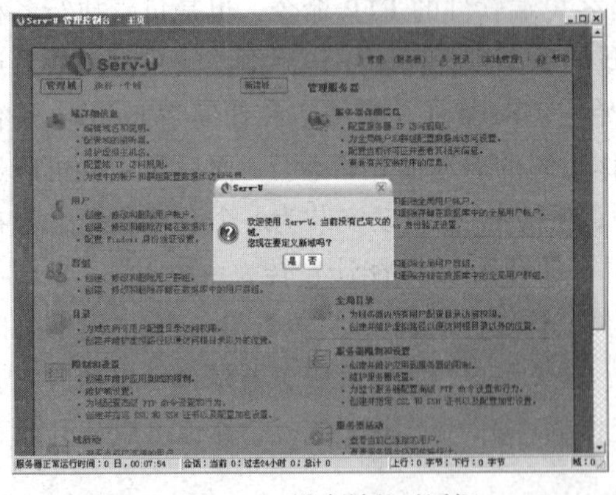

图 2-57　设定域的对话框

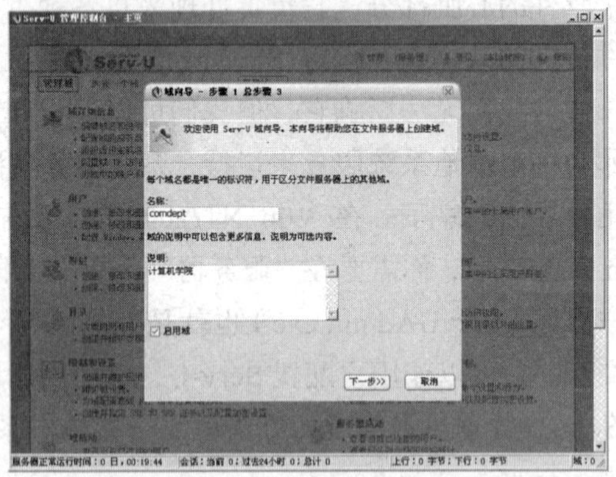

图 2-58　设定域名

② 进入正常的管理控制台主页。新的管理控制台更加便于管理与控制，如图 2-61 所示。

③ 单击管理控制台主页中“域详细信息”选项，如图 2-62 所示，通过本页标签栏的“设置”——完成对域名的编辑修改，“监听器”——完成域对请求的连接设置，“虚拟主机”——完成多个域同享监听器时访问指定域的设置，“IP 访问”——完成客户端 IP 访问规定的设置，

“数据库”——完成通过外部数据库增加访问用户的设置。

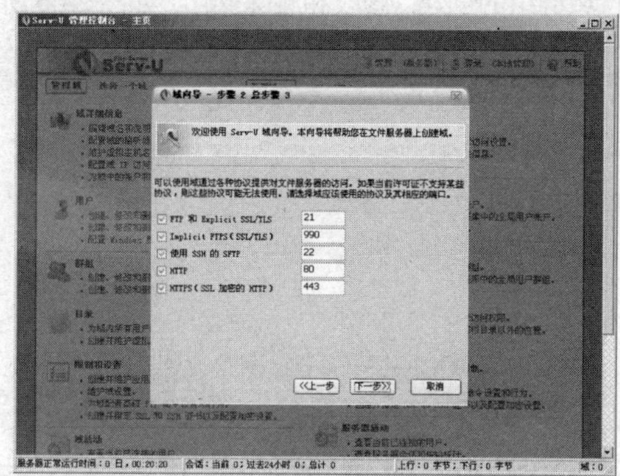

图 2-59　设定访问端口

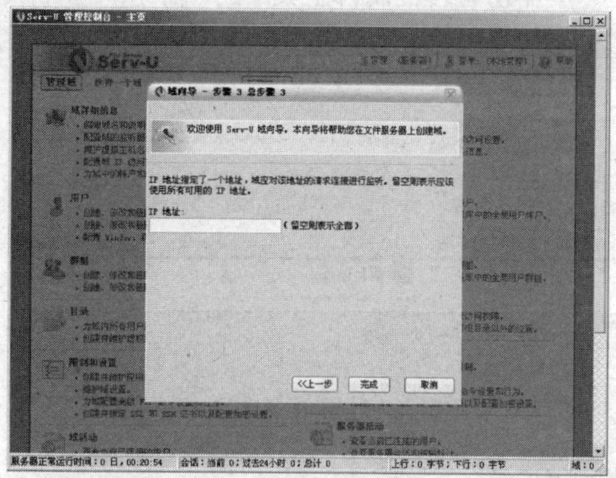

图 2-60　设定 IP 地址

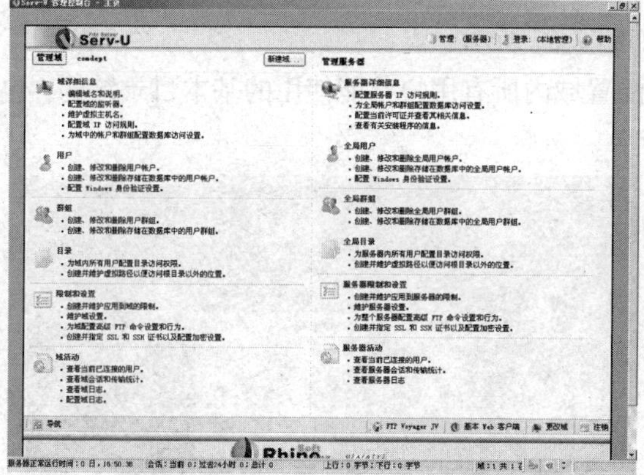

图 2-61　管理控制台

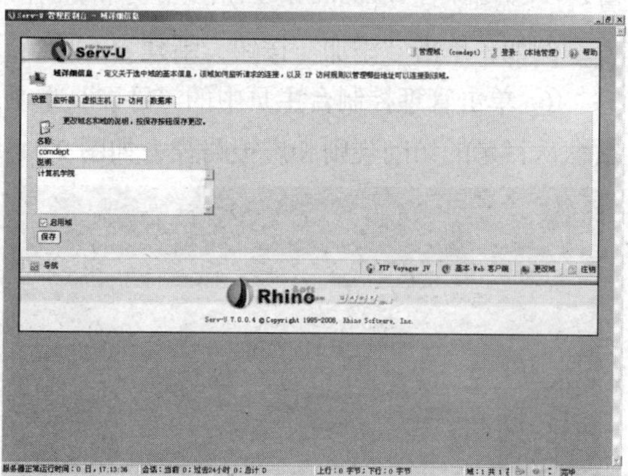

图 2-62　设置域详细信息

④ 单击管理控制台主页中的“用户”选项，进行域用户账户的创建、修改和删除操作，如图 2-63 所示。

a. 在控制台通过“添加”新建域用户，如图 2-64 所示。

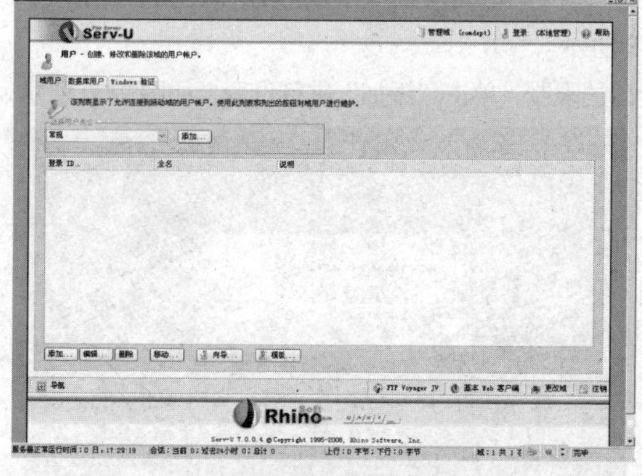

图 2-63　设置用户信息

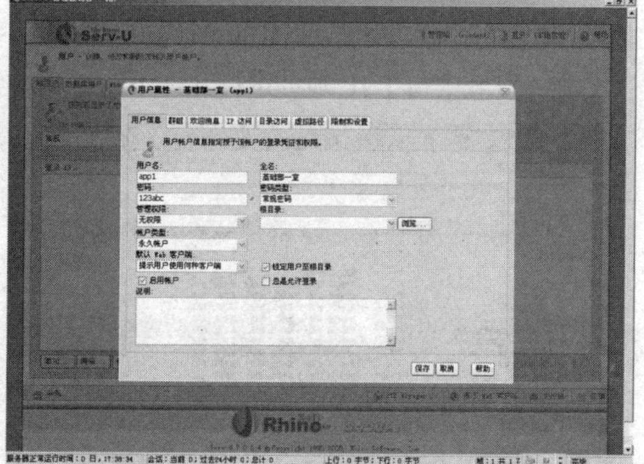

图 2-64　“添加”新建域用户

b. 通过“数据库用户”标签添加其他数据库中的用户作为本域的用户。

c. 通过“Windows 验证”标签添加来自 Windows 系统的用户作为本域的用户，如图 2-65 所示。

这里要注意区别 AD 域概念和 FTP 域概念，两者是完全不相同的两个概念。

⑤ 单击管理控制台主页中的“群组”选项，进行域群组的创建、修改和删除操作，如图 2-66 所示。

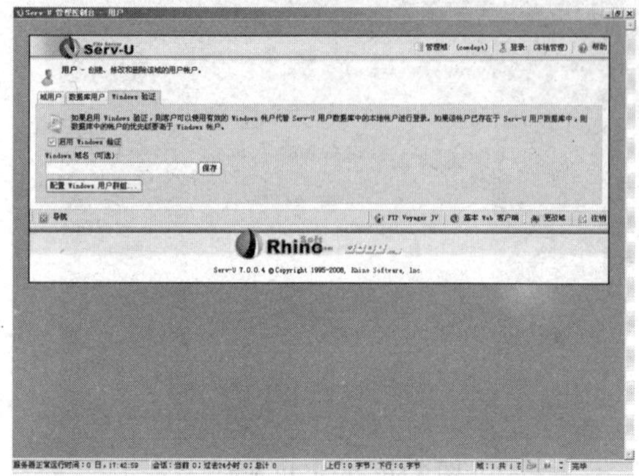

图 2-65　添加来自 Windows 系统的用户作为本域的用户

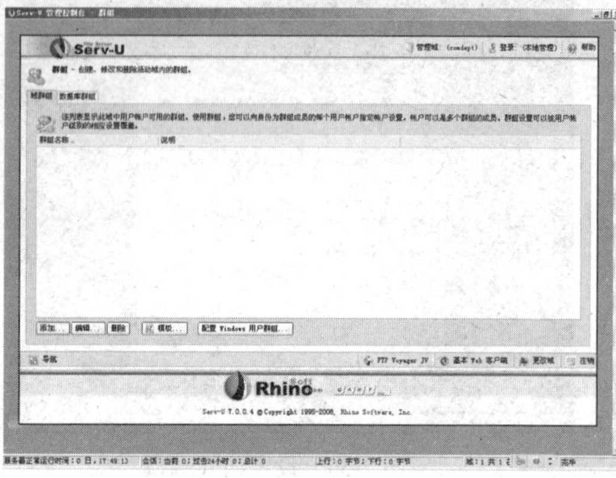

图 2-66　“群组”选项

例如，单击“添加”按钮，新建 sps 群组，如图 2-67 所示。

⑥ 单击管理控制台主页中的“目录”选项，配置域内所有用户都能使用的基本目录结构，包括默认目录的访问规则和虚拟路径，如图 2-68 所示。

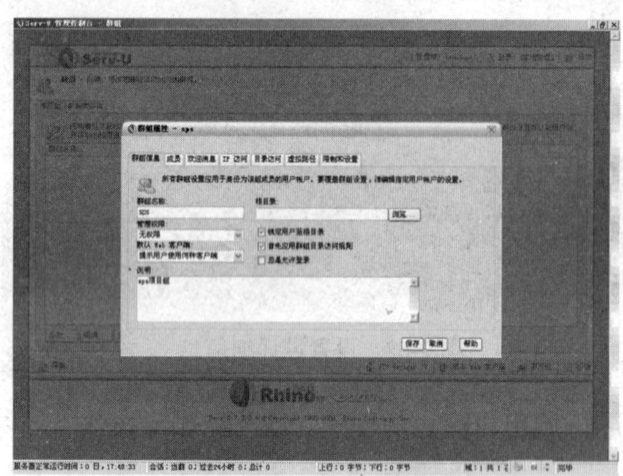

图 2-67　创建群组

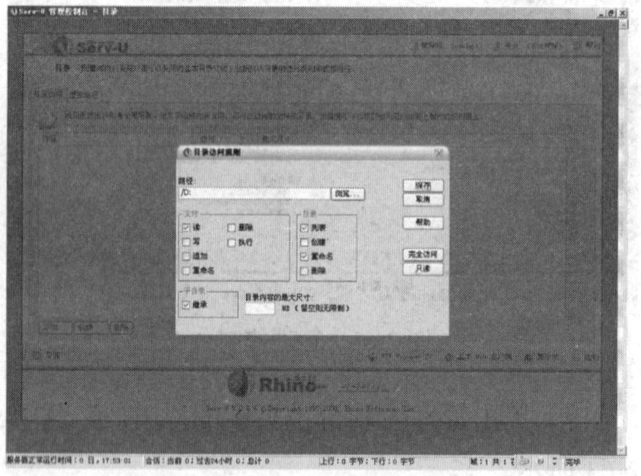

图 2-68　设置“目录”选项

⑦ 单击管理控制台主页中的“域限制和设置”选项，完成设置或限制域操作行为，包括 FTP 命令处理器定制和 SSL/SSH 证书规范，如图 2-69 所示。

例：对域中每个 IP 地址进行允许不超过 3 个会话的限制，单击“添加”进行设置，如图 2-70 所示。

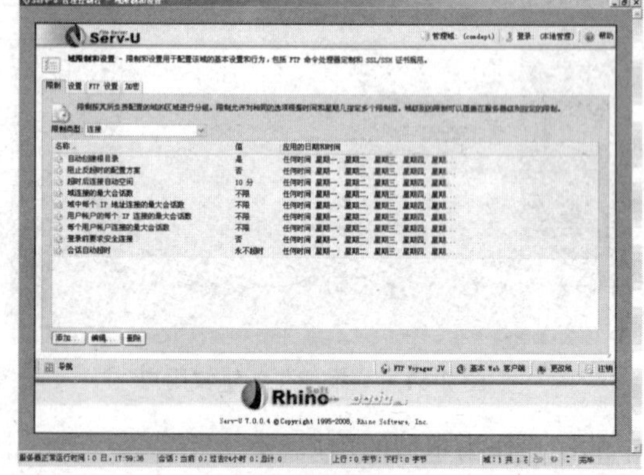

图 2-69　“域限制和设置”选项

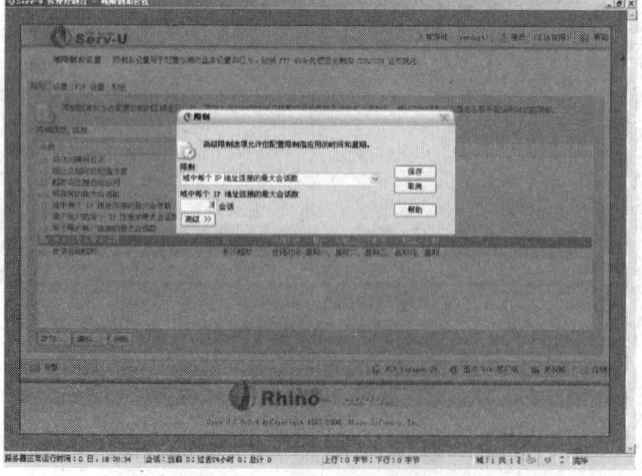

图 2-70　IP 地址会话数限制

其他设置以及服务器配置等内容可自行设计，在此不一一说明。

步骤 3　上传和下载操作

要进行上传或下载操作，就要用到 FTP 的客户端软件。常用的 FTP 客户端软件有 CuteFTP、FlashFXP、FTP Explorer 等。对于它们的具体使用，由于非常简单，在这里就不做讲解了。基本上只要在这些软件的“主机名”中填入 FTP 服务器 IP 地址，而后依次填入用户名，密码和端口（一般为 21），单击连接，只要能看到你设定的主目录，并实现文件的下载和上传，就说明这个用 Serv-U 建立起来的 FTP 服务器能正常使用了。

当然也可以使用 IE 浏览器进入上传下载操作，在地址栏输入相对应的地址就可以了。如：ftp://192.168.1.10/。

任务六　构建 E-mail 邮件服务器

一、任务分析

E-mail（Electronic Mail）的中文名称为电子邮件，是指通过计算机网络来收发的邮件，在 Internet 和 Intranet 中得到了十分广泛的应用，具有传递的快捷、方便、有效和费用低廉等特性。同时，随着多媒体技术的不断发展，音频、视频和图片等多媒体信息也应用于电子邮件之中，使电子邮件的形式变得更加丰富多彩。下面将介绍 E-mail 服务方面的有关概念，典型 E-mail 服务器软件：Exchange Server 2003 的安装、配置，以及 E-mail 客户端软件 Outlook express 基本配置操作。

二、相关知识

（一）E-mail 简介

1. 电子邮件系统

一个电子邮件系统一般由用户代理、邮件服务器、协议（主要指 SMTP 和 POP3）3 部分组成，典型的电子邮件系统结构如图 2-71 所示。

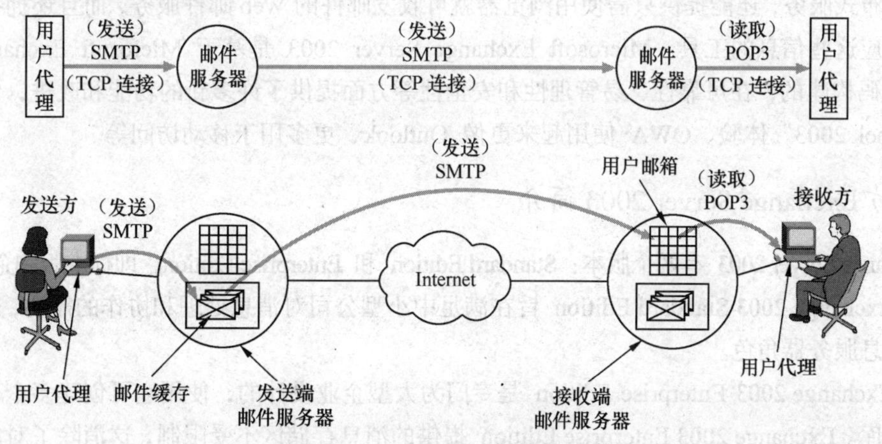

图 2-71　电子邮件系统结构

电子邮件客户代理程序，如 Foxmail、Outlook 等将邮件发送到邮件服务器，收信人可以随时

上网登录到邮件服务器在线收取阅读邮件，也可以使用邮件客户代理程序登录邮件服务器收取到本地离线阅读。电子邮件系统通常使用简单邮件传输协议（SMTP）发送电子邮件，使用 POP3 协议收取电子邮件。现在发送和收取邮件一般都使用邮件代理程序来实现，通常的邮件代理程序都支持 POP3，IMAIL 协议收取邮件、SMTP 协议发送邮件。

简单邮件传输协议（SMTP）是电子邮件发送的 Internet 标准，SMTP 使用 TCP 端口 25 进行通信，标准 SMTP 的主要缺陷是不支持非文本消息。多用途网际邮件扩展（MIME）协议扩展了 SMTP 的功能，它实现了在标准 SMTP 消息中封装多媒体(非文本)消息的功能。MIME 使用 Base64 编码方案将复杂文件转化为 ASCII，使非文本信息能够在电子邮件中传输。安全电子邮件（S/MIME）是新的 MIME 规范，它支持加密消息，S/MIME 基于公钥加密机制的 RSA 加密算法，可有效防止消息被中途截取或伪造。

2. SMTP 的通信模型

SMTP 的主要工作集中在发送 SMTP 和接收 SMTP 上，SMTP 在发送 SMTP 和接收 SMTP 之间的会话是靠发送 SMTP 的 SMTP 命令和接收 SMTP 反馈的应答来完成的，大致过程如下。

① 首先针对用户发出的邮件请求，由发送 SMTP 建立一条连接到接收 SMTP 服务器的双工通信链路。

② 发送邮件的 SMTP 服务器负责向接收邮件的 SMTP 服务器发送 SMTP 命令，而接收 SMTP 则负责接收并反馈应答。SMTP 通信示意图如图 2-72 所示。

3. 微软公司的 E-mail 服务器相关软件

在 Windows Server 2003 的 IIS 中，SMTP 服务是其中的组件之一，与之前的 Windows Server 2000 不同，Windows Server 2003 中还集成了 POP3 服务，利用 Windows Server 2003 自身就可以构建一个简单的 E-mail 服务器系统。

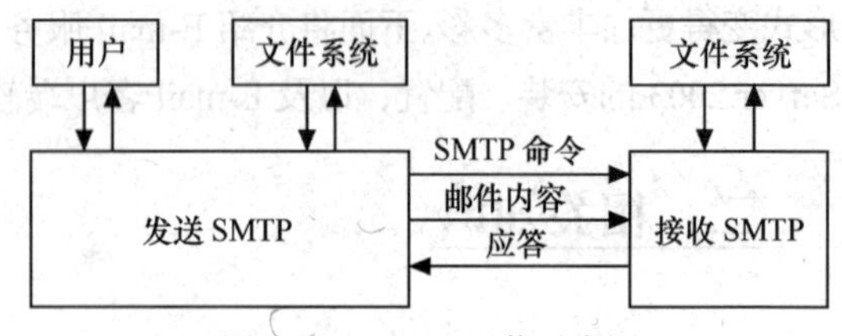

图 2-72 SMTP 通信示意图

微软公司的 Exchange Server 是一款专门的邮件服务软件，Exchange Server 2003 能够满足从小型机构到大型分布式企业的不同规模企业的通信和协作需求。它与 Windows Server 2003 能很好地进行无缝集成，内建的内容索引和搜索，拥有强大的信息创建、存储和共享基础结构，支持群集和分布式服务，还能提供只需使用浏览器就可收发邮件的 Web 邮件服务，而且还拥有快速和智能地响应这些信息的工具。Microsoft Exchange Server 2003 是基于 Microsoft Exchange 2000 Server 代码构建的，在可靠性、易管理性和安全性等方面提供了许多新的功能和改进，包括优化的“Outlook 2003”体验、OWA 使用起来更像 Outlook、更多用于移动访问等。

（二）Exchange Server 2003 简介

Exchange Server 2003 有两个版本：Standard Edition 和 Enterprise Edition，即标准版和企业版。

- Exchange 2003 Standard Edition 旨在满足中小型公司对消息处理和协作的需要，适于作为特定的消息服务器角色。
- Exchange 2003 Enterprise Edition 是专门为大型企业设计的，使用它可创建多个存储组和多个数据库。Exchange 2003 Enterprise Edition 提供的消息存储区不受限制，这消除了对单个服务器可管理的数据量的限制。

在实际应用中，比较表 2-1 中的功能，可以确定哪种版本最适合你的需求。

表 2-1　　　　　Exchange 2003 版本功能比较

功　　能	Standard Edition	Enterprise Edition
存储组支持	1 个存储组	4 个存储组
每个存储组的数据库数	2 个数据库	5 个数据库
单个数据库大小	16GB	最大 16 TB，仅受硬件限制
Windows 群集化	不支持	支持
X.400 连接器	不包括	包括

三、任务实施

（一）安装 Exchange Server 2003

【操作步骤】

步骤 1　Exchange Server 2003 安装前的准备工作

在安装之前，在 Windows Server 2003 系统上，要预先安装一些相关的服务，如 NET Framework、ASP.NET、Internet 信息服务（IIS）、World Wide Web Publishing 服务（www 服务）、简单邮件传输协议（SMTP）服务 、网络新闻传输协议（NNTP）服务等。在安装过程中还有相关的检测。

步骤 2　Exchange Server 2003 安装过程

① 以本机管理员用户身份登录到 Windows Server 2003，将 Exchange Server 2003 安装盘插入光驱，如果您的光驱支持自动播放，则会出现如下界面，如果不支持，可以单击光盘下的 setup.exe 调出如下界面，如图 2-73 所示。

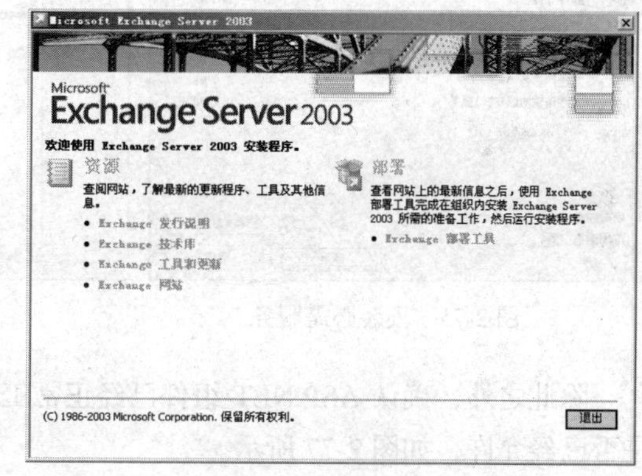

图 2-73　安装初始界面

图中左边是关于 Exchange 的一些信息以及微软公司网站上关于 Exchange 的一些链接，可以在安装之前仔细阅读一下，加深对 Exchange Server 的了解。图中右边是 Exchange 2003 的一个部署工具。单击部署工具，根据自己实际工作场景和环境选择合适的安装方式。我们在此先选择安装第 1 台 Exchange 2003 服务器，再选择安装全新的 Exchange 2003 服务器，然后出现安装任务列表，如图 2-74 所示。

② 检查操作系统版本和活动目录版本。Exchange Server 2003 要求安装在 Windows Server 2000 SP3 或更高版本、Windows Server 2003 或更高版本，在 Windows 的“开始”的“运行”里键入查看版本的命令：winver，弹出关于 Windows 的窗口。

③ 安装必需服务。安装 Exchange 服务器之前，需要您的服务器上已安装 IIS、NNTP，SMTP，以及万维网服务和 ASP.NET。在控制面板的“添加/删除程序”里选择“添加/删除 Windows 组件”。如图 2-75 所示。

安装完成后，确认一下上述组件是否已经正常工作，打开开始菜单里的“管理工具”里的“服务”，查看是否已经有相应的服务并且已经启动，如图 2-76 所示。

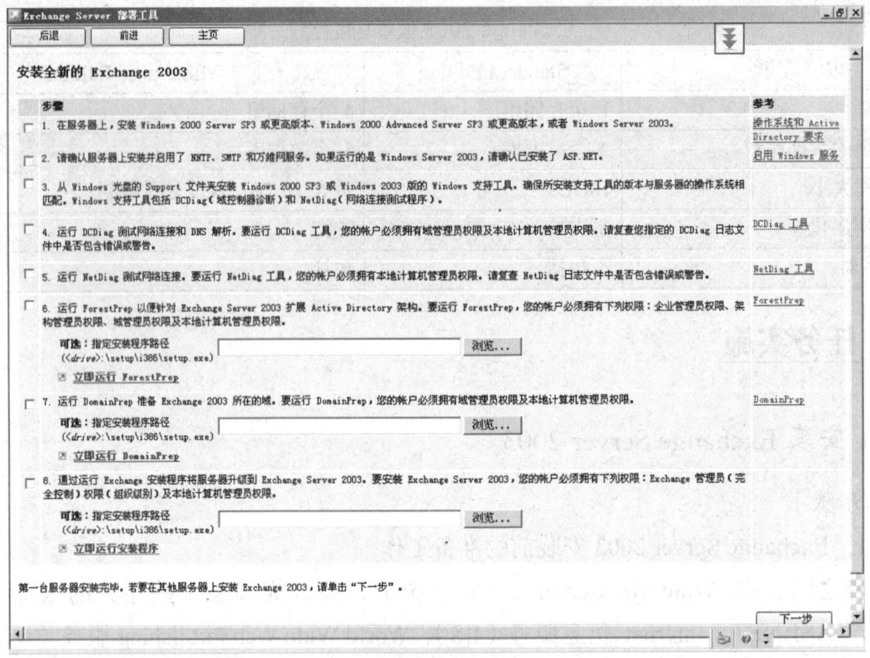

图 2-74　安装任务列表

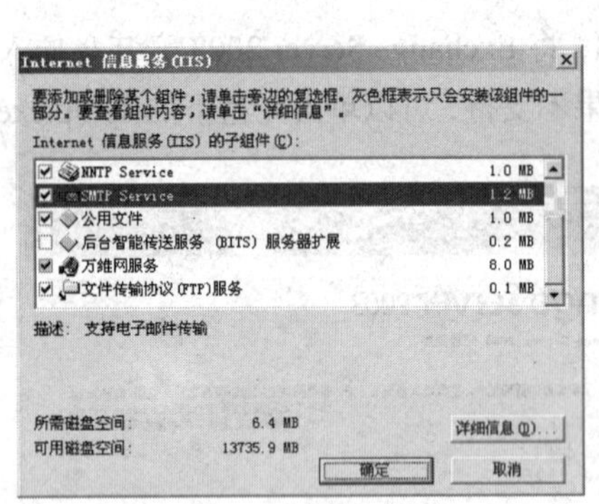

图 2-75　安装必需服务

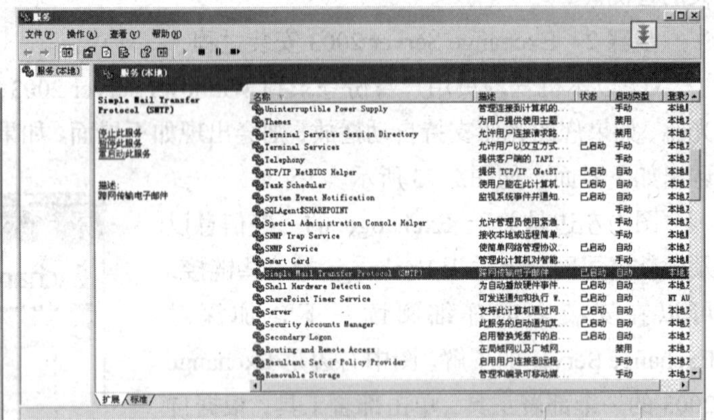

图 2-76　查看相应服务是否安装并启动

除此之外，确认 ASP.NET 组件已经正常工作，在 IIS 的“Web 服务扩展”中查看 ASP.NET 是否已经允许，如图 2-77 所示。

④ 安装 Windows 支持工具。安装 Windows 支持工具，这些工具在后续步骤中会用到，在 Windows2003 操作系统光盘中的 SUPPORT TOOL 文件下的 TOOL 文件夹下单击 SUPTOOLS.MSI。

⑤ 检查活动目录和网络环境。在 DOS 环境下用 dcdialg 工具检测活动目录的运行情况，用 netdiag 工具检测网络环境运行状况，如图 2-78 所示。

这两个工具输出的信息比较大，所以可以通过管道输出到文本文件中，方便查看。打开输出的文件后查看两个文本文件中的信息，需要保证所有检测处于通过的状态。

然后使用 netdom 完成对 fsmo 的检测，如图 2-79 所示。

用 nltest 命令完成对 gc 的检测，如图 2-80 所示。

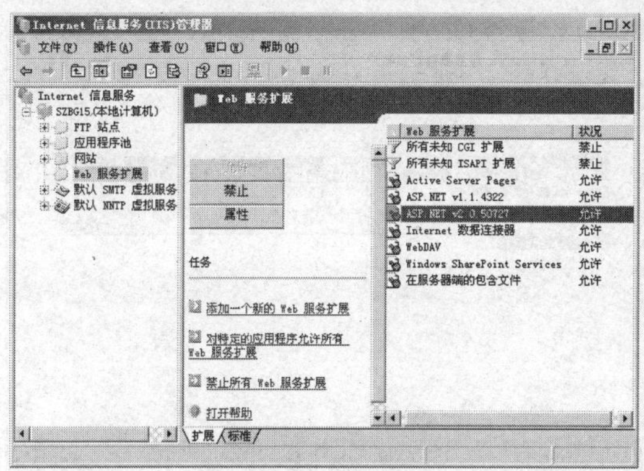

图 2-77　查看 ASP.NET 是否已经允许

图 2-78　检查活动目录和网络环境并输出到文本文件中查看

图 2-79　使用 netdom 完成对 fsmo 的检测

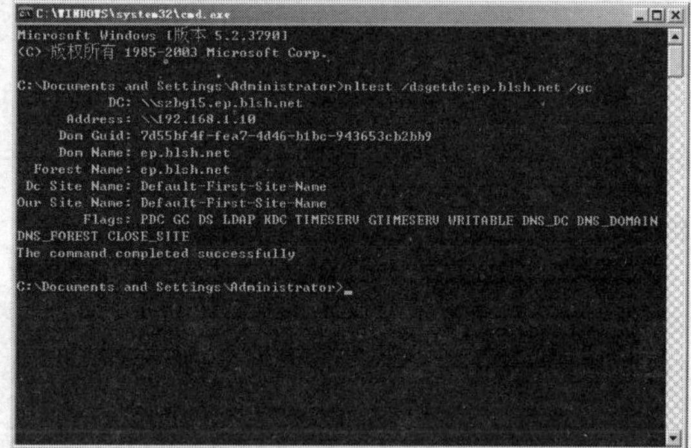

图 2-80　nltest 命令完成对 gc 的检测

如果以上检测都没有什么问题，即可在这个服务器上安装 Exchange 2003 了。

⑥ 森林拓展。安装 Exchange 服务器的第 1 步是对活动目录进行森林扩展，添加对 Exchange 各个对象的支持，这一步需要你的登录账号具有企业管理员权限、架构管理员权限、域管理员权限和本地计算机管理员权限。我们切换登录账号到 Administrator 账号。单击 Exchange 安装向导中的立即运行 ForestPrep，如图 2-81～图 2-84 所示。

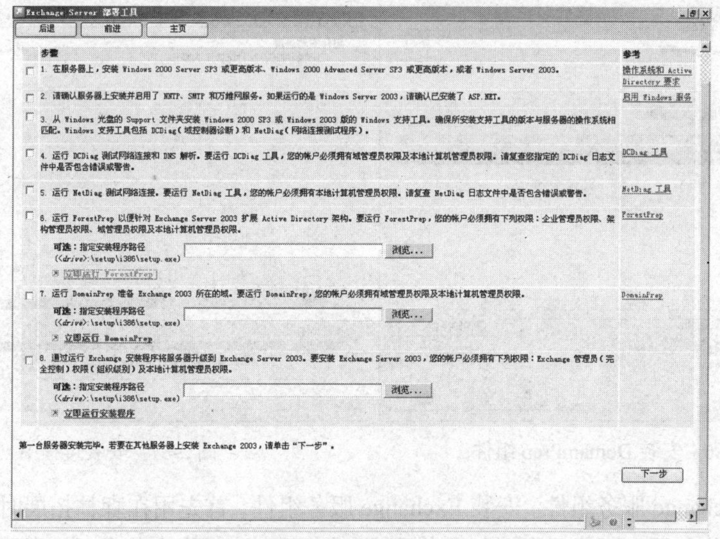

图 2-81　运行“立即运行 ForestPrep”

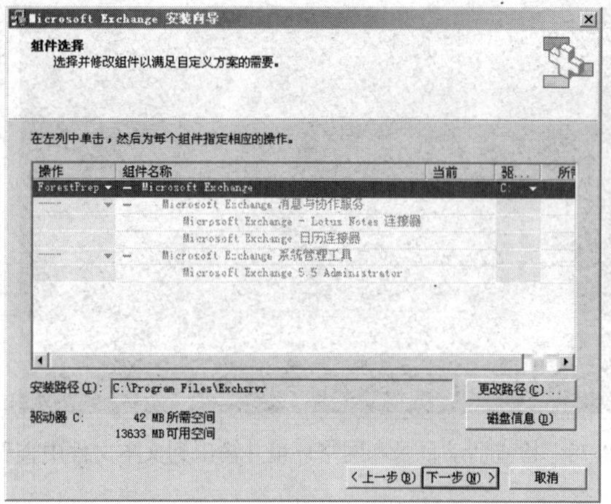

图 2-82　安装 ForestPrep 组件

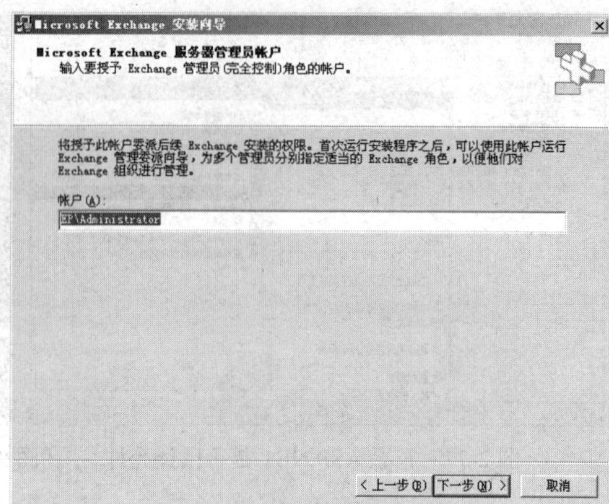

图 2-83　选择有权限的账号

⑦ 域拓展。域拓展为 Exchange 服务器分配一些特定的权限，保障 Exchange 服务器可以正常的运转。操作与森林拓展基本类似，如图 2-85～图 2-87 所示。

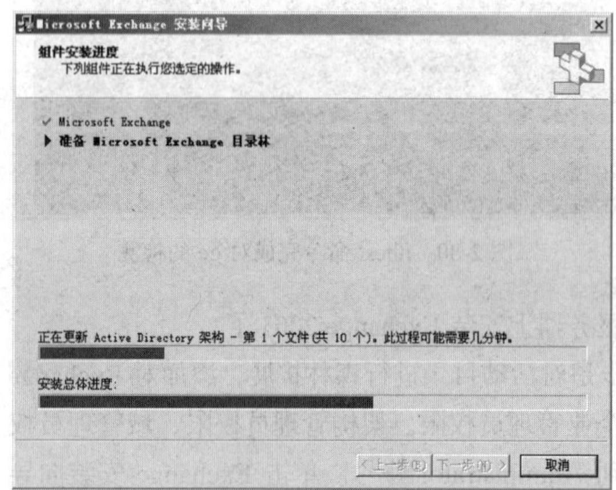

图 2-84　安装过程中

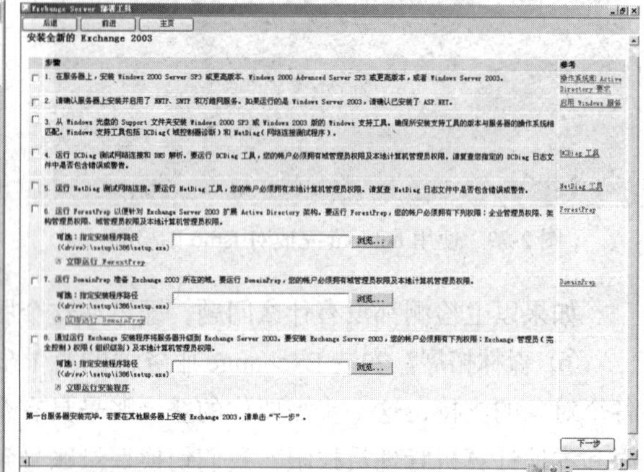

图 2-85　运行“立即运行 DomainPrep”

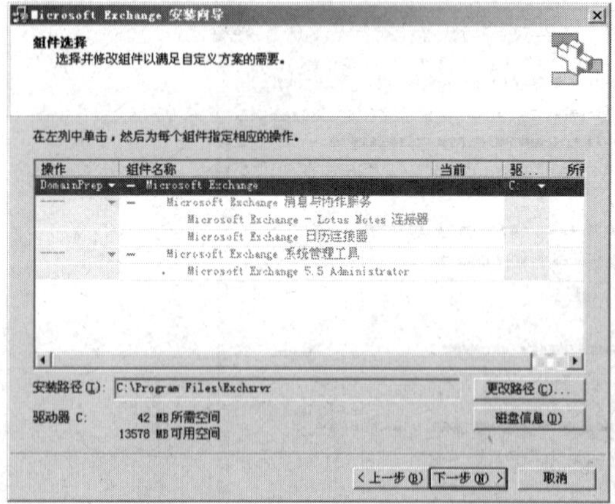

图 2-86　安装 DomainPrep 组件

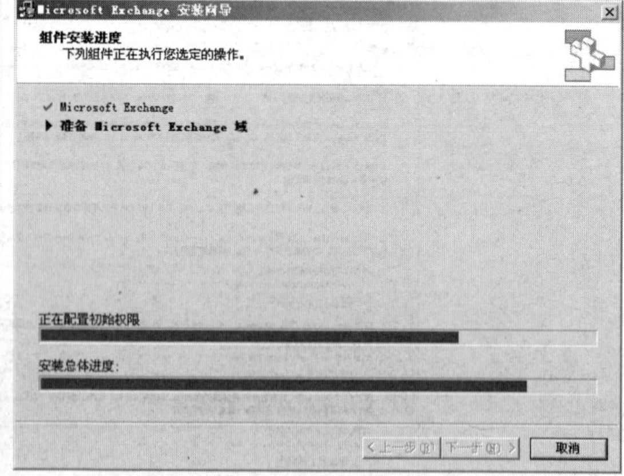

图 2-87　安装过程中

⑧ 安装 Exchange 服务组件。安装 Exchange 服务组件，首先用在森林拓展时指定的管理账号登录，然后在安装向导中运行立即运行安装程序，打开 Exchange 安装向导，根据实际情况选择相

应的组件，其中 Exchange 消息与协作服务是 Exchange 的核心组件，Lotus Notes 连接器主要用于与 Notes 服务器的共存或迁移，日历连接器用户同步 Notes 服务器上的日历信息，Exchange 系统管理工具用户管理 Exchange Server 2003，Exchange 5.5 Administrator 用户管理 Exchange5.5 服务器。如图 2-88～图 2-94 所示。

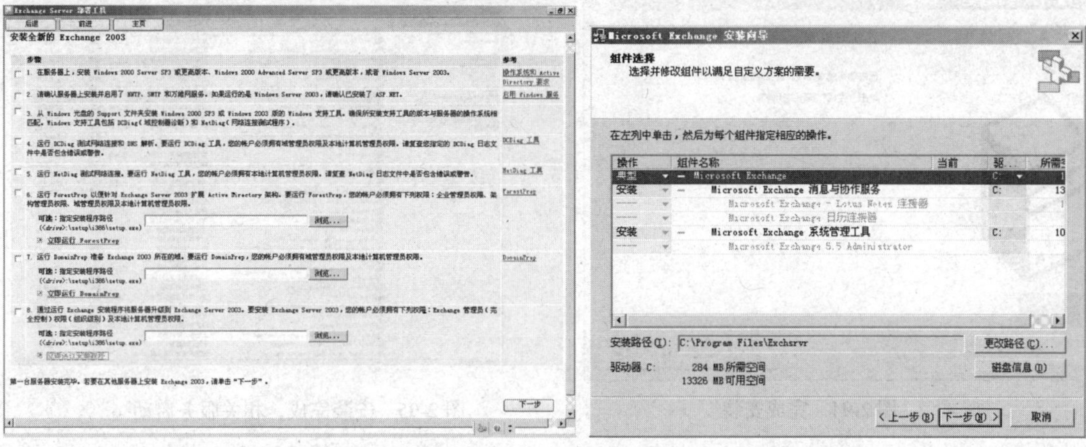

图 2-88　运行“立即运行安装程序”　　图 2-89　组件选择

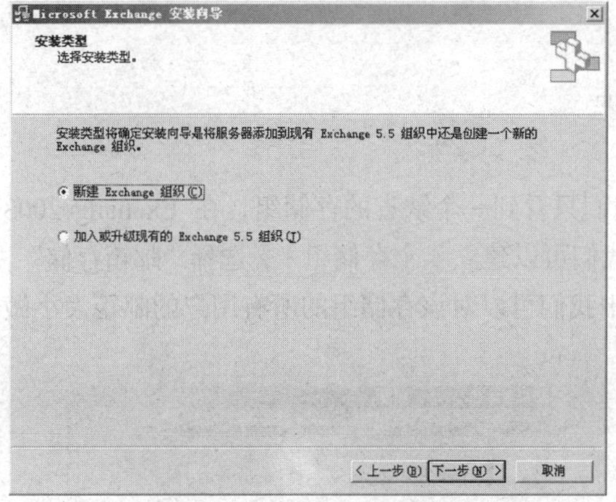

图 2-90　选择“安装类型”

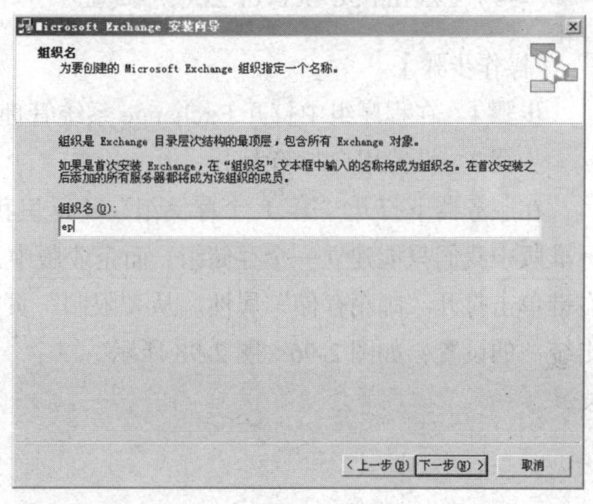

图 2-91　输入组织名

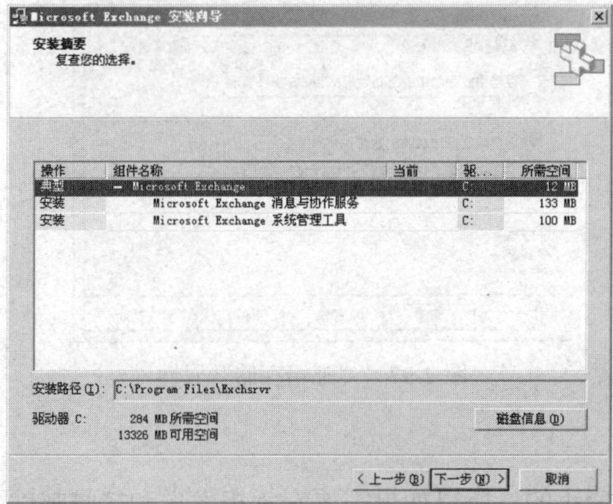

图 2-92　确定安装内容

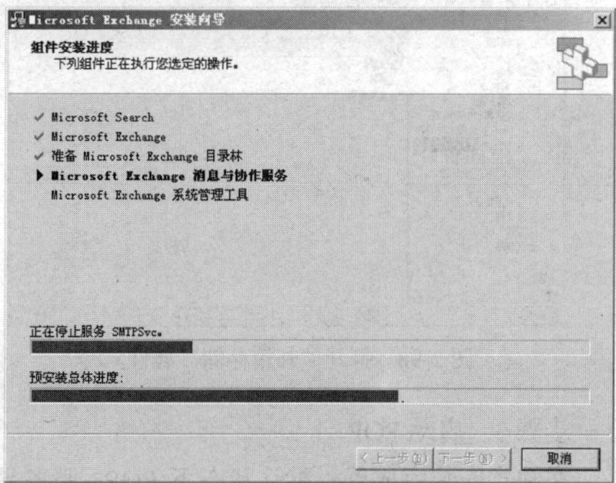

图 2-93　安装进程

⑨ 安装完成，相关服务启动。安装完成后，开始菜单中有 Exchange 的文件夹，打开“管理工具”中的“服务”管理工具，应该可以看到有许多 Exchange 相关的服务，并且有的已经启动，如图 2-95 所示。至此，一个全新的 Exchange 服务器已经安装完毕。

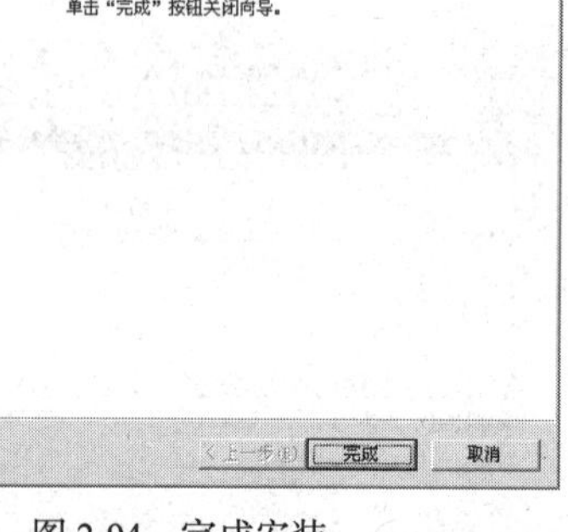

图 2-94　完成安装

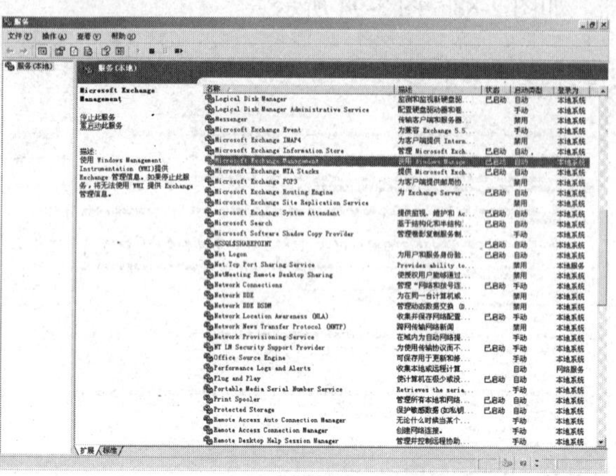

图 2-95　安装完成，相关服务启动

（二）Exchange Server 2003 配置

【操作步骤】

步骤 1　在程序组中打开 Exchange 系统管理器

步骤 2　设置用户邮箱大小

在服务器下打开“第 1 个存储组”（这里我们只看到一个缺省的存储组，在 Exchange2003 标准版中我们只能建立一个存储组，而企业版中我们可以建立 4 个存储组），选择“邮箱存储”，右键单击打开“邮箱存储”属性。从“限制”页中我们可以对该存储组的所有用户的邮箱大小做出统一的设置，如图 2-96～图 2-98 所示。

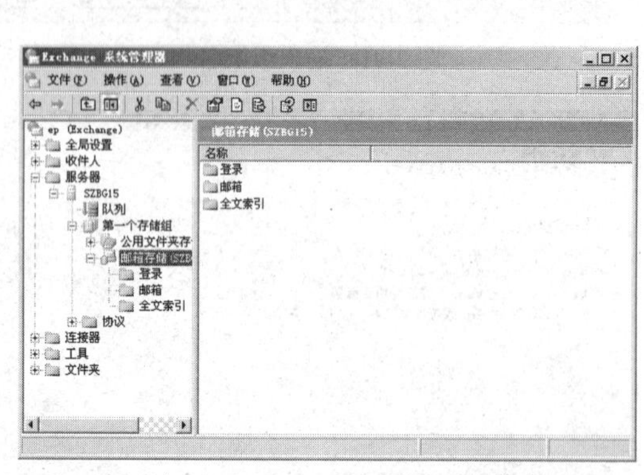

图 2-96　打开“邮箱存储”属性

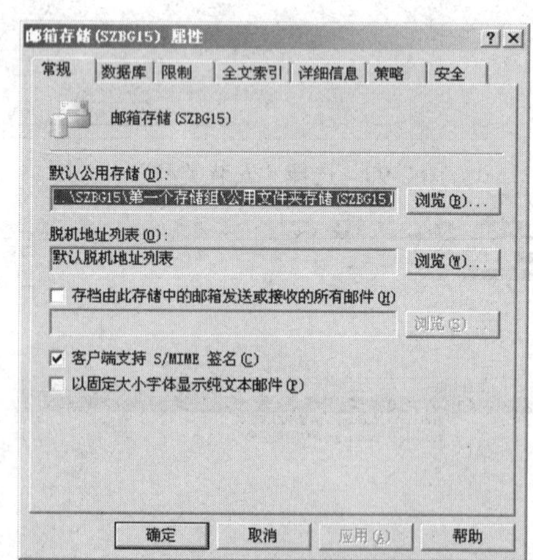

图 2-97　“邮箱存储”属性

步骤 3　启动 POP

在缺省安装完成后，默认状态下 POP3 服务是禁止的，所以如果需要它承担发送和接收邮件的任务，那么必须首先在服务中启动 POP3（单击“开始”→“管理工具”→“服务”），如图

2-99 所示。

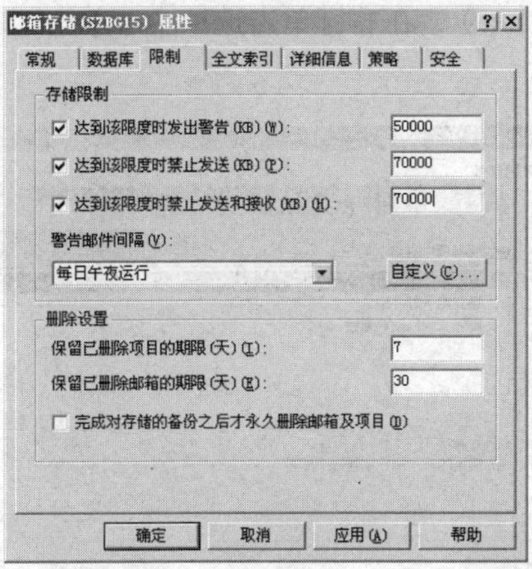

图 2-98　打开“邮箱存储”属性的限制选项卡设置存储限制 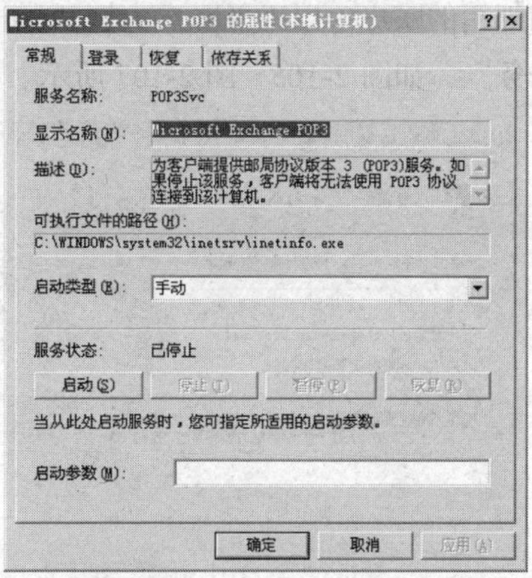　图 2-99　单击服务状态中的“启动”按钮启动 POP3

步骤 4　启动 POP3 虚拟服务器

在 Exchange 系统管理器中找到邮件服务器下的“协议”，然后选择 POP3 下的“默认 POP3 虚拟服务器”，在右键单击选项中启动该服务即可，如图 2-100 所示。

步骤 5　创建邮箱

给域中的用户创建邮箱，可以直接用域控制器或者从 Exchange Server 中的“Active Directory 用户和计算机”工具，在创建新用户账户的同时也就可以为其创建邮箱，如图 2-101～图 2-104 所示。

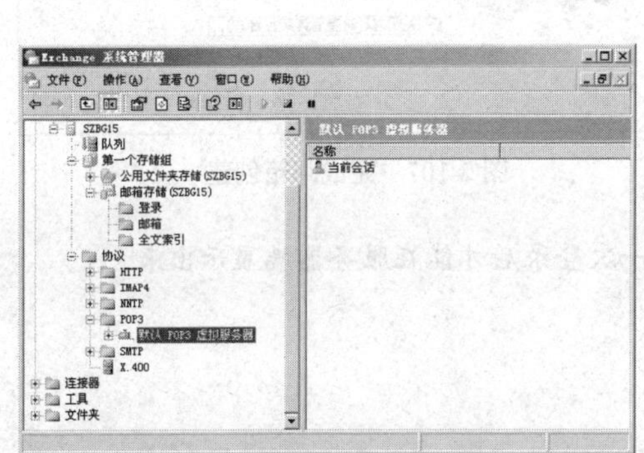

图 2-100　启动 POP3 虚拟服务器

图 2-101　创建用户

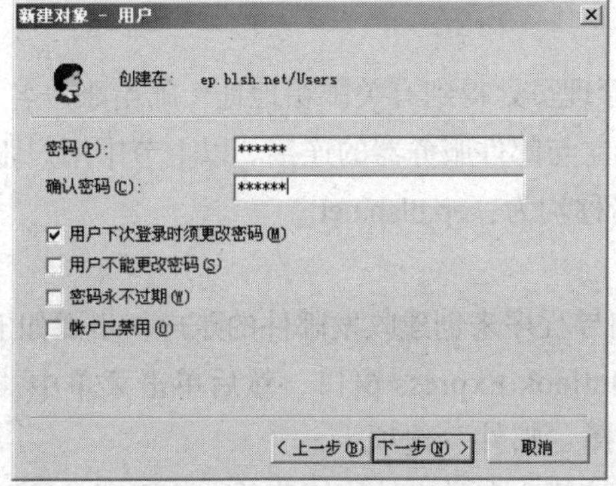

图 2-102　添加密码

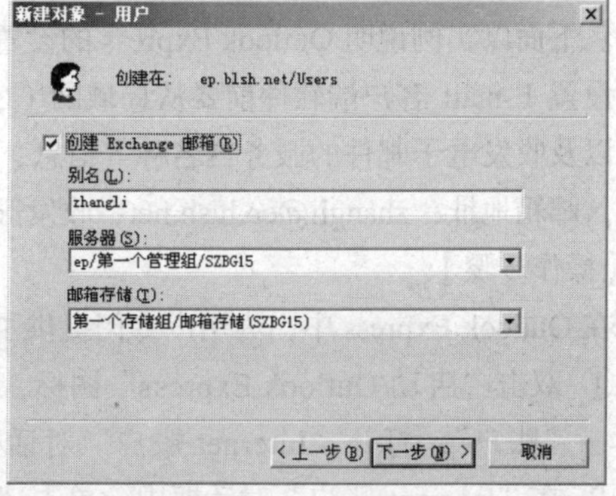

图 2-103　添加用户别名

我们还可以为域中原有的用户添加邮箱。在“Active Directory 用户和计算机”中找到需要添加邮箱的账户（以王平账户为例，wangping@ep.blsh.net），在右键单击选项中，单击“Exchange 任务”，如图 2-105～图 2-107 所示。

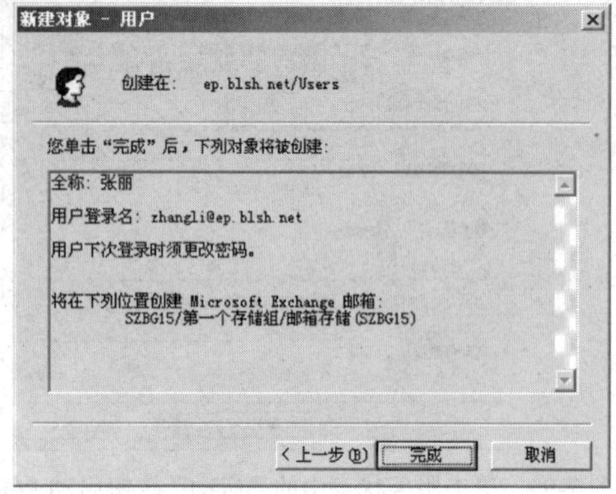

图 2-104 完成用户创建

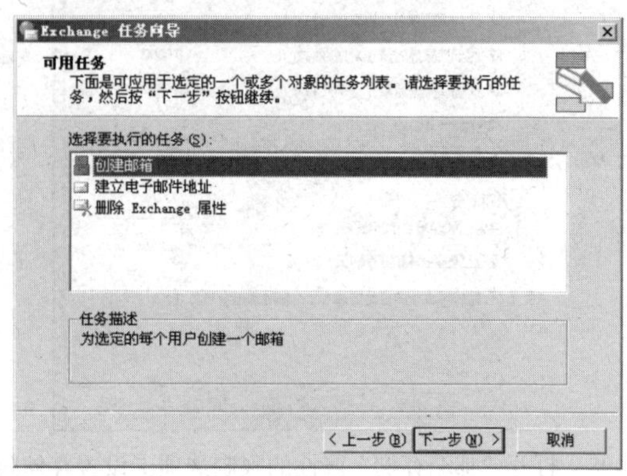

图 2-105 “创建邮箱”对话框

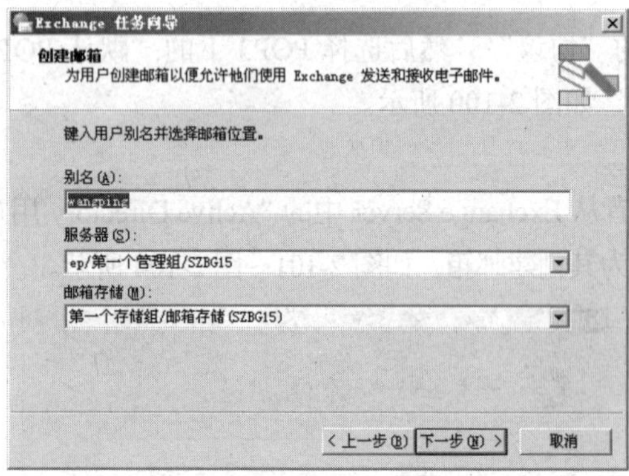

图 2-106 为用户创建邮箱

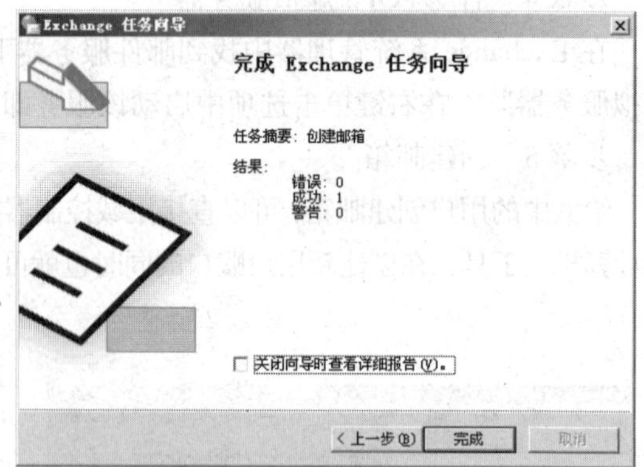

图 2-107 完成邮箱创建

❖ 注意：创建的新邮箱账户必须从客户端上作过一次登录后才能在服务器端显示出来。

（三）客户端邮件收发

【任务场景】

在为用户建立好邮箱后，就可以直接用 E-mail 客户端软件来收发邮件。E-mail 客户端软件有多种，微软操作系统自带的 Outlook Express 是其中之一，它设置简单，操作方便，得到了广泛的使用。下面以实例说明 Outlook Express 的设置方法。

设置 E-mail 客户端软件前要从局域网（LAN）管理员处得到有关邮箱地址（邮箱账户名）、密码以及收发电子邮件的服务器名称等信息，以便建立与邮件服务器的连接。以上节中用户张丽为例，邮箱地址：zhangli@ep.blsh.net，收发服务器名称均为：ep.blsh.net。

【操作步骤】

在 Outlook Express 中，为用户专门提供了连接向导程序来创建收发邮件的账户，步骤如下。

① 双击“启动 Outlook Express”图标，打开 Outlook Express 窗口，然后单击菜单中“工具”→“账户”，打开“Internet 账户”对话框，选择“邮件”选项卡。

② 在“Internet 账户”对话框中，单击“添加”按钮，在弹出的快捷菜单中选择“邮件”命

令，打开如图 2-108 所示的“Internet 连接向导”对话框，在“显示名”文本框中输入用户的姓名（或代用名），发送邮件时该内容将出现在发出邮件的“发件人”字段中，单击“下一步“按钮。

③ 进入“Internet 电子邮件地址”对话框，如图 2-109 所示，在“电子邮件地址”文本框中输入用户的电子邮件地址。zhangli@ep.blsh.net。单击“下一步“按钮。

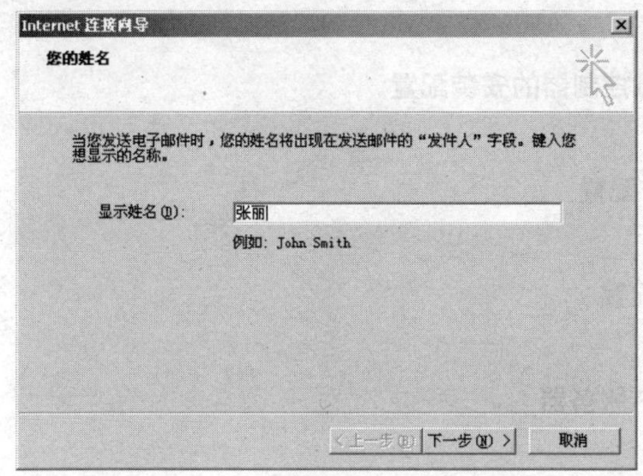
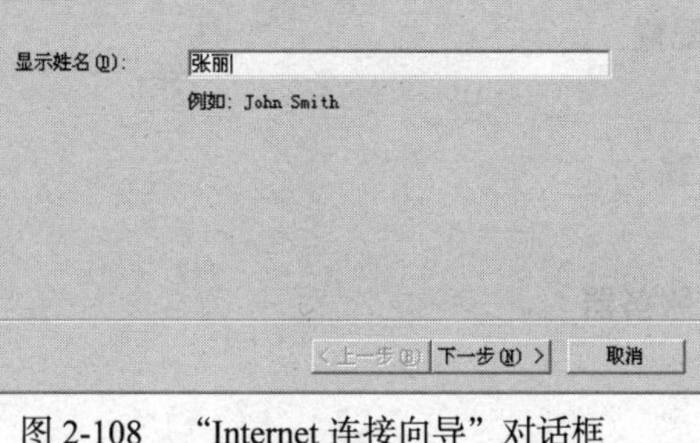

图 2-108 “Internet 连接向导”对话框

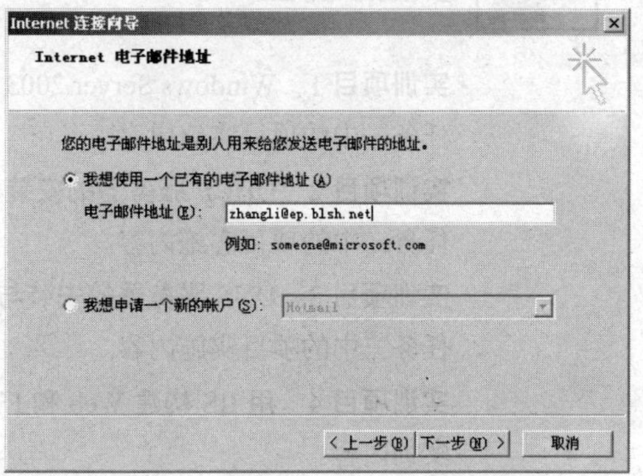

图 2-109 “Internet 电子邮件地址”对话框

④ 进入“电子邮件服务器名”对话框，如图 2-110 所示，在“我的邮件接收服务器是”下拉列表框中选择服务器的类别为 POP3，并在“邮件接收（POP3，IMAP 或 HTTP）服务器”和“邮件发送服务器（SMTP）”文本框中输入收、发电子邮件服务器名称。由于在本例中接收和发送邮件服务都由同一台服务器完成，因此这里输入的接收和发送邮件服务器的地址是一样的，均为：ep.blsh.net，但在实际应用中有可能不同。接下来单击“下一步”按钮。

⑤ 进入“Internet Mail 登录”对话框，如图 2-111 所示，分别在“账户名”和“密码”文本框中输入电子邮件账户名与密码。一般情况下，账户名已自动填入，只需输入密码，如果使用的邮件系统要求用户使用安全密码验证来访问电子邮件账户，请选择“使用安全密码验证登录（SPA）”复选框。单击“下一步”按钮。

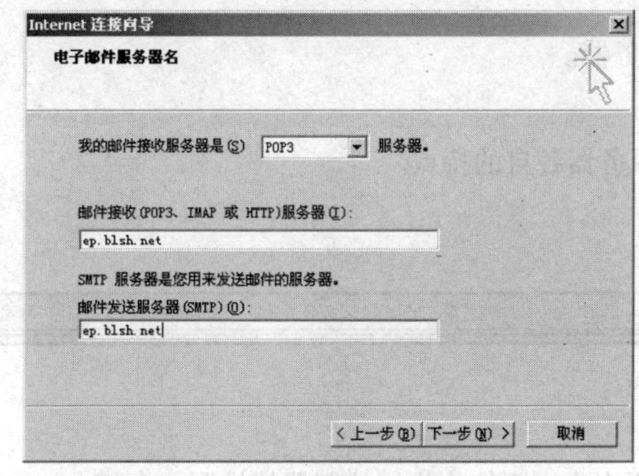

图 2-110 “电子邮件服务器名”对话框

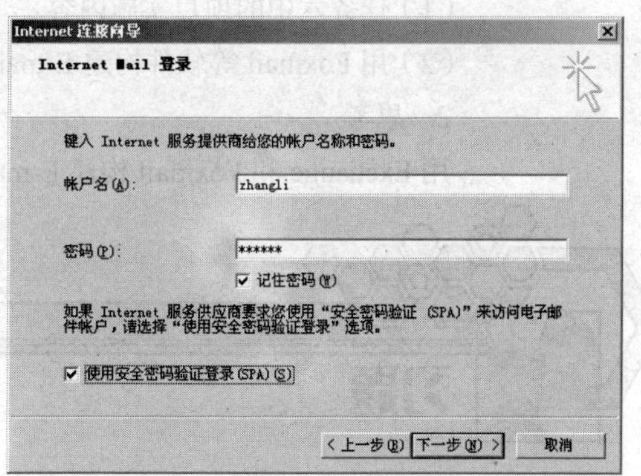

图 2-111 “Internet Mail 登录”对话框

⑥ 进入“祝贺您”对话框，单击“完成”按钮，即可完成收发电子邮件账户的设置。用户可以用这个账户来收发电子邮件，如果用户希望拥有多个电子邮件账户，可以按照上面的方法重复设置。

另外，还可以 OWA 方式登录个人邮箱，打开 IE，在地址栏中输入 http:// ep.blsh.net/exchange，然后输入用户名和密码即可登录。

实训项目

实训项目 1　Windows Server 2003 域控制器的安装配置

任务一中的项目实施内容。

实训项目 2　DHCP 服务器的安装与配置

任务二中的项目实施内容。

实训项目 3　DNS 服务器的安装与配置

任务三中的项目实施内容。

实训项目 4　用 IIS 构建 Web 和 FTP 服务器

实训内容：

（1）任务四中的项目实施内容；

（2）用 IIS6.0 构建 FTP 服务器。

❖ 提示：参阅 IIS 相关技术资料。

实训项目 5　用 Serv-U 构建 FTP 服务器

1. 实训内容

任务五中的项目实施内容。

2. 思考

与 IIS6.0 构建 FTP 服务器相比，用 Serv-U 构建 FTP 服务器有哪些优势？

实训项目 6　构建 E-mail 服务器

1. 实训内容

（1）任务六中的项目实施内容。

（2）用 Foxmail 等软件构建 E-mail 服务器。

2. 思考

用 Exchange 和 Foxmail 构建 E-mail 服务器各自的特点。

习题

1. Windows Server 2003 的四个版本中，不能作为域控制器的是哪一个版本？

2. DHCP 默认的租约是几天？DHCP 客户的租约到期仍未能更新，新的尝试若还未成功，客户机将从保留的虚拟 IP 地址中分配什么 IP 地址？

3. 在 DNS 服务器中为什么要创建反向搜索区域？

4. 分析客户机上不能实现域名解析的原因。

5. 列举一台主机上发布多个 Web 站点的方法有哪些？

6. 为实现 E-mail 服务，应采用哪些主要协议，请分别描述这些协议的功能。

项目三

构建 Linux 下的网络服务器

在以 Internet 技术为基础的计算机网络时代，如何在互联网上架设各种功能的服务器成为一项必须的技术。Linux 作为一种免费的操作系统，以其稳定的性能、可靠的安全、丰富的网络功能、开源的理念逐步成为服务器操作系统的主流，因此需要在 Linux 下构建各种常见的网络服务。

任务一 Linux 与网络管理

一、任务分析

Linux 作为一种免费的操作系统，以其稳定的性能、较高的安全性、丰富的网络功能、开源的理念逐步成为服务器操作系统的主流。Linux 最大的优点在于其作为服务器的强大功能。Linux 沿袭 UNIX 系统，仍使用 TCP/IP 作为主要网络通信协议，内建 ftp、telnet、mail 和 apache 等各种功能，加上稳定性较高，因此被广泛用于架设服务器平台。Linux 作为网络服务器的平台，主要使用的是字符界面，配置过程比 Windows 平台下的图形界面配置要复杂，需要熟悉 Linux 的基本操作命令，熟悉与网络相关的基本配置文件的作用与功能，熟悉 Linux 下基本网络管理命令。

本任务将学习后续任务中将要用到的 Linux 系统的一些基本知识和基本操作，为后续的任务打下基础。

二、相关知识

（一）熟悉 Linux 的发行版本

Linux 自诞生以来，发布了很多不同的版本，最常见的有：Slackware、RedHat、Debian、

Suse 等等。其中 Slackware 是最早的 Linux 正式版本之一，它遵循 BSD 的风格，尤其是在系统启动脚本方面；RedHat Linux 是 Linux 最早的商业版本之一。它在美国和其他英语国家市场上获得了较大的成功；Debian 是一个开放源代码的操作系统，它由许多志愿者维护，是真正的非商业化 Linux；SuSE 由德国人开发出来，是在欧洲大陆最流行的版本之一。

RedHat 分为两个系列，一个是桌面版 RedHat Linux；一个是企业版 RedHat Enterprise Linux。桌面版 RedHat Linux 自 9.0 以后，不再发布新的版本，而把这个项目与开源社区合作，从 RedHat Linux 发展出 Fedora Core 发行版本，Fedora 和 RedHat 这两个 Linux 的发行版本联系很密切，Fedora 可以说是 RedHa 桌面版的延续，取代了原来的 Red Hat Linux，因此桌面版 RedHat Linux 最高版本为 9.0。今后与 Red Hat 公司相关的 Linux 发行版，将明确区分为免费、但不提供技术支持的 Fedora Core，以及需要付费购买，有技术支持服务的 RedHat Enterprise Linux。

本项目 Linux 操作系统平台下的网络服务的建立以 RedHat 9.0 为例来构建，其他发行版的 Linux 可能与此有些细微的差别。

（二）RedHat 9.0 Linux 的基本管理命令

为了构建 Linux 下的各种网络服务，需要一些常用的工具作为网络配置的预备知识。

1. vi 文本编辑器

Linux 系统最常用的文本编辑工具就是 vi 文本编辑器，它以命令方式处理文本，是 Linux 网络配置最常用的工具。vi 可以分为 3 种工作模式：一般模式、编辑模式和命令模式。

一般模式：输入 vi 命令进入 vi 文本编辑器的时候，就是一般模式，这个模式允许用户移动光标查看文本内容，对文本内容进行复制、粘贴操作，对文本内容进行搜索以及快速定位。

编辑模式：从一般模式下按 i、o、a、r 等字母键进入编辑模式，在此模式下可以对文本进行编辑，按 Esc 键则从编辑模式退回到一般模式。

命令模式：在一般模式按:、/、?等键进入命令模式，光标自动移到最底下一行，这种模式下可以实现文件的读取、存储、推出 vi 等操作。

2. 文件和目录

从 Red Hat Linux 7.2 版本以后，默认的文件系统从 ext2 转变为 ext3，ext3 文件为 ext2 的一个增强版本，在可用性、数据完整性、速度和易于转换等方面，都有很大的进步。

现在 Red Hat Linux 9.0 还支持其他多种不同的文件系统，几种常见的文件系统如下。

- ext2：即二级扩展文件系统类型，是 Linux 下的一种高性能文件系统。二级扩展是扩展文件系统（ext）的改进型，因为此文件系统性的高效，所以目前大多数 Linux 选择它作为默认的文件系统。ext2 支持长达 256 字符的文件名，存储空间最大支持到 4T。
- ext3：为 ext2 的改进型。
- MSDOS：是 DOS、Windows 和某些其他类型操作系统使用的文件类型。它的文件名采用“8.3”格式化，是最常用的一种简单的文件系统。
- Vfat：Windows 9X 和 Windows NT 使用的文件系统类型，它在 MSDOS 文件系统的基础上增加了对长文件名的支持。
- Nfs：网络文件系统，允许多台计算机之间共享文件的一种文件系统。
- iso9660：一种最常用的标准 CD-ROM 文件类型。
- Smb：支持 Windows for Workgroups、Window NT 和 Lan Manager 等系统中使用的 SMB

协议的网络文件系统类型。

文件是 Linux 用来存储信息的基本结构，它是被命名（称为文件名）的存储在某种介质上的一组信息的结合，Linux 文件名是文件的标识，文件名由字母、数字、下划线和圆点组成的字符串构成，文件名的长度限制在 255 个字符以内。

Linux 系统以文件目录的方式来组织和管理系统中的所有文件，整个文件系统有一个“根”，整个文件系统是一个“树形”结构。对文件进行访问时，要给出文件所在的路径。路径是指从树形目录中的某个目录层次到某个文件的一条道路，路径的主要构成是目录名称，中间用“/”符号分开。任意文件在文件系统中的位置都是由相应的路径决定的。

文件的路径分为相对路径和绝对路径，相对路径是从用户工作目录开始的路径；绝对路径是指从“根”开始的路径。如：/home/abc 就是绝对路径。

可以使用 ls -l 命令得到当前目录下的文件及其属性，如：

```
# ls -l
总用量 3236
drwxrwxr-x    2  root    root         4096   10月  7 15:34 apache
drwxrwxr-x    2  root    root         4096   10月 14 11:39 eps
drwxrwxr-x    3  root    root         4096   10月 14 11:39 jpg
-rw-rw-r--    1  root    root      3114118   10月 20 15:15 LinuxPaper.rar
-rw-rw-r--    1  root    root        78250   10月 20 17:01 LinuxPaper.tex
-rw-rw-r--    1  root    root        78121   10月 20 16:54 LinuxPaper.tex~
drwxrwxr-x    2  root    root         4096   10月  8 16:17 vsftp
```

Linux 系统中的每个文件和目录都有访问许可权限，用它来确定用户能以何种方式对文件和目录进行访问和操作。文件或目录的访问权限分为只读、只写和可执行 3 种，有 3 种不同类型的用户可以对文件或目录进行访问：文件所有者、同组所有者和其他用户。在用 ls –l 命令显示文件或目录的详细信息时，最左边的一列为文件的访问权限，其中第一个字母表示文件的类型：

- b — 表示块设备（比如一个硬盘）；
- c — 表示字符设备（比如一个串行口）；
- d — 表示子目录（也是一种文件）；
- l — 表示符号链接（一个指向另外一个文件的小文件）。

后面 9 位表示不同用户对此文件的操作权限：

r —— 表示这个文件可以读；

w —— 表示这个文件可以进行写；

x —— 表示这个文件可以执行，或者对子目录来说是可以搜索。

每一文件或目录的访问权限都有 3 组，每组用 3 位标示。第一组的 3 个字符是针对这个文件的所有者的。文件的所有者一般是文件的创建者，文件被创建时，文件所有者自动拥有该文件的读、写和可执行权限，文件所有者可以将文件的访问权限赋予其他用户，根据需要设置访问权限，改变这几种权限的任何一种。第二组的 3 个字符是针对用户组。当账户第一次被建立的时候会被分配到两个组中：一个根据姓名而另外一个则用来面对用户组中的用户，第三组的 3 个字符是针对文件拥有者和其对应用户组之外的其他用户和用户组。

① cp 命令可以将给出的文件或目录复制到另一文件或目录中，例如下面的命令将 file1.txt 这个文件复制到/home/zhang 目录下。

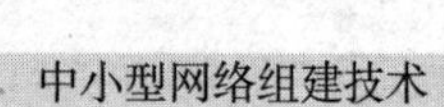


```
# cp  file1.txt  /home/zhang
```

这里的 file1.txt 就是相对路径，是当前操作的目录，后面的/home/zhang 是绝对路径。cp 命令的参数-r 提供目录复制的功能，如果 cp 命令给出的源文件是一个目录文件，-r 参数要求系统递归复制该目录下所有的子目录和文件，此时目标文件必须是一个目录名，例如将 wang 这个目录复制到/homg/zhang 目录下，可以使用下面的命令。

```
# cp  -r  wang  /home/zhang
```

如果只需要将 wang 目录下的文件复制到/home/zhang 目录下，而不需要将 wang 目录本身以及 wang 目录下的子目录一起复制到/home/zhang 目录中，可以使用下面的命令。

```
# cp  zhang/*  /home/zhang
```

② mv 命令可以将文件或目录改名或将文件由一个目录移动到另一个目录中。mv 命令格式为。

```
mv  [options]  source  directory
```

mv 命令中的第二个参数类型分为目标文件和目标目录两种情况，如果第二个参数类型为目标文件，mv 命令将所给出的源文件或目录重新命名为给定的目标文件名，此时的源文件或源目录只能有一个，例如下面的命令将文件 file1 改名为 file2。

```
# mv  file1  file2
```

如果第二个参数类型为已经存在的目录名称时，源文件或目录参数可以有多个，mv 命令将各个参数指定的源文件或目录都移动到目标目录中，例如下面的命令将文件 file1 从当前目录移动到/home/zhang 目录下，这相当于 Windows 下的剪切和粘贴操作。

```
# mv  file1  /home/zhang
```

mv 命令中的可选参数[options]中，-i 表示如果目的地已有同名文件，则先询问是否覆盖旧档。

③在 Linux 中，rm 命令提供删除文件或目录的功能，命令格式为。

```
rm  [options]  文件或目录名
```

该命令可以删除一个目录中的一个或多个文件或目录，它也可以将某个目录及其下的所有文件及子目录全部删除。删除一个文件不用带任何参数，如下面的命令删除当前目录中的文件 fiel2。

```
# rm  file2
```

如果是删除整个目录及目录下的所有文件，需要带-rf 参数，例如下面的命令删除 wang 目录下的所有文件以及该目录本身。

```
# rm  -rf  wang
```

参数选项[options]是-i 时，表示删除文件前逐一询问是否确认要删除。

④ 可以使用 chmod 命令改变文件的权限，这是 Linux 中很重要的命令，用来控制文件或目录的访问权限，它有两种用法：一种是包含字母和操作符表达式的文字设定法；另一种是包含数字的数字设定法。

文字设定法的格式为

```
chmod  [用户类型]  [符号]  [属性]  文件名
```

用户类型有以下几种。

u：表示“用户”（user），即文件或目录的所有者；

g：表示“同组用户”（group），即与文件所有者同组的用户；

o：表示“其他”（other）用户；

a：表示“所有”（all）用户，它是系统默认值。

符号有以下几种。

+：添加某个权限；

－：取消某个权限；

=：赋予给定的权限并取消其他所有权限。

属性有以下 3 种。

r：可读；

w：可写；

x：可执行。

其他常用的选项还有以下几种。

-v：显示权限变更的详细资料；

-R：对目前目录下的所有文件与子目录进行相同的权限变更（以递归的方式逐个变更）；

-help：显示辅助说明；

-version：显示版本。

例如：将文件 file1.txt 设为所有人皆可读取，使用下面的命令。

```
# chmod ugo+r  file1.txt
```

将文件 file1.txt 与 file2.txt 设为该文件拥有者，与其所属同一个群体者可写入，但其他以外的人则不可写入，使用下面的命令。

```
# chmod  ug+w, o-w  file1.txt  file2.txt
```

将文件 ex1.py 设为只有该文件拥有者可以执行，使用下面的命令。

```
# chmod  u+x  ex1.py
```

将目前目录下的所有文件与子目录皆设为任何人可读取。

```
# chmod  -R  a+r  *
```

也可以用数字来表示权限如 chmod 777 file。

chmod 的数字设定法格式为

```
chmod   abc   文件名
```

其中 a，b，c 各为一个 0~7 的八进制数，分别表示 User、Group、及 Other 的权限。读权限 r=4，写权限 w=2，执行权限 x=1。若要 rwx 属性则权限值为 4+2+1=7；若要 rw-属性则权限值为 4+2=6；若要 r-x 属性则权限值为 4+1=5；依此类推。

例如：

chmod　a=rwx　file1.txt 和 chmod　777　file1.txt 效果相同；

chmod　ug=rwx，o=x　file2.txt 和 chmod　771　file2.txt 效果相同。

⑤ Linux 是多用户多任务操作系统，所有的文件都有拥有者，利用 chown 可以改变文件的拥有者。一般来说，这个命令只由系统管理者（root）使用，一般使用者没有权限可以改变别人的文件拥有者，也没有权限可以将自己的文件拥有者改设为别人，只有系统管理者才有这样的权限。命令的格式为： chmod [Options] [--help] [--version] user[:group] 文件名。其中：user 是新设定的文件拥有者，group 为新设定的文件拥有者群体，常用的选项有以下几种。

-h：只对于连接（link）进行变更，而非该 link 真正指向的文件；

-v：显示拥有者变更的详细资料；

-R：对目前目录下的所有文件与子目录进行相同的所有者变更；

--help：显示辅助说明；

--version：显示版本。

例如：将文件 file1.txt 的拥有者设为 users 群体的使用者 zhang，可以使用以下命令。

```
# chown  zhang  users  file1.txt
```

⑥ Linux 中一般使用命令 useradd 来添加新用户，例如下面的命令创建一个新用户 jiang：

```
useradd  jiang
```

Linux 中创建一个新用户时，系统完成了很多工作，该命令默认地在/home 目录下为新用户 jiang 创建了用户的根目录；系统还将用户的口令等信息保存在/etc/passwd、/etc/shadow、/etc/group3 个文件中。root 用户可以使用 passwd 命令改变新建用户的口令，也可以使用 userdel 命令删除用户，删除用户命令如果带参数-r，则连同用户的根目录也以其删除，例如夏明的命令表示删除用户 jiang，同时连同 jiang 的根目录也一起删除。

```
# userdel  -r  jiang
```

（三）RedHat 9.0 Linux 网络相关的配置文件

1. 主机地址设置文件：/etc/hosts

Linux 系统默认的通信协议是 TCP/IP，而 TCP/IP 网络上的每台主机都是以 IP 地址来代表它的位置，不论主机位于局域网或是 Internet 中，只要使用 TCP/IP 为通信协议，则主机之间必须靠 IP 地址来互相识别。虽然 IP 地址可以很准确地辨别每一台主机，但是也产生了记忆地址困难的问题，如果采用一些一般人易记的名称，如：www.163.com，就可以降低用户记忆主机地址出错的机会，所以在 TCP/IP 网络上就出现一种利用中介机制来进行 IP 地址与易记的网络名称之间进行转换的解决方法。

进行地址转换的方法有两种，一种是使用 DNS，它在名称解析的功能上较强；另一种是使用主机名文件/etc/hosts，虽然使用 hosts 文件功能不如 DNS，也有很多的局限性，但它的设置简单，使用比 DNS 更为快捷。/etc/hosts 文件进行名称解析的步骤如下。

① 客户端在终端窗口或是浏览器等程序中输入目标主机名称后，系统会自动到/etc/hosts 文件查询是否有目标主机的记录。

② 若是在/etc/hosts 文件中包含目标主机的记录，则可找出该主机的 IP 地址。

③ 工作站利用找出的主机 IP 地址，直接对此主机进行通信。

④ 若是/etc/hosts 文件没有包含目标主机的记录，则此次连接会失败，并且停止指令或程序的运行，如图 3-1 所示。

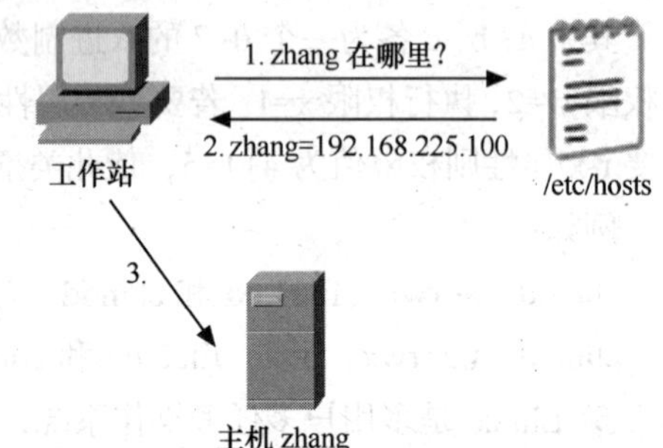

图 3-1　利用/etc/hosts 文件进行名称解析的流程

下面是一个/etc/hosts 文件的举例：

```
# Do not remove the following line, or various programs
# that require network functionality will fail.
127.0.0.1          localhost.localdomain    localhost        #缺省安装
202.218.22.34      ns1.pyp.edu.cn                            #用户加入
202.218.22.36      ns2.pyp.edu.cn                            #用户加入
```

用户可以直接使用文本编辑器如 vi 修改这个文件，就可以完成简单的名称解析工作。

2. 网络服务数据文件：/etc/services

/etc/services 是专为各种不同网络服务而准备的数据文件，在这个文件中包含 Internet 服务名称、使用的连接端口号（Port）与通信协议等信息。它允许使用连接端口号与通信协议来对应服务的名称，有一些程序必须使用这个文件以执行特定的功能。例如 xinetd 是一个功能强大的程序，它专门管理 Internet 上连接的要求，而当用户要求远程登录以及文件传输通信协议“FTP”时，它会自动检查/etc/services 文件，并且找出对应的程序，以满足用户的要求。

以下是/etc/services 文件的部分内容举例。

```
ftp-data        20/tcp
ftp-data        20/udp
# 21 is registered to ftp, but also used by fsp
ftp             21/tcp
ftp             21/udp          fsp fspd
ssh             22/tcp                          # SSH Remote Login Protocol
ssh             22/udp                          # SSH Remote Login Protocol
telnet          23/tcp
telnet          23/udp
```

基本上每个服务都必须使用唯一的连接端口号/通信协议来对应，因此若两个服务需使用同一个连接端口号，则它们必须同时使用不同的通信协议。同样的，若是两个服务使用同一种通信协议，则它们使用的连接端口号一定不同，以便于区别。所有可用的端口号是 0~65535，可以分为 3 种范围：“Well-know”端口号（0~1023）、注册端口号（1024~49151）和动态端口号（49152~65535）。

3. xinetd 配置文件：/etc/xinetd.config

xinetd 是 Linux 中一个非常重要的守护进程，它负责接受来自 Internet 客户端的请求，并且将客户端的请求传送至正确的服务程序，这样处理的优点在于由 xinetd 负责监听来自网络上的需求信息，而服务程序因为有 xinetd 帮助监听来自客户端的请求，所以他们不需要在每次启动时就加载大量的程序，这可避免系统资源的浪费。

以下是/etc/xinetd.config 文件的内容。

```
#Simple configuration file for xinetd
#Some defaults,and include /etc/xinetd.d/
defaults
{
    instances               =60     #同时运行的最大进程数
    log_type                =SYSLOG authpriv #设置日子文件的保存位置
    log_on_success          =HOST PID #表示成功连接时记录的信息
    log_on_failure          =HOST RECORD #表示连接失败时记录的信息
    cps                     =25 30 #表示限制外部至内部网络的连接速度
}
Includedir   /etc/xinetd.d    #指定所有使用 xinetd 服务的守护进程设置文件所在目录
```

要注意的是，在每次修改 xinetd 或是任何一个看守进程的服务设置后，记得要重新启动 xinetd 才可使设置生效，启动命令如下：

```
/etc/rc.d/init.d/xinetd restart
```

4. 访问允许/禁止配置文件：/etc/hosts.allow 和/etc/hosts.deny

除了可以将来自客户端的请求转送至指定的服务程序外，xinetd 还具备另一种功能，那就是可以集中式地管理客户端连接。当 xinetd 接受来自客户端的服务请求后，它会先检查/etc/hosts.allow 文件中是否允许此客户端的访问，若是允许则会将此请求转送至指定的服务程序，同时忽略

/etc/hosts.deny 的检查。若在/etc/hosts.allow 文件中没有此客户端可被允许的记录，接着 xinetd 会继续检查/etc/hosts.deny 文件的内容，如果该客户端的数据出现在此文件中，则此请求会被拒绝，但若是没有出现，由此客户端的请求仍会被转送至指定的服务程序，如图 3-2 所示。

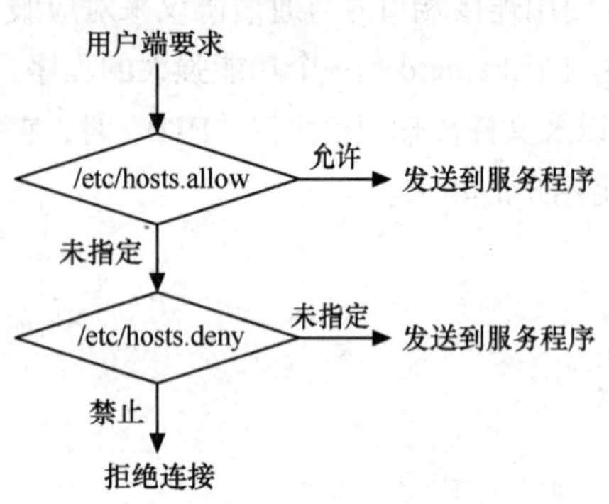

图 3-2　处理客户端请求的审核流程

因此通常会将需要提供服务的客户端记录在/etc/hosts.allow 中，而在/etc/hosts.deny 只写入简单的一行：

```
ALL: ALL
```

如果要增加额外的记录，可用以下的格式来设置：

```
Daemon: Address[: Option1[: Option2]]
```

其中 daemon 表示在接受客户端要求后，必须执行的服务程序名称，例如 in.ftpd，或是使用"all"来代表所有服务程序名称。Address 代表某个客户端的 IP 地址、主机名称、URL、或是某一范围的 IP 地址、主机名称或 URL，但也可以使用如下所示的特殊字符串。

- ALL：表示所有地址；
- LOCAL：不包含小数点的主机名称（别名）；
- UNKNOWN：代表所有名称或 IP 地址为未知的主机；
- KNOWN：代表所有名称及 IP 地址均为已知的主机；
- PARANOID：代表所有主机名称与 IP 地址不一致的主机。

Option 是一个可选择的项目，并不一定需要设置，其含义如下所示。

- allow：不论 hosts.allow 与 hosts.deny 的设置如何，符合此设置条件的客户端都可以进行连接要求，同时这个选项设置应该置于该行的最后面。
- deny：不论 hosts.allow 与 hosts.deny 的设置如何，符合此设置条件的客户端都不可进行连接要求，同时这个选项设置应该置于该行的最后面。
- spawn：当收到连接要求时会自动启动一个 shell 指令，此选项必须置于设置内容的最后。
- twist：当收到连接要求时会自动启动一个 shell 指令，但是当 shell 指令执行完毕后，连接即告中断，此选项同样必须置于行的最后面。

5. 网络状态设置文件：/etc/sysconfig/network

/etc/sysconfig/network 是 TCP/IP 网络的重要设置文件，它可以设置系统默认的网络参数，如下例所示。

```
NETWORKING=yes                          # 表示开启 Linux 服务器的网络功能
HOSTNAME=localhost.localdomain          # 表示此台 Linux 的主机名称
GATEWAY=192.168.2.1                     # 本机使用的网关 IP 地址
```

除了以上的设置项目以外，network 文件还可以包含以下参数。

FORWARD_IPv4：设置此台服务器是否允许转送来自客户端的 IPv4 封包，若允许转送应加入 FORWARD_IPv4=true；

DOMAINNAME：此台服务器所属的域名称；

GATEWAYDEV：连接网关的设备，通常设 eth0 表示以网卡当作网络连接设备，若是拨号用户则设为 ppp0。

6. 主机搜寻设置文件：/etc/host.conf

对主机名的解析是先通过/etc/hosts 文件还是由 DNS 解析，是由文件/etc/host.conf 来设置的，因此在这个文件中可以设置主机名称解析的顺序，其默认的内容很简单，如下所示。

```
order   hosts,bind
```

这表示在进行解析时先使用/etc/hosts 文件，然后才使用 DNS。

但是/etc/host.conf 文件还可以设置以下参数。

- trim：指定默认的域名称，可以在此指定一个或多个默认的域名称，例如：abc.com，如此设置后，当要查询某一主机的信息时，只要输入主机名称，例如 ns1，系统自然就会在主机名称加上默认的域名称，例如 ns1.abc.com。
- multi：是否在/etc/hosts 文件中，允许一个主机名称对应到多个 IP 地址，例如若要将 202.116.135.235 和 202.116.135.236 都对应到主机 ns1.abc.com，可以加入以下记录：multi　on。
- nospoof：是否允许名称进行反向查询，这个功能可以提高主机名称的准确性，如果要开启这个功能，可以加入以下的记录：nopoof on。

7. DNS 服务器搜寻顺序设置文件：/etc/resolv.conf

/etc/resolv.conf 文件的主要作用是用来设置 DNS 的相关选项，其常用的设置选项有 3 项。

- nameserver：设置名称服务器的 IP 地址，此处所谓的名称服务器就是指 DNS，最多可设置 3 个 nameserver，而每个 DNS 的记录需自成一行，主机进行名称解析时会先查询记录中的第一台 nameserver，如果无法成功解析，则会继续询问下一台 nameserver。理论上可以使用 Internet 中的任何一部 DNS 服务器来进行名称解析，但由于效率的考虑，通常都会以距离最近的 nameserver 为第一优先顺序，如果主机本身就是 DNS 服务器，则可以使用 0.0.0.0 或是主机上的其他 IP 地址来表示，以下是一个 DNS 服务器的举例。

```
nameserver    0.0.0.0
nameserver    202.116.135.235
nameserver    202.116.135.236
```

- domain：指定主机所在的域名称；
- search：在此处可以使用空格键来分隔多个域名称，而它的作用是在进行名称解析工作时，系统会自动将此处设置的域名称，自动加在欲查询的主机名称之后，可以加入最多 6 个域名称，但总长度不可超过 256 个字符。例如在此设置 3 个不同的域名称：name1.com name2.com name3.com，当要查询的名称为 host1 时，则系统会依次查询 host1.name1.com，host1.name2.com，host1.name3.com。

（四）RedHat 9.0 Linux 的基本网络管理命令

1. 启动网络：network

/etc/rc.d/init.d/network 是 Linux 系统中用来启动网络功能的 Shell Script，在正常的状况下，每次开机都会自动启动，每当修改了系统中的网络状态，应该重新启动网络，而不需要重新开机 reboot。命令格式：

```
# /etc/rc.d/init.d/network  restart
```

2. 设置网卡状态：ifconfig 命令

ifconfig 的参数非常多，其调用结构是：

```
ifconfig  interface  [[-net|-host]  address  [parameters]]
```

其中：

- “interface”是指接口名；
- “address”是指准备分配给这个接口的 IP 地址。它既可以是点分十进制的 IP 地址，也可以是 ifconfig 在/ etc /hosts 和/ etc / networks 文件内找出的接口名；
- “- net 和-host”选项强制 ifconfig 将这个地址视作网络地址或主机地址。

如果 ifconfig 在调用时只有接口名，它就会显示出该接口的配置信息。如果调用 ifconfig 时不带任何参数，它就会显示已配置的所有接口； - a 选项也将强制它显示所有非活动的接口。

ifconfig 还能识别以下开关量，在前面加一破折号表示取消该功能。

- up：启用指定的网卡。标志接口处于“up”状态，就是说 IP 层可以对其进行访问。这个选项用于命令行上给出一个 IP 地址之时，如果这个接口已被“down”选项临时性取消的话，还可以用于重新启用这个接口。
- down：停用指定的网卡。标志接口处于“down”状态，就是说 IP 层不能对其进行访问，这个选项有效地禁止了 IP 通信流过这个接口。但是它并没有自动删除利用该接口的所有路由信息。如果永久性地取消了一个接口，就应该删除这些路由条目，并在可能的情况下，提供备用路由。
- netmask：设置网络的子网掩码，供接口所用。要么给一个 0 x 开始的 3 2 位十六进制子网掩码，要么采用只适用于两台主机所用的点分十进制子网掩码。
- pointtopoint address：这个选项用于只涉及两台主机的点到点链接，和指定的地址建立直接连接。
- broadcast address：广播地址通常源于网络编号，通过设置主机部分的所有位得来。
- metric number：这个选项可用于为接口创建的路由表分配度量值。
- mtu bytes：这个选项用于设置网卡最大传输单元，也就是接口一次能处理的最大字节数。对以太网接口来说，MTU 的默认设置是 1500 个字节。
- arp：这个选项专用于以太网或包广播之类的广播网络。它启用 ARP 功能。
- - arp：在接口上停用 ARP 功能。
- promisc：将接口置入 promiscuous（混乱）模式。广播网中，这样将导致该接口接收所有的数据包，不管其目标是不是该主机。这个选项允许利用包过滤器和所谓的以太网窥视技术，对网络通信进行分析。
- - promisc：取消混乱模式。
- allmulti：表示接收多播数据包，多播即是向不在同一个子网上的一组主机广播数据。
- -allmulti：停止接收多播数据包。

下面是一些 ifconfig 命令使用的例子。

配置 eth0 的 IP 地址，同时激活该设备：

```
#ifconfig  eth0  192.168.1.18  netmask  255.255.255.0  up
```

停用指定的网络接口设备 eth0：

```
#ifconfig  eth0  down
```

查看指定的网络接口设备 eth0 的配置，系统显示以太网接口 eth0 的配置信息：

```
#ifconfig  eth0
eth0       Link encap:Ethernet  HWaddr 00:0A:EB:97:AF:B5
           inet addr:192.168.226.11  Bcast:192.168.226.255  Mask:255.255.255.0
```

```
        UP BROADCAST RUNNING MULTICAST  MTU:1500  Metric:1
        RX packets:0 errors:0 dropped:0 overruns:0 frame:0
        TX packets:4 errors:0 dropped:0 overruns:0 carrier:0
        collisions:0 txqueuelen:100
        RX bytes:0 (0.0 b)  TX bytes:240 (240.0 b)
        Interrupt:11 Base address:0x4000
```

查看所有的网络接口配置：

```
#ifconfig
```

3. 显示网络统计信息：netstat 命令

netstat 是一个非常有用的工具，通常它可以完成以下功能。

（1）显示网络接口状态信息

在随- i 标记一起使用时，netstat 将显示网络接口的当前配置状态。除此以外，如果调用时还带上- a 选项，它还将输出内核中所有接口，并不只是当前配置的接口，例如：

```
#netstat -i
Kernel Interface table
Iface  MTU  Met  RX-OK  RX-ERR  RX-DRP  RX-OVR TX-OK TX-ERR TX-DRP TX-OVR Flg
eth0  1500   0     0      0       0       0      4      0      0      BMRU
lo    16436  0   60451  0       0       0   60451     0      0      0      LRU
```

其中的含义为：MTU 和 Met 字段表示的是接口的 MTU 和度量值；RX 和 TX 这两列表示的是已经准确无误地收发了多少数据包（ RX- OK / TX - OK）、产生了多少错误（ RX - ERR/ TX -ERR）、丢弃了多少包（RX -DRP / TX - DRP），由于误差而遗失了多少包（RX – OVR/TX - OVR）；最后一列是为这个接口设置的标记。

（2）显示内核路由表信息

```
命令格式：netstate  -nr 或者 netstate  -r
```

系统的输出可能如下所示。

```
Kernel IP routing table
Destination     Gateway          Genmask            Flags    MSS Window   irtt Iface
127.0.0.0        *               255.255.255.255    UH       0 0          0 lo
202.116.135.0    *               255.255.255.0      U        0 0          0 eth0
202.116.136.0   202.116.136.1    255.255.255.0      UGN      0 0          0 eth1
```

在随- r 标记一起调用 netstat 时，将显示内核路由表，就像我们利用 route 命令一样。- n 选项令 netstat 以点分十进制的形式输出 IP 地址，而不是象征性的主机名和网络名。netstat 输出结果中，第二列是路由条目所指的网关，如果没有使用网关，就会出现一个星号；第三列是路由的概述，用于为具体的 IP 地址找出最恰当的路由时；第四列显示了不同的标记，其中：G 表示路由将采用网关，U 表示准备使用的接口处于“活动”状态，H 表示通过该路由，只能抵达一台主机，如回送接口的路由器条目 127.0.0.1 就如此，D 表示路由表的条目是由 ICMP 重定向消息生成的，M 表示路由表条目已被 ICMP 重定向消息修改。

（3）显示 TCP/IP 传输协议的连接状态

netstat 支持用于显示活动或被动套接字的选项集，选项- t、- u、- w 和- x 分别表示 TCP、UDP、RAW 和 UNIX 套接字连接。如果加-a 标记，还会显示出等待连接，就是处于监听模式的套接字，这样可得到一份服务器清单，当前运行于系统中的所有服务器都会列入其中。

调用 netstat -ta 时，输出结果如下所示。

```
Active Internet connections (servers and established)
Proto  Recv-Q  Send-Q  Local Address            Foreign Address       State
```

```
tcp        0      0    *:32768                    *:*            LISTEN
tcp        0      0    localhost.localdo:32769    *:*            LISTEN
tcp        0      0    *:imaps                    *:*            LISTEN
tcp        0      0    *:pop3                     *:*            LISTEN
tcp        0      0    *:imap                     *:*            LISTEN
tcp        0      0    *:sunrpc                   *:*            LISTEN
tcp        0      0    *:x11                      *:*            LISTEN
tcp        0      0    *:ssh                      *:*            LISTEN
tcp        0      0    localhost.localdoma:ipp    *:*            LISTEN
tcp        0      0    localhost.localdom:smtp    *:*            LISTEN
```

上面的输出表明大多数服务器都处于等待接入连接状态。

根据端口号，可以判断出一条连接是否是外出连接。对呼叫方主机来说，列出的端口号应该一直是一个整数，而对众所周知服务（well known service）端口正在使用中的被呼叫方来说，netstat 采用的则是取自/etc/services 文件的象征性服务名。

4. 侦测主机连接：ping 命令

最基本的查找并排除网络故障的工具是 ping 命令，ping 发出数据包到另一个主机并等待回复。ping 使用 ICMP（网际控制报文协议）协议发出数据包到远程网络的主机，然后根据远方主机的响应消息来判断网络的情况。ping 命令的最常用的方法是在命令后跟上主机名或地址，命令使用的格式为：ping　主机名或主机域名。因为 ping 命令会持续地发送 ICMP 数据包，直到用 Ctrl+C 中断 ping 命令为止，所以为了避免这种情况，可以在 ping 命令中加上-c+发送的数据包数这个参数来设置传送数据包的次数。下面是使用 ping 命令发送 6 个数据包的例子。

```
# ping  -c  6   localhost.localdomain
PING  localhost.localdomain (127.0.0.1) 56(84) bytes of data.
64 bytes from localhost.localdomain (127.0.0.1): icmp_seq=1 ttl=64 time=0.085 ms
64 bytes from localhost.localdomain (127.0.0.1): icmp_seq=2 ttl=64 time=0.079 ms
64 bytes from localhost.localdomain (127.0.0.1): icmp_seq=3 ttl=64 time=0.078 ms
64 bytes from localhost.localdomain (127.0.0.1): icmp_seq=3 ttl=64 time=0.078 ms
64 bytes from localhost.localdomain (127.0.0.1): icmp_seq=5 ttl=64 time=0.069 ms
64 bytes from localhost.localdomain (127.0.0.1): icmp_seq=6 ttl=64 time=0.068 ms
6 packets transmitted, 6 received, 0% packet loss, time 4999ms
rtt min/avg/max/mdev = 0.068/0.074/0.085/0.012 ms
```

5. 显示数据包经过历程：traceroute 命令

traceroute 是 TCP/IP 查找并排除故障的主要工具。它不断用更大的 TTL 值发送 UDP 数据包并探测数据经过的网关的 ICMP 回应，最后能够得到数据包从源主机到目标主机的路由信息。

traceroute 的工作过程为：traceroute 首先发送 TTL 为 1 的数据包，数据包到达一个网关，如果数据已经到达目标主机，它的任务完成了；如果不是目标主机，网关将 TTL 的值减 1，此时的 TTL 为 0，网关删除数据包并返还一个数据包声明此事，如果并没有到达目标主机，发送端将 TTL 递增 1 并发送另一个数据包，这一次第一个网关将 TTL 减 1 并将数据包传送到下一个网关，这个网关将做同样的事：确认是否为目标主机并递减 TTL。这个过程将一直进行直到到达目标主机或 TTL 到达它的最大值，不管发生了什么，traceroute 程序都会探测到回复数据包。

traceroute 通常使用和 ping 一样的方式，将目标地址作为命令参数。如下例所示。

```
# traceroute   www.163.com
traceroute  to  www.163.com (220.181.30.14), 30 hops max, 38 byte packets
  1    16 ms   <10 ms   <10 ms  192.168.225.1
  2   <10 ms   <10 ms    16 ms  61.144.42.29
  3   <10 ms    15 ms   <10 ms  61.144.15.9
```

```
  4   <10 ms   <10 ms    15 ms  61.144.0.233
  5   <10 ms    16 ms   <10 ms  61.140.17.14
  6   <10 ms   <10 ms    16 ms  202.97.40.105
  7    31 ms    47 ms    31 ms  202.97.34.113
  8    31 ms    32 ms    46 ms  202.97.57.218
  9    31 ms    47 ms     *     219.141.130.110
 10    31 ms    31 ms     *     219.142.1.70
 11    31 ms    47 ms    47 ms  220.181.30.14
```

6. arp 命令

arp 命令可以用来配置并查看 arp 缓存中的内容，下面是几种使用 arp 命令的例子。

查看 arp 缓存：

```
# arp
```

添加一个 IP 地址和 MAC 地址的对应记录：

```
# arp -s 192.168.33.18  00: 60: 08: 27: CE: B3
```

删除一个 IP 地址和 MAC 地址对应的缓存记录：

```
# arp -d 192.168.33.18
```

三、任务实施

【任务场景】

要使用 Red Hat Linux 9.0 构建网络服务，首先必须熟悉 Red Hat Linux 9.0 中的基本网络配置文件，熟练掌握 Red Hat Linux 9.0 中的基本网络管理命令，才能够在使用 Red Hat Linux 9.0 构建各种网络服务时熟练使用这些配置文件和网络管理命令检查与验证各种构建的网络服务，才能保证能够正确配置各种网络服务。

【施工拓扑】

施工拓扑图，如图 3-3 所示。

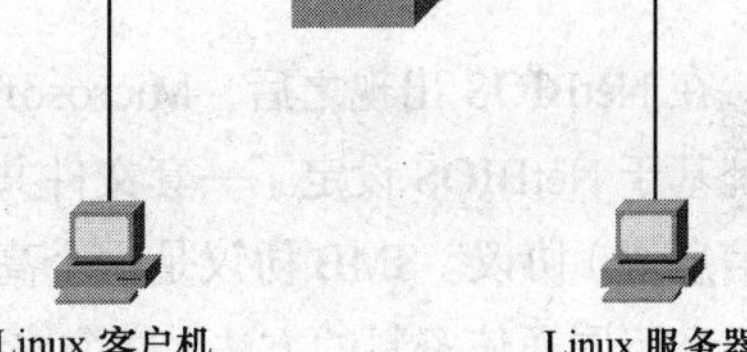

图 3-3　网络连接拓扑

【施工设备】

计算机（2 台）；二层交换机（1 台）；网络线（若干根）；RedHat 9.0　Linux（1 套）。

【操作步骤】

步骤 1　按照网络拓扑图建立网络工作环境

在工作现场，如图 3-3 所示的网络拓扑，安装连接设备。

步骤 2　安装 Red Hat Linux 9.0

① 在安装 Red Hat Linux 9.0 时，配置好本机的 TCP/IP 参数。

② 在安装 Red Hat Linux 9.0 时，选择安装 DNS、DHCP、Web、FTP、E-mail 等服务。

步骤 3　使用基本网络管理命令

① 使用 network 命令停止和重新启用网络。

② 使用 ifconfig 命令查看本机的网络接口。

③ 使用 netstat 命令查看网络统计信息。

④ 使用 ping 命令测试另一台计算机。

⑤ 使用 traceroute 命令显示数据包到达 www.sina.com.cn 经过的路径。

步骤 4　查看并编辑基本网络配置文件

① 使用 vi 查看并编辑主机地址设置文件/etc/hosts，在文件中加入 www.sina.com.cn 以及对应的 IP 地址的条目。

② 使用 vi 查看本机的网络服务数据文件/etc/services。

③ 使用 vi 查看本机的 xinetd 配置文件/etc/xinetd.config。

④ 使用 vi 查看本机的访问允许/禁止配置文件/etc/hosts.allow 和/etc/hosts.deny。

⑤ 使用 vi 查看本机的网络状态设置文件/etc/sysconfig/network，修改其中的项目并验证修改的结果。

⑥ 使用 vi 查看本机的主机搜寻设置文件/etc/host.conf。

⑦ 使用 vi 查看本机的 DNS 服务器搜寻顺序设置文件/etc/resolv.conf。

任务二　与 Windows 的资源共享

一、任务分析

某公司采用 Linux 操作系统组建了公司的网络服务，有部分职员办公时使用 Linux 操作系统，但是也有部分职员使用 Windows 操作系统，为了使得使用 Windows 操作系统和使用 Linux 操作系统的职员之间能共相互共享资源，要求让 Windows 主机和 Linux 主机之间能够相互访问。

二、相关知识

（一）SMB 协议简介

在 NetBIOS 出现之后，Microsoft 就使用 NetBIOS 实现了一个网络文件/打印服务系统，这个系统基于 NetBIOS 设定了一套文件共享协议，Microsoft 称之为 SMB（Server Message Block，服务信息块）协议。SMB 协议是一个高层协议，它提供了在网络上的不同计算机之间共享文件、打印机和不同通信资料的方法，这个协议被 Microsoft 用于它们 Lan Manager 和 Windows NT 服务器系统中，实现不同计算机之间共享打印机、串行口和通信对象。

SMB 使用 NetBIOS API 实现面向连接的协议，该协议为 Windows 客户程序和服务提供了一个通过虚电路按照请求——响应方式进行通信的机制。SMB 的工作原理就是让 NetBIOS 与 SMB 协议运行在 TCP/IP 上，并且使用 NetBIOS 的名字解析让 Linux 主机可以在 Windows 的网上邻居中被看到，从而和 Windows 9X/NT/2000 进行相互沟通，共享文件和打印机。因此，为了让 Windows 和 Linux 计算机相集成，最好的办法即是在 Linux 计算机中安装支持 SMB 协议的软件，这样 Windows 客户不需要更改设置，就能如同使用 Windows NT 服务器一样，使用 Linux 计算机上的资源。

（二）Samba 协议

Samba 是用来实现 SMB 的一种软件，是一组软件包。它的工作原理也是让 NetBIOS（Windows95 网络邻居的通信协议）和 SMB 这两个协议运行于 TCP/IP 通信协议之上，并且使用 Windows 的 NETBEUI 协议让 Linux 计算机可以在网络邻居上被 Windows 计算机看到。Samba 协

议是在 TCP/IP 上实现的，它是 Windows 网络文件和打印共享的基础，负责处理和使用远程文件和资源。在默认情况下，Windows 工作站上的 Microsoft Client 使用服务消息块（SMB）协议，正是由于 Samba 的存在，使得 Windows 和 Linux 可以集成并互相通信。

Samba 的核心是两个守护进程 smbd 和 nmbd 程序，服务器启动到停止期间持续运行，smbd 监听 139 TCP 端口，nmbd 监听 137 和 138 UDP 端口。smbd 和 nmbd 使用的全部配置信息都保存在 smb.conf 文件中。smb.conf 向 smbd 和 nmbd 两个守护进程说明输出什么，共享输出给谁以及如何进行输出以便共享。smbd 进程的作用是处理到来的 SMB 数据包，为使用该软件包的资源与 Linux 进行协商，nmbd 进程使其他主机能浏览 Linux 服务器。

1. Samba 软件的功能和应用环境

（1）Samba 软件的功能

① 共享 Linux 文件系统给 Windows 系统。

② 共享 Windows 文件系统给 Linux 主机。

③ 共享 Linux 打印机给 Windows 主机。

④ 共享 Windows 打印机给 Linux 主机。

⑤ 支持 Windows 客户使用网上邻居浏览网络。

⑥ 支持 SSL 安全套接层协议。

⑦ 支持 Windows 域控制器和 Windows 成员服务器对使用 Samba 资源的用户进行认证。

⑧ 支持 WINS 名字服务器解析以及浏览。

（2）Samba 的应用环境

图 3-4 所示是一个简单的使用 Samba 服务器的网络结构图。

图 3-4 所示是一个小型网络环境，在此环境中，运行 Samba 服务器的 Linux 系统为所有的 Windows 客户提供文件服务器和打印服务器的功能。当 Samba 服务器在 Linux 计算机上运行以后，Linux 计算机在 Windows 上的网上邻居中看起来如同一台 Windows 计算机。

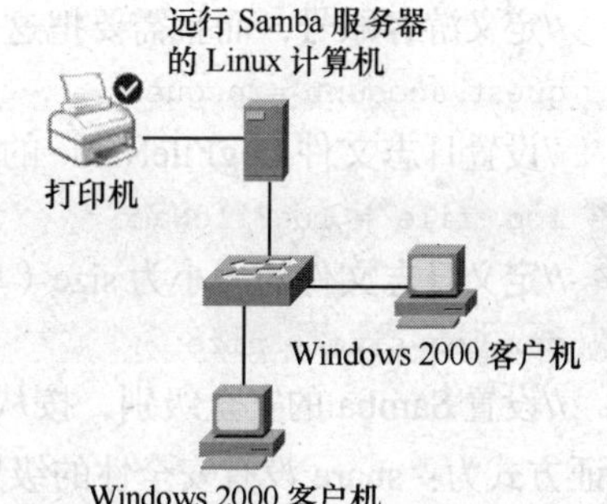

图 3-4　使用 Samba 服务器的网络结构图

2. 安装 Samba 组件

（1）安装 Samba 组件

如果选择完全安装 Red Hat Linux 9.0，则系统会默认安装 Samba 组件。我们可以在终端命令窗口输入以下命令进行验证。

```
# rpm -qa | grep samba
```

如果结果出现以下所示的 5 个软件包，则表示已经安装。

```
samba-swat-2.2.7a-7.9.0
samba-2.2.7a-7.9.0
redhat-config-samba-1.0.4-1
samba-common-2.2.7a-7.9.0
samba-client-2.2.7a-7.9.0
```

如果没有安装过 Samba 软件包，则可以插入第 1 张安装光盘，然后鼠标依次单击“主菜单→系统设置→添加/删除应用程序”菜单项，打开“软件包管理”对话框，在该对话框中找到“Windows 文件服务器”选项，确保该选项处于选中状态，然后单击“更新”按钮即可开始安装。

也可以把第 1 张安装光盘插入光驱，然后在终端命令窗口输入以下命令。

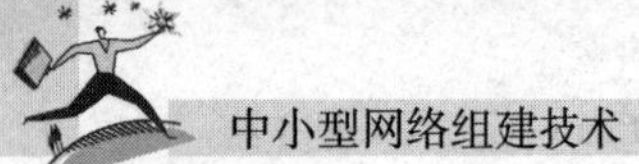


```
# cd  /mnt/cdrom/RedHat/RPMS
# rpm  -ivh samba*
# rpm  -ivh redhat-config-samba-1.0.4-1.noarch.rpm
```

（2）RedHat 9.0 Linux 中 Samba 的配置文件

安装完成 Samba 组件后，在/etc/samba 目录中有一些与 Samba 相关的文件，其中最重要的是 smb.conf 配置文件，其常用的有以下选项。

```
//全局设置参数
[global]
```

//定义该 Samba 服务器所在的工作组或者域（如果下面的 security=domain 则表示域名）。

```
workgroup = MYGROUP
```

//设置 Samba 服务器名称，通过网络邻居访问的时候可以在备注里面看见这个内容，而且还可以使用 Samba 设定的变量。

```
server string = MY Samba Server
```

//设置允许访问的网络和主机 IP，如允许 192.168.1.0/24 和 192.168.2.1/32 访问，就用 host allow = 192.168.1.192.168.2.1 127.0.0.1（网络注意后面加”.”号，各个项目间用空格隔开，本机也要加进去）。

```
hosts allow = 网络或者主机
```

//设置打印机配置文件的路径。

```
printcap  name = /etc/printcap
```

//允许共享打印机。

```
load  printers = yes
```

//设置打印系统类型。

```
printing = PrintSystemType
```

//定义游客账号，而且需要把这个账号加入/etc/passwd，不然它就用缺省的 nobody。

```
guest account = pcguest
```

//设置日志文件 LogFileName 的路径（一般是用/var/log/samba/%m.log）。

```
log  file = LogFileName
```

//定义日志文件的大小为 size（单位是 KB，如果是 0 的话就不限大小）。

```
max log size = size
```

//设置 Samba 的安全级别，按从低到高分为四级：share，user，server，domain，它们对应的验证方式为：share:没有安全性的级别，任何用户都可以不要用户名和口令访问服务器上的资源；user 是 samba 的默认配置，要求用户在访问共享资源之前必须先提供用户名和密码进行验证；server:和 user 安全级别类似，但用户名和密码是递交到另外一个服务器去验证，如果递交失败，就退到 user 安全级；domain:这个安全级别要求网络上存在一台 Windows 的主域控制器，samba 把用户名和密码递交给它去验证。后面三种安全级都要求用户在本 Linux 机器上也要有系统账户，否则是不能访问。

```
security = security_level
```

//设置是否对密码进行加密，samba 本身有一个密码文件/etc/samba/smbpasswd，如果不对密码进行加密，则在验证会话期间客户机和服务器之间传递的是明文密码，samba 直接把这个密码和 Linux 里的/etc/samba/smbpasswd 密码文件进行验证。但是在 Windows 95 OS/R2 以后的版本和 Windows NT SP3 以后的版本缺省都不传送明文密码，要让这些系统能传送明文密码必须在其注册表里更改，较好的解决方法就是将这个开关设置为 yes。

```
encrypt  passwords = yes|no
```

//设置存放 samba 用户密码的文件 smbPasswordFile（一般是/etc/samba/smbpasswd）。

```
smb passwd file = smbPasswordFile
```

//设置 Samba 用户账号和 Linux 系统账号是否同步，一般同步，选项为 yes。

```
unix  password  sync = yes|no
```

//设置本地口令程序。

```
passwd  program = /usr/bin/passwd %u
```

//控制 smbd 和/usr/bin/passwd 之间的会话，用以对用户密码进行改变。

```
passwd      chat      =      *New*password*      %n\n      *ReType*new*password*      %n\n
*passwd:*all*authentication*tokens*updated*successfully*
```

//当用户要求更改密码时使用 PAM 而不是用 passwd　program 参数所指定的本地口令程序/usr/bin/passwd。

```
pam password change = yes
```

//当认证用户时，服从 PAM 的管理限制。

```
obey  pam  restriction =yes
```

//当 samba 编译的时候支持 SSL 的时候，需要指定 SSL 的证书的位置（一般在/usr/share/ssl/certs/ca-bundle.crt）。

```
ssl  CA  certFile = sslFile
```

//指定用户映射文件（一般是/etc/samba/smbusers），在这个文件里面指定一行 root = administrator　admin 时，客户机的用户是 admin 或者 administrator 连接时会被当作用户 root 看待。

```
username  map = UsermapFile
```

//设置服务器和客户之间会话的 Socket 选项。

```
socket  options = TCP_NODELAY SO_RCVBUF=8192 SO_SNDBUF=8192
```

//是否为客户做 DNS 查询，选项为 no 时，不为客户做 DNS 查询。

```
dns  proxy = no
```

//如果有多个网络接口，就必须在这里指定。如 interface = 192.168.12.2/24 192.168.13.2/24。

```
interfaces = interface1  interface2
```

//指定浏览列表同步信息从哪里取得，从 host（例如 192.168.3.25）还是整个子网取得。

```
remote browse sync = host(subnet)
```

//设置每个用户的主目录共享。

```
[homes]
comment = Home Directories
browseable = no
writable =yes
valid  users = %S
create mode = 0664
directory  mode  =  0775
```

//设置全部打印机共享。

```
[printers]
comment = All Prinnters
path = /bar/spool/samba
browseable = no
guest ok = no
writable = no
printable = yes
```

（三）Windows 主机访问 Linux 主机

安装好 Samba 之后，就有了与 Windows 互相访问的基础。Windows 主机要访问 Linux 主机，必须首先在 Linux 主机上对 Samba 服务的属性进行配置，例如指定 Linux 主机的共享目录、所在的工作组名称等，然后在 Linux 主机上启用 Samba 服务。

1. 配置 Samba 服务器

以前版本的 Red Hat Linux，必须直接修改 Samba 配置文件 smb.conf，或者使用 SWAT 对 Samba 进行全方位的设置，很不方便。在 Red Hat9.0 Linux 中新引入了一个图形化的 Samba 服务器配置工具，可以很方便地对 Samba 服务器进行配置。以 root 用户身份登录系统，单击“主菜单→系统设置→服务器设置→Samba 服务器”菜单项，即可打开 Samba 服务器配置对话框。也可以在终端命令窗口输入“redhat-config- samba”，来访问 Samba 服务器配置对话框。

首先对 Samba 服务器的基本设置和安全选项进行配置，单击配置对话框上的“首选项→服务器设置”菜单项，即可打开服务器设置对话框。

基本设置：在对话框的“基本”标签页，可以指定 Linux 主机所在的工作组名称，注意，此处的工作组名称不一定非得与 Windows 主机所在的工作组名称一致。

安全设置：然后进行 Samba 服务器安全设置，这里一共有 4 个选项。“验证模式”代表如果 Windows 主机不是位于 NT 域里，此处应该选择“共享”验证模式，这样只有在连接 Samba 服务器上的指定共享时才要求输入用户名、密码；“验证服务器”代表对于“共享”验证模式，无需启用此项设置；“加密口令”选项应该选择“是”，这样可以防止黑客用嗅探器截获密码明文；“来宾账号”代表当来宾用户要登录入 Samba 服务器时，必须被映射到服务器上的某个有效用户。选择系统上的现存用户名之一作为来宾的 Samba 账号。当用户使用来宾账号登录入 Samba 服务器，他们拥有和这个用户相同的特权。

添加共享目录：单击 Samba 配置对话框工具栏上的“增加”按钮。在打开的对话框中的“基本”标签页上，指定共享目录为某个存在的目录，例如可以指定/tmp，再指定该目录的基本权限是只读还是读/写。在“访问”标签页上，可以指定允许所有用户访问、或者只允许某些用户访问。

用户可以在 Linux 下使用下面的命令检查服务器所共享的资源。

```
# smbclient -L localhost
```

用户也可以在 Linux 下使用下面的命令查看 Samba 服务器资源被使用的情况。

```
# smbstatus
```

2. 启用 Samba 服务器

打开终端命令窗口，输入“/sbin/service smb start”命令，即可出现以下提示信息，表示 Samba 服务已经启动。

```
# /sbin/service smb start
启动 SMB 服务  [确定]
启动 NMB 服务  [确定]
```

3. 使用 Windows 主机访问 Linux 主机

在 Windows 环境下，打开“网络邻居”，查找 Samba 服务器，双击 Samba 服务器后进行用户验证，输入 Samba 用户和密码，可以看到在 Linux 服务器中设置的共享。

还可以通过映射网络驱动器访问 Samba 共享。在共享资源上右击鼠标，在弹出的快捷菜单中选择“映射网络驱动器”，在弹出的窗口中设置驱动器。完成了网络驱动器的映射之后，就可以在

资源管理器中通过驱动器访问共享资源。

（四）Linux 主机访问 Windows 主机

当 Linux 主机作为 Samba 客户访问 Windows 的共享或其他 Linux 主机提供的 Samba 共享时，既可以使用 IP 地址访问，又可以使用 NetBIOS 名访问。如果使用 NetBIOS 名访问共享资源，需要在 Samba 客户上的/etc/samba/lmhosts 文件中添加相应的记录，如同 Linux 系统中的/etc/hosts 文件存放了 TCP/IP 主机名和 IP 地址的对应关系，Samba 使用/etc/samba/lmhosts 文件存放 NetBIOS 名与 IP 地址的静态映射表。可以使用 vi 查看并修改 lmhosts 文件。

```
//查看 lmhosts 文件的初始内容
# cat  /etc/samba/lmhosts
127.0.0.1   localhost
//修改 lmhosts 文件，添加新的 NetBIOS 名与 IP 地址的对应关系
# vi  /etc/samba/lmhosts
```

1. 用字符命令方式访问 Windows 宿主机的共享资源

（1）查询宿主机的共享资源

使用“smbclient –L WindowsHostName 或 IP 地址”命令查询 Windows 主机的共享资源，命令中的 WindowsHostName 用 Windows 主机名代替。例如：要查询 Windows 主机 zhang 上的共享资源，可以在终端窗口输入“smbclient -L zhang”命令，回车即可看到 Windows 主机的共享资源。

（2）连接宿主机的共享目录

使用“smbclient //WindowsHostName/ShareName”命令来连接 Windows 主机上的某个共享文件夹，如果该共享文件夹需要用户名和密码，则可以使用“smbclient //WindowsHostName/ShareName -U UserName”命令。例如：要连接 Windows 主机 zhang 上的共享目录 Share，可以在终端窗口输入“smbclient //zhang/Share”命令。

如果连接成功，会出现“smb：>”提示符，在该命令提示符下输入适当的命令，即可对所连接的共享目录进行操作。Smb 支持的命令有大约 40 个，可以很方便地对共享目录进行删除、重命名、切换目录等操作。例如：要列出共享目录“Share”下的具体内容，可以使用 ls 命令；要删除其下的 test.txt 文件，可以使用“del test.txt”命令。

（3）映射网络驱动器

Windows 下可以将共享目录映射为网络驱动器，可以把共享目录当成本地文件夹使用。在 Linux 下同样可以用 smbmount 命令来实现类似的功能，使用远程挂载方法将远程共享挂载到本地。

具体的命令参数是“smbmount //WindowsHostName/ShareName/mnt/smbdir”（此处的 ShareName 指代 Windows 共享资源名称，smbdir 指代挂载点名称）。例如要将 Windows 主机 zhang 下的共享文件夹 Share 映射为/mnt/WinShare 目录，具体步骤如下。

① 首先在/mnt 目录下创建一个目录/mnt/WinShare。

② 然后打开终端命令窗口，运行“smbmount//zhang/Share/mnt/WinShare”。

③ 再在文件管理器里打开/mnt/WinShare 目录，就可以看到共享目录的内容。

④ 要卸载该映射目录，可以使用 umount/mnt/WinShare 命令。

2. 在桌面环境下访问 Windows 主机

借助 Gnome 桌面下的文件管理器 Nautilus，可以用图形界面来访问 Windows 主机，此时

Nautilus 只是提供访问 Windows 主机的图形界面，具体的底层操作还是借助于 Samba 客户端来完成。

在 Gnome 桌面环境下，单击“主菜单→网络服务器”菜单项，即可用 Nautilus 文件管理器查看工作组列表。双击工作组名称，即可看到其下的 Windows 主机。双击其中的某台 Windows 主机图标，即可看到该主机的共享文件夹，这和 Windows 下的网络邻居几乎一样。

由于 Nautilus 本身就是 Red Hat Linux 的文件管理器，所以我们可以任意往 Windows 共享目录里拷贝文件、删除文件、创建目录等。但是对于 Windows 2000/XP 主机还需要考虑该共享资源的权限设置。

三、任务实施

【任务场景】

使用 Red Hat Linux 9.0 的 Samba 服务，实现 Windows 主机和 Linux 主机之间相互访问，共享彼此的资源。

【施工拓扑】

施工拓扑图，如图 3-5 所示。

【施工设备】

计算机（3 台）；二层交换机（1 台）；网络线（若干根）；RedHat 9.0　Linux（1 套）；Windows2000/2003（1 套）。

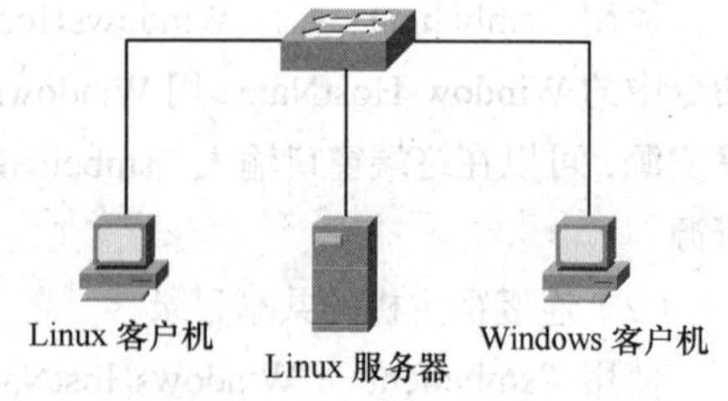

图 3-5　网络连接拓扑

【操作步骤】

步骤 1　按照网络拓扑图建立网络工作环境

在工作现场，如图 3-5 所示网络拓扑，安装连接设备。

步骤 2　安装 Red Hat Linux 9.0 和 Windows2000/2003

① 在一台计算机上安装 Red Hat Linux 9.0 时，配置好此机的 TCP/IP 参数。

② 在安装 Red Hat Linux 9.0 时，选择安装 Samba 服务。

③ 在另两台计算机上安装 Windows 2000/2003，配置好此机的 TCP/IP 参数。

步骤 3　查看 RedHat Linux 9.0 中 Samba 的默认配置文件

① 使用 vi 打开 RedHat Linux 9.0 中 Samba 的默认配置文件/etc/samba/smb.conf。

② 分析 RedHat Linux 9.0 中 Samba 的默认配置文件/etc/samba/smb.conf。

③ 修改其中的 workgroup、server string 等选项，观察结果。

步骤 4　用 Windows 主机访问 Linux 主机

① 配置 Samba 服务器。

② 启用 Samba 服务器。

③ 从 Windows 主机访问 Linux 主机。

步骤 5　用 Linux 主机访问 Windows 主机

① 配置/etc/samba/lmhosts 文件。

② 在 Linux 桌面环境下访问 Windows 主机。

③ 在 Linux 中用命令方式访问 Windows 宿主机的共享资源。

任务三　构建 DHCP 服务器

一、任务分析

某公司共有办公计算机 300 台，建设了公司的内部网络，有一名网络管理员管理所有网络配置与设备维护。为了保证网络的畅通，必须保证计算机的 TCP/IP 配置正确，IP 地址不冲突，如果由网络管理员手工配置，容易产生错误。使用 DHCP 服务器自动完成客户机的网络参数的配置，可以极大减轻网络管理员的负担，提高网络管理员的工作效率。本任务就是要在 Linux 下架设一台 DHCP 服务器。

二、相关知识

（一）安装 DHCP 服务器

DHCP 可以在 Linux 初次安装时就选择安装，如果不能确认是否已经安装，则可以使用下面的命令检查系统是否已经安装了 DHCP 服务。

```
# rpm  -q  dhcp
```

如果显示“dhcp-3.0pl1-23”则表示已经安装，如果显示“package dhcpd is not installed”表示 DHCP 服务没有被安装，可以从 RedHat Linux 9.0 的发行光盘上找到后进行安装。

DHCP 的安装包主要包含：dhcp、dhclient 和 dhcp-devel 3 个包，其中 dhcp 包是 DHCP 服务器的安装包，而安装包 dhclient 是客户端的工具。安装包 dhcp-3.0pl1-23.i386.rpm 和安装包 dhcp-devel-3.0pl1-23.i386.rpm 在 RedHat Linux 9.0 发行光盘的第 2 张光盘上，而安装包 dhclient-3.0pl1-23.i386.rpm 在 RedHat Linux 9.0 发行光盘的第 1 张光盘上。

从安装光盘中找到服务器安装包文件，使用下面的命令即可安装成功。

```
# rpm  -ivh  dhcp-3.0pl1-23.i386.rpm
```

❖ 注意 RedHat Linux9.0 默认情况下并没有自动安装 DHCP 服务。

（二）DHCP 服务器的配置

1. 与 DHCP 相关的文件

与 DHCP 相关的主要文件如表 3-1 所示。

表 3-1　与 DHCP 相关的文件

文　件	说　明
/etc/dhcpd.conf	配置文件
/var/lib/dhcp/dhcpd.lease	客户租赁数据库，系统自动维护，不应该手工编辑，租赁数据库中记录的时间是格林威治标准时间（GMT）
/usr/sbin/dhcpd	执行文件
/etc/rc.d/init.d/dhcpd	启动文件
/var/log/messages	日志文件
/etc/sysconfig/dhcpd	定义 DHCP 广播网卡文件

2. DHCP 配置文件

DHCP 的配置文件是/etc/dhcpd.conf，DHCP 服务器的运行参数，是通过修改其配置文件 dhcpd.conf 来实现的。该文件通常存放在/etc 目录下。由于 dhcpd.conf 是一个文本文件，可以使用任何文本编辑器如 vi 来编辑它。每次修改配置文件的设置后，需重新启动 DHCP 服务后才能使新的配置生效。

初始安装 dhcpd 服务时，不会自动创建配置文件/etc/dhcpd.conf，需要手动生成，但是 Linux 操作系统提供一份样本，为了简化操作，可以在此样本的基础上进行修改，借助配置文件的范本完成配置文件。样本文件位置为：/usr/share/doc/dhcp-3.0pl1/dhcpd.conf.sample。

先将样本文件拷贝到/etc 目录中，然后进行修改。

```
# cp  /usr/share/doc/dhcp-3.0pl1/dhcpd.conf.sample  /etc/dhcpd.conf
```

缺省的样本文件的内容如下。

#设置实现动态 DNS 的方法，指明 DNS 更新方案，目前主要有两种特殊的 DNS 更新模式（ddns-update-style ad-hoc）和过渡性 DHCP-DNS 互动草图更新模式（ddns-update-style interim）。

```
ddns-update-style interim;
```

#忽略客户端更新。

```
ignore client-updates;
```

#声明用于分配给客户机的子网号和子网掩码，在 Subnet 内部的语句只对该 subnet 子网有效。必须为网络中的每个子网声明一个 subnet，否则 dhcp 服务器可能无法启动。

```
subnet 192.168.0.0 netmask 255.255.255.0 {
# --- default gateway
```

#设置默认网关的地址。

```
option  routers             192.168.0.1;
```

#设置客户机的子网掩码。

```
option subnet-mask              255.255.255.0;
```

#设置所属的域名。

```
option nis-domain               "domain.org";
```

#设置 DHCP 客户机所属的域名。

```
option domain-name              "domain.org";
```

#设置 DNS 服务的地址。

```
option domain-name-servers 192.168.1.1;
```

#本地时间与格林威治时间差（单位是秒）。

```
option time-offset          -18000;  # Eastern Standard Time
```

#设置网络时间服务器和 WINS 服务器的地址，默认并没有启用。

```
#    option ntp-servers           192.168.1.1;
#    option netbios-name-servers    192.168.1.1;
# --- Selects point-to-point node (default is hybrid). Don't change this unless
# -- you understand Netbios very well
```

#设置客户机的节点模式。1 为 B 节点，2 为 P 节点，4 为 M 节点 8 为 H 节点。

```
#    option netbios-node-type 2;
```

#设置可分配给客户机的 IP 地址范围，在 subnet 语句中，最少需包含一个 range 语句，如果 IP 地址不连续，可以使用多个 range 语句。

```
range dynamic-bootp 192.168.0.128  192.168.0.255;
```

#设置 IP 地址缺省的租约期限（单位是秒）。如果租约申请没有指定时间，则使用该时间。

```
default-lease-time 21600;
```

#设置 IP 地址最长的租约期限（单位是秒）。

```
max-lease-time 43200;
# we want the nameserver to appear at a fixed address
```

#设置为 DNS 服务器绑定静态 IP 地址。指明分配固定 IP 地址的机器的硬件地址（MAC ADDRESS）和固定的 IP 地址信息，如果有多台主机需要分配固定的 IP 地址可以重复 26-30 行。

```
host ns {
        next-server  marvin.redhat.com;
        hardware  ethernet  12:34:56:78:AB:CD;
        fixed-address  207.175.42.254;
        }
}
```

通过修改 DHCP 服务配置样本文件，可以快速完成 DHCP 服务的配置。从 Sample 文件不难看出：在 dhcpd.conf 配置文件中语句必须以分号结尾；选项通常以 option 关键字开头；需用花括号将容器指令（如 subnet 和 host）中的语句和选项包含起来；被“{}”包围的 subnet 声明之外的参数全部被当作全局参数。Sample 文件中的语句和选项已经满足一般的应用需要，实际应用时，只需根据具体网络环境要求修改 Sample 文件中相应语句和选项即可。

3. 启动和停止 DHCP 服务

可以像其他的 Linux 服务一样启动和停止或者重起 DHCP 服务，如：

```
#service dhcpd start
```

或者使用启动脚本启动：

```
# /etc/rc.d/init.d/dhcpd  start
```

如果系统连接了不止一个网卡，但是只想让 DHCP 服务器启动其中一块网卡，可以配置 DHCP 服务器只在那个设备上启动。在/etc/sysconfig/dhcpd 中，把接口的名称添加到 DHCPDARGS 的列表中：

```
#Command line options here
DHCPDARGS=eth0
```

如果希望系统启动时自动启动 dhcp 服务，可以使用 chkconfig 将服务设置为自动启动。

```
# /sbin/chkconfig  --level 345 dhcpd on
# /sbin/chkconfig  --list |grep dhcpd
dhcpd          0:关闭  1:关闭  2:关闭  3:启用  4:启用  5:启用  6:关闭
```

也可以执行“ntsysv”命令启动服务配置程序，找到“dhcpd”服务，然后在其前面加上“*”星号，确定即可实现自动启动 dhcp 服务。

4. 测试 DHCP 服务

编辑好配置文件 dhcpd.conf 后，执行命令“/etc/rc.d/init.d/dhcpd start”启动 DHCP 服务。在 Windows 工作站中设置为自动获取 IP 地址，工作站如果能正确获取服务器分配的 IP 地址和各项 TCP/IP 参数，如图 3-6 所示，则表明 DHCP 服务器配置成功。

```
C:\>ipconfig

Windows IP Configuration


Ethernet adapter 本地连接:

        Connection-specific DNS Suffix  . : online.local
        IP Address. . . . . . . . . . . . : 192.168.2.254
        Subnet Mask . . . . . . . . . . . : 255.255.255.0
        Default Gateway . . . . . . . . . : 192.168.2.1
```

图 3-6 测试 DHCP 服务

5. 查看 IP 地址租用信息

DHCP 服务器将 IP 地址租用信息保存在/var/lib/dhcp/dhcpd.leases 文件中，通过查看该文件得到 IP 地址的租用情况。

（三）DHCP 客户端的配置

1. Windows 客户机的配置

在 Windows 客户机 TCP/IP 参数设置中设置为自动获取 IP 地址即可。

2. Linux 客户机的配置

手工配置 Linux 下的 DHCP 客户机，需要手工修改/etc/sysconfig/network 文件，并且修改/etc/sysconfig/network-scripts 目录中每个网络设备的配置文件。在该目录中，每个设备都应该有一个叫做 ifcfg-eth0 的配置文件，eth0 表示是第一块网卡。

/etc/sysconfig/network 配置文件应该设置以下行：

```
NETWORKING=yes
```

编辑/etc/sysconfig/network-scripts/ifcfg-eth0 配置文件，应该设置以下几行：

```
DEVICE=eth0
BOOTPROTO=dhcp
ONBOOT=yes
```

三、任务实施

【任务场景】

使用 Red Hat Linux 9.0 的 DHCP 服务，实现 Windows 客户机和 Linux 客户机自动获取 IP 地址、子网掩码、默认网关、DNS 服务器的 IP 地址等相关的参数。

【施工拓扑】

施工拓扑图，如图 3-7 所示。

【施工设备】

计算机（3 台）；二层交换机（1 台）；网络线（若干根）；RedHat 9.0 Linux（1 套）；WindowsXP/2000（1 套）。

【操作步骤】

步骤 1 按照网络拓扑图建立网络工作环境

在工作现场，如图 3-7 所示网络拓扑，安装连接设备。

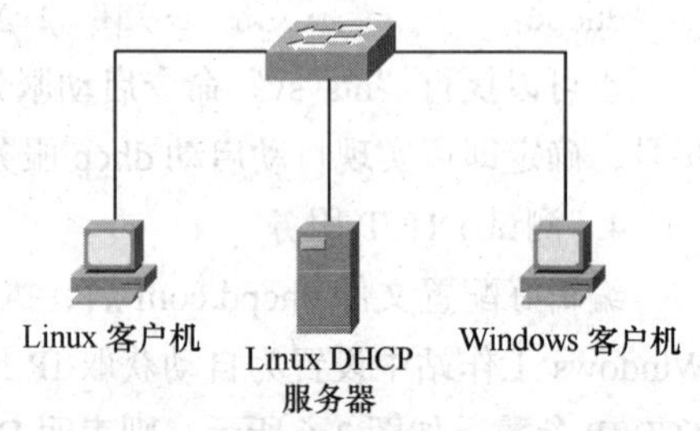

图 3-7 网络连接拓扑

步骤 2　安装 Red Hat Linux9.0 和 WindowsXP/2000

① 在一台计算机上安装 Red Hat Linux9.0 时，配置好此机的 TCP/IP 参数，作为 DHCP 服务器，并安装好 DHCP 服务器软件。

② 在第二台计算机上安装 Red Hat Linux9.0，作为 Linux 客户机。

③ 在第三台计算机上安装 WindowsXP/2000，作为 Windows 客户机。

步骤 3　生成 DHCP 配置文件

① 使用 CP 命令将样本配置文件拷贝到/etc 目录中。

② 修改/etc/dhcpd.conf 文件，设置 DHCP 自动分配的 IP 地址租约期为 10 天，IP 地址范围为：192.168.100.1~192.168.100.200，子网掩码为：24 位，默认网关为：192.168.100.254，DNS 服务器的 IP 地址为：202.98.166.168。

③ 启动 DHCP 服务器

步骤 4　在 Windows 客户机和 Linux 客户机上检查

① 检查 Windows 客户机参数的获取情况。

② 检查 Linux 客户机参数的获取情况。

步骤 5　在 DHCP 服务器上检查

在 DHCP 服务器上检查 IP 地址的租约情况。

任务四　构建 DNS 服务器

一、任务分析

某公司有员工 300 人，计算机 300 台，已经建成了公司的内部网络，组建了公司的 Web 服务器发布公司信息、公司的邮件服务器收发电子邮件、公司的 FTP 服务器上传下载资料，为了使用容易记住的名称代替难以记忆的 IP 地址访问服务器，需要 DNS 服务器完成 IP 地址与网络名称的转换工作，本任务就是要在 Linux 下架设一台 DNS 服务器。

二、相关知识

（一）安装 DNS 服务器

域名服务（DNS）是 Internet 和 Intranet 中重要的网络服务，通过它可以将域名解析为 IP 地址，从而使得人们能通过简单好记的域名来代替 IP 地址访问网络。Bind 是目前使用非常广泛的域名系统服务器软件，Linux 和 Unix 平台下通常使用 Bind 来实现 DNS 服务，并且 Internet 上绝大多数 DNS 服务器都是使用该软件实现的。Bind 是 Berkeley Internet Name Domain Service 的简写，是实现 DNS 服务器的一种软件，它原本是伯克里大学（Berkeley）开设的一个研究生课题，后来发展成被广泛使用的 DNS 服务器软件。Bind 经历了第四版、第八版和最新的第九版，第九版修正了以前版本的许多错误，提升了执行时的效能。目前 Bind 软件由 ISC（Internet Software Consortium）这个非赢利性机构负责开发和维护。

在Linux中DNS服务器的安装软件就是Bind，在安装RedHat Linux9.0时，可以选择安装Bind服务器，其内建的Bind服务器版本为Bind-9.2.1-16。表3-2列出了与服务器软件Bind和DNS服务软件相关的软件包。

表3-2　　与服务器软件Bind和DNS服务软件相关的软件包

安 装 包	rpm 包	说 明	位 置
Bind-9.2.1-16.i386.rpm	Bind	Bind 服务	CD1
Bind-utils-9.2.1-16.i386.rpm	Bind-utils	Bind 服务的工具包	CD1
caching-nameserver-7.2-7.noarch.rpm	caching-nameserver	DNS 高速缓存服务器软件包	CD2
redhat-config-bind-1.9.0-13.noarch.rpm	redhat-config-bind	X-Window 下的 Bind 配置程序	CD1

1. 查询安装信息

在安装RedHat Linux9.0时，可以同时安装Bind，如果不知是否已安装此版本的Bind服务器软件，可以使用命令查询。

```
# rpm  -qa  bind
bind-9.2.1-16  # 表示已经安装
```

2. 安装

（1）Bind的安装

若是在RedHat Linux9.0安装时没有安装Bind服务器，此时需先找出第1张光盘中的Bind-9.2.1-16.i386.rpm文件，然后依次输入下面的命令即可完成Bind的安装。

```
# mount  /dev/cdrom  /mnt/cdrom
# cd  /mnt/cdrom/RedHat/RPMS/
# rpm -ivh  bind-9.2.1-16.i386.rpm
```

（2）其他软件包的安装

对于Bind-utils工具和caching-nameserver服务，一般情况下都需要用到这些工具和服务，因此需要安装，如果想在X-Window下配置Bind还需要安装redhat-config-bind工具。

安装Bind-utils，可以使用-U参数进行升级安装：

```
# rpm  -Uvh  bind-utils-9.2.1-16.i386.rpm
```

安装caching-nameserver服务（在第2张CD里）：

```
# rpm  -ivh  caching-nameserver-7.2-7.noarch.rpm
```

安装redhat-config-bind图形化配置工具：

```
# rpm  -ivh  redhat-config-bind-1.9.0-13.noarch.rpm
```

（3）启动

安装完成后，可以使用下面的命令来启动Bind服务器。

```
# /etc/rc.d/init.d/named  start
```

（二）DNS服务器的配置

1. 配置文件

与DNS服务器配置相关的配置文件主要有：/etc/hosts，/etc/host.conf，/etc/resolv.conf，/etc/named.boot，/etc/named.conf，在/var/named目录下还包含DNS区域和反向区域的一些配置文件：localhost.zone、named.ca和named.local。将这些配置文件分为两种类型：DNS主要的配置文件和DNS补充配置文件。

（1）DNS 主要配置文件

表 3-3 列出了主要的配置文件以及它们的功能。

表 3-3　主要配置文件及功能

文　件	说　明
/var/named/localhost.zone	本机的区域文件
/var/named/named.ca	如果 DNS 服务器的数据库中没有包含所要的记录，则此服务器首先会根据根域的 DNS 服务器解析有关域的类型，/var/named/named.ca 文件用于保存相关信息的记录
/var/named/named.local	指“0.0.127.in-addr.arpa”区域的反向解析记录文件
/etc/resolv.conf	resolve 的状态文件，该文件用于设置有关客户要求名称解析时所定义的各项内容，也就是说此时此台计算机的角色为担任 DNS 中的客户端
/etc/named.conf	Bind 服务的主要配置文件，在这个文件中除设置 Bind 的一些重要参数外还会同时指出该服务管辖的区域名称，记忆相关文件的存放位置

（2）DNS 补充配置文件

没有在上表中列出的两个配置文件是 DNS 服务的补充，其作用如下。

- /etc/host.conf 文件

/etc/host.conf 文件确定主机查询域名的顺序，是首先查找 HOSTS 文件再通过 Bind 服务查询 DNS 数据库；还是先通过 Bind 服务查询 DNS 数据库再查找 HOSTS 文件。一般是先查询 HOSTS 文件，此时/etc/host.conf 文件的内容如下：

```
order  hosts, bind
```

- /etc/hosts 文件

/etc/hosts 文件保存少数主机名称到 IP 地址的匹配，包括本机的名称与 IP 地址的匹配信息，文件的格式为：IP 地址　　主机名称（域名）　主机别名

2. 创建配置文件

创建 DNS 配置文件包括/etc/named.conf 和目录/var/named/中的几个数据文件。

（1）建立主配置文件/etc/named.conf

Bind 的主配置文件是 named.conf，该文件通常存放在/etc 目录下。named.conf 里面并不包含 DNS 数据，它只包括 Bind 的基本配置，DNS 数据文件一般存放在/var/named/目录下。named.conf 文件的内容如下：

```
options {
 directory "/var/named";
  };
```

此段定义 named 要读写文件的路径，配置文件中后续的语句如果没指定文件的路径，默认为此处定义的路径。

```
zone "." {
type  hint;
file  "named.ca";
 };
```

此段定义根区域“.”，其区域类型为“hint”（只有“.”区域才会使用“hint”类型）。该区域数据的文件名为 named.ca。

```
zone "abc.com" {
 type  master;
```

```
 file  "abc.com.zone";
 };
```

此段定义域 abc.com，其类型为“master”（即主区域），主区域中的 DNS 数据保存在区域数据文件中，区域数据文件为 abc.com.zone。

```
zone "9.168.192.in-addr.arpa" {
 type  master;
 file  "192.168.9.arpa";
 };
```

此段定义反向解析域“9.168.192”，它负责将 IP 地址解析成对应的域名，要注意的是“.in-addr.arpa”是反向解析域的固定格式，不能改变。设定反向解析域时，需要将子网号反过来写，如子网“192.168.9.0/24”完整的反向解析域名为“9.168.192.in- addr.arpa”，子网“192.168.9.0/16”完整的反向解析域名为“168.192.in-addr.arpa”。type master 说明其区域类型为主区域。file "192.168.9.arpa"定义保存区域数据的文件名。

```
zone "xyz.edu.cn" {
 type  slave;
 file  "xyz.edu.cn.zone";
 masters {192.168.9.111; };
 };
```

此段定义域“xyz.edu.cn”，其域类型为 slave（即从区域）。从区域中的 DNS 数据是通过复制主区域中的数据生成，设置从区域的目的是为了加快查询速度、提供容错和和均衡负载等。另外，还需要通过 master 指令指定主区域服务器的地址。Bind 服务启动时会自动连接主区域服务器并复制其中的 DNS 数据。

```
zone "1.168.192.in-addr.arpa" {
 type  slave;
 file  "192.168.9.arpa";
 masters {192.168.9.111; };
 };
```

此段定义反向解析域“1.168.192”，其域类型为从区域。

从上面例子可知 named.conf 中语句必须以分号结尾；使用花括号将容器指令如 options 和 zone 中的语句和选项包含起来；可以使用 C 语言中的“/*…*/”、C++的“//”和 Shell 脚本的“#”注释语句作为注释。

（2）建立区域数据文件

从 DNS 服务的主配置文件可知， abc.com 的区域配置文件为 abc.com.zone，主要配置参数为：

```
$ttl  38400
```

定义查询的数据缓存的默认时间，单位是秒。

```
abc.com.  IN  SOA  ddd.abc.com.  admin.abc.com. (
```

“abc.com.” 代表区域名，也可以使用符号“@”来代替；“IN”代表类型是属于 Internet 类（固定的格式不可改变）；“SOA ”是 Start of Authority（起始授权机构）记录的缩写；“ddd.abc.com.”是指负责该区域的主服务器域名，在地址末尾要加上一个英文的句号，因为末尾没加句点号“.”的名称都会被视为本区域内的相对域名，如“ddd.abc.com”会当成 “ddd.abc.com.abc.com”解析；“admin.abc.com.”是指负责该区域的管理员的 E-mail 地址，由于在 DNS 中使用符号“@”代表本区域的名称，所以在 E-mail 地址应使用句点号“.”代替“@”。

```
www      IN     A      192.168.9.9
ftp      IN     A      192.168.9.8
mail     IN     A      192.168.9.6
```

A 记录定义一些主机与 IP 地址的对应的关系，这是 DNS 地址解析的主要内容。

```
@      IN     MX     1      mail.abc.com
```

MX 记录定义邮件服务器的位置，DNS 服务器把邮件都发往邮件服务器 mail.abc.com。

（3）配置反向域名解析

/var/named/192.168.9.arpa 文件的内容如下：

```
$ttl  38400
9.168.192.in-addr.arpa.   IN  SOA  ddd.abc.com.  admin.abc.com. (
 1098259934
 10800
 3600
 604800
 38400 )
9.168.192.in-addr.arpa.   IN  NS  ddd.abc.com.
9.9.168.192.in-addr.arpa. IN  PTR  www.abc.com.
```

该文件用于保存反向解析域的 DNS 数据，结构与 abc.com.zone 类似。反向解析域数据文件主要由 PTR 记录构成，PTR 记录和 A 记录正好相反，是将 IP 地址解析成域名用的记录。

（4）建立从区域文件

从区域文件是由 Bind 执行区域复制自动生成的，但为了 Bind 有在“/var/named”目录建立文件的权限，要执行以下命令：

```
# chown  named.named  /var/named
```

（5）建立/var/named/named.ca

“named.ca”是一个非常重要的文件，该文件包含了 Internet 域名解析根服务器的名字和地址。Bind 接到客户端主机的查询请求时，如果在 Cache 中找不到相应的数据时会通过根服务器进行逐级查询。“named.ca”可以到 ftp://ftp.rs.internic.net/domain/named.root 下载，下载后请将其改名并复制到“/var/named/”目录下。

（三）DNS 的测试

DNS 服务配置完毕之后，还需要进行以下测试，验证 DNS 的配置是否正确。

1. 启动 DNS 服务

配置好 DNS 服务后，执行以下命令启动 DNS 服务：

```
# /etc/rc.d/init.d/named  start
```

2. 配置域名

设置/etc/resolv.conf 文件中内容如下：

```
domain    abc.com
nameserver  127.0.0.1
```

3. 使用 nslookup 命令测试

借助“nslookup”命令测试 DNS 服务器，可以来查询 DNS 中的各种数据。

（1）测试 SOA 记录

执行以下指令测试 SOA 记录：

```
# nslookup  -querytype=soa  abc.com
```

（2）测试 NS 记录

执行以下指令测试 NS 记录。目的是为了测试相应域的 NS（Name Server）域名解析器是否被正确配置。

```
# nslookup -querytype=ns abc.com
```

显示信息应该如下：abc.com   nameserver = ddd.abc.com.

（3）测试 A 记录和 CNAME 记录

测试主机和别名解析：

```
# nslookup www.abc.com
```

如果可以正确显示 www.abc.com 的 IP 地址，表示相应的 A 和 CNAME 记录配置正确。

```
Name:   www.abc.com
Address: 192.168.9.9
```

（4）测试 MX 记录

执行以下指令测试 MX 记录：

```
# nslookup -querytype=mx 169boy.com
```

（5）测试 PTR 记录

反向域名解析可以进行如下测试：

```
# nslookup 192.168.9.9
```

正常情况下，显示信息应该是：

```
9.9.168.192.in-addr.arpa  name = www.abc.com.
```

（6）使用 ping 命令可以简单的查看域名解析是否工作正常

（7）使用 host 命令可以查看域名和 IP 地址之间的对应

（四）DNS 客户端配置

1. Linux 客户端

在 Linux 系统中运行 netconfig 命令显示选择网络配置界面，填写相应的参数， DNS 服务器的 IP 地址要填写正确。

2. Windows 客户端配置

在 Windows 系统中运行网卡的 TCP/IP 参数配置中正确填写 DNS 服务器的 IP 地址。

三、任务实施

【任务场景】

使用 Red Hat Linux 9.0 的 DNS 服务，实现域名地址到 IP 地址的转换，使用 Linux 客户端和 Windosw 客户端测试 DNS 的配置。

【施工拓扑】

施工拓扑图，如图 3-8 所示。

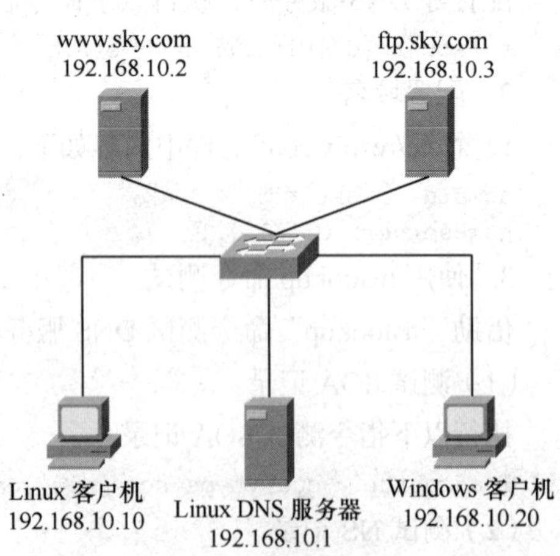

图 3-8 网络连接拓扑

【施工设备】

计算机（5 台）；二层交换机（1 台）；网络线（若干根）；RedHat 9.0 Linux（1 套）；WindowsXP/2000（1 套）。

【操作步骤】

步骤 1 按照网络拓扑图建立网络工作环境

在工作现场，如图 3-8 所示网络拓扑，安装连

接设备。

步骤 2　安装 Red Hat Linux 9.0 和 WindowsXP/2000

① 在一台计算机上安装 Red Hat Linux 9.0 时，配置好此机的 TCP/IP 参数，作为 DNS 服务器，并安装好 DNS 服务器软件。

② 在第二台和第三台计算机上安装 www 服务和 ftp 服务。

③ 在第四台计算机上安装 WindowsXP/2000，作为 Windows 客户机。

④ 在第五台计算机上安装 RedHat　Linux 9.0，作为 Linux 客户机。

步骤 3　生成 DNS 配置文件

① 创建/etc/named.conf 文件。

② 创建/var/named/skydev.net.zone 文件。

③ 创建反向区域文件。

④ 启动 DNS 服务器。

步骤 4　配置 Windows 客户机和 Linux 客户机

① 配置 Windows 客户机的参数。

② 配置 Linux 客户机的参数。

步骤 5　测试 DNS 服务器

① 在 Linux 客户机上测试 DNS 服务器的工作。

② 在 Windows 客户机上测试 DNS 服务器的工作。

任务五　构建 Web 服务器

一、任务分析

某公司有员工 300 人，计算机 300 台，已经组建了公司内部网络。为了在公司内部发布信息，也为了向外界宣传公司的产品、介绍公司的情况，需要一个发布公司信息的平台。而 Web 服务器就是最好的信息发布平台，本任务就是要在 Linux 下架设一台 Web 服务器。

二、相关知识

（一）Apache 的版本

Apache 作为 Web 服务器，其名称的含义是 A Patchy Server，即它是基于现存的代码和一系列的 Patch 文件，是目前使用率最高的 Web 服务器。Apache 的版本发展如表 3-4 所示。

表 3-4　Apache 的版本发展

时　间	事　件
1995.3	Apache0.6.2 版本发行，这是第一个公开版本
1995.8	Apache0.8.8 版本发行，新增部分所包含的模块结构沿用至今
1995.10.1	Apache1.0.0 版本发行
1996.7	Apache1.1 版本发行。支持 HTTP1.1，基于名称的虚拟主机等

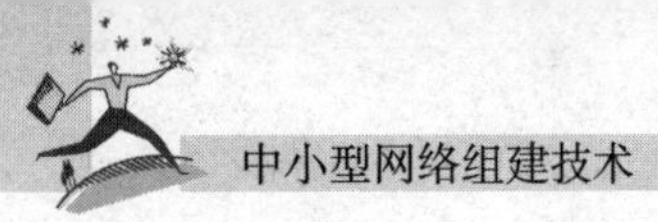

续表

时　间	事　件
1997.6	Apache1.2 版本发行
1998.3	Apache1.3 版本发行
1998.6.12	mod_per 1.1.1 版发行
2000	Apache2.0 测试版发行
2002	Apache2.0 版本发行
2006	Apache2.2 版本发行

RedHat Linux 9.0 中包含了 Apache 2.0 版本，也可以自己升级到更新的版本。

（二）Apache 的特性

Apache 的众多特性保证了它可以高效而且稳定的运行。其性能主要表现在如下几个方面。

① 实现了动态共享对象，允许在运行时动态装载功能模块。

② 采用预生成模式的技术提高响应速度。

③ 可以运行在几乎所有计算机平台上。

④ 支持的 HTTP1.1 协议。

⑤ 简单强有力的基于文件的配置。

⑥ 支持虚拟主机。

⑦ 支持 HTTP 认证。

⑧ 集成了代理服务器，提供了负载均衡服务。

⑨ 具有可定制的服务器日志。

⑩ 支持安全 Socket 层（SSL）。

⑪ 用户会话过程的跟踪能力。

⑫ 支持通用网关接口 CGI。

⑬ 集成 Perl 脚本编程语言。

⑭ 支持服务器端包含命令（SSI）。

⑮ 支持 FastCGI。

⑯ 支持 PHP。

⑰ 支持 JavaServlets。

⑱ 支持第三方软件开发商提供的大量功能模块。

（三）安装 Apache 服务器

1．安装 Apache 服务器

在安装 RedHat Linux 9.0 时，会提示是否安装 Apache 服务器。如果不能确定是否已经安装，可以在命令窗口输入以下命令：

```
# rpm -qa | grep  httpd
```

如果结果显示为“httpd-2.0.40-21”，则说明系统已经安装 Apache 服务器。

如果安装 RedHat Linux 9.0 时没有选择 Apache 服务器，则可以在图形环境下单击“主菜单→系统设置→添加删除应用程序”菜单项，在出现的“软件包管理”对话框里确保选中 “万维网服务器”选项，然后单击“更新”按钮，按照屏幕提示插入安装光盘即可开始安装。

也可以直接插入第 1 张安装光盘，定位到/RedHat/RPMS 下的 httpd-2.0.40-21.i386.rpm 安装包，然后在命令窗口运行以下命令进行安装。

```
# rpm -ivh  httpd-2.0.40-21.i386.rpm
```

2. 启动/重启/停止 Apache 服务

安装好 Apache 服务器，可以在命令窗口运行以下命令来启动 Apache 服务：

```
#/etc/rc.d/init.d/httpd  start
```

重新启动 Apache 服务：

```
# /etc/rc.d/init.d/httpd  restart
```

停止 Apache 服务：

```
# /etc/rc.d/init.d/httpd  stop
```

确认 Apache 服务已经启动后，可以在 Web 浏览器里输入以下地址，如果可以看到默认的 Apache 首页，则说明 Apache 服务器工作正常。

```
Htpp://WebServer的IP地址或者域名地址
```

（四）Apache 服务器的配置

在早期 Apache 服务器版本里，其配置内容分散在 httpd.conf、srm.conf、 access.conf 3 个文件里，而新版本的 Apache 服务器，则统一在 httpd.conf 里进行配置。对于默认安装的 Red Hat Linux 来说，该配置文件位于/etc/httpd/conf 目录下，如果安装的是 tar.gz 版本，则该文件位于/usr/local/apache/conf 目录。

1. 配置 httpd.conf 文件

利用 httpd.conf，可以对 Apache 服务器进行全局配置、主要为预设服务器的参数定义、虚拟主机的设置。httpd.conf 是一个文本文件，可以用 vi 文本编辑工具进行修改。该配置文件分为若干个小节，例如 Section 1: Global Environment（第一小节：全局环境）；Section 2: 'Main' server configuration（第二小节：主服务器配置）等。每个小节都有若干个配置参数，其表达形式为“配置参数名称-具体值”，每个配置参数都有详尽的英文解释（用#号引导每一个注释行）。下面给出 httpd.conf 的最常用配置参数。

（1）DocumentRoot

该参数指定 Apache 服务器存放网页的路径，默认所有要求提供 HTTP 服务的连接，都以这个目录为主目录。以下为 Apache 的默认值：

```
DocumentRoot  "/var/www/html"
```

（2）MaxClients

该参数限制 Apache 同一时间连接的数目不能超过这个数值。一旦连接数目达到这个限制，Apache 服务器则不再为别的连接提供服务，以免系统性能大幅度下降。下面是假设最大连接数是 150 个：

```
MaxClients  150
```

（3）Port

该参数用来指定 Apache 服务器的监听端口。一般标准的 HTTP 服务默认端口号是 80。

（4）ServerName

该参数使得用户可以自行设置主机名，以取代安装 Apache 服务器主机的真实名字。此名字必须是已经在 DNS 服务器上注册的主机名。如果当前主机没有已注册的名字，也可以指定 IP 地址。下面将服务器名设为 zhang.abc.com：

```
ServerName  zhang.abc.com
```

（5）MaxKeepAliveRequests

当使用保持连接功能时，可以使用本参数决定每次连接所能发出的请求数目的上限，如果此数值为 0，则表示没有限制。建议尽可能使用较高的数值，以充分发挥 Apache 的高性能，下面设置每次连接所能发出的请求数目上限为 100：

```
MaxKeepAliveRequests 100
```

（6）MaxRequestsPerChild

该参数限制每个子进程在结束前所能处理的请求数目，一旦达到该数目，这个子进程就会被终止，以避免长时间占据 Apache，防止造成内存或者其他系统资源的超负荷。

需要注意的是，该参数的数值并不包括保持连接所发出的请求数目。举例说明，如果某个子进程负责某一个请求，该请求随后带来保持连接功能所需的 10 个请求，这时候对于该参数而言，Apache 服务器会认为这个子进程只处理了 1 个要求，而非 11 个要求。以下设置最多可以处理 10 个要求：

```
MaxRequestsPerChild 10
```

（7）MaxSpareServers 和 MinSpareServers

提供 Web 服务的 HTTP 守护进程，其数目会随连接的数目而变动。Apache 服务器采用动态调整的方法，维持足够的 HTTP 守护进程数目，以处理目前的负载，也就是同时保持一定的空闲 HTTP 守护进程来等候新的连接请求。Apache 会定期检查有多少个 HTTP 守护进程正在等待连接请求，如果空闲的 HTTP 守护进程多于 MaxSpareServers 参数指定的值，则 Apache 会终止某些空闲进程；如果空闲 HTTP 守护进程少于 MinSpareServers 参数指定的值，则 Apache 会产生新的 HTTP 守护进程。

这只是 Apache 的一些基本设置项，可以根据实际情况加以灵活的修改，以充分发挥 Apache 的潜能。如果修改配置文件之后没能立即生效，可以重启 Apache 服务。

2. 图形化配置界面

图形化配置直观、简单，足够应付 Apache 服务器的日常管理维护工作。通过单击“主菜单→系统设置→服务器设置→HTTP 服务器”菜单项，或者直接在“运行命令”对话框里输入“apacheconf”命令并回车，来访问“Apache 配置”对话框。可以看到该配置对话框共有 4 个标签页。

（1）主标签页

在“服务器名”框中可以输入服务器的名称，等同于 httpd.conf 文件里的“ServerName”字段。“电子邮件地址”框中可以输入管理员的邮件地址，等同于 httpd.conf 文件里的“ServerAdmin”字段。单击“可用地址”选项组中的“添加”（或者“编辑”）按钮，可以添加或者修改服务器的 IP 地址和端口。

（2）“虚拟主机”标签页

所谓的虚拟主机服务就是指将一台计算机虚拟成多台 Web 服务器。利用 Apache 服务器提供的“虚拟主机”服务，可以利用一台计算机提供多个 Web 服务。

用 Apache 设置虚拟主机服务通常可以采用两种方案：基于 IP 地址的虚拟主机和基于名字的虚拟主机。

（3）“服务器”选项卡

用于设置锁文件、PID 文件、核心转储目录，以及 http 目录和文件所属的组与用户。其中锁文件 LockFile 作为 Apache 连接出现错误的记录文件，它会把进程的 PID 值自动加在该文件夹中，PidFile 记录着每次服务器运行时的进程号。

（4）“性能调整”选项卡

用于设定服务器最多的连接数、连接超时和每个连接的请求数量。

三、任务实施

【任务场景】

在 Red Hat Linux9.0 上安装配置 Apache 服务器，提供 Web 服务，使用 Linux 客户端和 Windosw 客户端测试 Web 服务的功能。

【施工拓扑】

施工拓扑图，如图 3-9 所示。

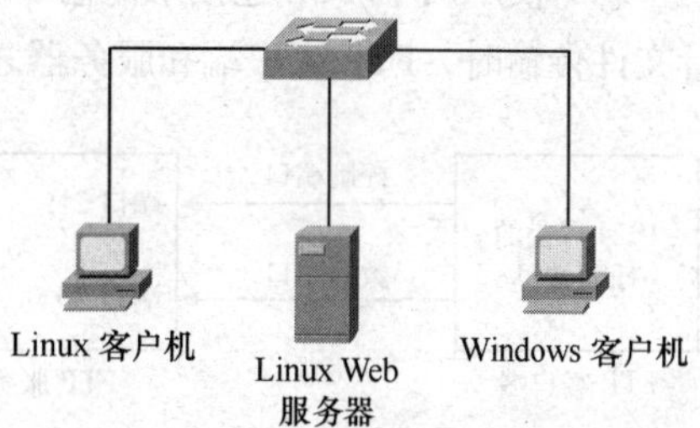

图 3-9　网络连接拓扑

【施工设备】

计算机（3 台）；二层交换机（1 台）；网络线（若干根）；RedHat 9.0 Linux（1 套）；WindowsXP/2000（1 套）。

【操作步骤】

步骤 1　按照网络拓扑图建立网络工作环境

在工作现场，如图 3-9 所示网络拓扑，安装连接设备。

步骤 2　安装 Red Hat Linux9.0 和 WindowsXP/2000

① 在一台计算机上安装 Red Hat Linux9.0 时，配置好此机的 TCP/IP 参数，作为 Web 服务器，并安装好 Apache 服务器软件。

② 在第二台计算机上安装 Red Hat Linux9.0，作为 Linux 客户机。

③ 在第三台计算机上安装 WindowsXP/2000，作为 Windows 客户机。

步骤 3　配置 Apache

① 配置 httpd.conf 文件。

② 重新启动 Apache 服务器。

步骤 4　配置 Windows 客户机和 Linux 客户机

① 配置 Windows 客户机的参数。

② 配置 Linux 客户机的参数。

步骤 5　测试 Apache 服务器

① 在 Linux 客户机上测试 Apache 服务器的 Web 服务。

② 在 Windows 客户机上测试 Apache 服务器的 Web 服务。

任务六　构建 FTP 服务器

一、任务分析

某公司有员工 300 人，计算机 300 台，已经组建了公司内部网络。为了在公司员工之间传送资料，在公司中设有一个资料保存中心，需要一个资料保存和交换中心。而 FTP 服务器就是最好

的选择，本任务就是要在 Linux 下架设一台 FTP 服务器。

二、相关知识

（一）FTP 的工作端口

文件传输协议 FTP 是互联网上使用最为广泛的协议之一，FTP 采用客户/服务器方式工作，可以消除不同操作系统下文件处理的不兼容性。目前在 Linux 上流行的 FTP 服务端软件有 ProFTPd、vsftpd、wu-FTPd 等。

FTP 使用两个 TCP 连接来传输一个文件，使用 20 端口传送数据，21 端口传送控制信息。进行文件传输时，FTP 客户端和服务器之间要建立“控制连接”和“数据连接”两个连接，控制连接以客户/服务器方式建立，服务器以被动的方式打开 21 号端口，等待客户的连接，控制连接在整个会话过程中一直打开，FTP 客户所发送的所有请求通过控制连接发送到 FTP 服务器端的控制进程，但是控制连接不传送实际的数据，数据通过 20 号端口进行传送，FTP 服务器和 FTP 客户端之间通过 20 号端口可以进行双向数据传输。FTP 客户和服务器通信的模型如图 3-10 所示。

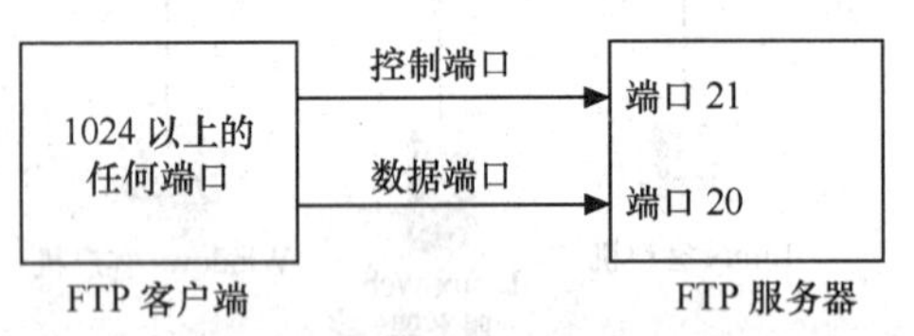

图 3-10　FTP 客户和服务器通信的模型

（二）安装 vsftpd 服务器

1. 安装 vsftpd 服务器

vsftpd 是 Linux 最好的 FTP 服务器工具之一，其中的 vs 是“Very Secure”的缩写，它的最大优点就是安全，此外，它还具有体积小，可定制强，效率高的优点。

如果选择完全安装 RedHat　Linux9.0，系统会默认安装 vsftpd 服务器。可以在命令窗口输入以下命令进行验证：

```
# rpm -qa | grep  vsftpd
```

如果结果显示为“vsftpd-1.1.3-8”，则说明系统已经安装 vsftpd 服务器。

如果安装 RedHat Linux9.0 时没有选择 vsftpd 服务器，可以在图形环境下单击“主菜单→系统设置→添加删除应用程序”菜单项，在出现的“软件包管理”对话框里确保选中 “FTP 服务器”选项，然后单击“更新”按钮，按照屏幕提示插入第 3 张安装光盘即可开始安装。

也可以直接插入第 3 张安装光盘，定位到/RedHat/RPMS 下的 vsftpd-1.1.3-8.i386.rpm 安装包，然后在终端命令窗口运行以下命令进行安装：

```
# rpm -ivh vsftpd-1.1.3-8.i386.rpm
```

2. 启动/重新启动/停止 vsftpd 服务

从 RedHat　Linux9.0 开始，vsftpd 默认只采用 standalone 方式启动 vsftpd 服务，在终端命令窗口运行以下命令启动 vsftpd 服务：

```
# /etc/rc.d/init.d/vsftpd  start
```

重新启动 vsftpd 服务：

```
# /etc/rc.d/init.d/ vsftpd  restart
```

停止 vsftpd 服务：

```
# /etc/rc.d/init.d/ vsftpd  stop
```

（三）vsftpd 服务器的配置

1. 配置文件

与 vsftpd 相关的进程、配置文件和目录如表 3-5 所示。

表 3-5　　与 vsftpd 相关的进程、配置文件和目录

文件/目录	说　明
/etc/rc.d/init.d/vsftpd	启动脚本
/etc/vsftpd.ftpusers	配置文件，设置不允许登录的用户的列表
/etc/vsftpd.user_list	配置文件
/etc/vsftpd/vsftpd.conf	主配置文件
/usr/sbin/vsftpd	守候进程
/usr/share/doc/vsftpd-1.1.3/	文档目录
/var/ftp/	匿名 FTP 目录

在 RedHat　Linux9.0 中 vsftpd 共有 3 个配置文件，将在下面进行介绍。

vsftpd.ftpusers：位于/etc 目录下，指定哪些用户账户不能访问 FTP 服务器。

vsftpd.user_list：位于/etc 目录下，该文件里的用户账户在默认情况下也不能访问 FTP 服务器，仅当 vsftpd.conf 配置文件里启用 userlist_enable=NO 选项时才允许访问。

vsftpd.conf：位于/etc/vsftpd 目录下，是一个文本文件，可以用 vi 等文本编辑工具对它进行修改，用来自定义用户登录控制、用户权限控制、超时设置、服务器功能选项、服务器性能选项、服务器响应消息等 FTP 服务器的配置。

2. FTP 的访问控制

vsftpd 服务器软件提供简单而且安全的方法设定访问权限，可以不使用 FTP 服务设置来防止对特定目录的下载和上传，而是使用标准的 Linux 系统文件和目录的访问权限来限制文件和目录的访问；但是也可以通过配置/etc/vsftpd/vsftpd.conf 文件，使用户能够从 vsftpd 服务器下载文件以及将文件上传到 vsftpd 服务器上。

在默认的情况下，任何登录用户（匿名的或者真实的用户）可以从 vsftpd 服务器下载文件。如果 root 用户将具有 600 权限的文件放到/var/ftp/目录，即使/var/ftp/目录是匿名用户登录的主目录，匿名用户也不能下载该文件。

匿名用户（anonymous）的根目录是/var/ftp/，常规用户的根目录是整个计算机的根目录“/”，登录时进入用户的主目录/home/username/。这样匿名用户就只能访问/var/ftp/目录，而常规用户可以访问整个文件系统（当然必须具有相应的访问权限）。

可以使用 chroot_local_user 选项来更改常规用户的根目录，使其限制为他们的主目录，将所有的常规用户限制在他们的主目录下，需要在/etc/vsftpd/vsftpd.conf 中增加以下一行内容：

```
chroot_local_user=YES
```

在默认的情况下，能够访问 vsftpd 服务的用户名为匿名用户和 Linux 系统的所有用户，可以通过以下两行来设置：

```
anonymous_anable=YES
local_enable=YES
```

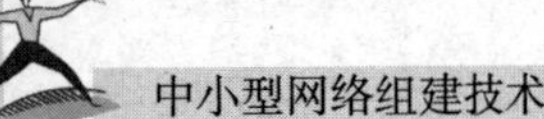

其中：annonymous_anable=YES 允许匿名用户登录服务器，local_enable=YES 允许 Linux 本地账号登录服务器，但是在默认情况下，/etc/vsftpd.user_list 文件中的用户账号被拒绝访问服务器。可以使用配置命令“local_enable=NO”禁止所有的本地账号登录。如果想使得/etc/vsftpd.user_list 文件中的用户账号不能访问 ftp 服务器，可设置以下几行的内容：

```
userlist_file=/etc/vsftpd.user_list
userlist_anable=YES
userlist_deny=YES
```

如果想只允许/etc/vsftpd.user_list 列表中的用户访问 FTP 服务，包括 annonymous 用户都不能访问 FTP 服务器，可设置以下几行：

```
userlist_file=/etc/vsftpd.user_list
userlist_anable=YES
userlist_deny=NO
```

/etc/vsftpd.ftpusers 文件用户存放不允许登录的用户的列表，此列表中缺省值都是一些系统用户，建议保留这些用户在这个列表中，出于安全考虑 root 用户也加到这个列表中，不允许 root 用户通过 ftp 登录。

3. 配置文件

（1）用户登录控制

anonymous_enable=YES，允许匿名用户登录。

no_anon_password=YES，匿名用户登录时不需要输入密码。

local_enable=YES，允许本地用户登录。

deny_email_enable=YES，可以创建一个文件保存某些匿名电子邮件的黑名单，以防止名单中人使用 DoS 攻击。

banned_email_file=/etc/vsftpd.banned_emails，当启用 deny_email_enable 功能时，所需的电子邮件黑名单保存路径（默认为/etc/vsftpd.banned_emails）。

（2）用户权限控制

write_enable=YES，开启全局上传权限。

local_umask=022，本地用户的上传文件的 umask 设为 022（系统默认是 077，一般都可以改为 022）。

anon_upload_enable=YES，允许匿名用户具有上传权限，必须启用 write_enable=YES，才可以使用此项，同时还必须建立一个允许 ftp 用户可以读写的目录。

anon_mkdir_write_enable=YES，允许匿名用户有创建目录的权利。

chown_uploads=YES，启用此项，匿名上传文件的属主用户将改为别的用户账户。

chown_username=whoever，当启用 chown_uploads=YES 时，所指定的属主用户账号，此处的 whoever 自然要用合适的用户账号来代替。

chroot_list_enable=YES，可以用一个列表限定哪些本地用户只能在自己目录下活动，如果 chroot_local_user=YES，那么这个列表里指定的用户是不受限制的。

chroot_list_file=/etc/vsftpd.chroot_list，如果 chroot_local_user=YES，则指定该列表（chroot_local_user）的保存路径（默认是/etc/vsftpd.chroot_list）。

nopriv_user=ftpsecure，指定一个安全用户账号，让 FTP 服务器用作完全隔离和没有特权的独立用户，这是 vsftpd 系统推荐选项。

ascii_upload_enable=YES；ascii_download_enable=YES，默认情况下服务器会假装接受 ASCⅡ模式请求但实际上是忽略这样的请求，启用上述的两个选项可以让服务器真正实现 ASCⅡ模式的传输。启用 ascii_download_enable 选项会让恶意远程用户在 ASCⅡ模式下用“SIZE/big/file”这样的指令大量消耗 FTP 服务器的 I/O 资源。这些 ASCⅡ模式的设置选项分成上传和下载两个，可以允许 ASCⅡ模式的上传（可以防止上传脚本等恶意文件而导致崩溃），而不会遭受拒绝服务攻击的危险。

（3）用户连接和超时选项

idle_session_timeout=600，可以设定默认的空闲超时时间，用户超过这段时间不动作将被服务器踢出。

data_connection_timeout=120，设定默认的数据连接超时时间。

（4）服务器日志和欢迎信息

dirmessage_enable=YES，允许为目录配置显示信息，显示每个目录下面的 message_file 文件的内容。

ftpd_banner=Welcome to blah FTP service，可以自定义 FTP 用户登录到服务器所看到的欢迎信息。

xferlog_enable=YES，启用记录上传/下载活动日志功能。

xferlog_file=/var/log/vsftpd.log，可以自定义日志文件的保存路径和文件名，默认是/var/log/vsftpd.log。

三、任务实施

【任务场景】

在 Red Hat Linux9.0 上安装配置 FTP 服务器，提供文件传输服务，使用 Linux 客户端和 Windosw 客户端测试文件传输服务的功能。

【施工拓扑】

施工拓扑图，如图 3-11 所示。

【施工设备】

计算机（3 台）；二层交换机（1 台）；网络线（若干根）；RedHat 9.0　Linux（1 套）；WindowsXP/2000（1 套）。

【操作步骤】

步骤 1　按照网络拓扑图建立网络工作环境

在工作现场，如图 3-11 所示网络拓扑，安装连接设备。

步骤 2　安装 RedHat Linux 9.0 和 WindowsXP/2000

① 在一台计算机上安装 RedHat Linux 9.0 时，配置好此机的 TCP/IP 参数，作为 FTP 服务器，并安装好 vsftpd 服务器软件。

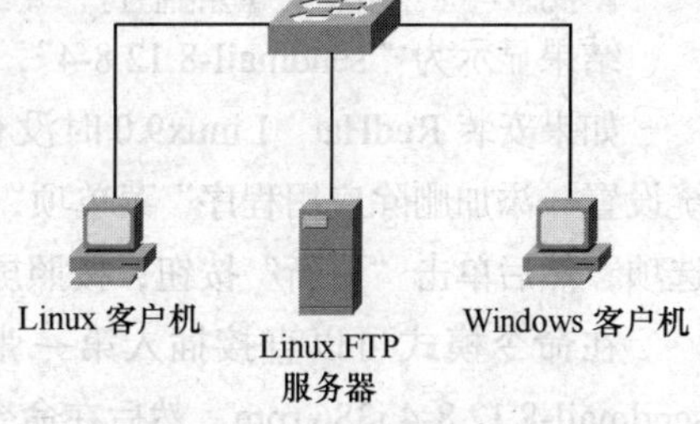

图 3-11　网络连接拓扑

② 在第二台计算机上安装 RedHat Linux 9.0，作为 Linux 客户机。

③ 在第三台计算机上安装 WindowsXP/2000，作为 Windows 客户机。

步骤 3　配置 vsftpd

① 配置 vsftpd.ftpusers、vsftpd.user_list、vsftpd.conf 文件。

② 重新启动 Apache 服务器。

步骤 4　配置 Windows 客户机和 Linux 客户机

① 配置 Windows 客户机的参数。

② 配置 Linux 客户机的参数。

步骤 5　测试 FTP 服务器

① 在 Linux 客户机上用不同的用户访问 FTP 服务器。

② 在 Windows 客户机上用不同的用户访问 FTP 服务器。

任务七　构建 E-mail 服务器

一、任务分析

某公司有员工 300 人，计算机 300 台，已经组建了公司内部网络。在网络时代，电子邮件比普通信件速度快、费用便宜，是现代相互共同和交流的必备手段，为了满足公司员工之间、公司员工与客户之间电子邮件传送的需要，在公司中架设一台电子邮件服务器是好的选择，它比使用免费邮箱更能提升公司的形象，对邮箱的管理也更方便灵活。本任务就是要在 Linux 下架设一台电子邮件服务器。

二、相关知识

（一）安装 Sendmail 服务器

1. 安装 Sendmail

Redhat Linxu 9.0 发行包中包含的是 sendmail-8.12.8-4 版本，与 sendmail 有关的 RPM 包有：第 1 张安装光盘中的 sendmail-8.12.8-4.i386.rpm 软件包、第 3 张安装光盘上的 sendmail-cf-8.12.8-4.i386.rpm、sendmail-doc-8.12.8-4.i386.rpm 软件包。

如果完全安装 RedHat Linux9.0，那么系统已经内置有 Sendmail 8.12.8-4 服务器。若不能确定是否已经安装 sendmail，可以在终端命令窗口输入如下命令：

```
# rpm -qa | grep sendmail
```

结果显示为“sendmail-8.12.8-4”，则说明系统已经安装 sendmail 服务器。

如果安装 RedHat　Linux9.0 时没有选择 Sendmail 服务器，可在图形环境下单击“主菜单→系统设置→添加删除应用程序”菜单项，在打开的“软件包管理”对话框中确保选中“邮件服务器”选项，然后单击“更新”按钮，按照屏幕提示插入第一张安装光盘即可开始安装。

在命令模式可以直接插入第一张安装光盘，定位到/RedHat/RPMS 目录下的安装包软件 sendmail-8.12.8-4.i386.rpm，然后在命令窗口运行以下命令进行安装：

```
# rpm -ivh sendmail-8.12.8-4.i386.rpm
```

接着用类似的方法安装位于第三张安装光盘的/RedHat/RPMS 目录下的软件包 sendmail-cf.8.12.8-4.i386.rpm、sendmail-doc. 8.12.8-4.i386.rpm。

```
# rpm -ivh sendmail-cf-8.12.8-4.i386.rpm
# rpm -ivh sendmail-doc-8.12.8-4.i386.rpm
```

2. 启动/重新启动/停止 Sendmail 服务

安装 Sendmail 服务器以后，最简单的启动方式是在命令窗口运行如下命令：

```
# /etc/rc.d/init.d/sendmail  start
```

如果出现以下的结果，表明邮件服务器已经启动成功：

```
启动 sendmail: [确定]
启动 sm-client: [确定]
```

除以上方式，还可以使用带参数的 sendmail 命令控制邮件服务器的运行，例如：

```
# sendmail  -bd  -q8h
```

Sendmail 的命令参数的含义如下：

-b：指定 Sendmail 在后台运行，并且监听端口 25 的请求。

-d：指定 Sendmail 以 Daemon 方式运行（守护进程）。

-q：当 Sendmail 无法将邮件成功地发送到目的地时，它会将邮件保存在队列里，该参数指定邮件在队列里保存的时间。例子中的 8h 表示保留 8 小时。

在命令窗口运行以下命令可以重新启动 Sendmail 服务：

```
# /etc/rc.d/init.d/sendmail  restart
```

在命令窗口运行以下命令可以关闭 Sendmail 服务：

```
# /etc/rc.d/init.d/sendmail stop
```

还可以在命令窗口运行以下命令来检测 Sendmail 服务器的运行状态：

```
# /etc/rc.d/init.d/sendmail  status
```

（二）Sendmail 服务器的配置

1. 创建配置文件

Sendmail 的配置十分复杂，它的配置文件是 sendmail.cf，位于/etc/mail 目录下。由于 sendmail.cf 的语法深奥难懂，很少有人会直接去修改该文件来对 Sendmail 服务器进行配置，一般通过 m4 宏处理程序来生成所需的 sendmail.cf 文件。创建的过程中还需要一个模板文件，系统默认在/etc/mail 目录下有一个 sendmail.mc 模板文件。根据简单、直观的 sendmail.mc 模板来生成 sendmail.cf 文件，不需要直接编辑 sendmail.cf 配置文件，并且可以直接通过修改 sendmail.mc 模板来达到定制 sendmail.cf 文件的目的。

下面是创建 sendmail.cf 文件的步骤。

① 备份原有 sendmail.cf 文件。

在命令窗口运行以下命令：

```
# cp   /etc/mial/sendmail.cf   /etc/mail/sendmail.cf.BAK
```

② 生成 sendmail.cf 文件。

根据 sendmail.mc 模板文件通过宏 m4 创建 sendmail.cf 配置文件，并导出到/etc/mail/目录下：

```
# m4  /etc/mail/sendmail.mc > /etc/mail/sendmail.cf
```

③ 重启 sendmail 服务。

```
#  /etc/rc.d/init.d/sendmail  restart
```

2. sendmail.mc 模板

用 m4 宏编译工具创建 sendmail.cf 文件比较方便，不容易出错，而且可以避免某些带有安全漏洞或者过时的宏所造成的破坏。一个 sendmail.mc 模板的大致内容如下：

```
divert(-1)dnl
......
include('/usr/share/sendmail-cf/m4/cf.m4')dnl
```

```
VERSIONID('setup for Red Hat Linux')dnl
OSTYPE('linux')dnl
……
dnl #
dnl define('SMART_HOST','smtp.your.provider')
dnl #
define('confDEF_USER_ID',''8:12'')dnl
define('confTRUSTED_USER', 'smmsp')dnl
dnl define(' confAUTO_REBUILD' )dnl
……
```

sendmail.mc 模板的语法组成：

dnl：用来注释各项，同时 dnl 命令还用来标识一个命令的结束。

divert(-1)：位于 mc 模板文件的顶部，目的是让 m4 程序输出时更加精简一些。

OSTYPE ('OperationSystemType')：定义使用的操作系统类型，应该用 Linux 代替 OperationSystemType。

define：定义一些全局设置，对于 Linux 系统，设置了 OSTYPE 之后，可以定义下面的一些全局参数，如果不定义，就使用默认值。这里举两个简单例子：define('ALIAS_FILE', '/etc/aliases')。

```
定义别名文件（alia file）的保存路径，默认是/etc/aliases
define('STATUS_FILE', '/etc/mail/statistics')
```

Sendmail 的状态信息文件。

3. 为新用户开电子邮件账号

在 Linux 里为新用户开设电子邮件账户比较简单，只需在 Linux 系统里新增一个用户即可，例如添加了一个新用户 wang（密码为 wang123456），该用户就有了一个邮件地址 wang@YourDomain.com（此处的 YourDomain.com 用自己域名代替）。以上过程可以在命令窗口运行以下命令来实现：

```
# adduser  wang  -p wang123456
```

4. 为电子邮件账户设置别名

某些用户想使用多个电子邮件地址，可以使用别名（alias）来实现，例如用户 wang 想拥有以下 3 个电子邮件地址：

```
wang@YourDomain.com、wangjg@ YourDomain.com、wangjianguo@ YourDomain.com
```

这可以通过以下步骤来实现这样的别名设置。

① 新增一个账号 wang。

② 然后用 vi 文本编辑器打开/etc/aliases，在里面加上两行：

```
wangjg:wang
wangjianguo: wang
```

保存文件/etc/aliases 并退出 vi 编辑器。

③ 此时还不能让 Sendmail 接受新增的别名，必须在命令窗口运行 newaliases 命令，要求 Sendmail 重新读取/etc/aliases 文件。

```
# newaliases
```

如果正常可以看到类似以下的回应消息：

```
/etc/aliases: 63 aliases, longest 10 bytes, 625 bytes total
```

此时发给 wang 的邮件可以使用 3 个邮件地址，而 wang 只需要使用一个电子邮件账号 wang@YourDomain.com 就可以接收所有寄给以上 3 个地址的电子邮件。

5. 指定邮箱容量限制

一个邮件服务器要为许多人提供邮件服务，不限定邮箱的容量，收到的电子邮件很容易塞满服务器的硬盘，造成硬盘负担。如果不想为用户提供无限空间的邮件暂存空间，可以使用“邮件限额”来给用户一个有限的暂存空间。这项功能是利用磁盘配额功能来实现的。电子邮件的暂存空间是在/var/spool/mail 目录下，只要通过磁盘配额设定每一个用户在这个目录下能使用的最大空间即可。

6. 支持 POP 和 IMAP 功能

完成前五步已经可以用电子邮件客户代理程序 Outlook Express 等发送邮件，或者登录服务器使用 mail、pine 命令收取、管理邮件。但是还不能用 Outlook Express 等客户端软件从服务器下载邮件，这是因为 Sendmail 并不具备 POP3（IMAP）的功能，所以必须自己安装。

（1）POP 和 IMAP 服务器安装

安装 RedHat Linux 9.0 时，可以选择安装 POP 和 IMAP 服务器。可以在命令窗口运行以下命令进行验证：

```
# rpm -qa imap
imap-2001a-18
```

如果没有安装 POP 和 IMAP 服务器，可以在第二张安装光盘/RedHat/RPMS 目录下找到 RPM 包 imap-2001a-18.i386.rpm，然后在命令窗口运行以下命令进行安装：

```
# rpm -ivh imap-2001a-18.i386.rpm
```

由于 RedHat Linux9.0 已经将 POP 服务和 IMAP 服务打包成一个单独的套件，安装好 imap-2001a-18.i386.rpm，就同时安装了这两个服务器。

（2）启动 POP 和 IMAP 服务

要启动 POP 和 IMAP 服务器，首先要确定这些服务存在于/etc/services 文件中，确保以下的服务前面没有加上#注释。

```
imap   143/tcp imap2   # Interim Mail Access Proto v2
imap   143/udp imap2
pop2   109/tcp pop-2   postoffice  # POP version 2
pop2   109/udp pop-2
pop3   110/tcp pop-3   # POP version 3
pop3   110/udp pop-3
```

修改完成/etc/services 文件后，接下来对相应服务配置文件进行定制：

启动 POP3 服务：必须修改/etc/xinetd.d/ipop3 文件，将其中的“disable=yes”改为“disable=no”，保存该文件。

然后重新启动 xinetd 程序来读取新的配置文件，使得配置内容生效：

```
# /etc/rc.d/init.d/xinetd reload
```

启动 IMAP 服务：必须修改/etc/xinetd.d/imap 文件，将其中的“disable = yes”改为“disable =no”，保存该文件。

然后重新启动 xinetd 程序来读取新的配置文件，使得配置内容生效：

```
# /etc/rc.d/init.d/xinetd reload
```

到此整个邮件服务器的收发邮件的功能都能正常运行。

三、任务实施

【任务场景】

在 Red Hat Linux9.0 上安装配置邮件服务器，提供邮件的发送和接收功能，使用 Linux 客户端和 Windosw 客户端能够使用邮件客户端软件进行邮件的收发工作。

【施工拓扑】

施工拓扑图，如图 3-12 所示。

【施工设备】

计算机（3 台）；二层交换机（1 台）；网络线（若干根）；RedHat 9.0 Linux（1 套）；WindowsXP/2000（1 套）。

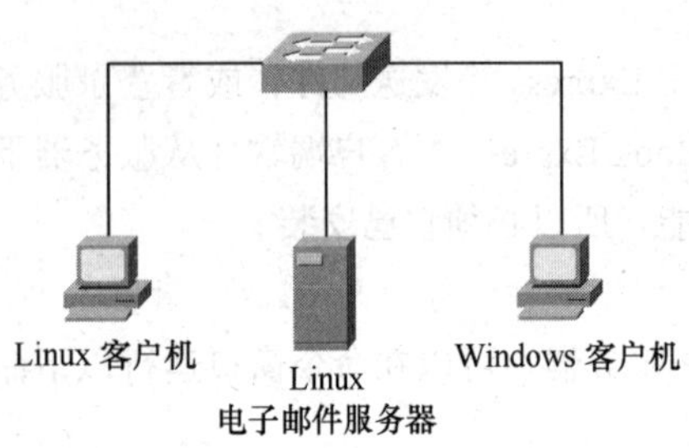

图 3-12 网络连接拓扑

【操作步骤】

步骤 1 按照网络拓扑图建立网络工作环境

在工作现场，如图 3-12 所示网络拓扑，安装连接设备。

步骤 2 安装 RedHat Linux9.0 和 WindowsXP/2000

① 在一台计算机上安装 RedHat Linux9.0 时，配置好此机的 TCP/IP 参数，作为邮件服务器，并安装好 vsftpd 服务器软件。

② 在第二台计算机上安装 RedHat Linux9.0，作为 Linux 客户机。

③ 在第三台计算机上安装 WindowsXP/2000，作为 Windows 客户机。

步骤 3 配置 Sendmail

① 配置 Sendmail 服务器。

② 启动 Sendmail 服务器。

步骤 4 配置 Windows 客户机和 Linux 客户机

① 配置 Windows 客户机的客户端软件 outlook Express。

② 配置 Linux 客户机的客户端软件。

步骤 5 测试发送邮件服务器

① 在 Linux 客户机上发送邮件。

② 在 Windows 客户机上发送邮件。

步骤 6 安装与配置 POP 和 IMAP 服务

① 安装 POP 和 IMAP 服务。

② 配置 POP 和 IMAP 服务。

③ 启动 POP 和 IMAP 服务。

步骤 7 测试接收邮件服务器

① 配置好 Linux 客户机的客户端软件，在客户机上接收邮件。

② 配置好 Windows 客户机的客户端软件，在客户机上接收邮件。

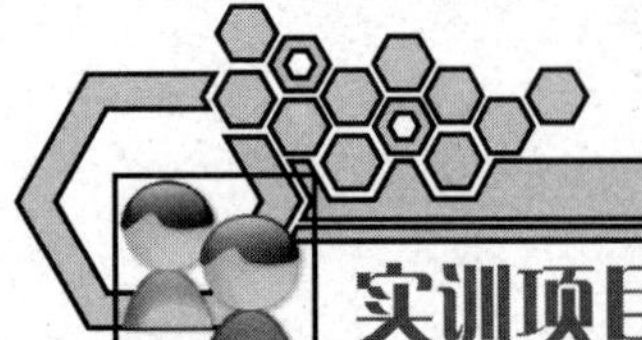

实训项目

【项目场景】

一家公司需要构建网络应用系统，为了节约经费，决定采用 Linux 系统作为应用

平台，构建 Web 服务、FTP 服务、邮件服务。为了方便客户机的配置，需要采用 Linux 架设一台 DHCP 服务器；为了客户机访问服务器可以采用域名而不是使用 IP 地址，需要采用 Linux 架设一台 DNS 服务器；为方便 Linux 与 Windows 系统相互访问，需要架设一台 Samba 服务器。公司的域名定为 yoyo.com，Web 服务的域名为：www.yoyo.com，FTP 服务的域名为 ftp.yoyo.com，邮件服务的名称格式为：邮箱名@yoyo.com。

【施工拓扑】

施工拓扑图，如图 3-13 所示。

【实施设备】

每组计算机 5 台，二层交换机 1 台，网络线若干根，RedHat 9.0　Linux 1 套，Windows XP/2000 1 套。

【操作步骤】

步骤 1　按照网络拓扑图建立网络工作环境

在工作现场，按图 3-13 所示网络拓扑安装连接设备。

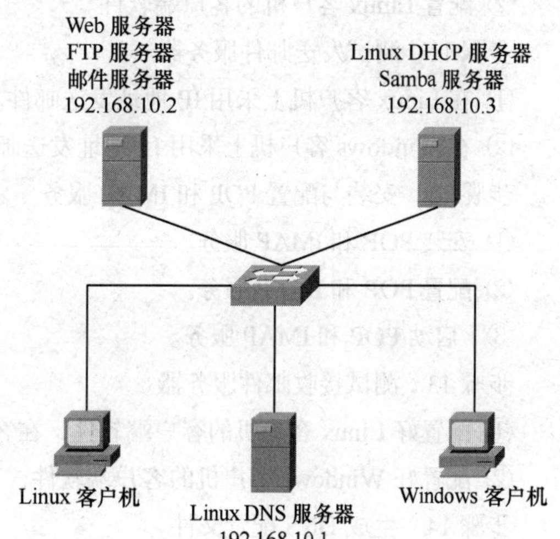

图 3-13　网络连接拓扑

步骤 2　安装 RedHat Linux 9.0 和 Windows XP/2000

① 在第一台计算机上安装 RedHat Linux 9.0，配置好计算机的 TCP/IP 参数，作为 DNS 服务器。

② 在第二台计算机上安装 RedHat Linux 9.0，配置好计算机的 TCP/IP 参数，作为 DHCP 服务器和 Samba 服务器。

③ 在第三台计算机上安装 RedHat Linux 9.0，配置好计算机的 TCP/IP 参数，作为 Web 服务器、FTP 服务器和邮件服务器。

④ 在第四台计算机上安装 RedHat Linux 9.0，作为 Linux 客户机。

⑤ 在第五台计算机上安装 Windows XP/2000，作为 Windows 客户机。

步骤 3　配置 Apache，构建 Web 服务

① 配置 httpd.conf 文件。

② 重新启动 Apache 服务器。

步骤 4　配置 Windows 客户机和 Linux 客户机

① 配置 Windows 客户机的参数。

② 配置 Linux 客户机的参数。

步骤 5　测试 Apache 服务器

① 在 Linux 客户机上采用 IP 地址测试 Apache 服务器的 Web 服务。

② 在 Windows 客户机上采用 IP 地址测试 Apache 服务器的 Web 服务。

步骤 6　配置 vsftpd，构建 FTP 服务

① 配置 vsftpd.ftpusers、vsftpd.user_list、vsftpd.conf 文件。

② 重新启动 Apache 服务器。

步骤 7　配置 Windows 客户机和 Linux 客户机

① 配置 Windows 客户机的参数。

② 配置 Linux 客户机的参数。

步骤 8　测试 FTP 服务器

① 在 Linux 客户机上采用 IP 地址用不同的用户访问 FTP 服务器。

② 在 Windows 客户机上采用 IP 地址用不同的用户访问 FTP 服务器。

步骤 9　配置 Sendmail，构建发送邮件服务

① 配置 Sendmail 服务器。

② 启动 Sendmail 服务器。

步骤 10　配置 Windows 客户机和 Linux 客户机

① 配置 Windows 客户机的客户端软件 Outlook Express。

② 配置 Linux 客户机的客户端软件。

步骤 11　测试发送邮件服务器

① 在 Linux 客户机上采用 IP 地址发送邮件。

② 在 Windows 客户机上采用 IP 地址发送邮件。

步骤 12　安装与配置 POP 和 IMAP 服务

① 安装 POP 和 IMAP 服务。

② 配置 POP 和 IMAP 服务。

③ 启动 POP 和 IMAP 服务。

步骤 13　测试接收邮件服务器

① 配置好 Linux 客户机的客户端软件，在客户机上采用 IP 地址接收邮件。

② 配置好 Windows 客户机的客户端软件，在客户机上采用 IP 地址接收邮件。

步骤 14　生成 DNS 配置文件

① 创建/etc/named.conf 文件。

② 创建/var/named/skydev.net.zone 文件。

③ 创建反向区域文件。

④ 启动 DNS 服务器。

步骤 15　配置 Windows 客户机和 Linux 客户机

① 配置 Windows 客户机的参数。

② 配置 Linux 客户机的参数。

步骤 16　测试 DNS 服务器

① 在 Linux 客户机上采用域名测试 DNS 服务器的工作。

② 在 Windows 客户机上采用域名测试 DNS 服务器的工作。

步骤 17　查看 RedHat Linux 9.0 中 Samba 的默认配置文件

① 使用 vi 打开 RedHat Linux 9.0 中 Samba 的默认配置文件/etc/samba/smb.conf。

② 分析 RedHat Linux 9.0 中 Samba 的默认配置文件/etc/samba/smb.conf。

③ 修改其中的 workgroup、server string 等选项，观察结果。

步骤 18　用 Windows 主机访问 Linux 主机

① 配置 Samba 服务器。

② 启用 Samba 服务器。

③ 从 Windows 主机访问 Linux 主机。

步骤 19　用 Linux 主机访问 Windows 主机

① 配置/etc/samba/lmhosts 文件。

② 在 Linux 桌面环境下访问 Windows 主机。

③ 在 Linux 中用命令方式访问 Windows 宿主机的共享资源。

步骤 20　生成 DHCP 配置文件

① 使用 CP 命令将样本配置文件拷贝到/etc 目录中。

② 修改/etc/dhcpd.conf 文件，设置 DHCP 自动分配的 IP 地址租约期为 10 天，IP 地址范围为 192.168.10.1～192.168.10.200，子网掩码为 24 位，默认网关为 192.168.10.254，DNS 服务器的 IP 地址为 192.168.10.1，排除地址为 192.168.10.1～192.168.10.3。

③ 启动 DHCP 服务器

步骤 21　在 Windows 客户机和 Linux 客户机上检查

① 检查 Windows 客户机参数的获取情况。

② 检查 Linux 客户机参数的获取情况。

步骤 22　在 DHCP 服务器上检查

在 DHCP 服务器上检查 IP 地址的租约情况。

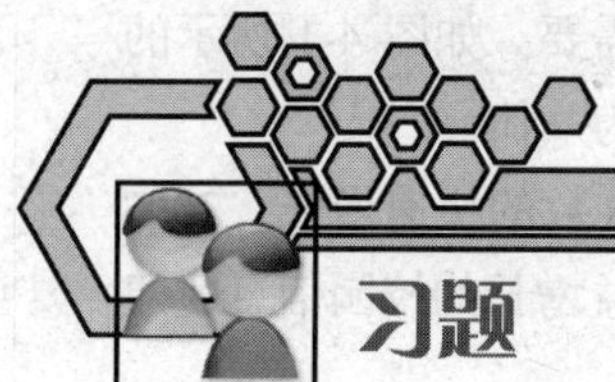

习题

1. Linux 网络相关的配置文件有哪些？各有什么作用？
2. traceroute 的工作过程与用途？
3. netstat 有什么用途？
4. 什么是 samba 协议，它的作用是什么？
5. 什么是 DNS，简要介绍域名解析的顺序与过程？
6. 简述 DHCP 的工作过程？
7. 简述 DHCP 的配置过程？
8. 简述 FTP 服务器的构架？
9. 简述 WEB 服务器的构架？
10. 简述邮件服务的工作过程？

项目四

构建复杂办公网

某中等职业学校（以下简称该校），在校生约 1000 人。20 世纪 90 年代为响应教育信息化的需要，建有简单的校园网络，满足教职员工办公自动化需要。如图 4-1 所示的校园网核心是一台二层交换机，把分散在整座教学楼的计算机连为一体。

2001 年学校升级为职业技术学院，学校的升级带来了在校人数的快速增长。2003 年学校在校生就达到了近 6000 人。原有的校园网明显不能满足日益增长的校园信息化建设需要，需要对前几年逐渐建设的校园网进行彻底地改造。

新规划的校园网络整合了目前网络资源，改造了校园主干网络，扩展了带宽，规范了校园网络管理，利用多媒体技术，增强了网络应用，使其更好地为广大师生服务，如图 4-2 所示。

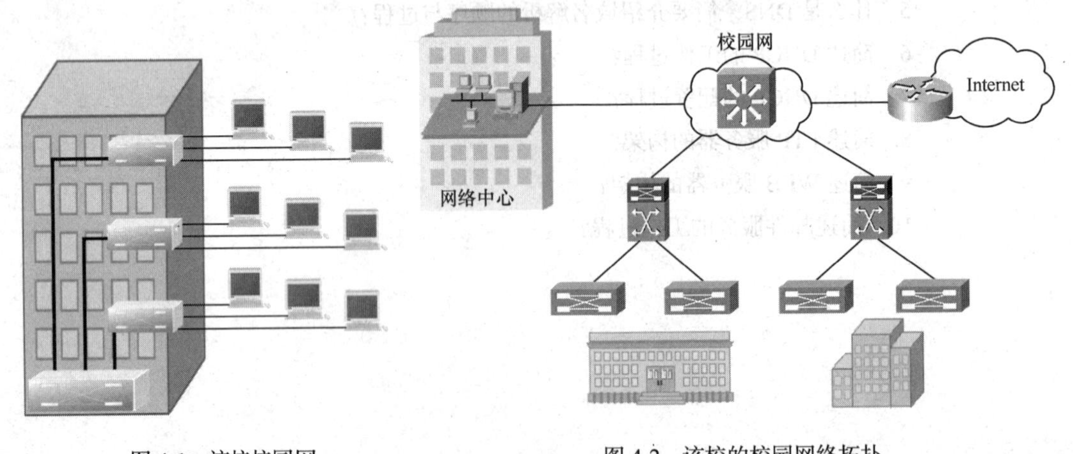

图 4-1　该校校园网

图 4-2　该校的校园网络拓扑

任务一　扩展办公网络

一、任务分析

该中专学校升级为职业技术学院后，在校生规模达到近 6000 人，需要扩充更多信息点以满足师生员工对网络的需求，因此需要在现有网络中，扩充信息点以满足需求。在网络中，扩充信息点最经济、有效的方法就是使用交换机级连和堆叠技术。交换机级连不仅可增加网络节点数量，还可延伸网络的距离；堆叠技术则不仅仅可以增加网络中节点数，还可扩展网络的带宽。

级连是交换网络中最常见的技术，在实施网络级连时，应尽力保证交换机间中继链路具有足够的带宽，为此需要采用链路汇聚技术。链路聚合技术为网络带来高带宽、均衡负载，并提供冗余链路，冗余链路为网络带来健全性。但冗余链路形成环路会引发诸如广播风暴等严重后果，启用生成树技术是解决网络中广播风暴的最好技术之一。

二、相关知识

（一）交换机级连技术

在网络中，如果需要扩充网络的节点数量，最简单的方法就是增加交换机的数量，使用双绞线把它们之间互相连接起来，这种使用网线将两个交换机进行连接的技术称为交换机级连技术。级连是交换网络中最常见的连接方式，不仅扩充了网络的节点，节约了网络建设成本，而且级连技术还延伸了网络距离，把更遥远地点的计算机接入到网络中，如图 4-3 所示。

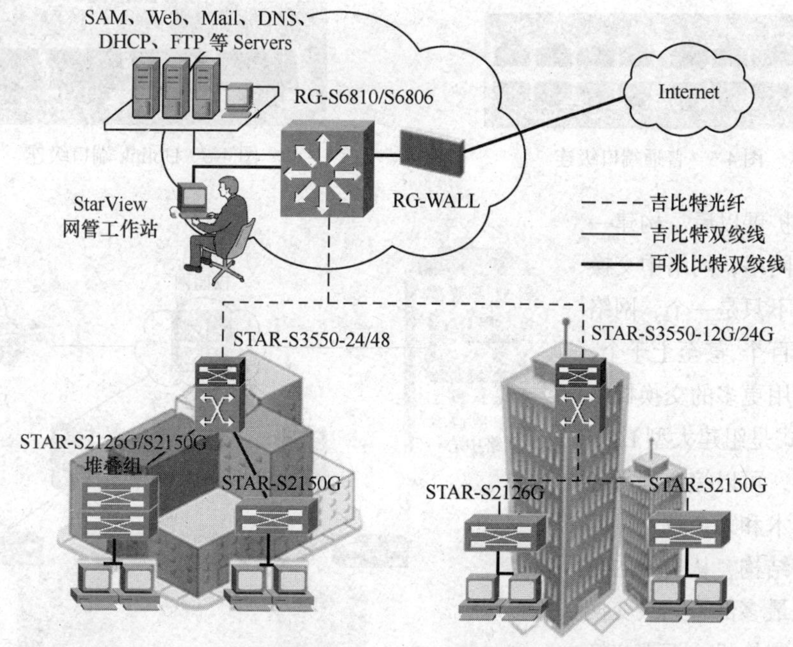

图 4-3　星形校园网络拓扑

级连扩展模式是最常规、最直接的一种扩展方式。一些早期构建的网络，都使用集线器（Hub）作为级连的设备，现在更多地使用交换机作为级连设备。无论是百兆快速以太网还是吉比特以太网，级连交换机所使用的线缆长度均可达到 100m，这个长度与交换机到计算机之间长度完全相同。因此级连除了能够扩充端口数量外，另外一个用途就是快速延伸网络距离。当有 4 台交换机级连时，网络跨度就可以达到 500m。这样的距离对于位于同一座建筑物内的小型网络而言已经足够了。需要注意的是交换机不能无限制级连，超过一定级数的交换机进行级连，最终会引起广播风暴，导致网络性能严重下降。

交换机之间的级连，既可使用普通以太端口也可使用特殊的 Uplink 端口，如图 4-4 所示。当相互级连的端口都为普通以太端口时，应当使用交叉网线。当使用普通端口和 Uplink 端口实现级连时，则应当使用直连电缆，如图 4-5 所示。现在越来越多交换机提供 Uplink 级连端口，使得交换机之间的级连变得更加简单。此外越来越多交换机端口支持 MDI 端口自动性反转技术，在连接上使用任意的网线就可以连接，无需分辨网线的类型。

图 4-4　交换机级连 UpLink 端口

Uplink 端口是专门用于与其他交换机连接的端口，可利用直通跳线将该端口连接至其他交换机的除 Uplink 端口外的任意端口，如图 4-6 所示，这种连接方式跟计算机与交换机之间的连接完全相同。需要注意的是，有些品牌的交换机使用一个普通端口兼作 Uplink 端口，并利用一个开关（MDI/MDI-X 转换开关）在两种类型间进行切换。

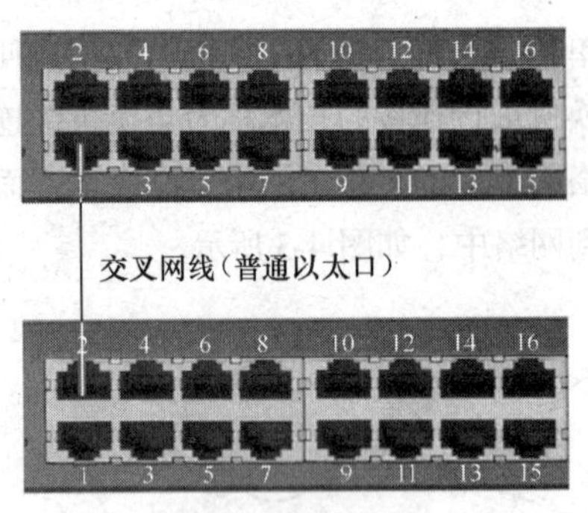

图 4-5　普通端口级连

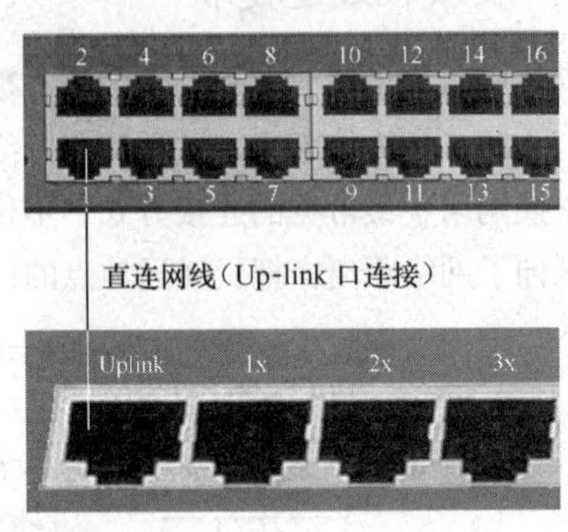

图 4-6　Uplink 端口级连

网络规模扩展以后，构建一个中大型局域网络，网络中交换机的数量通常不只是一个，网络中用户数有上百个，甚至上千个，这样就必须使用更多的交换机来级连。级连模式是组建大型 LAN 最理想的方式，可以综合利用各种拓扑设计技术和冗余技术，实现层次化网络结构，从实用的角度来看，建议最多部署三级交换机级连：核心交换机→汇聚交换机→接入交换机，如图 4-7 所示。

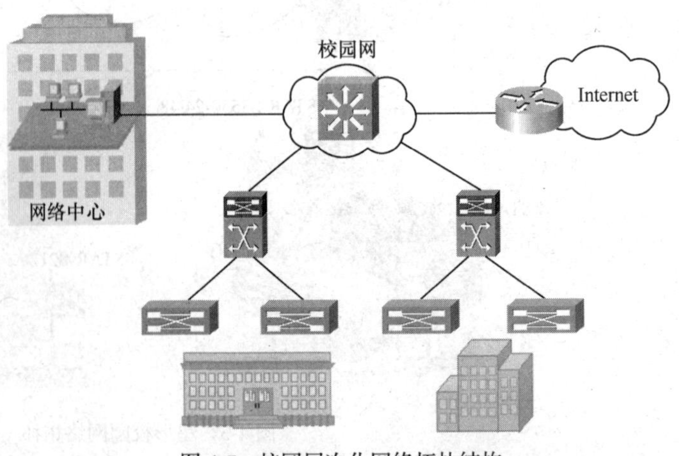

图 4-7　校园层次化网络拓扑结构

这里的三级并不是说只能允许最多三台交换机，而是从层次上讲三个层次。级连是组建网络的基础，可以灵活利用各种拓扑、冗余技术，在层次太多的时候，需要进行精心的设计。对于级连层次很少的网络，级连方式可以提供最优性能。

（二）交换机堆叠技术

堆叠是把交换机的背板带宽，通过专用模块聚集在一起，这样堆叠交换机的总背板带宽就是几台堆叠交换机的背板带宽之和，堆叠将一台以上的交换机组合起来共同工作，交换机组可视为一个整体的交换机进行管理，从而满足了大型网络对端口的数量要求，以便在有限的空间内提供尽可能多的端口。多台交换机经过堆叠形成一个堆叠单元。

堆叠通常是为了扩充带宽使用的专门技术，不是所有的交换机都可以堆叠，需要使用专门的堆叠卡插在交换机的后面，如图 4-8 所示，用专门的堆叠电缆（如图 4-9 所示）连接几台交换机，堆叠后这几台交换机相当于一台交换机。堆叠是采用交换机背板的叠加，使多个工作组交换机形成一个工作组堆，从而提供高密度的交换机端口，堆叠中的交换机就像一个交换机一样，其提供的带宽是所有堆叠交换机组的背板带宽之和。交换机堆叠通常是放在同一位置，连接电缆也较短，所以交换机堆叠的目的主要是用于扩充交换端口，而不是用于扩展距离的。

图 4-8　堆叠模块的交换机

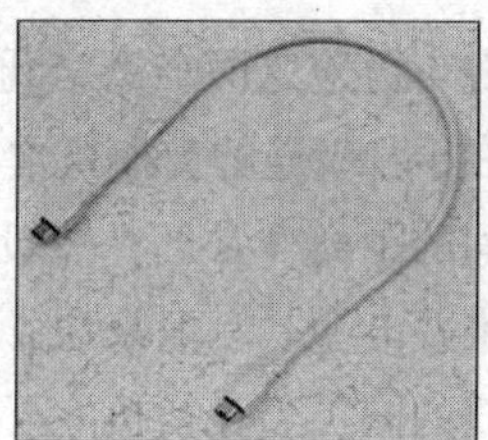

图 4-9　堆叠线缆

堆叠技术的最大优点就是提供简化的本地管理，将一组交换机作为一个对象来管理。目前流行的堆叠模式主要有两种：菊花链模式和星形模式。所谓菊花链就是从上到下串起来，形成单一的一个菊花链堆叠总线。矩阵堆叠就是单独拿一个交换机作为堆叠中心，其他的交换机用堆叠线连接到堆叠中心交换机上。

1. 菊花链式堆叠技术

菊花链式堆叠是一种基于级连结构的堆叠技术，对交换机硬件上没有特殊的要求，通过相对高速的端口串接，最终构建一个多交换机的层叠结构，在同一个端口收发分为上行和下行，最终形成一个环形结构，通过环路可以在一定程度上实现冗余，如图 4-10 所示。但就交换效率来说，同级连模式处于同一层次，任何两台成员交换机之间的数据交换都需绕环一周，经过所有交换机的交换端口，效率较低，尤其是在堆叠层数较多时，堆叠端口会成为严重的系统瓶颈。菊花链式堆叠模式适用于高密度端口需求的单节点结构，使用在网络边缘。

2. 星形堆叠技术

星形堆叠技术是一种高级堆叠技术，对交换机而言，需要提供一个独立的或者集成的高速交换中心（堆叠中心），所有的堆叠主机通过专用的（也可以是通用的高速端口）高速堆叠端口上行到统一的堆叠中心，如图 4-11 所示。堆叠中心一般是一个基于专用 ASIC 的硬件交换单元，根据其交换容量，带宽一般在 10Gbit/s～32Gbit/s 之间，其 ASIC 交换容量限制了堆叠的层数。

星形堆叠技术使所有的堆叠组成员交换机到达堆叠中心的级数缩小到一级，任何两个端节点之

间的转发需要且只需要经过三次交换，转发效率与一级级连模式的边缘节点通信结构相同，因与菊花链式结构相比，它可以显著地提高堆叠成员之间数据的转发速率，同时，提供统一的管理模式。星形堆叠模式适用于要求高效率高密度端口的单节点LAN，星形堆叠模式克服了菊花链式堆叠模式多层次转发时的高时延影响，但需要提供高带宽堆叠中心，成本较高，而且堆叠中心接口一般不具有通用性，无论是堆叠中心还是成员交换机的堆叠端口都不能用来连接其他网络设备。使用高可靠、高性能的Matrix芯片是星形堆叠的关键，对堆叠电缆带宽也都要求在2Gbit/s～2.5Gbit/s之间(双向)。

图4-10　菊花式实景

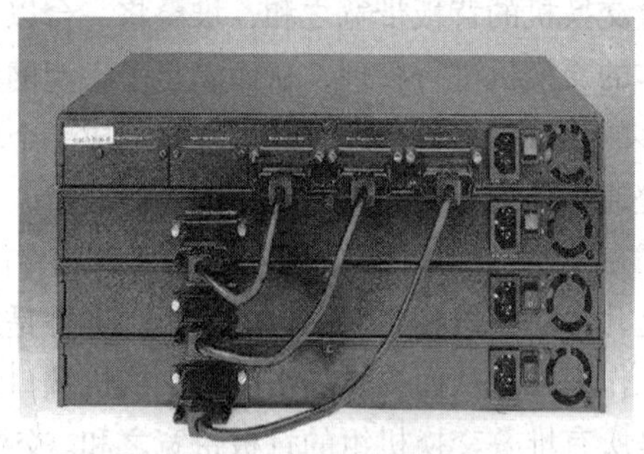

图4-11　星形堆叠实景

堆叠与级连这两个概念既有区别又有联系。堆叠可以看作是级连的一种特殊形式。它们的不同之处在于：级连的交换机之间可以相距很远(在媒体许可范围内)，而一个堆叠单元内的多台交换机之间的距离非常近，一般不超过几米；级连一般采用普通端口，而堆叠一般采用专用的堆叠模块和堆叠电缆。一般来说，不同厂家、不同型号的交换机可以互相级连，堆叠则不同，它必须在可堆叠的同类型交换机(至少应该是同一厂家的交换机)之间进行；级连仅仅是交换机之间的简单连接，堆叠则是将整个堆叠单元作为一台交换机来使用，这不但意味着端口密度的增加，而且意味着系统带宽的加宽。

级连是通过集线器的某个端口与其他集线器相连的，而堆叠是通过集线器的背板连接起来的。虽然级连和堆叠都可以实现端口数量的扩充，但是级连后每台集线器或交换机在逻辑上仍是多个被网管的设备，而堆叠后的数台集线器或交换机在逻辑上是一个被网管的设备。

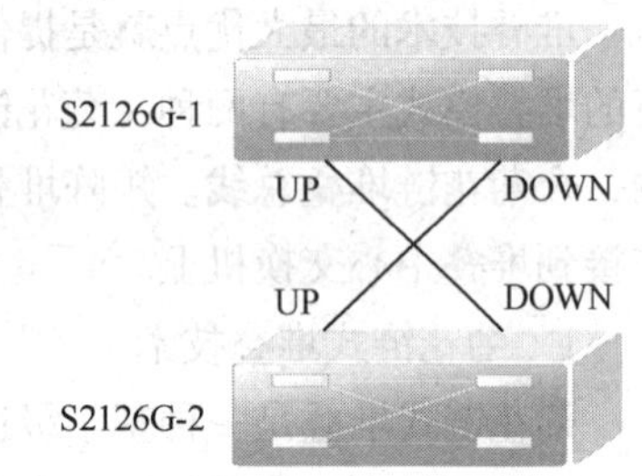

图4-12　计算机系交换机堆叠场景

在如图4-12所示的网络环境中，再现的是该校计算机系大楼网络接入场景，因为计算机系中网络接入点多，需要高带宽的接入速度，因此使用2台二层交换机做堆叠接入处理。

工程安装施工时，首先将堆叠模块分别插入这两台交换机的模块插槽中，在不连接线缆情况下开机。先在单机模式下配置堆叠主交换机S2126G-1。

```
S2126G-1 (config)# member 1   ！配置设备号为1，取值范围为1–n ，n为堆叠设备数量
S2126G-1 (config)#device-priority 10
    ！配置优先级为10，取值范围为1–10，默认值是1，优先级最高交换机为堆叠主机
S2126G-1#show member                              ！显示堆叠成员信息
……
S2126G-1#show version devices                     ！显示堆叠主机设备信息
……
S2126G-1#show version slots                       ！显示堆叠主机设备插槽信息
```

配置完成堆叠主机后，将主堆叠交换机和其他交换机用堆叠电缆连接起来，如图4-12所示。

带电启动后，所有交换机将自动成为一个堆叠组，显示为一台大容量交换机的信息，有关信息显示如下：

```
S2126G-1#show member                          ! 显示堆叠组成员
......
S2126G-1#show version devices                 ! 显示堆叠组设备信息
......
S2126G-1#show version slots                   ! 显示堆叠组设备插槽信息
......
S2126G-1#show vlan                            ! 显示堆叠组 VLAN 信息
......
```

所有交换机成为一个堆叠组后，设备堆叠完成，此时还可以配置堆叠组里的其他成员交换机的相关信息，也可以不进行配置，此为可选操作。

```
S2126G-1(config)#member 2                              ! 进入成员交换机 2
S2126G-1@2(config)#device-priority 5                   ! 设置成员 2 的优先级为 5
S2126G-1@2(config)#interface fastEthernet 0/1
S2126G-1@2(config-if)#switchport access vlan 100       ! 分配成员 2 的接口给 Vlan 10
S2126G-1#show member                                   ! 验证成员交换机的配置
......
```

（三）交换机链路汇聚技术

交换机级连技术是组建结构化网络的必然选择，也是组网络中使用的最常见的技术。进行级连时，应该尽力保证交换机间中继链路具有足够的带宽，为此可采用全双工技术和链路汇聚技术。交换机端口采用全双工技术后，不但相应端口的吞吐量加倍，而且交换机间中继距离大大增加，使得异地分布、距离较远的多台交换机级连成为可能。

链路汇聚也叫端口汇聚、端口捆绑、链路扩容组合，即两台交换机设备之间通过两个以上的同种类型的端口连接并捆绑，通过配置可通过两个以上聚合端口同时传输数据，以便提供更高的带宽、更好的冗余度以及实现负载均衡，避免链路出现拥塞现象。链路汇聚技术不但可以提供交换机间的高速连接，分别负责特定端口的数据转发，还可以为交换机和服务器之间的连接提供高速通道，防止单条链路转发速率过低而出现丢包的现象。

在网络中使用链路聚合技术的优点是：价格便宜，性能接近吉比特以太网；不需要重新布线，也无需考虑吉比特网传输距离极限问题；链路聚合技术可以捆绑任何相关的端口，也可以随时取消设置，这样提供了很高的灵活性，还提供负载均衡能力以及系统容错。

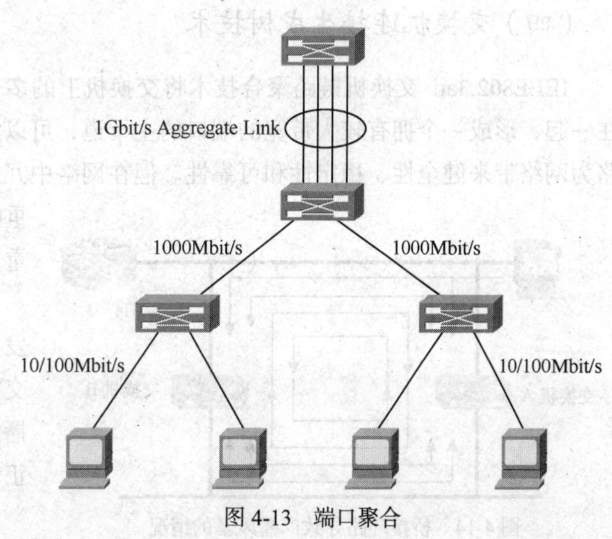

图 4-13　端口聚合

制定于 1999 年的 802.3ad 标准定义了如何将两个以上的以太网链路组合起来，为高带宽网络连接实现负载共享、负载平衡以及提供更好的冗余性。如图 4-13 所示，可以把多个物理接口捆绑在一起形成一个简单的逻辑接口，这个逻

辑接口称之为一个 Aggregate Port（以下简称 AP）。它可以把多个端口的带宽叠加起来使用，例如全双工快速以太网端口形成的 AP 最大可以达到 800Mbit/s，或者吉比特以太网接口形成的 AP 最大可以达到 8Gbit/s。

802.3ad 的另一个主要优点是可靠性。在主干道链路连接的网络中，链路故障将是一场灾难。在网络规划时，要求骨干交换机连接的主干道链路必须既具有强大的功能又值得信赖。即使一条电缆被误切断的情况下，它们也不会瘫痪，这正是 802.3ad 所具有的自动链路冗余备份的功能。这项链路聚合标准在点到点链路上提供了固有的、自动的冗余性。

换句话说，如果链路中所使用的多个端口中的一个端口出现故障，网络传输流可以动态地改向链路中余下的正常状态的端口进行传输。这种改向速度很快，当交换机得知媒体访问控制地址已经被自动地从一个链路端口重新分配到同一链路中的另一个端口时，改向就被触发。然后这台交换机将数据发送到新端口，在服务几乎不中断的情况下，网络继续运行。

下面介绍如何配置聚合端口。

配置聚合端口基本命令的过程如下所示。其中操作是将一个接口加入一个聚合端口（如果这个聚合端口不存在，则同时创建这个聚合端口）。在接口配置模式下使用“no port-group”命令删除一个聚合端口成员接口。

```
Switch#configure terminal
Switch(config) # interface  interface-id
Switch(config-if-range)#port-group  port-group-number
```

下面是要将以太网接口 F0/1 和 F0/2 配置成聚合端口 5 的成员。可以在全局配置模式下使用命令#interface aggregateport n（n 为 AP 号）直接创建一个 AP（如果 AP n 不存在）。

```
Switch# configure terminal
Switch(config)# interface range fastethernet 0/1-2   ！同时打开 F0/1 和 F0/2 端口
Switch(config-if-range)# port-group 5               ！把它们聚合为 AP5 逻辑端口
Switch(config-if-range)# end
```

需要注意：在进行配置聚合端口实验时，锐捷 S2126 型号的交换机最大支持 8 个端口聚合。同时注意到以下注意事项：组端口的速度必须一致；组端口必须属于同一个 VLAN（如果有的话）；组端口使用的传输介质相同；组端口必须属于网络的同一层次，并与聚合端口也要在同一层次。虽然聚合端口的配置有诸多约束，但配置后的组端口可以像一般的端口一样接受管理和使用。

（四）交换机连接生成树技术

IEEE802.3ad 交换机链路聚合技术将交换机上的多个端口在物理上连接起来，在逻辑上捆绑在一起，形成一个拥有较大带宽的端口的主干道，可以实现均衡负载，并提供冗余链路，冗余链路为网络带来健全性、稳定性和可靠性。但在网络中冗余链路形成环路会引发诸如广播风暴、多重帧复制以及 MAC 地址表的不稳定性等严重后果。

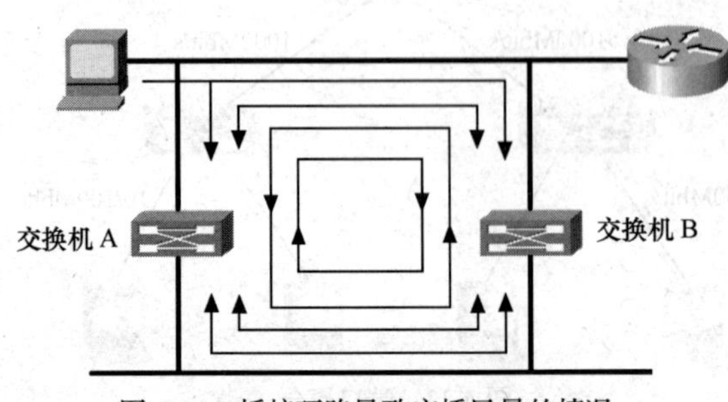

图 4-14　桥接环路导致广播风暴的情况

交换机在接收广播帧时将进行洪泛转发，如果当网络中存在冗余环路时，会导致交换网络中广播帧的不断增长，从而形成广播风暴，从而可能会迅速导致网络拥塞，使正常通信无法进行，如图 4-14 所示。

当交换机接收到不确定单播帧（即 MAC

地址表中没有该帧的目的地址）时，将执行洪泛操作，这使得该帧经过环路传输中，一个单播帧被复制为多个相同的帧。如图 4-15 所示，主机 X 发出目的地址为 Y 的单播帧，如果交换机 A 的 MAC 地址表中没有 Y 的地址记录，由于交换网络中的广播传输，该帧会被交换机 A 上下二侧接口转发至交换机 B，再转发给 Y。这样，Y 将接收到多个来自 X 的复制帧，多重帧的复制会浪费有限的网络带宽。

如果交换机从不同的端口收到同一个帧，它的 MAC 表将会不断更新，使得该表变得不稳定。在如图 4-16 所示网络中，主机 X 向路由器 Y 发出一个帧，两台交换机都在端口 0 收到该帧，并建立起端口 0 与主机 X 的 MAC 表对应记录。如果路由器地址未知，两台交换机就会以洪泛的方式从端口 1 发出该帧，这样它们就会在端口 1 再次接收到该帧，并且将主机 X 的 MAC 地址再次与端口 1 关联，并刷新 MAC 地址记录。这种循环往复的过程将使交换机的 MAC 地址表将变得不稳定，而 MAC 地址表的不稳定将回严重影响网络的性能。

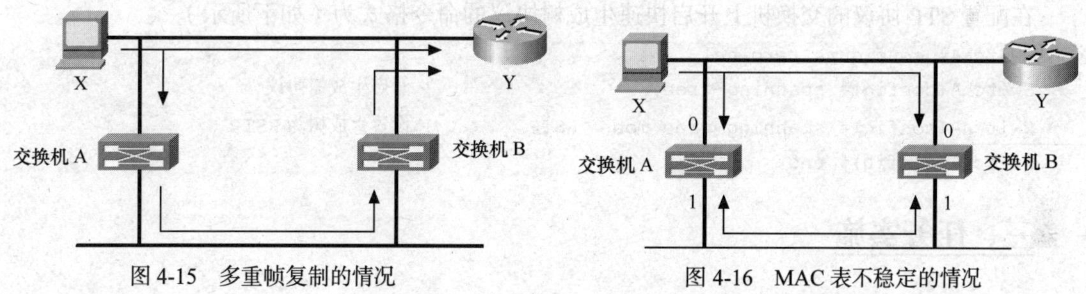

图 4-15　多重帧复制的情况　　图 4-16　MAC 表不稳定的情况

既然 LAN 中的链路冗余在物理上不可避免，我们能否考虑让交换机运行一种协议，使得物理上存在冗余链路的 LAN 在逻辑上变得没有冗余链路呢？答案是肯定的。

为了解决冗余链路引起的问题，IEEE 通过了 IEEE 802.1d 协议，即生成树协议（STP，Spanning Tree Protocol）。IEEE 802.1d 协议通过在交换机上运行一套复杂的算法，使冗余端口置于“阻塞状态”，使得网络中的计算机在通信时，只有一条链路生效，而当这个链路出现故障时，IEEE 802.1d 协议将会重新计算出网络的最优链路，将处于“阻塞状态”的端口重新打开，从而确保网络连接稳定可靠。

STP 最初是由美国数字设备公司（DEC）开发的，后经 IEEE 修改并最终制定了 IEEE 802.1d 标准。STP 协议的主要思想是，STP 协议的本质就是当网络中存在备份链路时，只允许主链路激活，在逻辑上切断环路，阻塞某些交换机端口，形成一个生成树。如果主链路失效，备份链路才会被打开，以解决环路所造成的严重后果。STP 生成树协议目的就是通过构造一棵自然树的方法达到阻塞冗余环路的目的，同时实现链路备份和路径最优化。

运行了 STP 以后，交换机将具有下列功能。

① 发现环路的存在。

② 将冗余链路中的一个设为主链路，其他设为备用链路。

③ 只通过主链路交换流量。

④ 定期检查链路的状况。

⑤ 如果主链路发生故障，将流量切换到备用链路。

由于交换机默认是关闭了 STP 协议，我们需要用交换机的“STP”命令来明确开启交换机的 STP 功能（如下所示）。

```
SwitchA# configure terminal
SwitchA(config)# spanning-tree                    ! 开启生成树协议
SwitchA(config)# spanning-tree mode stp           ! 设置生成树为 STP
SwitchA(config)# end
```

STP 生成树协议解决了交换链路冗余问题，随着应用的深入和网络技术的发展，它的缺点在应用中也被暴露了出来，STP 协议的缺陷主要表现在收敛速度上。当网络拓扑发生变化，生成树就会重新计算，原来网络中所有端口状态也会随之改变。生成树协议需要经过一段时间（默认值是 50s 左右）工作才能使网络稳定，网络稳定之后所有端口才能进入转发或阻塞状态。而网络 50s 的网络故障足以带来巨大的损失，因此 IEEE 802.1d 协议已经不能适应现代网络的需求了。

IEEE 802.1w 快速生成树协议是在 IEEE 802.1d 协议的基础之上的改进。作为对 802.1d 标准的补充。快速生成树协议 RSTP 协议在 STP 协议基础上做了很多的重要改进，使得收敛速度快得多（最快 1s 以内），因此 IEEE 802.1w 又称为“快速生成树协议”。

在配置 STP 协议的交换机上开启快速生成树协议的命令格式为（如下所示）。

```
SwitchA# configure terminal
SwitchA(config)# spanning-tree                        ! 开启生成树协议
SwitchA(config)# spanning-tree mode  RSTP             ! 设置生成树为 RSTP
SwitchA(config)# end
```

三、任务实施

【任务场景】

该校计算机系在改造系办公网络中，需要在现有的网络中扩充更多信息点。在现有网络中扩充信息点最经济、有效的方法就是使用交换机级连技术。交换机级连不仅可增加网络节点数量，还可延伸网络的距离。此外为保证系办公网络和校园网络骨干链路之间带宽，在主干链路之间使用双链路，采用聚合链路技术以保证网络高带宽。

【施工拓扑】

施工拓扑图，如图 4-17 所示。

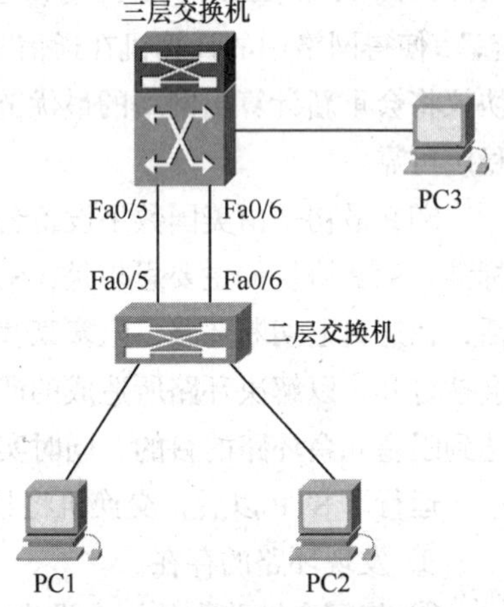

图 4-17　计算机系办公楼接入拓扑

【施工设备】

二层交换机（1 台）、三层交换机（1 台）、网络线（若干根）、测试 PC（若干台）。

【操作步骤】

步骤 1　安装网络工作环境

① 在工作现场，如图 4-17 所示网络拓扑，安装连接设备，注意不要带电连接设备。

② 注意设备连接的接口标识，尽量按照拓扑结构进行连接，否则可能会出现和后续显示不一样结果。

③ 连接完成后为所有的设备加电，检查连接线缆指示灯工作状态，保证网络连通。

④ 保证网络中互联设备内部配置文件处于清空状态，否则原有的配置会影响本次项目实施。

步骤 2　测试网络连通

① 为所有测试 PC 配置 IP 地址，由于是交换式网络，所有设备地址尽量规划在同一网络段，

如表 4-1 所示。

表 4-1　　　　　　　　　　测试 PC 设备 IP 地址清单

设 备 名 称	PC1	PC2	PC3
IP 地址	172.16.1.3	172.16.1.4	172.16.1.5
子网掩码	255.255.255.0	255.255.255.0	255.255.255.0
网关	无	无	无

② 从一台设备测试网络中任意设备，设备都处于连通状态。在交换网络中，从 PC1 设备测试 PC2、PC3 设备，能显示网络的连通信息。

步骤 3　配置二层交换机

```
Switch# configure terminal
Switch(config)# hostname S2126                          !为设备改名称
S2126 (config)# spanning-tree                           ! 开启生成树协议
S2126 (config)# spanning-tree mode stp                  ! 设置生成树为 STP
S2126 (config)# interface range fastethernet 0/5-6      ! 打开 5、6 端口
S2126 (config-if-range)# port-group 1                   ! 把 5、6 端口生成聚合口 1
S2126 (config-if-range)# end
S2126 #
```

步骤 4　配置三层交换机

```
Switch# configure terminal
Switch(config)# hostname S3760                          !为设备改名称
S3760 (config)# spanning-tree                           ! 开启生成树协议
S3760 (config)# spanning-tree mode stp                  ! 设置生成树为 STP
S3760 (config)# interface range fastethernet 0/5-6      ! 打开 5、6 端口
S3760 (config-if-range)# port-group 1                   ! 把 5、6 端口生成聚合口 1
S3760 (config-if-range)# end
S3760 #
```

步骤 5　测试网络连通

配置完成后，重新测试，网络仍保持连通状态。

任务二　隔离办公网络干扰

一、任务分析

该校扩招后，校园网络中节点数有近万个，多交换的网络会引发诸如广播风暴、堵塞等严重后果，生成树技术虽是解决网络中广播风暴的重要技术之一，但在近万个节点规模的网络中，网络传输效率仍然很低下。

交换网络中的虚拟局域网技术是解决以上问题的最好技术，虚拟局域网划分不仅仅可以解决广播风暴，还可以把广播限制一个区域中，从而提高了网络传输效率，增强了网络中信息的安全。

二、相关知识

（一）交换网络中广播风暴

在交换机所连接的网络中，处于同一交换网络中的所有设备，位于同一个广播域。当网络上

的设备越来越多，广播所占用的时间也会越来越多，多到一定程度时，广播包的数量会急剧增加。当广播包的数量达到30%时，网络传输效率将会明显下降。从而对网络上的正常信息传递产生影响，轻则造成传送信息延时，重则造成网络设备从网络上断开，甚至造成整个网络的堵塞、瘫痪，这就是广播风暴。

使用了路由器或三层交换机的网络中，通过划分多个子网络，能够实现不同子网间隔离，从而解决广播风暴传播。但在一个只有二层交换机构成的交换网络中，二层交换机不具有子网络识别技术，因此需要使用虚拟局域网 VLAN 技术来隔离广播风暴。

（二）虚拟局域网分隔网络

VLAN（Virtual Local Area Network）即虚拟局域网，它是一种通过将局域网内的设备逻辑地而不是物理地划分成一个个网段的技术。这里的网段仅仅是逻辑网段的概念，而不是真正的物理网段。可以将 VLAN 简单地理解为是在一个物理网络上划分出来的逻辑网络。IEEE 于 1999 年颁布的 VLAN 实现方案的 802.1Q 协议，实现了虚拟局域网标准化操作。

VLAN 相当于 OSI 参考模型中的第二层广播域，一个 VLAN 组成一个逻辑子网，即一个逻辑广播域，能够将广播流量控制在一个 VLAN 内部。划分 VLAN 后，由于广播域的缩小，网络中广播包消耗带宽的比例大大降低，网络的性能得到显著提高。VLAN 具有以下优点。

（1）控制网络中的广播风暴

采用 VLAN 技术后，可将某个交换端口划到某个 VLAN 中，而一个 VLAN 中的广播风暴不会传播到其他 VLAN，影响其他 VLAN 的通信效率和网络性能。一个 VLAN 就是一个逻辑广播域，通过对 VLAN 的创建，隔离了广播，缩小了广播范围，可以控制广播风暴的产生。

（2）确保网络安全

共享式局域网之所以很难保证网络的安全性，是因为只要用户接入任意一个活动端口，就能访问到整个网络。而 VLAN 能限制个别用户的访问，控制广播组的大小和位置，可以控制用户访问权限和逻辑网段大小。将不同用户群划分在不同 VLAN，从而提高交换式网络的整体性能和安全性。

（3）简化网络管理，提高组网灵活性

对于交换式以太网，假如对某些用户重新进行网段分配，需要网络管理员对网络系统的物理结构重新进行调整，甚至需要追加网络设备，从而增加了网络管理的工作量。而对于采用 VLAN 技术的网络来说，一个 VLAN 可以根据部门职能、对象组或者应用，将不同地理位置的网络用户划分为一个逻辑网段。在不改动网络物理连接的情况下，可以任意地将工作站在工作组或子网之间移动。利用虚拟网络技术，大大减轻了网络管理和维护工作的负担，降低了网络维护费用。在一个交换网络中，VLAN 提供了网段和机构的弹性组合机制。

在交换机上定义和划分 VLAN 有多种不同的方法，基于端口的 VLAN 划分是虚拟局域网规划中最简单也是最有效的方法，它实际上是某些交换端口的集合，网络管理员只需要管理和配置交换端口，而不管交换端口连接什么设备。如图 4-18 所示，VLAN 从逻辑上把一个 LAN 按照交换机的端口划分成 3 个 VLAN，相应的端口系统则被分割成独立的网络段，对应于在三层设备上划分出来的子网。

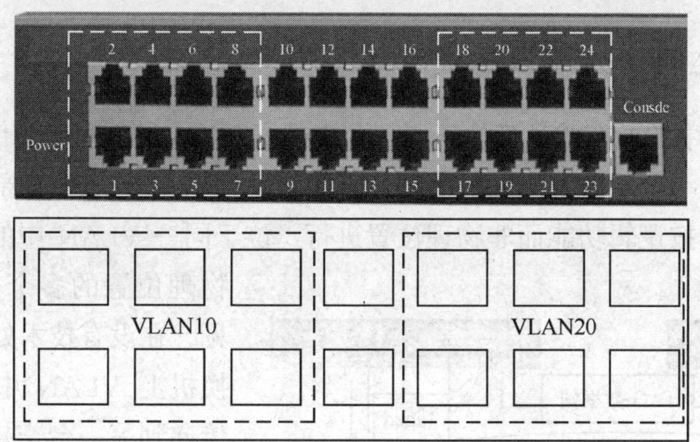

图 4-18 按端口划分 VLAN 示例

图 4-19 所示是该校计算机系网络安装场景，根据需求，需要在新安装的交换机上，把不同办公部门的设备划分在不同的 VLAN 中，以提高通信效率。因此需要在交换机上配置相关命令。

```
Switch#
Switch#configure terminal
Switch(config)# vlan 10                          ！启用 VLAN 10
Switch(config-vlan)# exit
Switch(config-)# vlan 11                         ！启用 VLAN 11
Switch(config-vlan)# exit                        ！退出 VLAN 配置模式
……
Switch(config)# no vlan 11                       ！删除 VLAN 11
```

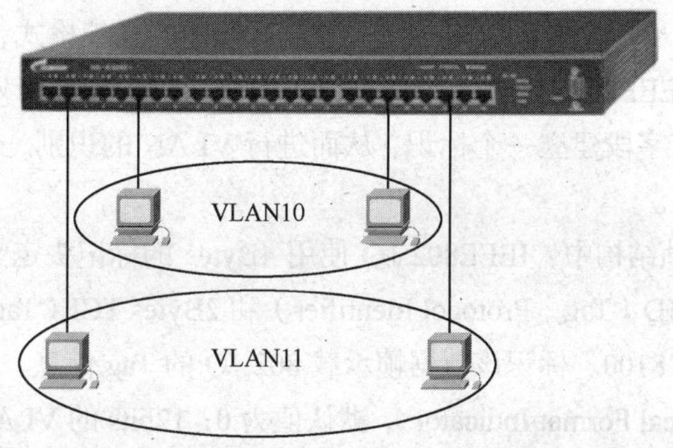

图 4-19 该校计算机系网络 VLAN 的配置场景

如果需要将交换机 F0/5 端口指定到 VLAN 10 中，在交换机上配置过程如下。

```
Switch#
Switch#configure terminal
Switch(config)# interface fastEthernet 0/5        ！打开交换机的接口 5
Switch(config-if)# switchport access vlan 10      ！把该接口分配到 VLAN 10
Switch(config-if)#no shutdown                     ！开启接口工作状态
Switch(config-if)#end
Switch# show vlan                                 ！查看 VLAN 配置信息
……
```

注意到 no shutdown 命令在接口工作模式下是必须开启的，因为交换机的接口在默认情况下是关闭的，必须使用该命令进行开启。

（三）交换机之间划分虚拟局域网

当同一个 VLAN 中的所有成员都位于同一台交换机时，成员之间的通信就十分简单，与未划分 VLAN 时一样，从一个端口发出的数据帧，直接转发到同一 VLAN 内部相应的成员端口。由于 VLAN 的划分通常按逻辑功能而非物理位置进行，位于同一 VLAN 中的成员设备，跨越任意物理位置的多个交换机的情况更为常见，在没有技术处理的情况下，一台交换机上 VLAN 中信号无法跨越交换机传递到另一台交换机的同一 VLAN 成员中，如图 4-20 所示。那么，怎样才能完成跨交换机 VLAN 的识别并进行 VLAN 的内部成员的通信呢？

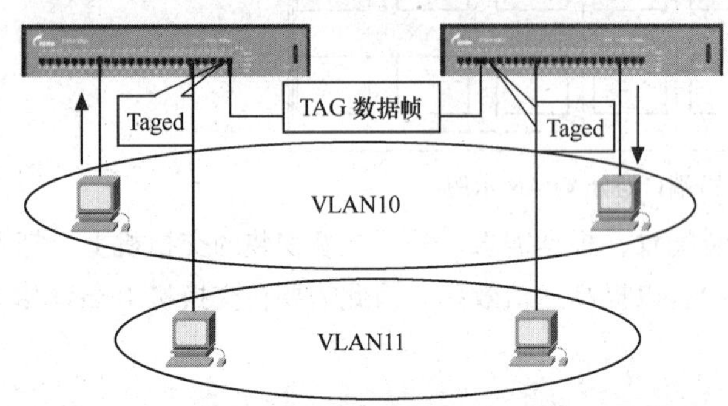

图 4-20　跨交换机 VLAN 内部成员通信

为了让 VLAN 能够跨越多个交换机实现同一 VLAN 中成员通信，可采用主干链路 Trunk 技术将两个交换机连接起来。Trunk 主干链路是指连接不同交换机之间的一条骨干链路，可同时识别和承载来自多个 VLAN 中的数据帧信息。由于同一个 VLAN 的成员跨越了多个交换机，而多个不同 VLAN 的数据帧都需要通过连接交换机的同一条链路进行传输，这样就要求跨越交换机的数据帧，必须封装为一个特殊的标签，以声明它属于哪一个 VLAN，方便转发传输。

在 1996 年 3 月，IEEE 802.1 Internet Working 委员会结束了对 VLAN 初期标准的修订工作。新标准进一步完善了 VLAN 的体系结构，统一了数据帧中的标签格式，并制定了 802.1QVLAN 标准，如图 4-21 所示。IEEE802.1Q 规定了依据以太网交换机的端口来划分 VLAN 的国际标准。它在每个数据帧中的特定字段建立一个标识，从而进行 VLAN 的识别，使不同厂商的设备可以同时在一个网络中实现互通。

如图 4-21 所示数据帧结构中，IEEE802.1Q 使用 4Bytes 的标记头定义 Tag（标记），4Bytes 的 TAG 头包括 2Bytes 的 TPID（Tag　Protocol Identifier）和 2Bytes TCI（Tag Control Information）。其中 TPID 是固定的数值 0X8100。标识该数据帧承载 802.1Q 的 Tag 信息。TCI 包含组件：3bits 用户优先级；1bit CFI（Canonical Format Indicator），默认值为 0；12bits 的 VLAN 标识符（VID，VALAN Identifier）。最多支持 250 个 VLAN（VALAN ID 1～4094），其中 VLAN1 是不可删除的默认 VLAN。

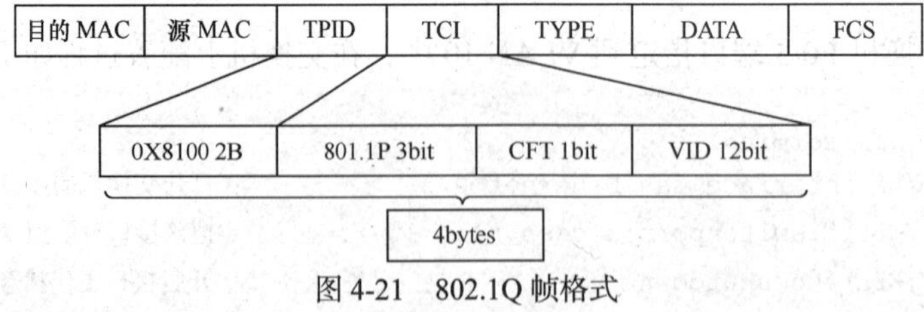

图 4-21　802.1Q 帧格式

三、任务实施

【任务场景】

该校计算机系为满足系网络建设需求，使用交换机级连技术在现有的网络中扩充更多信息点，

并使用双链路聚合链路技术，保证网络高通信效率。

但随着网络中节点数增多，多交换的网络会引发诸如网络广播风暴、网络安全等严重后果，计算机系网络建设过程中，希望采用虚拟局域网技术解决以上几个方面问题。

【施工拓扑】

施工拓扑图，如图 4-17 所示。

【施工设备】

二层交换机（1 台）；三层交换机（1 台）；网络线（若干根）；测试 PC（若干台）。

【操作步骤】

步骤 1 安装网络工作环境

① 在工作现场，如图 4-22 所示网络拓扑，安装连接设备，注意不要带电连接设备。

② 注意连接接口标识，按照拓扑结构连接，否则可能出现和后续不一样的结果。

③ 保证网络设备配置文件处于清空状态，否则原有配置会影响本次项目实施。

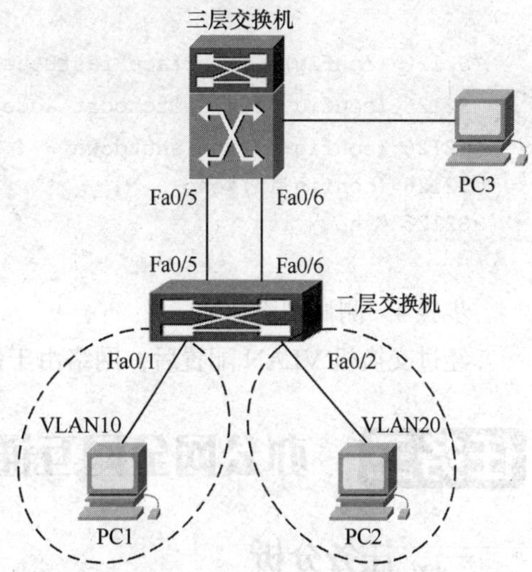

图 4-22 计算机系办公楼网络拓扑

步骤 2 测试网络连通

① 为网络中所有测试 PC 配置 IP 地址，在交换网络中所有设备地址配置如表 4-2 所示。

表 4-2 测试 PC 设备 IP 地址清单

设 备 名 称	PC1	PC2	PC3
IP 地址	172.16.1.3	172.16.1.4	172.16.1.5
子网掩码	255.255.255.0	255.255.255.0	255.255.255.0
网关	无	无	无

② 从一台设备测试网络中任意设备，设备都处于连通状态。在交换网络中，从 PC1 设备测试 PC2、PC3 设备，能显示网络连通信息。

步骤 3 配置二层交换机

① 配置网络基本信息。

```
Switch# configure terminal
Switch(config)# hostname S2126                         !为设备改名称
S2126 (config)# spanning-tree                          ! 开启生成树协议
S2126 (config)# spanning-tree mode stp                 ! 设置生成树为 STP
S2126 (config)# interface range fastethernet 0/5-6     ! 打开 5、6 端口
S2126 (config-if-range)# port-group 1                  ! 把 5、6 端口生成聚合口 1
S2126 (config-if-range)# end
S2126 #
```

② 配置虚拟局域网技术。

```
S2126 #
S2126 # configure terminal
S2126 (config)# vlan 10                 ! 启用 VLAN 10
S2126 (config)# vlan 20                 ! 启用 VLAN 20
```

```
S2126 (config)# interface fastEthernet 0/1          ! 打开交换机的接口 1
S2126 (config-if)# switchport access vlan 10        ! 把该接口分配到 VLAN 10
S2126 (config-if)#no shutdown                       ! 开启接口工作状态

S2126 (config)# interface fastEthernet 0/2          ! 打开交换机的接口 2
S2126 (config-if)# switchport access vlan 20        ! 把该接口分配到 VLAN 20
S2126 (config-if)#no shutdown                       ! 开启接口工作状态
S2126 (config-if)#end
S2126 #show vlan                                    ! 查看交换机 VLAN 信息
……
```

步骤 4　测试网络连通

经过交换机 VLAN 配置后，网络由于使用了虚拟局域网技术，网络不再连通。

任务三　办公网全网互通

一、任务分析

该校为解决校园内广播风暴和网络安全隐患问题，在校园网内中启用了虚拟局域网技术，不仅提高了网络传输效率，还提高了网络中信息的安全性。

但二层交换网络中的虚拟局域网技术，不能解决不同虚拟局域网之间通信问题。为保证校园网中全网之间互连互通，需要启用三层交换技术，来解决不同虚拟局域网之间安全数据通信，实现部门之间数据信息资源共享，数据信息安全传输问题。

二、相关知识

（一）解决虚拟局域网之间通信

连接在交换网络中同一 VLAN 之间的设备可直接进行通信，分布在不同交换机上同一成员 VLAN，通过交换机主干链路 Trunk 技术，也可实现跨交换机 VLAN 之间成员通信。在二层交换机组成的交换网络中，VLAN 实现了网络流量的分割。由于 VLAN 隔离了广播风暴，同时也隔离了各个不同的 VLAN 之间的通信，所以不同的 VLAN 之间的通信，需要有路由来完成，也就是说不同 VLAN 之间通过交换技术无法直接通信。如果要实现 VLAN 间的通信必须借助路由技术来实现：一种是利用路由器，另一种是借助具有三层功能的交换机。

（二）利用路由器实现 VLAN 间通信

在使用路由器实现 VLAN 间互相通信时，与构建横跨多台交换机的 VLAN 的情况类似。如图 4-23 所示，当每个交换机上只有一个 VLAN 时，交换机分别和路由器的 3 个不同接口进行连接，此时每一个 VLAN 相当于一个子网络，分配一个子网地址。路由器的每一个接口分配一个同网段子网地址，相当于交换机所连接网段的网关，激活路由器后，通过路由器上自动生成的直连路由，就可以实现 3 个 VLAN 间的成员通信。

由于路由器更多通过协议进行工作，数据通过路由技术处理，传输速度会变得非常缓慢。而且路由器的低效率和长时延，如果安装在交换网络中，也使路由器成为整个网络的瓶颈，因此在交换网络中，需要采用新的技术来改善整个网络的速度。

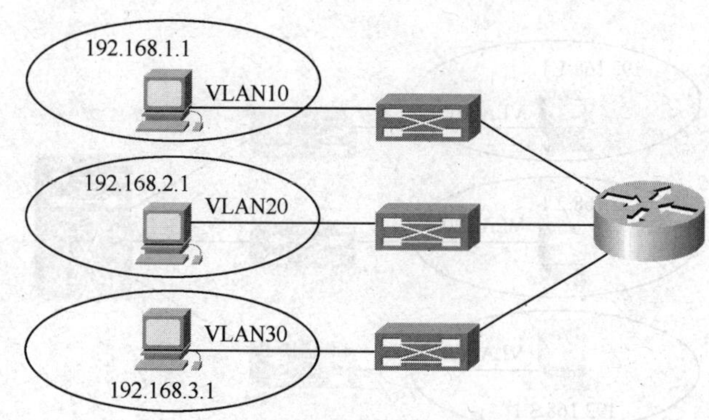

图 4-23 路由器技术实现 VLAN 互联

正是为满足这种网络应用需求，三层交换机技术应运而生，通过三层交换技术可以完成企业网中虚拟局域网 VLAN 之间的数据包高速转发。三层交换技术的出现，解决了局域网中划分虚拟局域网 VLAN 之后，VLAN 网段必须依赖路由器进行管理的局面，解决了传统路由器低速、复杂所造成的网络瓶颈问题。当然，三层交换技术并不是网络交换机与路由器的简单叠加，而是二者的有机结合，形成一个集成的、完整的解决方案。

（三）利用三层交换机实现 VLAN 间通信

1. 三层交换机基础知识

目前，市场上最高档路由器的最大处理能力为每秒 25 万个包，而最高档交换机的最大处理能力则在每秒 1000 万个包以上，二者相差 40 倍。在交换网络中，尤其是大规模的交换网络，没有路由功能是不可想象。然而路由器的处理能力又限制了交换网络的速度，这就是三层交换所要解决的问题。

三层交换机本质上就是带有路由功能的二层交换机，三层交换机将第二层交换机和第三层路由器两者的优势，有机而智能化地结合起来，可在各个层次提供线速性能。这种集成化的结构还引进了策略管理属性，不仅使第二层与第三层相互关联起来，而且还提供流量优先化处理、安全访问机制以及其他多种功能。在一台三层交换机内，分别设置了交换机模块和路由器模块；而内置的路由模块与交换模块类似，也使用 ASIC 硬件处理路由。因此，与传统的路由器相比，可以实现高速路由。并且，路由与交换模块是汇聚链接的，由于是内部连接，可以确保相当大的带宽。

2. 三层交换机配置技术

三层交换机不仅仅是台交换机，具有基本的交换功能；它还具有路由功能，相当于一台路由器，每一个物理接口还可以是一个路由接口，连接一个子网络。三层交换机物理接口默认是交换接口，如果需要开启路由接口，在三层交换机开启路由功能的配置命令为：

```
Switch#configure terminal
Switch(config)# interface fastethernet 0/5
Switch(config-if)# no switchport                          ! 开启接口 Fa5 的路由功能
Switch(config-if)# ip address 192.168.1.1 255.255.255.0   ! 配置接口 IP 地址
Switch(config-if)# no shutdown
```

如果需要关闭物理接口路由功能，则可以执行下面的命令：

```
Switch#configure terminal
Switch(config)# interface fastethernet 0/5
Switch(config-if)# switchport                             ! 把该端口还原为交换端口
Switch(config-if)#no shutdown
```

3. 使用三层交换机路由功能实现子网络互通

在使用三层交换机路由功能实现 VLAN 间互相通信时，与构建横跨多台交换机的 VLAN 时的情况类似。如图 4-24 所示，当每个交换机上只有一个 VLAN 时，接入交换机分别和三层交换机的三个不同接口进行连接。

图 4-24　三层交换机与 VLAN 互联

把连接的二层交换接口的交换功能关闭，开启其路由功能，此时三层交换机的每一个接口所连接的每一个 VLAN，相当于一个子网络，分配一个子网地址。路由器的每一个接口分配一个同网段子网地址，相当于交换机所连接网段的网关，激活路由器后，通过路由器上自动生成的直连路由，就可以实现三个 VLAN 间的成员通信。

（四）三层交换机实现虚拟局域网通信

在二层交换机组成的网络中，用 VLAN 技术能够隔离网络流量，但不同的 VLAN 间是不能相互通信的。如果要实现 VLAN 间的通信，则必须借助于三层交换机的路由功能（当然也能够使用路由器来实现该功能）。用三层交换机实现 VLAN 间路由，可以通过开启三层交换机 SVI 接口方法实现。

在图 4-25 所示的网络拓扑结构中，把每台二层交换机都划分为独立的 VLAN10 和 VLAN20，VLAN10 的工作站 IP 地址为 192.168.1.1；VLAN20 的工作站 IP 地址为 192.168.2.1。

那么怎样使用三层交换机实现在不同 VLAN 间的互访呢？

具体实现方法是：首先在三层交换机上创建各个 VLAN 的虚拟接口 SVI（Switch Virtual Interface），并设置 IP 地址；然后将所有 VLAN 连接的工作站主机的网关指向该 SVI 的 IP 地址即可。

具体操作过程是，使用前面介绍的配置二层交换机的相关命令，在三层交换机上划分 VLAN10 和 VLAN20，并设置其 IP 地址分别为 192.168.1.10 和 192.168.2.10；然后将二层交换机的 VLAN10 里的工作站网关设为 192.168.1.10，VLAN20 里的工作站网关设为 192.168.2.10。这样就可利用三层交换机的 SVI 来实现不同虚拟网络间的通信了，如图 4-26 所示。

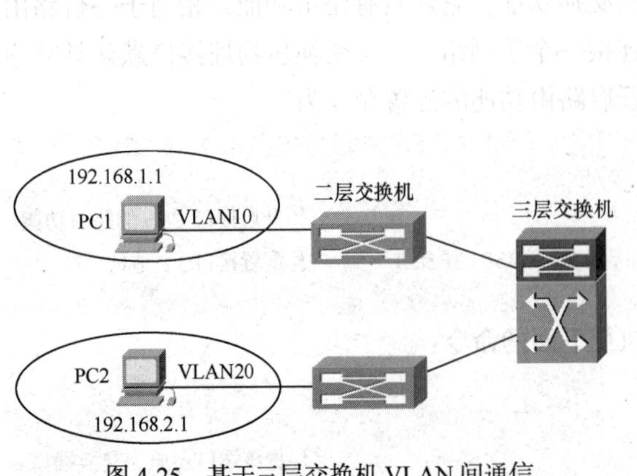

图 4-25　基于三层交换机 VLAN 间通信

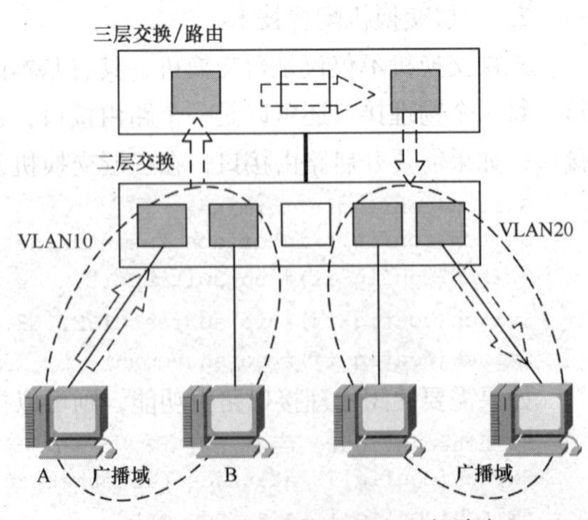

图 4-26　三层交换机 VLAN 间路由

在三层交换机配置 SVI 的方法，通过全局配置命令“interface vlan Vlan-id”来创建一个关联 VLAN 的虚拟网络接口，并可以为该 SVI 虚拟接口配置地址。例如，

```
Switch#configure termonal
Switch(config)# interface vlan 10
Switch(config-if)# ip address 192.168.1.1.255 255.255.0
Switch(config-if)# no shutdown
Switch(config-if)#exit
Switch(config)#
```

三、任务实施

【任务场景】

该校为满足新校园网络建设需求，使用交换机级连技术在现有的网络中扩充更多信息点。但网络中节点数增多，多交换的网络引发诸如广播风暴、网络安全等严重后果，学校校园网络希望采用虚拟局域网技术解决以上几个方面的问题。

在图 4-27 所示的网络拓扑是计算机系新建网络拓扑，系办公网络划分 VLAN 实现了不同部门网络隔离。但由于虚拟局域网技术又造成了不同部门之间的隔离，无法进行系内部资源共享，希望通过三层交换设备，有选择地进行数据流的传送，从而实现安全畅通的网络。

【施工拓扑】

施工拓扑图，如图 4-27 所示。

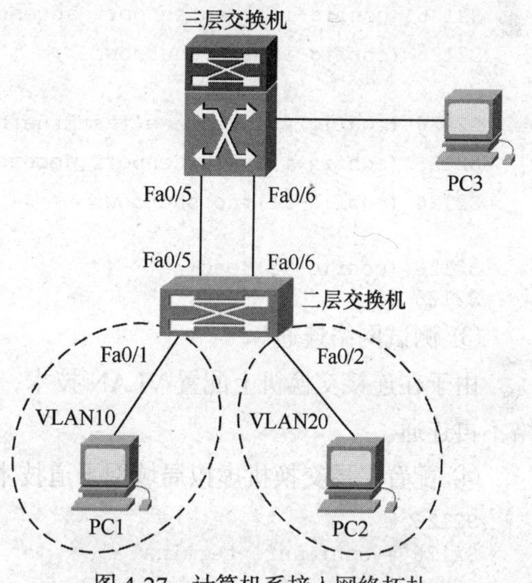

图 4-27　计算机系接入网络拓扑

【施工设备】

二层交换机（1 台）、三层交换机（1 台）、网络线（若干根）、测试 PC（若干台）。

【操作步骤】

步骤 1　安装网络工作环境

① 在工作现场，如图 4-27 所示网络拓扑，安装连接设备，注意不要带电连接设备。

② 注意连接接口标识，按照拓扑结构连接，否则可能出现和后续不一样的结果。

③ 保证网络设备配置文件处于清空状态，否则原有配置会影响本次项目实施。

步骤 2　测试网络连通

① 为网络中所有测试 PC 配置 IP 地址，在交换网络中所有设备地址配置如表 4-3 所示。

表 4-3　测试 PC 设备 IP 地址清单

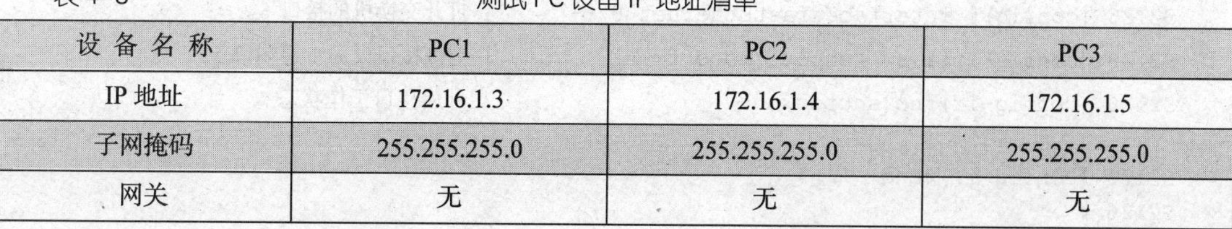

设 备 名 称	PC1	PC2	PC3
IP 地址	172.16.1.3	172.16.1.4	172.16.1.5
子网掩码	255.255.255.0	255.255.255.0	255.255.255.0
网关	无	无	无

② 从一台设备测试网络中的任意设备，设备都处于连通的状态。在交换网络中，从 PC1 设备测试 PC2、PC3 设备，能显示网络的连通信息。

步骤 3 配置二层交换机

① 配置二层交换机网络基本信息。

```
Switch# configure terminal
Switch(config)# hostname S2126                          !为设备改名称
S2126 (config)# spanning-tree                           ! 开启生成树协议
S2126 (config)# spanning-tree mode stp                  ! 设置生成树为 STP
S2126 (config)# interface range fastethernet 0/5-6      ! 打开 5、6 端口
S2126 (config-if-range)# port-group 1                   ! 把 5、6 端口生成聚合口 1
S2126 (config-if-range)# exit

S2126 (config-if)# interface ag1
S2126 (config-if)#switchport mode trunk                 !把聚合口 ag1 设为干道端口
S2126 #
```

② 配置二层交换机虚拟局域网技术。

```
S2126 #
S2126 # configure terminal
S2126 (config)# vlan 10                              ! 启用 VLAN 10
S2126 (config)# vlan 20                              ! 启用 VLAN 20

S2126 (config)# interface fastEthernet 0/1           ! 打开交换机的接口 1
S2126 (config-if)# switchport access vlan 10         ! 把该接口分配到 VLAN 10
S2126 (config-if)#no shutdown                        ! 开启接口工作状态

S2126 (config)# interface fastEthernet 0/2           ! 打开交换机的接口 2
S2126 (config-if)# switchport access vlan 20         ! 把该接口分配到 VLAN 20
S2126 (config-if)#no shutdown                        ! 开启接口工作状态

S2126 (config-if)#end
S2126 #
```

③ 测试网络连通。

由于在连接交换机上配置 VLAN 技术，网络由于使用了虚拟局域网技术，不同部门之间的网络不再连通。

④ 配置二层交换机虚拟局域网干道技术。

```
S2126 #
S2126 # configure terminal

S2126 (config)# interface fastEthernet 0/5           ! 打开交换机的接口 5
S2126 (config-if)# switchport mode trunk             ! 把该接口设为干道端口
S2126 (config-if)#no shutdown                        ! 开启接口工作状态

S2126 (config)# interface fastEthernet 0/6           ! 打开交换机的接口 6
S2126 (config-if)# switchport mode trunk             ! 把该接口设为干道端口
S2126 (config-if)#no shutdown                        ! 开启接口工作状态

S2126 (config-if)#end
S2126 #
```

步骤 4 配置三层交换机

① 配置三层交换机基本信息。

```
Switch# configure terminal
Switch(config)# hostname S3760                          !为设备改名称
S3760 (config)# spanning-tree                           ! 开启生成树协议
S3760 (config)# spanning-tree mode stp                  ! 设置生成树为 STP
S3760 (config)# interface range fastethernet 0/5-6      ! 打开 5、6 端口
S3760 (config-if-range)# port-group 1                   ! 把 5、6 端口生成聚合口 1
S3760 (config-if-range)# end
S3760 #
```

② 配置三层交换机虚拟局域网干道技术。

```
S3760 #
S3760 # configure terminal

S3760 (config)# interface fastEthernet 0/5              ! 打开交换机的接口 5
S3760 (config-if)# switchport mode trunk                ! 把该接口设为干道端口
S3760 (config-if)#no shutdown                           ! 开启接口工作状态

S3760 (config)# interface fastEthernet 0/6              ! 打开交换机的接口 6
S3760 (config-if)# switchport mode trunk                ! 把该接口设为干道端口
S3760 (config-if)#no shutdown                           ! 开启接口工作状态

S3760 (config-if)# interface ag1
S3760 (config-if)#switchport mode trunk                 !把聚合口 ag1 设为干道端口
S3760 (config-if)#no shutdown

S3760 (config-if)#end
S3760 #
```

③ 配置三层交换机 SVI 技术。

```
S3760 #
S3760 # configure terminal
S3760 (config)# vlan 10                        ! 启用 VLAN 10
S3760 (config)# vlan 20                        ! 启用 VLAN 20

S3760 (config)# interface vlan 10              ! 打开交换机的 VLAN 10 接口
S3760 (config-if)# ip address 172.16.1.1 255.255.255.0
                                               !为 VLAN 10 接口分配 IP 地址
S3760 (config-if)#no shutdown                  ! 开启接口工作状态

S3760 (config)# interface vlan 20              ! 打开交换机的 VLAN 20 接口
S3760 (config-if)# ip address 172.16.2.1 255.255.255.0
                                               !为 VLAN 20 接口分配 IP 地址
S3760 (config-if)#no shutdown                  ! 开启接口工作状态

S3760 (config)# interface vlan 1               ! 打开交换机的 VLAN 1 接口
S3760 (config-if)# ip address 172.16.3.1 255.255.255.0
                                               !为 VLAN 1 接口分配 IP 地址
S3760 (config-if)#no shutdown                  ! 开启接口工作状态
S3760 (config-if)#end
S3760 #
```

❖ 备注：PC3 连接在交换机上 VLAN 1 中的任意端口。

步骤 5　测试网络连通

① 二层 VLAN 技术一般对应于三层设备上的子网技术，不同子网需要规划不同子网段的地址。因此需要重新为网络中所有测试 PC 规划地址，配置如表 4-4 所示的网络地址。

表 4-4　测试 PC 设备 IP 地址清单

设 备 名 称	PC1	PC2	PC3
IP 地址	172.16.1.2	172.16.2.2	172.16.3.2
子网掩码	255.255.255.0	255.255.255.0	255.255.255.0
网关	172.16.1.1	172.16.2.1	172.16.3.1

② 在经过干道技术、SVI 技术后，网络由于使用了虚拟局域网技术，从一台设备随意测试网络中的任意设备，设备都处于连通的状态。

任务四　保障办公网交换机设备安全

一、任务分析

该校由于在校生规模连年扩大，不得不改造校园网络，扩充更多信息点以满足师生员工对网络的需求。由于扩充了更多信息点，应用了更多的网络设备，校园网络的安全运行面临更多的困境，主要表现在以下几点。

① 如何有效地保护校园网中网络设备安全，保护网络设备不被外来设备攻击，是学校网络中心面临的重要难题。

② 学生宿舍网络接入校园网络后，学生使用 Internet 网的收费问题，也一直困扰学校网络中心。学生在宿舍中随意使用集线器扩展网络，给校园网络的管理带来很多的麻烦，如何对其实施有效地控制，是网络中心安全防范管理所面临的又一问题。

基于此，学院网络中心在实施了终端设备的安全措施后，决定针对网络互联设备也实施安全管理措施，以实施整体的校园网络安全。

二、相关知识

交换机的端口是连接网络终端设备的重要关口，加强交换机端口的安全是提高整个网络安全的关键。默认情况下交换机端口是完全敞开的，不提供任何安全检查措施。因此为保护网络内用户设备安全，需要对交换机端口增加安全访问功能，从而可以有效地保护整个网络的安全。

来自网络内部的大部分网络攻击行为，多采用欺骗源 IP 或源 MAC 地址的方法，对网络中的核心设备进行连续的数据包攻击，耗尽网络核心设备系统资源，如典型 ARP 攻击、MAC 攻击、DHCP 攻击等。这些针对交换机端口产生的攻击行为，可以通过启用交换机的端口安全功能特性来防范：通过在交换机某个端口上，配置限制访问 MAC 地址或者 IP 地址，可以控制该端口上的数据安全输入。

交换机的端口配置安全端口功能：设置来自于某些源地址的数据是合法数据后，打开交换机

的端口安全功能，除了源地址为这些安全地址的包外，这个端口将不转发其他任何包。为了增强网络的安全性，还可以将MAC地址和IP地址绑定起来，作为安全接入的地址，实施更为严格的访问限制，当然也可以只绑定其中的一个地址，如只绑定MAC地址而不绑定IP地址，或者相反。

交换机的端口安全功能还表现在，可以限制一个端口上能连接安全地址的最大个数。如果一个端口被配置为安全端口，并为其配置可以连接安全地址的数量，该端口就具有安全端口的功能。以后当有人通过该端口进行扩展时，如果通过该端口的安全地址连接数目达到允许的最大个数，或者该端口收到一个源地址不属于该端口上的安全地址时，交换机将产生一个安全违例通知。

交换机的端口安全违例事件发生后，可以选择多种方式来处理违例：如丢弃接收到的包，发送违例通知或关闭相应端口等。如果将交换机上某个端口上最大连接个数设置为1，并且为该端口只配置了一个安全地址时，则连接到这个端口上的工作站（其地址为配置的安全地址）将独享该端口的全部带宽。

三、任务实施

（一）保护网管交换机控制台安全

该校网络中心有多名网络管理人员，日常网络设备的管理工作由多人维护，因此带来了许多网络设备管理配置不一致的情况，给网络中心网络设备的管理带来安全隐患。

为了保证网络设备的控制台的安全，需要为网络中心的所有交换机设备配置控制台管理密码，只授权给几个工程师，以保护网络设备管理的安全。

在缺省的情况下，交换机上的所有的端口都在同一广播域中，为了管理交换机，必须首先对交换机设备进行一些基本的配置，以实施对设备的配置和控制技术。

配置管理交换机时，第一项必须完成的任务就是保证交换机设备不会在非授权的情况下被非法使用。在企业网中最简单的安全形式就是限制交换区域中对交换机的访问，通过对网管交换机配置口令来实现这一操作。

1. 配置交换机的登录密码

```
Switch(config)#enable secret level 1 0 star
                                  ! "0"表示输入的是明文形式的口令，1为分配等级
```

2. 配置交换机的特权密码

```
Switch (config)#enable secret level 15 0 Star
          ! "0"表示输入的是明文形式的口令，15为分配等级
```

其中用户级别范围为0～15，其中1为普通用户级别，15为最高授权级别；级别2～14分配给不同的命令；加密类型“0”表示加密类型是明文形式，“1”表示为密文形式；口令的最大长度为25个字符，不能包含空格、问号或其他不可显示的字符。

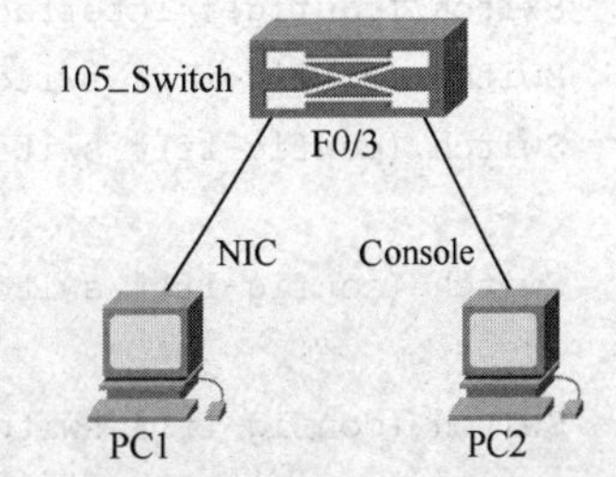

图4-28　配置交换机远程登录密码

3. 配置交换机远程登录安全

除通过Console端口与设备直接相连管理设备之外，用户还可以通过Telnet程序和交换机RJ-45口建立远程连接，以方便管理员从远程登录交换机管理设备。如图5-12所示是学院网络中心大楼中一台接入交换机设备，负责网络中心大楼中楼层

办公室电脑的接入。

为保护网络设备的安全，需要给交换机配置管理密码，以禁止远程非授权用户，使用 Telnet 方式访问交换机设备。配置交换机的远程登录密码过程如下。

```
Switch # configure terminal
Switch(config)# enable secret level 1 0 star          ! 配置远程登录密码
Switch (config)# enable secret level 15 0 star        ! 配置进入特权模式密码
                ! 其中 level 1 表示口令所适用特权级别，0 表示输入的是明文形式口令
Switch (config)# interface vlan 1                     ! 配置远程登录交换机的管理地址
Switch (config-if)# no shutdown
Switch (config-if)# ip address 192.168.1.1 255.255.255.0
Switch (config-if)# exit                              ! vlan1 表示交换机的管理地址
```

（二）配置交换机端口安全地址捆绑

该校为了防止学院内部用户 IP 地址冲突，防范学院内部的网络攻击行为，学院要求网络中心为学院中每一台电脑分配固定 IP 地址（如校长办公室的主机 IP 地址是 172.16.1.55/24，该主机 MAC 地址是 00-06-1B-DE-13-B4），并限制只允许内部员工才可以使用网络，不得随意连接其他外来主机。

利用交换机端口安全这个特性，可以通过限制允许访问交换机上某个端口的 MAC 地址以及 IP（可选），实现严格控制对该端口的数据输入。当为交换机端口（打开了端口安全功能的端口）配置了一些安全地址后，该端口就具有安全端口功能，除了源地址为这些安全地址的数据包外，这个端口将不转发其他非安全地址的任何报文。

当安全违例产生后，可以设置交换机，针对不同的的网络安全需求，采用不同的安全违例的处理模式。

- Protect　当所连接的端口通过的安全地址达到最大的安全地址个数后，安全端口将丢弃其余的未知名地址（不是该端口的安全地址中的任何一个）的数据包。
- RestrictTrap　当安全端口产生违例事件后，将发送一个 Trap 通知，等候处理。
- Shutdown　当安全端口产生违例事件后，将关闭端口同时还发送一个 Trap 通知。

可以使用接口配置模式下命令 switchport port-security mac-address mac-address 来手工配置端口所有安全地址。

当交换机发现收到的主机 MAC 地址与交换机上指定 MAC 地址不同时，交换机相应的端口将关闭。当给端口指定 MAC 地址时，端口模式必须为 access 或者 trunk 状态。

```
Switch # configure terminal
Switch (config)# interface  fa0/1
Switch (config-if)# switchport  mode  access       ! 指定端口模式为 access
Switch (config-if)# switchport  port-security  mac-address 00-90-F5-10-79-C1
                                                   ! 配置该端口安全 MAC 地址
Switch (config-if)# switchport  port-security  maximum  1
                                                   ! 限制此端口允许通过的 MAC 安全地址数为 1
Switch (config-if)# switchport  port-security  violation  shutdown
                                                   ! 非安全地址通过时，端口关闭
```

【任务场景】

图 4-29 所示的网络拓扑是该校网络中心为学院校长办公室的主机实施的安全端口控制技术，该主机的 IP 地址是 172.16.1.55/24，主机 MAC 地址是 00-06-1B-DE-13-B4，并进行限制，只允许办公室内员工可以使用该主机访问网络。

办公室的主机

MAC：00-06-1B-DE-13-B4

图 4-29　配置交换机端口的安全地址捆绑技术

【任务目的】

掌握交换机端口安全功能，控制用户安全接入。

【工作步骤】

配置交换机端口安全地址捆绑。

```
Switch#configure terminal
Switch(config)#interface range fastethernet 0/23   ! 进行 fastethernet 0/23 端口配置模式
Switch(config-if-range)#switchport port-security  ! 开启交换机的端口安全功能
Switch (config-if)#switchport  port-security  mac-address 00-06-1B-DE-13-B4
                                              ! 配置该端口安全 MAC 地址
Switch (config-if)#switchport  port-security  IP-address 172.16.1.55
                                              ! 配置该端口安全 Ip 地址
Switch (config-if)#switchport  port-security  maximum  1
                                              !限制此端口允许通过的 MAC 安全地址数为 1
Switch (config-if)#switchport  port-security  violation  shutdown
                                              ! 非安全地址通过时，端口关闭
Switch (config-if)#no shutdown
```

【验证测试】

查看交换机的端口安全配置。

```
Switch # show port-security
……
```

（三）配置交换机端口最大连接数

该校网络中心为了防止学院内部用户 IP 地址冲突，学院在学生宿舍楼接入交换机上实施安全端口保护措施，禁止学生宿舍使用 Hub 设备，扩展网络的连接数。

为保护学生宿舍楼网络接入设备的安全，需要在学生宿舍楼接入交换机的端口上配置端口安全功能，保证该交换机所有端口上连接的设备最大连接数为 1，能对所连接终端设备具有端口安全检查功能，并限制学生宿舍中随意连接，实施端口安全地址的捆绑技术。

对交换机端口安全的理解，最常见的就是根据交换机端口上连接设备的 MAC 地址，实施对网络流量的控制和管理。此外也可以使用限制具体端口上通过 MAC 地址最大连接数量的方法，这样可以限制终端用户，非法使用集线器等简单的网络互联设备来随意扩展企业内部网络的连接数量，造成网络中流量的不可控制。

如果需要在交换机上配置端口的安全地址的最大连接数，从特权模式开始，可以通过以下步骤来配置一个安全端口和违例处理方式。

```
switchport mode access    ! 设置接口为 access 模式
switchport port-security   ! 打开接口的端口安全功能
switchport port-security maximum value
                ! 设置接口上安全地址最大个数，范围是 1～128，默认值为 128
```

```
switchport port-security violation  {protect  | restrict  | shutdown}
                      ! 设置接口违例方式，当接口因为违例而被关闭后选择方式
Show port-security interface [interface-id]        ! 验证配置
No swithcport port-security                      ! 关闭一个接口端口安全功能
No switchport port-security maximum              ! 恢复交换机端口默认连接地址个数
No switchport port-security violation             ! 将违例处理置为默认模式
```

也可以让该端口自动学习地址，这些自动学习到的地址将变成该端口上的安全地址，直到达到最大个数。需要注意是，自动学习的安全地址均不会绑定 IP 地址，IP 如果在一个端口上，已经配置了绑定地址的安全地址，则将不能再通过自动学习来增加安全地址。也可以手工配置一部分安全地址，剩下的部分让交换机自己学习。

【任务场景】

图 4-30 所示的网络拓扑图是该校校园网学生宿舍楼接入交换机工作场景，为保护学生宿舍楼网络接入交换机设备的工作安全，需要在宿舍楼接入交换机的端口上，配置安全端口功能，保证该交换机所有端口，能对所连接终端设备具有端口安全检查功能。

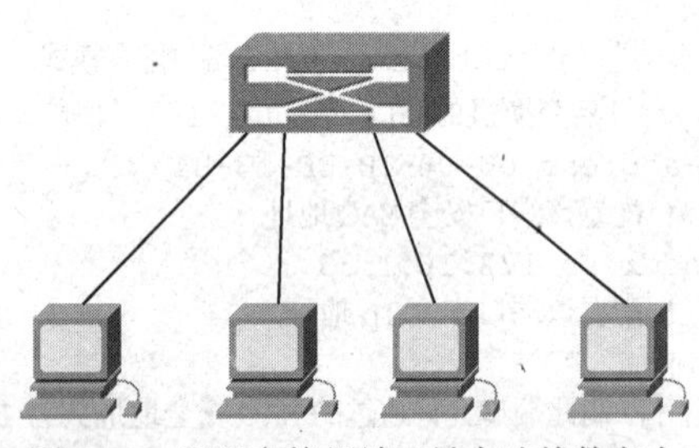

图 4-30　配置交换机端口最大连接数安全

【任务目标】

利用交换机安全端口功能，控制用户的安全接入。

步骤 1　连接网络中连接的设备

如图 4-30 所示，连接工作设备，保证配置用交换机设备配置文件处于清空状态。

步骤 2　配置接入交换机端口的安全和端口的最大连接数限制

```
Switch#configure terminal
Switch(config)#interface range fastethernet  0/1-23    ! 打开交换机的 1～23 端口
Switch(config-if-range)#switchport port-security      ! 开启 1～23 端口安全端口的功能
Switch(config-if-range)#switchport port-secruity maximum 1
                                                      ! 开启 1～23 端口安全地址个数为 1
Switch(config-if-range)#switchport port-secruity violation shutdown
                                                      ! 配置安全违例处理方式为 shutdown
```

步骤 3　验证测试：查看交换机的端口安全配置

```
Switch#show port-security         !
......
```

步骤 4　配置交换机端口的地址绑定

（1）查看主机的 IP 地址和 MAC 地址信息

在 PC1 “开始” → “运行” 对话框中，输入 cmd 命令进入命令状态，执行 ipconfig /all 命令，查看测试 PC1 的 IP 地址和 MAC 地址信息，如图 4-31 所示。

```
Ethernet adapter 本地连接:

        Connection-specific DNS Suffix  . :
        Description . . . . . . . . . . . : Realtek RTL8139/810x Family Fast Eth
ernet NIC
        Physical Address. . . . . . . . . : 00-15-F2-DC-96-AB
        Dhcp Enabled. . . . . . . . . . . : No
        IP Address. . . . . . . . . . . . : 172.16.1.23
        Subnet Mask . . . . . . . . . . . : 255.255.255.0
        IP Address. . . . . . . . . . . . : 2001:da8:204:22:bcd1:62c:7ffd:811d
        IP Address. . . . . . . . . . . . : 2001:da8:204:22:215:f2ff:fedc:96ab
        IP Address. . . . . . . . . . . . : fe80::215:f2ff:fedc:96ab%4
        Default Gateway . . . . . . . . . : 172.16.1.1
                                            fe80::2d0:f8ff:fec1:b662%4
        DNS Servers . . . . . . . . . . . : 172.16.1.248
                                            fec0:0:0:ffff::1%1
```

图 4-31　查看主机 IP 地址和 MAC 地址信息

（2）配置交换机端口的地址绑定

```
    Switch#configure terminal
    Switch(config)#interface  fastethernet 0/3
    Switch(config-if)#switchport port-security
    Switch(config-if)#switchport  port-security  mac-address  0015.F2DC.96AB  ip-address
172.16.1.23                                          ! 配置 IP 地址和 MAC 地址的绑定
    Switch(config-if)#no shutdown
    Switch(config-if)#exit

    Switch#show port-security address                 ! 查看地址安全绑定配置
    ……
```

❖ 注意：

① 交换机端口安全功能只能在 access 端口进行配置；

② 交换机最大连接数限制取值范围是 1～128，默认值是 128；

③ 交换机最大连接数限制默认的处理方式是 protect。

任务五 初识路由器

一、任务分析

在结构简单的交换网络环境中，一般很少使用路由器设备来实现不同网络的互连互通。在第一次见到路由器设备时，也很难把它和交换机设备从形态上进行区分。因为校园网中更多的是使用三层交换机来替代路由器安装在网络中。

路由器的一个作用是连通不同的网络，另一个作用是选择信息传送的线路。选择通畅快捷的近路，能大大提高通信速度，减轻网络系统通信负荷，节约网络系统资源，提高网络系统畅通率，从而让网络系统发挥出更大的效益来。

随着 Internet 的迅猛发展，为解决不同类型网络之间的互相连通，路由器成为网络中最重要的设备。

二、相关知识

（一）认识路由器设备

路由器是互连网络中必不可少的网络设备之一。路由器是一种连接多个网络或网段的网络设备，它能将不同网络或网段之间的数据信息进行“翻译”，以使它们能够相互“读”懂，从而构成一个更大的网络。路由器有两大典型功能，即数据通道功能和控制功能。数据通道功能包括转发决定、背板转发以及输出链路调度等，一般由特定的硬件来完成；控制功能一般用软件来实现，包括与相邻路由器之间信息交换、系统配置、系统管理等。

路由器是一种连接多个网络或网段的网络层的互连设备，如图 4-32 所示，并根据它

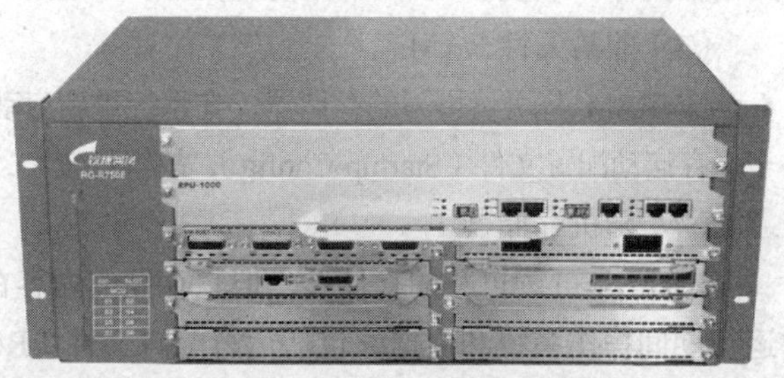

图 4-32 RG-R7508 路由器

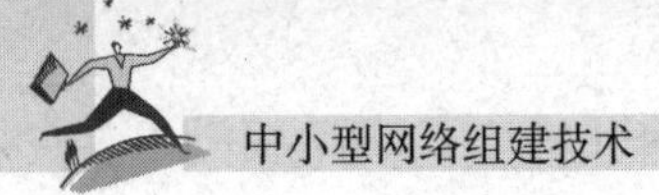

对所连接网络的状态，决定每个数据包的传输路径。

（二）路由器的基本功能

路由器的基本功能除了连接多个不同的网络或独立的子网，把数据包传送到正确的网络外，还包括以下几项功能。

① 数据报的转发、寻径和传送。

② 子网隔离，抑制广播风暴。

③ 维护路由表与其他路由器交换路由信息。

④ 数据报的差错检查和拥塞控制。

⑤ 实现对数据报的过滤、记账。

（三）路由器硬件组成

路由器实际上就是一台特殊的计算机，它和计算机一样也是由硬件和软件系统构成的综合体。路由器的硬件通常由内部的处理器、存储器和外部的各种接口组成；软件就是控制管理路由器的操作系统。

路由器的硬件组件通常细分为三大部分构成：处理器、存储器和接口，下面分别介绍。

1．路由器处理器

与计算机一样，路由器也包含了一个中央处理器，CPU 是路由器的心脏，在路由器中，CPU 的能力直接影响路由器传输数据的速度。不同型号的路由器，CPU 也不尽相同。通常在中低端路由器当中，CPU 仅仅负责交换路由信息、路由表查找以及转发数据包。在高端路由器中，通常增加了一块负责数据包转发和路由表查询的 ASIC 芯片硬件设备。CPU 只实现路由软件协议、生成、更新路由表功能。由于技术的发展，路由器中许多工作都可以由硬件实现（专用芯片），因此 CPU 性能并不完全反映路由器性能的高低。

2．路由器存储器

路由器中有多种存储器，路由器采用不同类型的内存，以不同方式协助路由器工作。它们分别是闪存（Flash）、随机存取内存（RAM）、只读内存（ROM）和非易失性 RAM（NVRAM）。

（1）只读内存

ROM 的功能与计算机中的 ROM 相似，主要用于操作系统初始化。顾名思义，ROM 是只读存储器，不能修改其中存放的代码。如要进行升级，则要替换 ROM 芯片。

（2）闪存

闪存是可读可写的存储器，在系统重新启动或关机之后仍能保存数据。Flash 中存放当前使用路由器的操作系统。如果 Flash 容量足够大，甚至可以存放多个操作系统。

（3）非易失性 RAM

NVRAM 是可读可写的存储器，在系统重新启动或关机之后仍能保存数据。由于 NVRAM 仅用于保存启动配置文件（Startup-Config），故容量较小，同时 NVRAM 的速度较快，成本也比较高。

（4）随机存储器

RAM 是可读可写的存储器，但它存储的内容在系统重启或关机后将被清除。RAM 暂时存放运行期间操作系统和数据，包括运行配置文件（Running-config）、正在执行的代码、操作系统程序和一些临时数据信息，以便让路由器能迅速访问这些信息。RAM 的存取速度优于前面所提到

的 3 种内存的存取速度。

当路由器加电启动时，处理器首先向 ROM 中读取信息来识别支持路由器运行的硬件信息，例如，内部的芯片和主板等，它们将 Flash 中的路由器的操作系统映像读入到 RAM 中，如果用户配置新的信息，此时配置信息在 RAM 中运行，为了保证在路由器电源被切断的时候，它的配置信息不会丢失，则在配置完成后将配置信息保存在 NVRAM 中。

3. 路由器接口

路由器具有非常强大的网络连接和路由功能，可以与各种不同网络进行物理连接，这就决定了路由器的接口非常复杂，越是高档的路由器接口种类就越多，所能连接的网络类型也越多。路由器的接口主要分局域网接口、广域网接口和配置接口 3 类，如图 4-33 所示。因为路由器本身不带有输入和终端设备，所以路由器上都带有一个 Console 接口，与计算机连接，通过特定的软件进行路由器的配置。

（1）局域网接口

局域网接口主要用于路由器与局域网连接。常见以太网接口主要是 RJ-45 接口。

RJ-45 接口如图 4-34 所示，在标准以太网、快速以太网和吉比特以太网中都可以采用双绞线作为传输介质，通信速率分别为 100Base-TX、1000Base-TX 2 类，接口可分为全双工和半双工两种类型，具有自动协商的特性，可以自动识别其他设备的以太网接口。

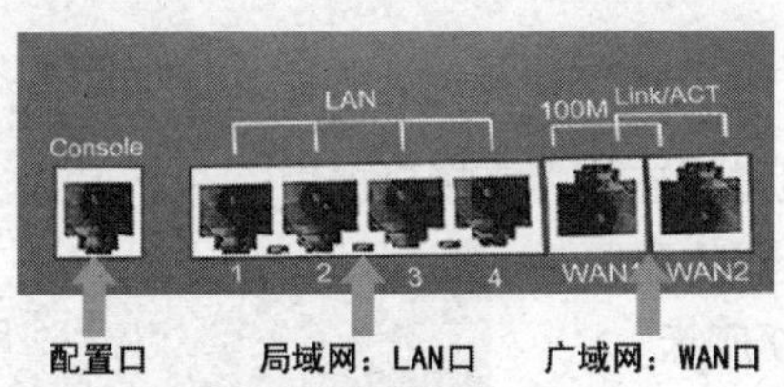

图 4-33　路由器的 3 类接口

图 4-34　路由器的 RJ-45 接口

（2）广域网接口

路由器与广域网连接的接口称之为广域网接口（WAN 接口）。路由器更重要的应用还是在于提供局域网与广域网、广域网与广域网之间的相互连接。

路由器中常见的广域网接口有以下几种。

① SC 接口。SC 接口也就是常说的光纤接口，与光纤直接连接，如图 4-35 所示。一般来说这种光纤接口通过光纤，连接到具有光纤接口的交换机，这种接口一般只有高档路由器，配置了光纤模块才有，如图 4-36 所示。

图 4-35　路由器的 SC 接口

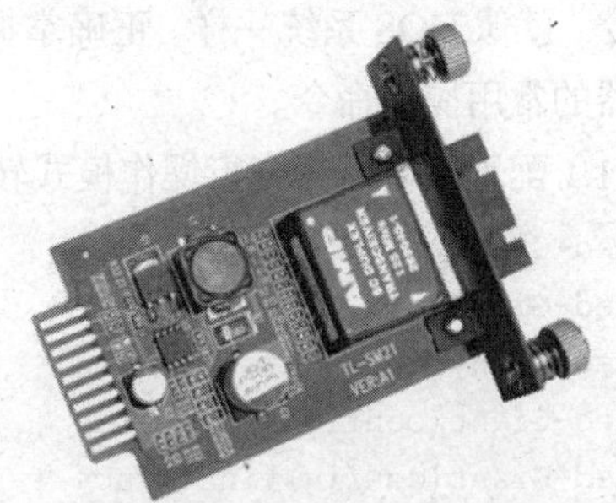

图 4-36　路由器的光纤模块

② 高速同步串口（Serial）。在广域网连接中，应用最多的接口要算高速同步串口，如图 4-37 所示，这种接口的速率最高可达 2.048Mbit/s，主要用于连接应用广泛的 DDN、帧中继（Frame Relay）、X.25 等网络连接模式。同步串口要求速率高，所连接网络的两端，要求执行同步技术标准。

③ 异步串口（ASYNC）。异步串口主要应用于 Modem 的连接，如图 4-38 所示，实现计算机通过公用电话网接入远程网络，最高速率可达到 115.2kbit/s。异步接口并不要求网络的两端保持实时同步标准，只要求能连续即可，因此通信方式简单便宜。

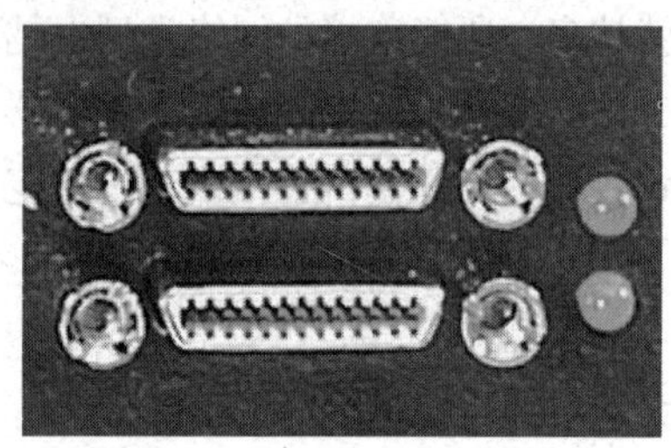

图 4-37 路由器的 Serial 接口

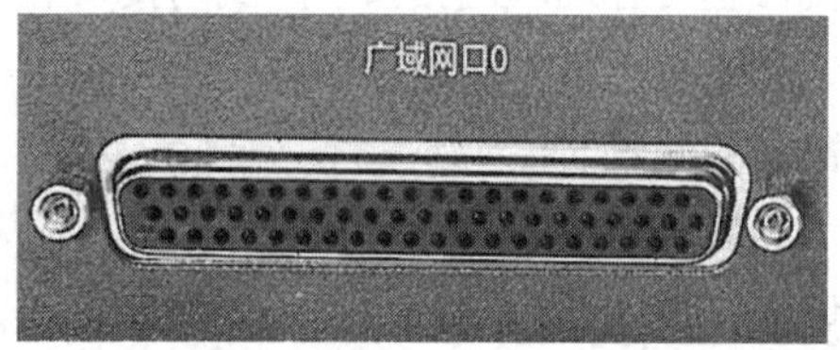

图 4-38 路由器的 ASYNC 接口

④ ISDN BRI 接口。ISDN BRI 接口用于 ISDN 线路，通过路由器实现与 Internet 远程的连接，最高可实现 128kbit/s 的通信速率。随着各种因特网宽带接入方式的兴起，ASY、BRI 这种属于窄带的接入方式，在目前已很少被用户采用。

（3）配置接口

路由器都带有一个 Console 接口，用来与计算机进行连接，该接口提供了一个 EIA/TIA-232 异步串行连接，用于在本地对路由器进行配置。路由器的配置接口一般有两种，分别是 Console 和 AUX，如图 4-39 所示。

① Console 接口。Console 接口使用配置线缆，连接计算机的串口，利用终端仿真程序，进行本地配置，首次配置必须通过控制台 Console 接口进行。

② AUX 接口。AUX 接口为异步接口，通过收发器与 Modem 进行连接，用于远程拨号连接配置，一般处于网络边界路由器会同时提供 AUX 与 Console 两个控制接口，以适用于不同的配置方式。

图 4-39 配置 Console 接口和 AUX

（四）配置、管理路由器

路由器的 IOS 是一个功能强大的操作系统，特别在一些高档路由器中，更具有相当丰富的操作命令，就像 DOS 系统一样。正确掌握这些命令对配置路由器来说是最为关键的一步，下面介绍路由器的常用操作命令。

（1）配置路由器命令行操作模式转换

```
Red-Giant>enable                                    ! 进入特权模式
Red-Giant#
Red-Giant#configure terminal                        ! 进入全局配置模式
Red-Giant(config)#
Red-Giant(config)#interface fastethernet 1/0        ! 进入路由器 F1/0 接口模式
Red-Giant(config-if) #
Red-Giant(config-if)#exit                           ! 退回到上一级操作模式
```

```
Red-Giant(config)#
Red-Giant(config-if)#end                                  ! 直接退回到特权模式
Red-Giant#
```

（2）配置路由器设备名称

```
Red-Giant> enable
Red-Giant# configure terminal
Red-Giant(config)#hostname RouterA                        ! 把设备的名称修改为Router A
RouterA(config)#
```

（3）显示命令

显示命令就是用于显示某些特定需要的命令，以方便用户查看某些特定设置信息。

```
Router # show version                          ! 查看版本及引导信息
Router # show running-config                   ! 查看运行配置
Router # show startup-config                   ! 查看保存在的配置文件
Router # show interface type number            ! 查看接口信息
Router # show ip route                         ! 查看路由信息
Red-Giant#write memory                         ! 保存当前配置到内存
Red-Giant#copy running-config startup-config
                     ! 保存配置，将当前配置文件拷贝到初始配置文件中
```

❖ 备注：配置文件包含了一组命令的集合。用户通过配置文件来定制路由器，使之满足业务需求。配置文件在文件格式上是一个文本文件，系统启用后，配置文件中的命令解释执行。有两种类型的配置文件：一为当前正在使用的配置文件，也叫 running-config；还有是初始配置文件，也叫 startup-config。其中 running-config 保存于 RAM 中，如果没有保存，路由器关机后便丢失了，而 startup-config 保存于 NVRAM 中，断电文件内容也不会丢失。在系统运行期间，可以随时利用系统提供的命令行接口，进入配置模式，对 running-config 进行修改。running-config、startup-config 两套配置文件之间，可以相互拷贝。

（4）路由器 A 端口参数的配置

```
Red-Giant>enable
Red-Giant # configure terminal
Red-Giant(config)#hostname Ra
Ra(config)#interface serial 1/2                ! 进行 s1/2 的端口模式
Ra(config-if)#ip address 1.1.1.1 255.255.255.0 ! 配置端口的 IP 地址
Ra(config-if)#clock rate 64000                 ! 在 DCE 接口上配置时钟频率 64000
Ra(config-if)#bandwidth 512                    ! 配置端口的带宽速率为 512KB
Ra(config-if)#no shutdown                      ! 开启该端口，使端口转发数据
```

（5）配置路由器密码命令

```
Router >enable
Router #
Router # configure terminal
Router (config) # enable password  ruijie      ! 设置特权密码
Router (config) #exit
Router # write                                 ! 保存当前配置
```

（6）配置路由器每日提示信息

```
Router(config)#banner motd  &                  ! 配置每日提示信息，& 为终止符


2006-04-14 17:26:54  @5-CONFIG:Configured from outband
Enter TEXT message.  End with the character '&'.
```

```
Welcome to RouterA,if you are admin,you can config it.
If you are not admin,please EXIT                         ! 输出描述信息
&                                                        ! 输入&符号终止输入
```

三、任务实施

【任务场景】

该院为满足学校发展建设需求，除原来的老校区外，又合并了附近地区的一所中专学校。

由于学校老校园和新并入的校园都建有独立的网络，使用不同的子网段规划地址，造成了两个校区不能互相连通。希望通过路由设备，实现两个校园网络连通。

【施工拓扑】

施工的网络拓扑图如图 4-40 所示。

【施工设备】

多任务模块化路由器（1 台）、测试 PC（若干台）。

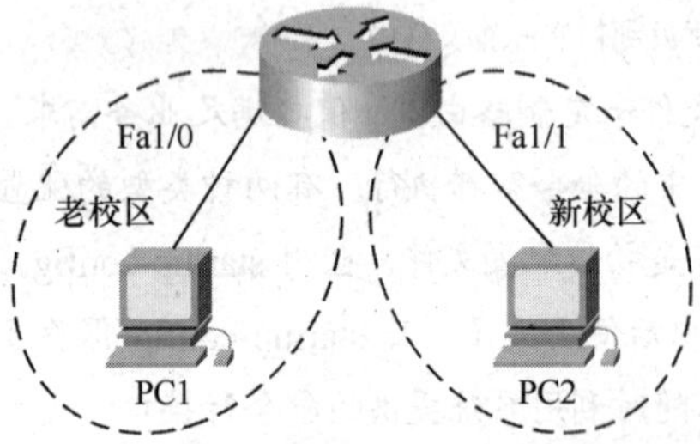

Fa1/0
Fa1/1
老校区
新校区
PC1
PC2

图 4-40 新接入校园网络拓扑

【操作步骤】

步骤 1 安装网络工作环境

① 在工作现场按图 4-40 所示网络拓扑图安装连接设备，注意不要带电连接设备。

② 注意连接接口标识，安装拓扑结构连接，否则可能出现不一样的结果。

③ 保证网络设备配置文件处于清空状态，否则原有配置会影响本次任务实施。

步骤 2 测试网络连通

① 为网络中所有测试 PC 配置 IP 地址，在交换网络中所有设备地址配置见表 4-5。

表 4-5 测试 PC 设备 IP 地址清单

设 备 名 称	PC1	PC2
IP 地址	172.16.1.3	172.16.2.4
子网掩码	255.255.255.0	255.255.255.0
网关	172.16.1.1	172.16.2.1

② 从一台设备随意测试网络中的任意设备，网络都不能显示网络的连通信息。

步骤 3 配置路由器

```
Red-Giant>enable
Red-Giant # configure terminal
Red-Giant(config)#hostname Router                    !把路由器设备修改名称

Ra(config)#interface fa1/0                           ! 进行 fa1/0 的端口模式
Ra(config-if)#ip address 172.16.1.1 255.255.255.0    ! 配置端口 IP 地址
Ra(config-if)#no shutdown                            ! 开启该端口，使端口转发数据

Ra(config)#interface fa1/1                           ! 进行 fa1/1 的端口模式
```

```
Ra(config-if)#ip address 172.16.2.1 255.255.255.0  ! 配置端口 IP 地址
Ra(config-if)#no shutdown                          ! 开启该端口，使端口转发数据
```

步骤 4　测试网络连通

重新测试网络，由于配置了路由器的接口地址，网络设备生成了直接连接的路由信息实现了网络的连通。

任务六　保障区域网络安全：ACL 技术

一、任务分析

扩建后的校园网实现了分散于各校区的网络之间互联互通，满足了各校区师生对校园网络信息化的需求，实现了对校园网络资源的共享。

校园网络扩建工程完成后，由于只在接入交换机上实施了端口安全控制技术，没有实施部门网之间安全策略和分校区网络之间安全策略，网络建成不久就面临一堆问题：有老师反映办公网访问流量过大，每天上午都造成网络堵塞；有老师报告说有学生登录到教师网查看试卷；又有报告说有学生向 FTP 服务器上传垃圾文件……网络管理员整天被这些安全事件搞得焦头烂额。

为了保证校园网的整体安全，保障校园网为广大师生员工提供有效服务，在专业技术人员指导下，网络中心重新进行安全规划，首先实施了一系列访问控制列表安全技术措施，以维护校园网的安全，其中包括禁止学生宿舍网访问行政办公网，但允许学生访问教师网，共享网络资源；同时为方便教师办公，在教师网中安装一台 FTP 服务器，提供教师之间共享服务，这台 FTP 服务器禁止学生访问……

二、相关知识

访问控制列表技术是一种重要的软件防火墙技术，配置在网络互联设备上，为网络提供安全保护功能。访问控制列表中包含了一组安全控制和检查的命令列表，一般应用在交换机或者路由器接口上，这些指令列表告诉路由器哪些数据包可以通过，哪些数据包需要拒绝。至于什么样特征的数据包被接收还是被拒绝，可以由数据包中携带的源地址、目的地址、端口号、协议等包的特征信息来决定。

访问控制列表技术通过对网络中所有的输入和输出访问数据流进行控制，过滤掉网络中非法的未授权的数据服务，限制通过网络中的信息流，对通信信息起到控制的手段，提高网络安全性能。

（一）什么是访问控制列表

访问控制列表 ACL 是 Access Control List 的简写，简单的说就是数据包过滤。网络管理人员通过对网络互联设备的配置管理，来实施对网络中通过的数据包的过滤，从而实现对网络资源进行输入和输出的访问控制。配置在网络互联设备中的访问控制列表实际上是一张规则检查表，这些表中包含很多简单的指令规则，告诉交换机或者路由器设备，哪些数据包可以接收，哪些数据包需要拒绝，如图 4-41 所示。

交换机或者路由器设备按照 ACL 中的指令顺序执行这些规则，处理每一个进入端口的数据包，

实现对进入或者流出设备的数据流的过滤。通过在网络互联设备中灵活地增加访问控制列表，来作为一种网络控制的有力工具，过滤流入和流出数据包，确保网络的安全，因此ACL也称为软件防火墙。

（二）访问控制列表的种类

根据访问控制标准的不同，ACL 分为多种类型，实现不同的网络安全访问控制权限。常见ACL有两类：标准访问控制列表（Standard IP ACL）和扩展访问控制列表（Extended IP ACL）。在规则中使用不同的编号区别，其中标准访问控制列表的编号取值范围为 1～99；扩展访问控制列表的编号取值范围为 100～199。两种 ACL 的区别是：标准 ACL 只匹配、检查数据包中携带的源地址信息；扩展 ACL 不仅仅匹配检查数据包中源地址信息，还检查数据包的目的地址，以及检查数据包的特定协议类型、端口号等。扩展访问控制列表规则大大扩展了数据流的检查细节，为网络的访问提供了更多的访问控制功能。

如果要阻止来自某一网络的所有通信流，或者允许来自某一特定网络的所有通信流，可以使用标准访问控制列表来实现。标准访问控制列表检查路由中数据包的源地址，允许或拒绝基于网络、子网或主机 IP 地址通信流，通过网络设备出口。

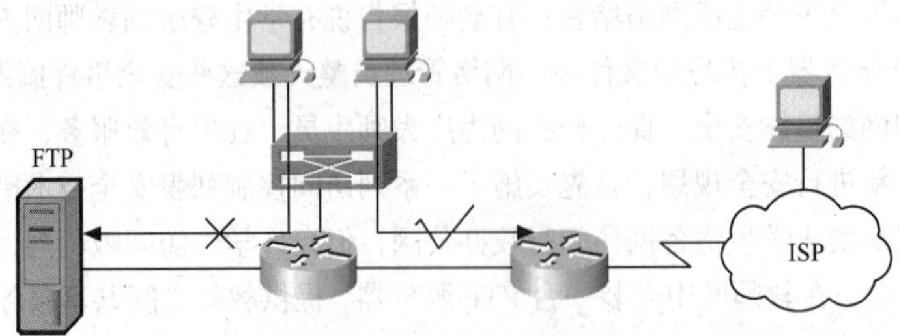

图 4-41　访问控制列表技术检查数据包通过

三、任务实施

（一）配置路由器标准访问控制列表

该校为了防止学院内部网络之间的干扰，实现不同网络中用户之间安全防范促施，学院需要使用相关技术，实现学院中学生网和行政办公网之间的安全隔离，以实现 2 个互相连通的不同子网络之间的数据安全保护。

对于许多网络中心的网络管理人员来说，配置路由器的访问控制列表，是一件经常性的工作。可以说路由器的访问控制列表是网络安全保障的第一道关卡。访问控制列表提供了一种机制：它可以控制和过滤通过路由器的不同接口去往不同方向的信息流。这种机制允许用户使用访问表来管理信息流，以制定校园内部网络的相关策略。

标准 ACL 占用路由器资源很少，是一种最基本、最简单的访问控制列表格式。应用比较广泛，经常在要求控制级别较低的情况下使用。标准 ACL 通过使用 IP 包中的源 IP 地址进行过滤，使用访问控制列表号 1～99 来创建相应的 ACL。

在路由器中编制标准 IP 访问控制类列表的基本格式为：

```
access-list  [list number] [permit|deny]  [sourceaddress] [wildcard-mask]
-------------------------------------------------------------------------------------
```

下面对标准 IP 访问控制列表基本格式中的各项参数进行解释。

① list number——表号范围，标准 IP 访问表的表号标识是从 1～99。

② permit/deny——允许或拒绝。

关键字 permit 和 deny 用来表示满足访问表项的报文是允许通过接口，还是要过滤掉。permit 表示允许报文通过接口，而 deny 表示匹配标准 IP 访问表的源地址报文要被丢弃掉。

③ source address——源地址，对于标准 IP 访问列表，检查数据包中源地址。

④ wildcardmask——通配符屏蔽码。

访问控制列表所支持通配符屏蔽码与子网屏蔽码方式刚好相反，也就是说，二进制的 0 表示一个“匹配”条件，二进制 1 表示一个“不关心”条件。假设一个 C 类网络 198.78.46.0，匹配源网络地址 198.78.46.0 中所有报文通配符屏蔽码为：0.0.0.255。

此外也可以使用 host / any 来进行主机匹配，host 和 any 分别用于指定单个主机和所有主机。host 表示一种精确的匹配，其屏蔽码为 0.0.0.0。例如希望允许从 198.78.46.8 来报文，则使用标准访问控制列表语句如下：

```
Router(config)# access-list 1 permit 198.78.46.8  0.0.0.0
```

如果采用关键字 host，则也可以用下面语句来代替：

```
Router(config)# access-list 1 permit  host  198.78.46.8
```

也就是说，host 是 0.0.0.0 通配符屏蔽码的简写。

与此相对照，any 是源地址/目标地址 0.0.0.0/255.255.255.255 简写。假定要拒绝从源地址 198.78.46.8 来的报文，并且要允许从其他源地址来的报文，标准的 IP 访问控制列表可以使用下面的语句达到这个目的。

```
Router(config)# access-list 1 deny host 198.78.46.8
Router(config)# access-list 1 permit any
```

需要提醒注意的是，这两条语句的顺序。访问控制列表语句的处理顺序是由上到下。如果将两个语句顺序颠倒，将 permit 语句放在 deny 语句的前面，则将不能过滤来自主机地址 198.78.46.8 报文。因为 permit 语句将允许所有报文通过。所以说访问控制列表中的语句顺序是很重要的。不合理的语句顺序将会在网络中产生安全漏洞，或者使得用户不能很好地利用校网络中心的网络策略。

此外在定义访问控制列表时，要特别注意语句输入的先后顺序，因为路由器在执行该列表时的顺序是自上而下的，另外路由器不对由自身产生的 IP 进行过滤。

最后需要把定义好的访问控制列表应用在对应的设备接口上，流经该接口上的数据在通过时，列表中的指令告诉路由器哪些数据包可以接收、哪些数据包需要拒绝。在一个接口上配置访问表需要 3 个步骤：

① 定义访问控制列表；

② 指定访问控制列表所应用的接口；

③ 定义访问控制列表作用于接口上的方向。

在接口上引用访问控制列表时，使用 in 或 out 子命令。这里的 in 和 out 是指以路由器本身为参考点，数据包是进入（in）还是离开（out）路由器。

```
Router(config)# interface  S1/0                    ！打开指定的接口
Router (config-if)# ip access-group 1 in
    ！使用 ip access-group 命令应用标识 1 访问控制列表，而关键字 in 指明所控制的方向
Router (config-if)# no shutdown
Router (config-if)# exit
```

如果希望查看网络设备系统配置中配置好的访问控制列表，可以使用 show ip access-lists 命令，列出所定义的访问控制列表配置情况；而 show ip interface s1/0 命令列出是关于 S1/0 接口上访问控制列表引用情况的信息。

【任务场景】

如图 4-42 所示的网络拓扑是该校学生网和行政办公网网络的工作场景，要实现学生网（172.16.3.0）和行政办公网（172.16.1.0）的隔离，禁止来自学生网中的主机访问学院的行政办公网络，可以在其中 R1 路由器上做标准 ACL 技术控制，以实现网络之间的隔离。

实际校园网的工作场景是在核心交换机上实施标准 ACL 技术，本项目的解决方法是为了体现网络数据流的控制技术，选择路由器作为问题的解决方案，更容易理解和实现。

【任务目标】

在校园网路由器上配置标准 ACL，保护网络部分区域安全。

【施工设备】

路由器（2 台）、网络连线（若干根）、测试 PC（2 台）、配置 PC（1 台）。

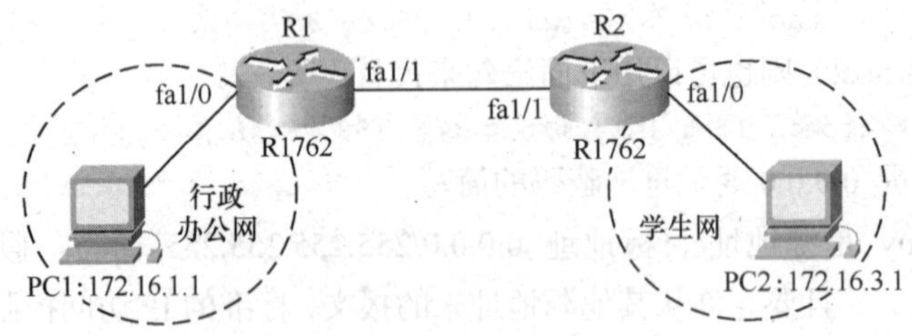

图 4-42　标准 ACL 控制网络工作场景

【地址规划】

该校学生网和行政办公网网络地址的规划过程如表 4-6 所示。

表 4-6　　校园网地址规划

设 备 名 称	设备及端口的配置地址		备　注
R1	Fa1/0	172.16.1.2 / 24	局域网端口，连接 PC1
	Fa1/1	172.16.2.1 / 24	局域网端口，连接路由器 R2 的 Fa1/1
R2	Fa1/1	172.16.2.2 / 24	局域网端口，连接路由器 R1 的 Fa1/1
	Fa1/0	172.16.3.2 / 24	局域网端口，连接 PC2
PC1	172.16.1.1 / 24		网关：172.16.1.2
PC2	172.16.3.1 / 24		网关：172.16.3.2

步骤 1　连接设备

使用准备好的网线，按照图 4-42 所示网络拓扑连接好设备。路由器和主机直连时，需要使用交叉线；路由器和路由器之间使用交叉线连接；R1762 路由器的网络接口支持 MDI/MDIX，使用直连线也可以连通。

步骤 2　配置行政办公网络路由器 R1

使用配置 PC 通过 Console 端口连接路由器 R1，进入路由器 R1 的配置模式状态，如图 4-43 所示，配置 R1 路由器信息：端口 IP 地址，动态 RIP 路由，实现网络连通。

步骤 3　配置学生网络的路由器 R2

使用配置 PC 通过 Console 端口连接路由器 R2，进入路由器 R2 的配置模式，如图 4-44 所示，配置路由器 R2 信息：端口 IP 地址，动态 RIP 路由，实现网络连通。

```
R1762-1 - 超级终端
文件(F) 编辑(E) 查看(V) 呼叫(C) 传送(T) 帮助(H)

R1762#
R1762#configure terminal
Enter configuration commands, one per line.  End with
R1762(config)#interface fa1/0
R1762(config-if)#ip address 172.16.1.2 255.255.255.0
R1762(config-if)#no shutdown
R1762(config-if)#interface fa1/1
R1762(config-if)#ip address 172.16.2.1 255.255.255.0
R1762(config-if)#no shutdown
R1762(config-if)#exit
R1762(config)#router rip
R1762(config-router)#network 172.16.1.0
R1762(config-router)#network 172.16.2.0
R1762(config-router)#exit
R1762(config)#
已连接 0:01:56 自动检测 9600 8-N-1
```

图 4-43　配置路由器 R1 信息

```
R1762-2 - 超级终端
文件(F) 编辑(E) 查看(V) 呼叫(C) 传送(T) 帮助(H)

R1762-2(config)#interface fa1/1
R1762-2(config-if)#ip address 172.16.2.2 255.255.255.0
R1762-2(config-if)#no shutdown
R1762-2(config-if)#interface fa1/0
R1762-2(config-if)#ip address 172.16.3.2 255.255.255.0
R1762-2(config-if)#no shutdown
R1762-2(config-if)#exit
R1762-2(config)#router rip
R1762-2(config-router)#network 172.16.2.0
R1762-2(config-router)#network 172.16.3.0
R1762-2(config-router)#exit
R1762-2(config)#
已连接 0:01:56 自动检测 9600 8-N-1
```

图 4-44　配置路由器 R2 信息

❖ 提示：配置访问控制列表时，要两台路由设备之间连通，本任务使用动态 RIP 路由来实现，提前用到了项目 5 中介绍的静态路由和动态路由协议。读者可先使用简单的静态路由协议来完成本任务。

步骤 4　测试从学生网到行政办公网的连通性

① 使用测试计算机 PC1 和 PC2，分别代表行政办公网（172.16.1.0）和学生网（172.16.3.0）中的两台设备，分别为它们配置相应网段的地址信息：配置 PC1 的地址为 172.16.1.1/24，网关为 172.16.1.2；配置 PC2 的地址为 172.16.3.1/24，网关为 172.16.3.2。

② 使用 Ping 命令测试从学生网到行政办公网的连通性，如图 4-45 所示，网络连通正常。

步骤 5　禁止学生网访问行政办公网

如果禁止来源于一个网络的数据流，按照 ACL 配置分类规则，应该选择标准的 ACL 技术解决方案。按照标准的 ACL 应用规则，尽量把数据流限制在离目标网络近的地点，以尽可能扩大源网络访问的范围，因此选择接近目标网络的路由器 R1 启用安全策略。

① 在路由器 R1 配置标准 ACL 控制规则，如图 4-46 所示。

② 在路由器 R1 的 Fa1/0 端口上使用编制好的 ACL 控制规则。

```
C:\WINDOWS\system32\cmd.exe
Microsoft Windows XP [版本 5.1.2600]
(C) 版权所有 1985-2001 Microsoft Corp.

C:\Documents and Settings\new>ping 172.16.1.1

Pinging 172.16.1.1 with 32 bytes of data:

Reply from 172.16.1.1: bytes=32 time<1ms TTL=126
Reply from 172.16.1.1: bytes=32 time<1ms TTL=126
Reply from 172.16.1.1: bytes=32 time<1ms TTL=126
Reply from 172.16.1.1: bytes=32 time<1ms TTL=126

Ping statistics for 172.16.1.1:
    Packets: Sent = 4, Received = 4, Lost = 0 (0% loss)
Approximate round trip times in milli-seconds:
    Minimum = 0ms, Maximum = 0ms, Average = 0ms

C:\Documents and Settings\new>
```

图 4-45　测试网络连通性

```
r1762-1 - 超级终端
文件(F) 编辑(E) 查看(V) 呼叫(C) 传送(T) 帮助(H)

R1762(config)#access-list 10 deny 172.16.3.0 0.0.0.255
R1762(config)#access-list 10 permit any
R1762(config)#
R1762(config)#interface fa1/0
R1762(config-if)#ip access-group 10 out
R1762(config-if)#exit
R1762(config)#_
已连接 0:01:56 自动检测 9600 8-N-1
```

图 4-46　路由器 R1 上配置标准 ACL

③ 使用 Ping 命令测试连通性，如图 4-47 所示。

使用标准 ACL 技术，ACL 控制通过路由器 R1 上的数据流，禁止学生网访问行政办公网。

```
C:\WINDOWS\system32\cmd.exe
Microsoft Windows XP [版本 5.1.2600]
(C) 版权所有 1985-2001 Microsoft Corp.

C:\Documents and Settings\new>ping 172.16.1.1

Pinging 172.16.1.1 with 32 bytes of data:

Request timed out.
Request timed out.
Request timed out.
Request timed out.

Ping statistics for 172.16.1.1:
    Packets: Sent = 4, Received = 0, Lost = 4 (100% loss),

C:\Documents and Settings\new>_
```

图 4-47　ACL 禁止学生网访问行政办公网

（二）配置路由器扩展访问控制列表

该校为了实现教师办公资源共享，在学院的教师办公网络中，搭建了 FTP 服务器设备，只允许教师访问和上传资料。

学院要求实现教师网（172.16.1.0）和学生网（172.16.3.0）之间的互相连通，但不允许学生网访问教师网中的 FTP 服务器，可以在路由器 R2 上做扩展 ACL 技术控制，以实现网络之间的隔离。

扩展的访问控制列表是比标准的访问控制列表具有更精细和复杂控制功能的数据包检查技术，扩展的访问控制列表对通过网络传输的数据类型进行更精细的信息流控制，允许过滤包括源地址、目的地址、协议、源端口、目的端口以及在特定报文中允许进行特殊位比较等等，如图 4-48 所示。

通过扩展访问控制列表技术控制校园网络中不同子网络的访问需求：允许领导网段设备访问网络中心的全部服务器服务，而禁止学生网段访问网络中心的邮件服务器。扩展 IP 访问控制列表使用标识从 100～199 的数值，以便和标准的 IP 访问控制列表区别开。

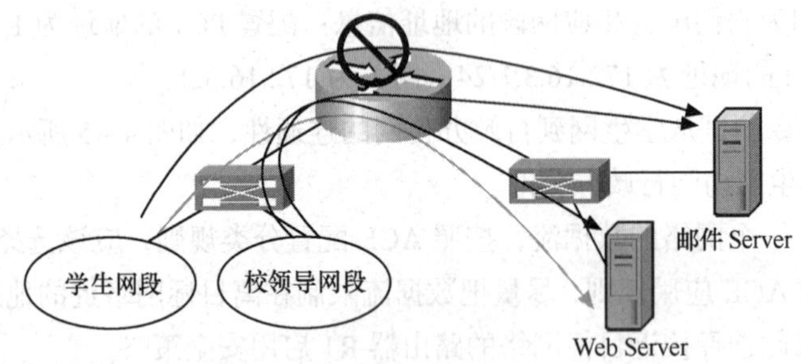

图 4-48　扩展 IP 访问控制列表控制不同子网络访问需求

在路由器中编制扩展 IP 访问控制类表的基本格式为

```
access-list [list number] [permit | deny] [protocoll [source address] [source-swidcard mask] [source port] [destination address] [destination-wildceard mask] [destination port]
-----------------------------------------------------------------------------------------------
```

下面对扩展 IP 访问控制列表基本格式中的各项参数进行解释：

（1）list number——表号范围，扩展 IP 访问控制列表的表号标识从 100～199。

（2）permit | deny——允许或拒绝，功能同标准的访问控制列表。

（3）protocol——协议，协议项定义了需要被过滤的协议，例如 IP、TCP、UDP 等。

（4）source address——源或目标地址，检查功能同标准的访问控制列表。

（5）source-swidcard mask——通配符屏蔽码，检查功能同标准的访问控制列表。

（6）源端口号和目的端口号——检查的网络服务。

需要提醒注意的是，扩展 IP 访问控制列表编制中，源端口号和目的端口号主要用来控制在网络中传输的某种服务类型。可以用几种不同的方法来指定。一是显式地指定，使用一个默认的数字，例如可以使用 80 指定 Web 的超文本传输协议。二是可以使用一个可识别的助记符来指定一个端口范围。对于 TCP 和 UDP，可以使用操作符 "equal"或者"=" (等于)或其他类似关系符号来进行设置。

下面的实例说明了扩展 IP 访问表中部分关键字使用方法：

```
Router(config)#access-list 101 permit tcp any host 198.78.46.8 eq smtp
Router(config)#access-list 101 permit tcp any host 198.78.46.3 eq www
```

第一个语句允许来自任何主机的 TCP 报文到达特定主机 198.78.46.8 的 smtp 服务端口(25)。第二个语句允许任何来自任何主机的 TCP 报文到达指定的主机 198.78.46.3 的 www 或 http 服务端口(80)。

【任务场景】

如图 4-49 所示的网络拓扑是该校学生网和行政办公网网络的工作场景，要实现教师网（172.16.1.0）和学生网（172.16.3.0）之间的互相连通，但不允许学生网访问教师网中的 FTP 服务器，可以在路由器 R2 上做扩展 ACL 技术控制，以实现网络之间的隔离。实际校园网的工作场景是在核心交换机上实施扩展的 ACL 技术，本项目的解决方法是为了体现网络数据流的控制技术，选择路由器作为问题的解决方案，更容易理解和实现。

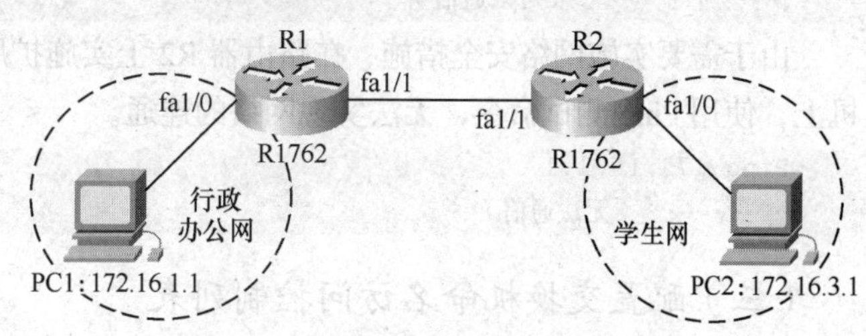

图 4-49　扩展 ACL 控制网络工作场景

【任务目标】

在校园网的路由器上配置扩展 ACL，保护教师网络中 FTP 服务器的安全；

【施工设备】

路由器（2 台）、网络连线（若干根）、测试 PC（2 台）、配置 PC（1 台）。

【地址规划】

该校学生网和行政办公网网络地址的规划过程如表 4-7 所示。

表 4–7　校园网地址规划

设备名称	设备及端口的配置地址		备注
R1	Fa1/0	172.16.1.2 / 24	局域网端口，连接 PC1
	Fa1/1	172.16.2.1 / 24	局域网端口，连接路由器 R2 的 Fa1/1
R2	Fa1/1	172.16.2.2 / 24	局域网端口，连接路由器 R1 的 Fa1/1
	Fa1/0	172.16.3.2 / 24	局域网端口，连接 PC2
PC1	172.16.1.1 / 24		网关：172.16.1.2
PC2	172.16.3.1 / 24		网关：172.16.3.2

步骤 1　按照项目实施（一）连接设备、配置教师网的路由器 R1、配置学生网的路由器 R2 、测试从学生网到教师网的连通性

步骤 2　禁止学生网访问教师网中的 FTP 服务器

因为是可以访问目标网络，但禁止访问目标网络的某一项服务的数据流，按照 ACL 配置分类规则，应该选择使用扩展 ACL 控制技术。

按照扩展 ACL 应用规则，应该尽量把数据流限制在离源网络近的地点，以尽可能减少从源网络流出的无效数据流占用网络带宽，因此选择接近源头网络的路由器 R2 上启用安全策略。

① 在路由器 R2 上配置扩展 ACL 控制规则，如图 4-50 所示。

② 在路由器 R2 的 Fa1/0 端口上使用编制好的 ACL 控制规则。

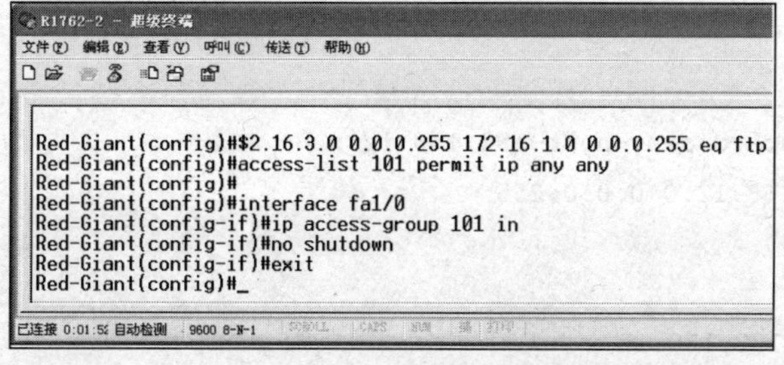

图 4-50　路由器 R2 上配置扩展 ACL

【网络测试】

没有在路由器 R2 上实施扩展 ACL 列

表技术前，从学生网络的测试主机上，使用 Ping 测试命令，可以实现网络的连通。

```
Ping 172.16.1.1
!!!!!…… （可以通信）
```

由于需要实施网络安全措施，在路由器 R2 上实施扩展 ACL 列表技术，从学生网络的测试主机上，使用 Ping 测试命令，无法实现网络的连通。

```
Ping 172.16.1.1
…… …… （无法通信）
```

（三）配置交换机命名访问控制列表

该校为了实现学院内部网络中，不同网络中用户之间安全防范措施，学院需要实现学生网和行政办公网的隔离，需要在三层交换机上做标准命名 ACL 技术控制，以实现网络之间的隔离。

以编号来区分 ACL 称为编号访问控制列表，编号 ACL 在应用时，如果需要取消一条 ACL 规则，在指定接口上使用 no access-list number 命令即可完成。但如果需要修改其中的某一条指令时，无法进行，需要取消全部重新编制才能达到目的。在应用的过程中很不方便。此外针对同一个协议，在同一接口上超过 100 条 ACL 规则时，编号 ACL 将出现超过限度溢出的情况。

命名 ACL 很好地解决这一问题，命名 ACL 不使用编号而使用字符串来定义规则。在网络管理过程中，随时根据网络变化修改某一条规则，调整用户访问权限。命名 ACL 也包括标准和扩展两种类型，语句指令格式与编号 ACL 相似。

- 通过字符串组成的名字直观地表示特定 ACL。
- 不受编号 ACL 中 100 条限制。
- 可以方便的对 ACL 进行修改，无需删除重新配置。

三层交换机作为企业内部网络通信的控制中心，在企业网中发挥着重要的作用，在实际的网络安装中发挥着更重大的作用。在三层交换机上配置 ACL，实质上起到防火墙的作用，特别在针对于来自于企业内部网络的攻击，防范内网的安全上，有着与接入 Internet 接口处专用防火墙所无法比拟的功能，可大大提升企业网的安全性能。

在三层交换机上配置命名 ACL 也是在设备的全局模式下配置，通过指定一个或多个允许或拒绝条件，决定数据包通行的方式。命名 ACL 的语法格式如下。

（1）创建标准命名 ACL

```
ip access-list standard { name}    ! 用字符串定义一条 ACL
deny  { source  source-wildcard  / host  source  source-wildcard / any}  或
permit  {source  source-wildcard / host  source source-wildcard / any }
show access-lists [name]        ! 显示配置 ACL，不指定 name 参数显示全部
```

下例显示在三层交换机上，创建一条命名 ACL 名字叫 deny-host-192.168.12.x；拒绝来自 192.168.12.0 网段中所有主机数据流通过：

```
Switch # configure terminal
Switch (config) # ip access-list standard deny-host-192.168.12.x
Switch (config-std-nacl) # deny 192.168.12.0 0.0.0.255
Switch (config-std-nacl) # permit any
Switch (config-std-nacl) # end
Switch # show access-list deny-host-192.168.12.x
……
```

（2）创建扩展命名 ACL

```
ip access-list extended { name}   ! 用字符串来定义一条扩展 ACL
{ deny / permit } protocol { source source-wildcard source| any}[operator port]
                                  ! 配置 permit 或 deny 条件，决定匹配条件的报文的转发方式
{destination destination-wildcard | host destination | any } [ operator port ]
                                  ! 定义 TCP 或 UDP 端口服务内容，决定控制网络方式
                                  ! protocol 表现为：tcp 数据流 ；udp 数据流；ip 数据流
```

下例显示在三层交换机上，创建一条扩展命名 ACL，名称为 allow_0xc0a800_to_172.168.12.3，允许内部子网络 192.168.x..x/24 中的所有主机以 HTTP 访问服务器 172.168.12.3，但拒绝其他所有主机使用网络。

```
Switch # configure terminal
Switch (config) # ip access-list extended allow_0xc0a800_to_172.168.12.3
Switch (config-std-nacl) # permit tcp 192.168.0.0 0.0.255.255 host 172.168.12.3 eq www
Switch (config-std-nacl) #end
Switch # show access-lists
......
```

（3）将命名 ACL 应用到指定接口

```
interface interface-id      ! 进入接口配置模式
ip access-group {name} {in|out}     ! 将指定的 ACL 应用于接口上
```

下例显示如何将配置好的名称为 allow_0xc0a800_to_172.168.12.3 扩展命名 ACL，应用于交换机的 VLAN2 上，控制 VLAN2 内部信息流的访问权限。

```
Switch # configure terminal
Switch (config) # interface vlan 2
Switch (config-if) # ip access-group deny-unknow-device in
```

【任务场景】

图 4-51 所示的网络拓扑图是该校学生网和行政办公网网络工作场景，要禁止学生网（172.16.3.0）访问行政办公网（172.16.1.0）中的设备，需要在三层交换机上做标准命名 ACL 技术控制，以实现网络之间的隔离。

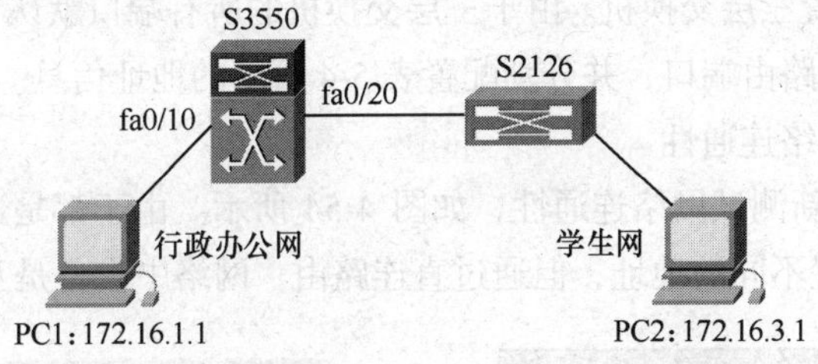

图 4-51　三层交换机连接的部门网络工作场景

【任务目标】

在校园网的三层交换机上配置标准命名 ACL，保护行政办公网的安全。

【施工设备】

交换机（2 台）、网络连线（若干根）、测试 PC（2 台）、配置 PC（1 台）。

【地址规划】

学院学生网和行政办公网中设备网络地址的规划过程如表 4-8 所示。

表 4-8　　不同部门网络设备地址规划过程表

设备名称	设备及端口配置地址	网络掩码	网关
S3550	无	无	无
S2126	无	无	无
PC1	172.16.1.1	255.255.255.0	无
PC2	172.16.1.2	255.255.255.0	无

步骤 1　连接部门网络设备

① 使用网线，按图 4-51 所示的网络拓扑，连接部门网络的设备。注意设备之间的端口连接标准如图 4-51 所示的网络拓扑，否则可能会出现和本教材不一样显示结果。

② 为连接在网络上计算机配置 IP 地址，地址信息如表 4-52 所示。

步骤 2　测试网络连通性

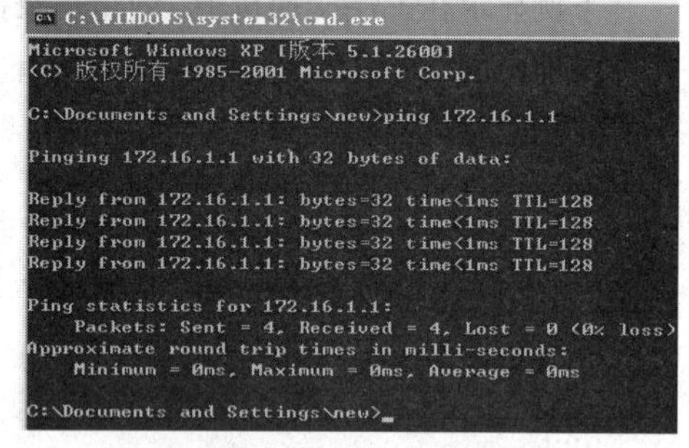

图 4-52　测试网络中设备的连通性

使用 ping 命令，测试网络连通性，如图 4-52 所示。由于互相连接在一起的交换机是广播传输的机制，所有连接在网络中的设备是互相连通的。

步骤 3　规划地址信息

重新规划不同部门网络设备，学院学生网和行政办公网中设备网络地址规划如表 4-9 所示。

表 4-9　　不同部门网络设备地址规划表

设备名称	设备及端口的配置地址	网络掩码	网关
S3550	Fa0/10：172.16.1.2	255.255.255.0	无
	Fa0/20：172.16.3.2	255.255.255.0	无
S2126	无	无	无
PC1	172.16.1.1	255.255.255.0	172.16.1.2
PC2	172.16.3.1	255.255.255.0	172.16.3.2

❖ 注意：由于是规划不同部门网络中的设备，因此网络的地址需要重现进行规划，划分不同网络段地址。

步骤 4　配置交换机

如图 4-53 所示，配置三层交换机。由于三层交换机的所有端口默认都是交换端口，因此使用 no switchport 命令转换为路由端口，并分别配置表 5-4 所示的地址信息。

步骤 5　重新测试网络连通性

使用 ping 命令，重新测试网络连通性，如图 4-54 所示。由于都是连接在同一台三层交换机上，虽然为不同接口配置不同的地址，但通过直连路由，网络中设备是互相连通的。

```
Switch#
Switch#configure terminal
Enter configuration commands, one per line.  End with
Switch(config)#interface fa0/10
Switch(config-if)#no switchport
Switch(config-if)#ip address 172.16.1.2 255.255.255.0
Switch(config-if)#no shutdown
Switch(config-if)#exit
Switch(config)#interface fa0/20
Switch(config-if)#no switchport
Switch(config-if)#ip address 172.16.3.2 255.255.255.0
Switch(config-if)#no shutdown
Switch(config-if)#exit
Switch(config)#_
```

图 4-53　配置三层交换机

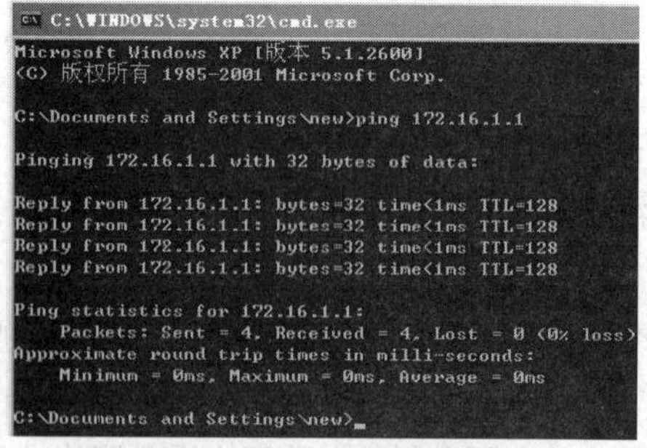

图 4-54　测试网络连通性

步骤 6　禁止学生网访问行政办公网

① 由于是禁止学生网访问行政办公网，按照 ACL 的编制规则，需要使用标准 ACL 技术进行数据流的控制；由于是在三层交换机上实施数据流的控制技术，三层交换设备不支持编号的 ACL 技术，因此需要编制命名的 ACL 技术。

② 在三层交换机上编制标准的命名 ACL，并把其应用在接口上。

需要提醒注意的是：交换机的端口只支持 in 方向的数据流控制，如图 4-55 所示。三层交换机的 VLAN 上也支持 ACL 控制，并且可以在两个方向的数据流进行支持。

步骤 7　重新测试网络连通性

使用 ping 命令，测试网络连通性，如图 4-56 所示。由于使用了标准的命名 ACL 技术，控制通过三层交换机流入的数据流，禁止来自学生网访问行政办公网，因此网络不通。

```
Switch#
Switch#configure terminal
Enter configuration commands, one per line.  End wi
Switch(config)#ip access-list standard Deny-student
Switch(config-std-nacl)#deny 172.16.3.0 0.0.0.255
Switch(config-std-nacl)#permit any
Switch(config-std-nacl)#exit
Switch(config)#
Switch(config)#int f0/20
Switch(config-if)#ip access-group Deny-student in
Switch(config-if)#exit
Switch(config)#_
```

图 4-55　三层交换机上编制标准的命名 ACL

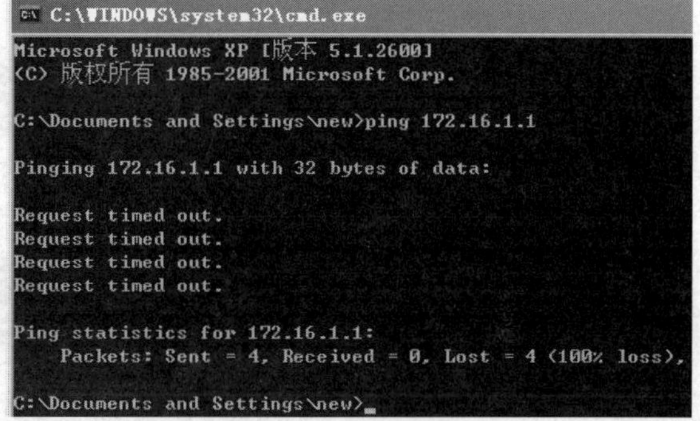

图 4-56　测试网络连通性

❖ 练习

如图 4-51 所示网络拓扑图是该校学生网和行政办公网网络工作场景，学生网的子网地址为 172.16.3.0/24，行政办公网的子网地址为 172.16.1.0/24。为方便教师的教学需要，在行政办公网络内搭建了 FTP 服务器，提供教师资源共享，但禁止学生访问该服务器。

现在需要在行政办公网络的三层交换机上实施命名的扩展 ACL 技术，要允许学生网 172.16.3.0 访问行政办公网 172.16.1.0 中的设备，但禁止学生访问行政办公网中 FTP 服务器，以保障网络之间的安全隔离。

任务七　用 VPN 保障网络安全连接

一、任务分析

张明是该校计算机专业毕业的学生，目前张明所工作的公司，在全国均建有独立分公司，各分司都拥有自己的网络，通过 Internet 和总公司连接为一体。由于公司业务的增长，业务人员需要频繁出差。张明在访问该校的校园网络资源时直接通过 Internet 就可以实现，但张明在出差时访问公司内网、邮件服务器等资源时，数据在 Internet 公网上传输，由于 Internet 网络的开放性，公司数据传输安全没有方法保障，因此公司启用 VPN 私有专用网络。

这就使得张明在公司外面通过 Internet 网络访问公司网络资源时，需要通过启动 VPN 技术和公司建立专用数据通道，实现安全访问公司内部资源。

二、相关知识

（一）什么是 VPN 技术

VPN（Virtual Private Network）也就是虚拟专用网技术，所谓虚拟是指用户不需要拥有实际的长途数据线路，而是使用 Internet 公众数据网络的长途数据线路。所谓专用网络指用户可以为自己制定一个最符合自己需求的网络。虚拟专用网不是真正的专用网络，却能够实现专用网络的功能。VPN 虚拟专网技术在 Internet 公共网络中建立私有专用网络，企业内部保密的数据通过安全的“加密管道”在公共网络中传播，如图 4-57 所示。

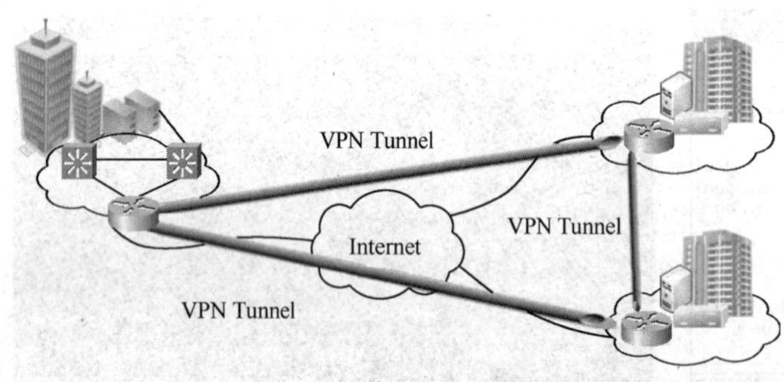

图 4-57　VPN 在 Internet 公众数据网络上的加密管道

虚拟专用网中的数据通过安全的“加密管道”在公共网络中传播，企业只需要租用本地的数据专线或者用户拨号方式，连接到本地的公共信息网，就可以互相传递信息，实现分散地点间的企业内部用户安全地连接进入企业网中，从而达到安全的数据传输的目的。IETF 草案理解基于 IP 的 VPN 为：“使用 IP 机制仿真出一个私有的广域网”，是通过私有的隧道技术在公共数据网络上仿真一条点到点的专线技术。VPN 技术的出现，使企业不再依赖于昂贵的长途拨号以及长途专线服务，而代之以本地 ISP 提供的 VPN 服务。从企业中心站点铺设至当地 ISP 的专线，要比传统 WAN 解决方案中长途专线短得多，成本也低廉得多。

有了 VPN 技术，用户在家里或在路途中就可以利用 Internet 公共网络对企业内部服务器进行远程安全访问。从用户的角度来看，VPN 就是在用户计算机（VPN 客户机）和企业服务器（VPN 服务器）之间点到点的连接，由于数据通过一条仿真专线传输，用户感觉不到公共网络的实际存在，能够像在专线上一样处理企业内部信息。VPN 可以广泛应用于各个领域，使企业通过公共网络在公司总部和各远程分部以及客户之间建立快捷、安全、可靠通信。

（二）VPN 安全技术分类

由于传输的是私有信息，VPN 用户对数据的安全性都比较关心，安全问题是 VPN 的核心问题。目前 VPN 主要采用四项技术来保证安全，这四项技术分别是隧道技术（Tunneling）、加解密技术（Encryption & Decryption）、密钥管理技术（Key Management）、使用者与设备身份认证技术（Authentication），保证企业员工安全访问公司内部网络。

1. 隧道技术

隧道技术是 VPN 的基本技术，类似于点对点连接技术，它在公用网建立一条数据通道（隧道），让数据包通过这条隧道传输。隧道是由隧道协议形成的，分为第二、三层隧道协议。第二层隧道协议是先把各种网络协议封装到 PPP 中，再把整个数据包装入隧道协议中。这种双层封装方法形成的数据包靠第二层协议进行传输。第二层隧道协议有 L2F、PPTP、L2TP 等。L2TP 协议是目前

IETF 的标准，由 IETF 融合 PPTP 与 L2F 而形成。

第三层隧道协议是把各种网络协议直接装入隧道协议中，形成的数据包依靠第三层协议进行传输。第三层隧道协议有 VTP、IPSec 等。IPSec（IP Security）是由一组 RFC 文档组成，定义了一个系统来提供安全协议选择、安全算法，确定服务所使用密钥等服务，从而在 IP 层提供安全保障。

2. 加解密技术

加解密技术是数据通信中一项较成熟的技术，VPN 可直接利用现有技术。

3. 密钥管理技术

密钥管理技术的主要任务是如何在公用数据网上安全地传递密钥而不被窃取。现行密钥管理技术又分为 SKIP 与 ISAKMP/OAKLEY 两种。SKIP 主要是利用 Diffie-Hellman 的演算法则，在网络上传输密钥；在 ISAKMP 中，双方都有两把密钥，分别用于公用、私用。

4. 使用者与设备身份认证技术

使用者与设备身份认证技术最常用的是使用者名称与密码或卡片式认证等方式。

（三）VPN 技术种类

用户可以根据自己情况进行选择：远程访问虚拟网(Access VPN)、企业内部虚拟网(Intranet VPN)和企业扩展虚拟网（Extranet VPN）。这三种类型 VPN 分别与传统的远程访问网络、企业内部的 Intranet 以及企业网所构成的 Extranet 相对应。

如果企业的内部人员移动或有远程办公需要，或者商家要提供 B2C 的安全访问服务，就可以考虑使用 AccessVPN。Access VPN 通过一个拥有与专用网络相同策略的共享基础设施，提供对企业内部网或外部网的远程访问。Access VPN 能使用户随时随地以其所需的方式访问企业资源。Access VPN 包括模拟、拨号、ISDN、数字用户线路(xDSL)、移动 IP 和电缆技术，能够安全地连接移动用户、远程工作者或分支机构。如图 4-58 所示。

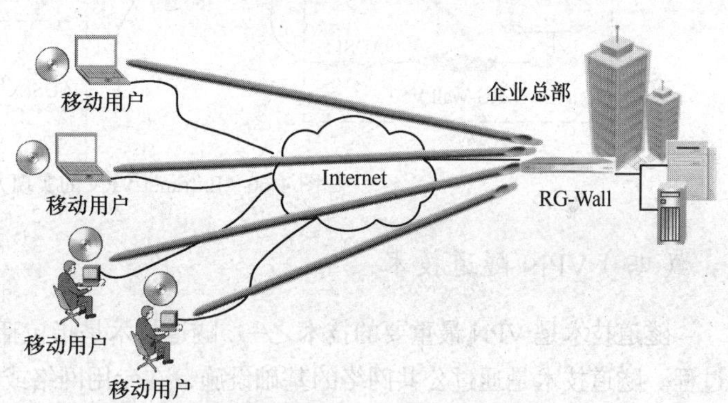

图 4-58　Access VPN 的实现方式

越来越多的企业需要在全国乃至世界范围内建立各种办事机构、分公司、研究所等，各个分公司之间传统的网络连接方式一般是租用专线。显然，在分公司增值业务开展越来越广泛时，网络结构趋于复杂，费用昂贵。利用 VPN 特性可以在 Internet 上组建世界范围内的 Intranet VPN。利用 Internet 的线路保证网络的互联性，而利用隧道、加密等 VPN 特性可以保证信息在整个 Intranet VPN 上安全传输。Intranet VPN 通过一个使用专用连接的共享基础设施，连接企业总部、远程办事处和分支机构。如图 4-59 所示。

各个企业越来越重视各种信息的处理。希望可以提供给客户最快捷方便的信息服务，通过各种方式了解客户的需要，同时各个企业之间的合作关系也越来越多，信息交换日益频繁。Internet 为这样的一种发展趋势提供了良好的基础，而如何利用 Internet 进行有效的信息管理，是企业发展中不可避免的一个关键问题。利用 VPN 技术可以组建安全的 Extranet，既可以向客户、合作伙伴提供有效的信息服务，又可以保证自身内部网络的安全。

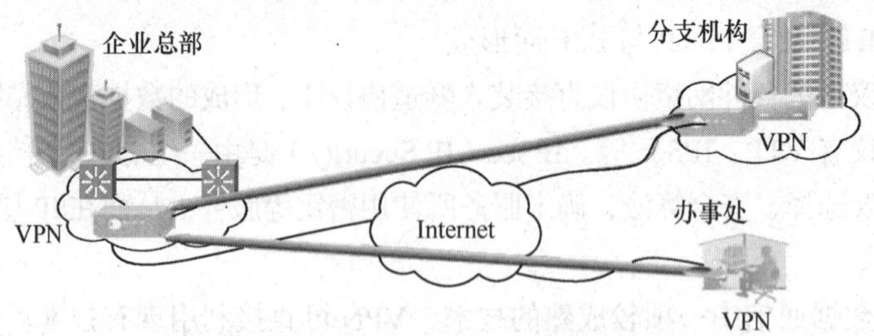

图 4-59 IntranetVPN 的实现方式

Extranet VPN 通过一个使用专用连接的共享基础设施，将客户、供应商、合作伙伴或兴趣群体连接到企业内部网。企业拥有与专用网络相同的政策。包括安全服务、质量(QoS)、可管理性和可靠性，如图 4-60 所示。

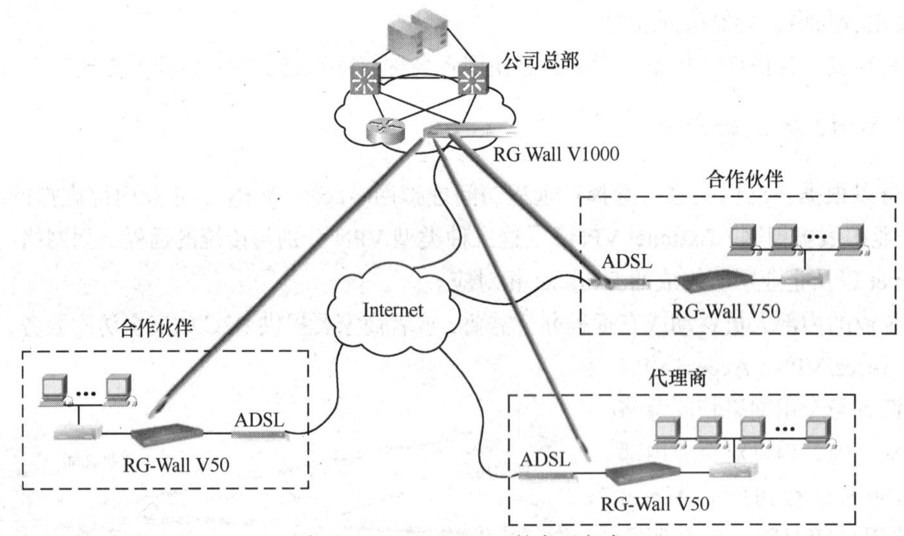

图 4-60 Extranet VPN 的实现方式

（四）VPN 隧道技术

隧道技术是 VPN 最重要的技术之一，隧道技术是指包括数据封装、传输和数据拆封在内的全过程。隧道技术是通过公共网络的基础设施，在专用网络或专用设备之间实现加密数据通信的技术。通信的内容可以是任何通信协议的数据包。隧道协议将这些协议的数据包重新封装在新的包中发送。新的包头提供了路由信息，从而使封装的数据能够通过公共网络传递，传递时所经过的逻辑路径称为隧道。当数据包到达通信终点后，将被拆封并转发到最终目的地，如图 4-61 所示。

建立 VPN 隧道有多种方式，包括 L2TP、IPSec、PPTP、GRE、SSL 隧道，其中 IPsec 协议是 VPN 隧道中安全加密功能最完整的产品之一。VPN 隧道所使用的公共网络可以是任何类型的通信网络，如 Internet 或 Intranet。为创建隧道，VPN 的客户机和服务器之间必须使用相同的隧道协议。

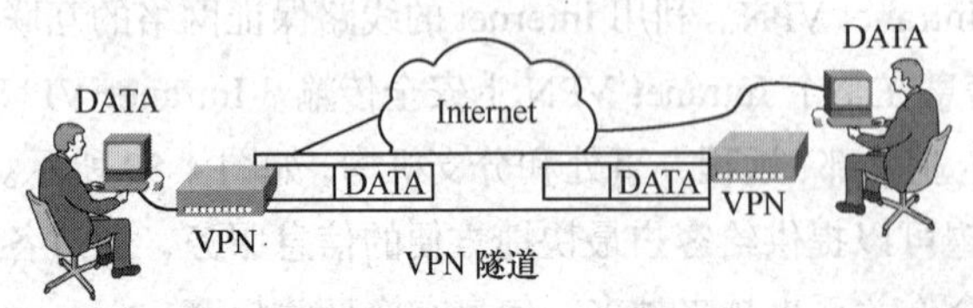

图 4-61 VPN 隧道技术

按照 OSI 参考模型划分，隧道技术可以分为第 2 层隧道技术和第 3 层隧道技术。第 2 层隧道技术对应于 OSI 模型中的数据链路层，使用帧作为数据传输单位，如 PPTP 和 L2TP 隧道协议，

将数据封装在点对点协议的帧中通过 Internet 发送。第 3 层隧道协议对应 OSI 模型中的网络层，使用包作为数据传输单位，如安全 IP 隧道模式 IPSec 协议，是将原来数据包封装在附加了 IP 包头的新数据包中通过 IP 网络传送。

（五）配置 Access VPN 接入设备

VPN 接入产品是在总结国内外用户实际需求的基础上，面向企业用户推出的 VPN 接入产品。能够满足大中小型企业和行业用户的分支机构、合作伙伴和移动用户通过 Internet 安全的进行数据通信，如图 4-62 所示。支持各种规模的企业级安全网络的构建，满足用户最高性价比配置的需求。

VPN 接入产品在设计上采用独立、安全的操作系统，具有高安全性、高可用性、高易用性和高扩展性。系统涵盖了防火墙、入侵防御、VPN 加密通信、流量控制等安全功能，有效地实现了“主/被动安全防御”的完美结合。其核心技术主要体现在以下几方面。

图 4-62　VPN 接入产品

① 集成多种 VPN 技术：支持 IPSec VPN、SSL VPN、L2TP VPN。支持 IPSec VPN 和 SSL VPN 同时使用。

② 全面支持标准 IPSec 和 IKE 协议，能够和 Cisco、Juniper、MicroSoft 等第三方厂家的 VPN 产品实现互通。

③ 支持标准 NAT 穿越，与各种接入设备（如防火墙、路由器等）有良好的兼容性。

④ 采用了独创的隧道保活技术，不断监控对端设备和隧道状态，能够自动恢复因链路故障而断开的隧道连接。

⑤ 支持多种加密算法（DES、3DES、AES 等）。

⑥ 支持多种验证算法：支持国际流行的 MD5、SHA 算法。

⑦ SSL VPN 对 B/S 和 C/S 的应用均支持。

⑧ 支持多链路出口、ADSL 拨号接入、透明（桥）模式接入、路由模式接入、单臂旁路等，能够灵活部署。

⑨ 支持标准 PKI 协议。采用标准的 X.509 格式证书，支持第三方 CA 。

⑩ 集成强大的防火墙，在实现内外网隔离的同时，能对 VPN 隧道内的数据进行规则检查，防止入侵者通过数据驱动方式攻击内网。

⑪ 支持对 VPN 隧道内部的流量进行带宽管理，保证重要业务实时畅通。

⑫ 内置入侵检测模块，能对用户的内部资源提供入侵检测和防御保护。

三、任务实施

（一）配置客户端 VPN 连接技术

【任务场景】

该校计算机专业毕业的学生张明工作的公司，在全国均建有独立分公司，拥有自己的网络，通过 Internet 和总公司连接为一体。由于 Internet 网络的开放性，公司数据传输安全没有方法保障，因此公司启用 VPN 私有专用网络。

张明在出差时访问公司内网、邮件服务器以及通过 Internet 网络访问公司网络资源时，需要通过启动 VPN 技术和公司建立专用数据通道，实现安全访问公司内部资源。因此需要在张明的个人计算机上建立 VPN 连接技术。

图 4-63 所示的网络拓扑图是张明在出差途中，需要利用 VPN 技术，通过 Internet 和公司网络连接的工作场景。由于公司的安全需要，建立了 VPN 网络环境，因此张明需要在自己的计算机上安装 VPN 客户端连接，实现和公司网络的安全访问。

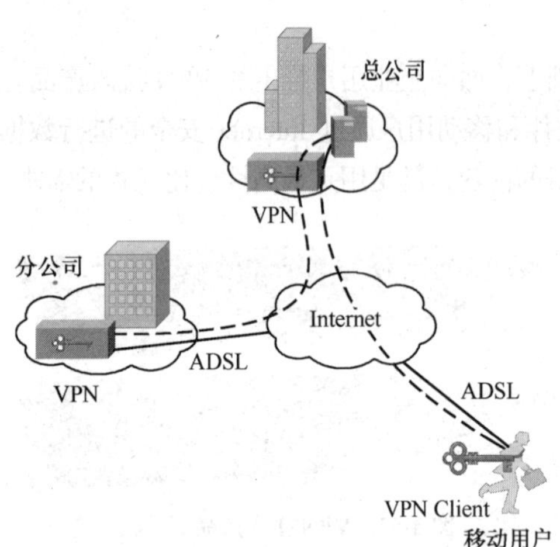

图 4-63 通过 VPN 技术和公司连接网络场景

【任务目标】

在客户机上安装 VPN 客户端连接，实现和公司的安全访问。

【施工设备】

PC（1 台）、VPN 账号（1 个）。

【配置过程】

① 右键单击网络邻居，在网络连接中创建一个新的连接，如图 4-64 所示。

② 在新建时可能会有如下提示，选择不拨初始链接，如图 4-65 所示。

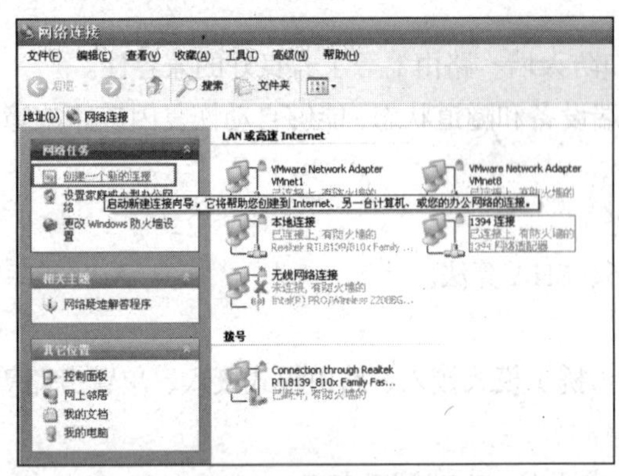

图 4-64 创建一个新的 VPN 连接

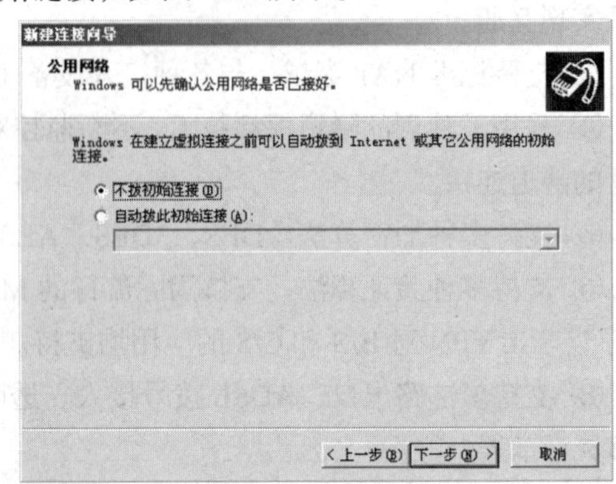

图 4-65 创建 VPN 连接

③ 在网络连接类型中选择“连接到我的工作场所的网络”，如图 4-66 所示。

④ 之后在网络连接选项中选择创建“虚拟专用网连接”，如图 4-67 所示。

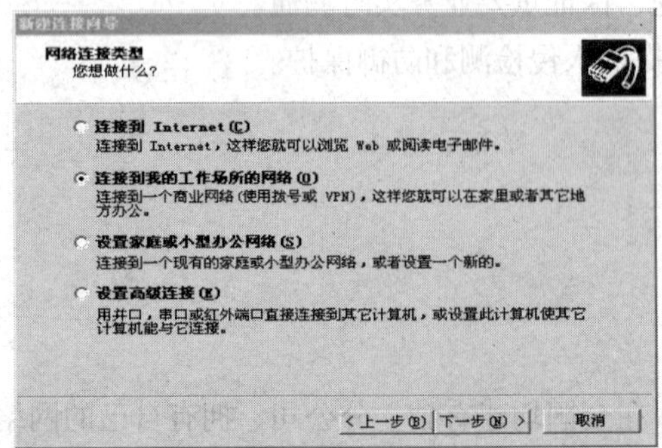

图 4-66 创建 VPN 连接网络类型

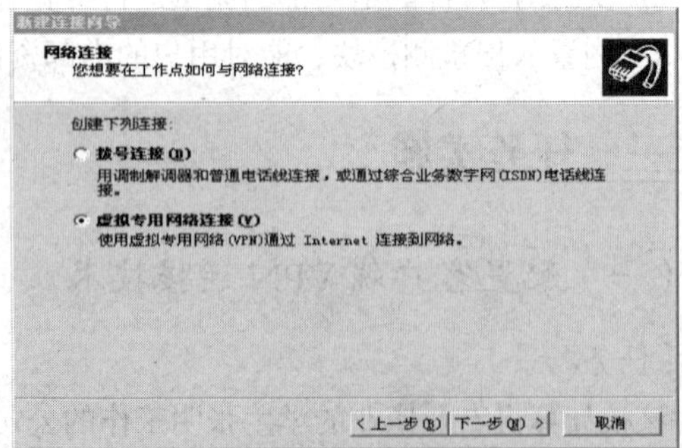

图 4-67 选择创建虚拟专用网连接

⑤ 连接名填写 ruijie 即可，如图 4-68 所示。

⑥ VPN 服务器选择页面将 VPN 服务器地址填入，如图 4-69 所示。

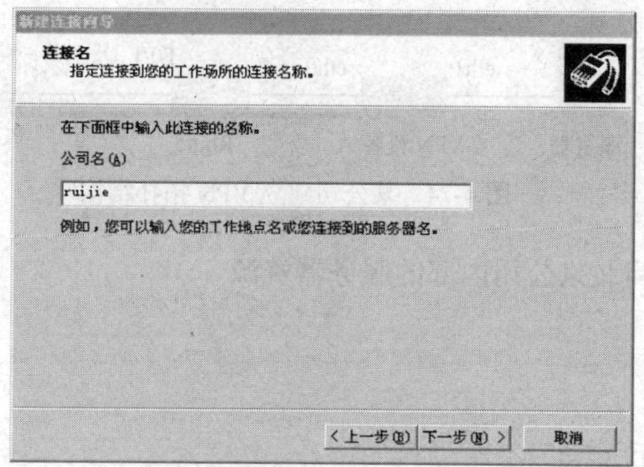

图 4-68　创建虚拟专用网连接名称

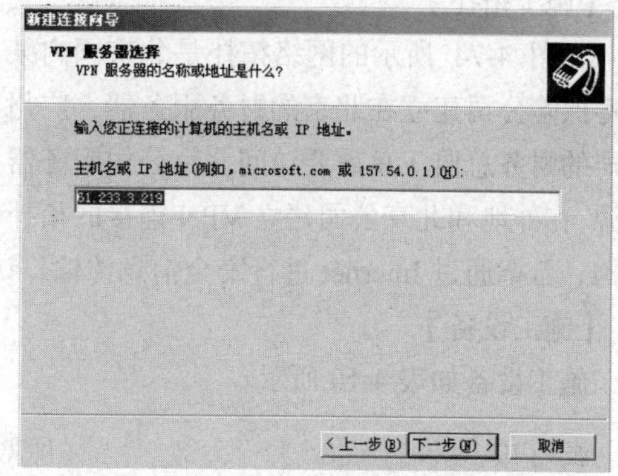

图 4-69　填入 VPN 服务器地址

⑦ 最后选择在桌面创建快捷方式，单击“完成”按钮，如图 4-70 所示。

⑧ 运行桌面的快捷方式，输入用户名口令，单击连接，如图 4-71 所示。

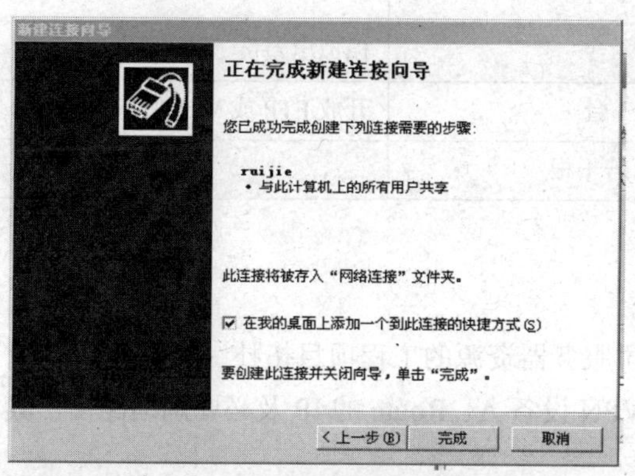

图 4-70　创建虚拟专用网连接快捷方式

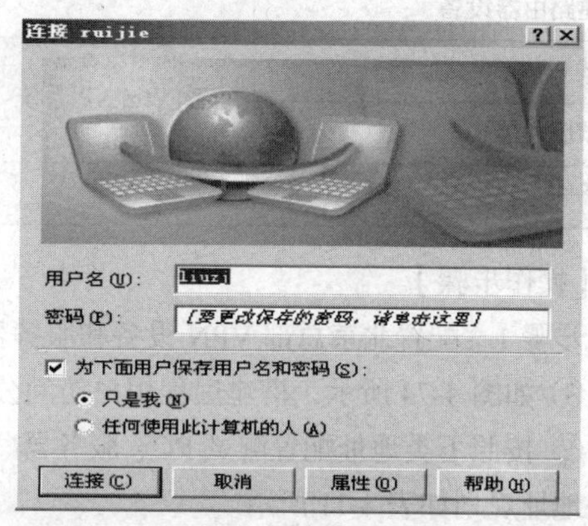

图 4-71　连接虚拟专用网

⑨ 单击连接之后，系统会进行拨号，如图 4-72 所示。

⑩ 拨号连接上之后，便会在右下角出现一个连接，如图 4-73 所示。

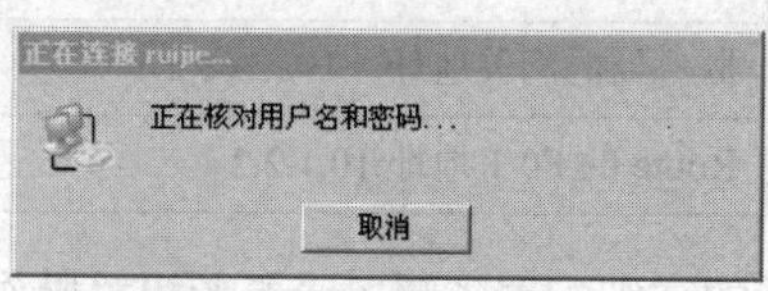

图 4-72　连接虚拟专用网

图 4-73　连接虚拟专用网成功图标

（二）配置 IPSec VPN 隧道，熟悉移动办公下 VPN 隧道的建立

【任务背景】

总部设在北京的国内某人寿保险公司，总部使用“用友 U8”财务管理软件，网络应用服务器放置在总部局域网内。为了保证财务数据安全，总部要求全国分支机构的终端系统，通过 Internet 建立虚拟专用网络对总部局域网内的应用服务器进行远程安全访问。广州公司的财务总监王总需

要访问北京公司服务器资源，王总在广州必须通过先和公司建立 VPN 隧道，获得访问内部服务器资源的权利。

【施工拓扑】

如图 4-74 所示的网络拓扑是北京国内某人寿保险公司建立在北京的财务服务器，广州公司的财务总监王总需要访问北京公司服务器资源，在外地和北京公司建立 VPN 连接的拓扑结构，希望通过 Internet 进行安全信息传输，访问北京公司内部的服务器资源。

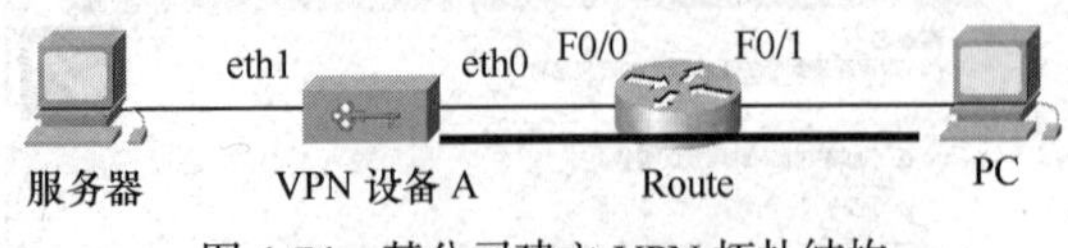

图 4-74　某公司建立 VPN 拓扑结构

【施工设备】

施工设备如表 4-10 所示。

表 4-10　所需施工设备

设　备	型　号	数　量	备　注
锐捷 VPN 设备 A	RG-WALL V50	1 台	公司出口 VPN 设备
锐捷 VPN 远程接入系统	RG-SRA	1 套	VPN 客户端软件程序
锐捷路由器设备		1 台	
测试 PC 机	推荐 Win XP 系统	1 台	模拟出差员工的 PC
测试服务器		1 台	开放 FTP 或 Web 服务
网络线		若干根	

【操作步骤】

步骤 1　配置北京总部 VPN 设备和服务器

① 如图 4-74 所示，搭建远程用户访问公司服务器资源的工程项目拓扑。

② 按照下类地址配置测试 PC、服务器、VPN 设备 A、Route 的 IP 及必要网络路由。其中各设备地址规划如表 4-11 所示。

表 4-11　各设备地址规划表

VPN 设备 A 的 eht1 口地址：192.168.2.1	VPN 设备 A 的 eth0 口地址：10.1.1.1
PC 的 IP 地址：10.1.2.1	PC 的网关地址：10.1.2.2
服务器的 IP 地址：192.168.2.2	服务器的网关地址：192.168.2.1
Route 的 F0/0 地址:10.1.1.2	Route 的 F0/1 地址:10.1.2.2

③ 限于资源限制，本节中测试 PC 及路由器的详细配置省略，请参考相关操作手册。VPN 设备 A 接口地址、缺省路由、eth0 口地址、IPSec VPN 隧道配置也省略，请参考相关操作手册。

步骤 2　配置客户机 VPN 接入北京总部 VPN 设备

在用户测试 PC 上运行 VPN 客户端软件程序 RG-SRA 程序，开始建立 VPN 隧道。

① 在客户机第一次运行 RG-SRA 程序后，如图 4-75 所示。

② 建立一个与 VPN 设备 A 的隧道连接，单击“新建连接”按钮，如图 4-76 所示。

填写基本信息，其中连接标识可以任意定义，服务器地址为填写 VPN 设备 A 的 eth0 口地址，认证方式选择的是网关本地认证，如图 4-77 所示。

锐捷安全远程接入系统
连接(C) 工具(T) 日志(R) 帮助(H)
连接管理
新建连接
详细信息

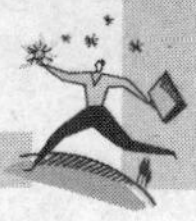

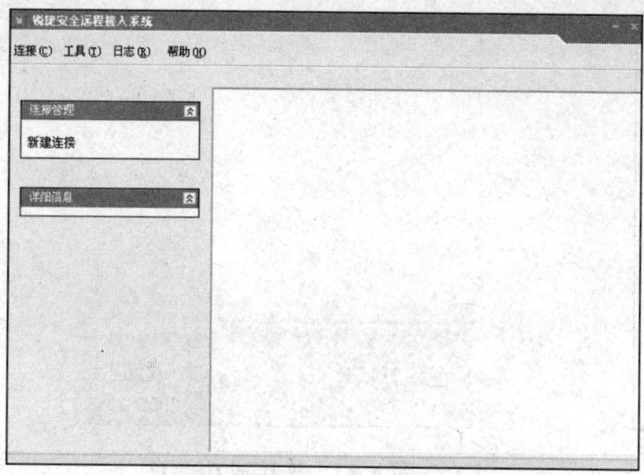

图 4-75　测试客户 PC 上运行 RG-SRA 程序

锐捷安全远程接入系统
连接(C) 工具(T) 日志(R) 帮助(H)
连接管理
新建连接
详细信息
添加新连接
连接标识：
服务器地址：
认证方式：
Radius第三方认证
在桌面上创建快捷方式
开机时自动启动本连接
确定
取消

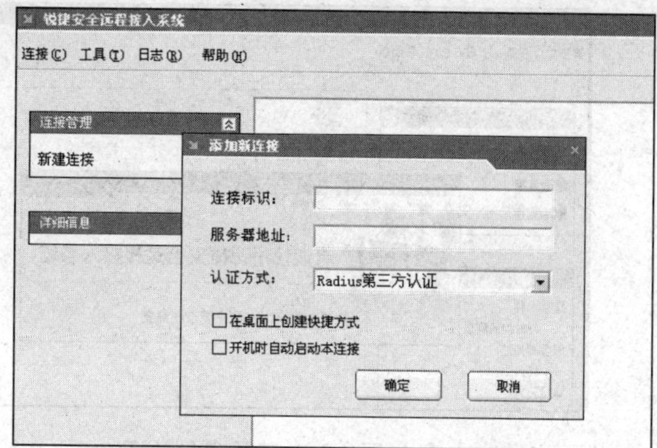

图 4-76　建立与 VPN 设备 A 的连接隧道

单击“确定”按钮后，显示隧道连接建立成功标识，如图 4-78 所示。

锐捷安全远程接入系统
连接(C) 工具(T) 日志(R) 帮助(H)
连接管理
新建连接
详细信息
添加新连接
连接标识：
与VPNA的隧道
服务器地址：
10.1.1.1
认证方式：
Radius第三方认证
Radius第三方认证
数字证书认证
网关本地认证
RG-Key+Radius认证
确定
取消

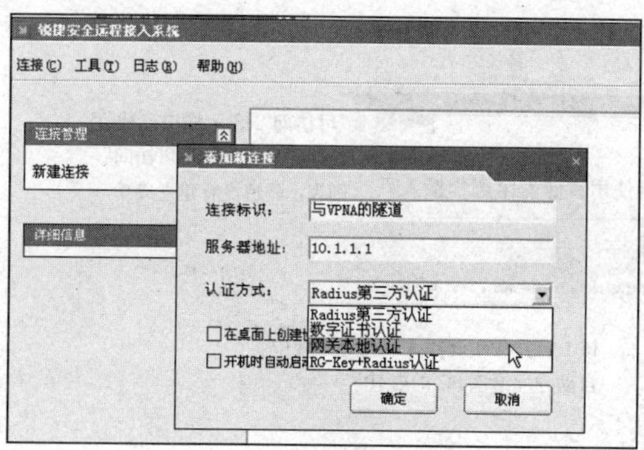

图 4-77　填写连接隧道基本信息

锐捷安全远程接入系统
连接(C) 工具(T) 日志(R) 帮助(H)
连接管理
新建连接
详细信息
与VPNA的隧道

图 4-78　建立 VPN 隧道连接

③ 运行该隧道连接，建立和公司 VPN 设备 A 的 VPN 隧道连接，如图 4-79 所示。

输入身份认证所必须的账号，即在 VPN 设备 A 上添加的用户，如图 4-80 所示。

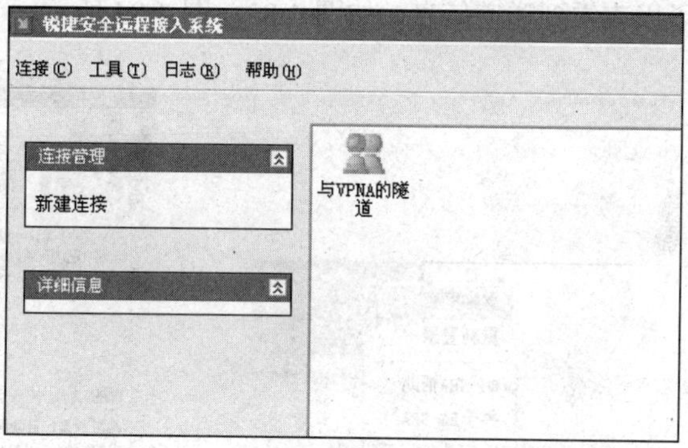

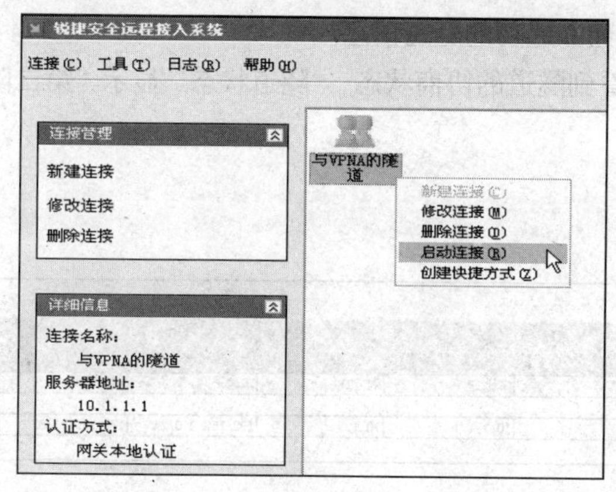

锐捷安全远程接入系统
连接(C) 工具(T) 日志(R) 帮助(H)
连接管理
新建连接
修改连接
删除连接
详细信息
连接名称：
与VPNA的隧道
服务器地址：
10.1.1.1
认证方式：
网关本地认证
与VPNA的隧道
新建连接(C)
修改连接(M)
删除连接(D)
启动连接(R)
创建快捷方式(Z)

图 4-79　运行建立成功隧道连接

连接VPN
欢迎使用锐捷安全远程接入系统
用户名(U)
test
密 码(P)
******
保存密码(S)
连接(C)
取消
属性(O)

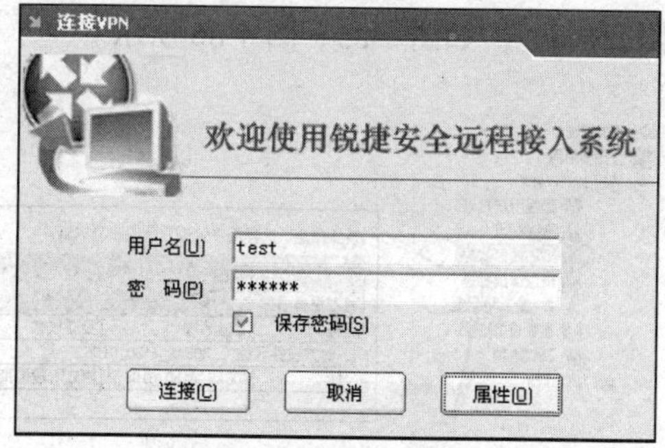

图 4-80　输入客户身份认证

单击“连接”按钮后，系统自动进行身份认证，并且开始 IKE 的协商，如图 4-81 所示。

完成身份认证和隧道建立后，RG-SRA 程序会自动缩小图标在屏幕的右下角，如图 4-82 所示。

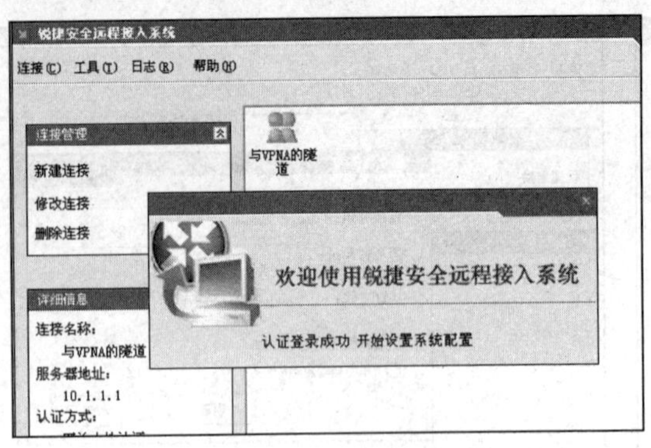

图 4-81 确认身份认证

图 4-82 连接成功信息

④ 验证测试。

a. 鼠标右键单击测试客户 PC 上屏幕的右下角 RG-SRA 图标，在快捷菜单中选择“详细配置”，可以查看到隧道信息，如图 4-83、图 4-84 所示。

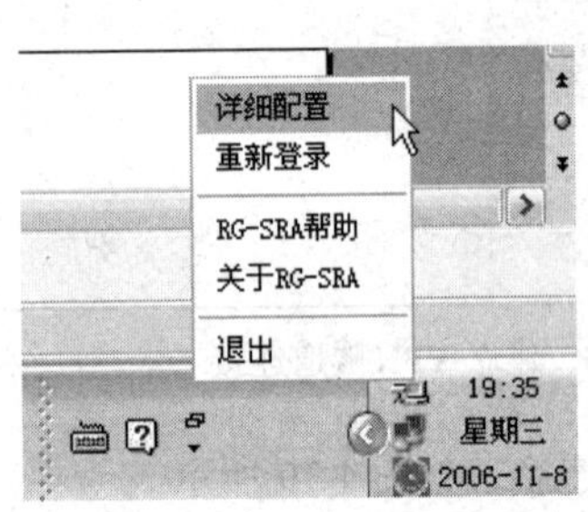

图 4-83 查看到隧道信息

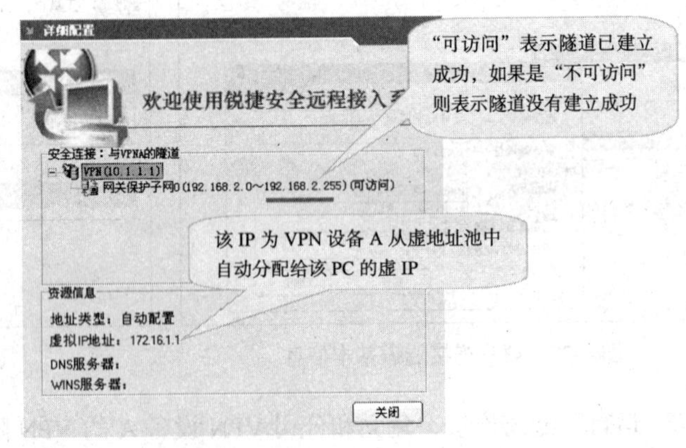

图 4-84 查看到隧道信息

b. 在 VPN 设备 A 的管理界面也可看到已经建立成功的隧道信息。

隧道启动后可以在“隧道协商状态”栏目下看到隧道的协商状态，“隧道状态”显示“第二阶段协商成功”，如图 4-85、图 4-86 所示。

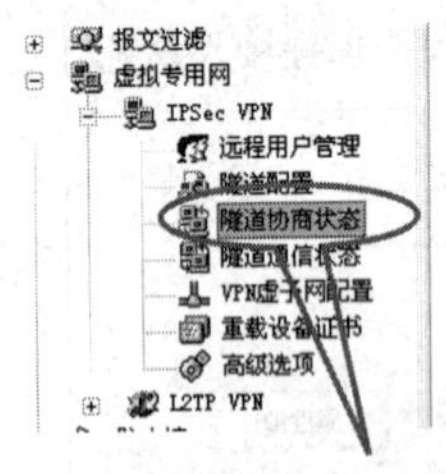

图 4-85 查看隧道协商状态（1）

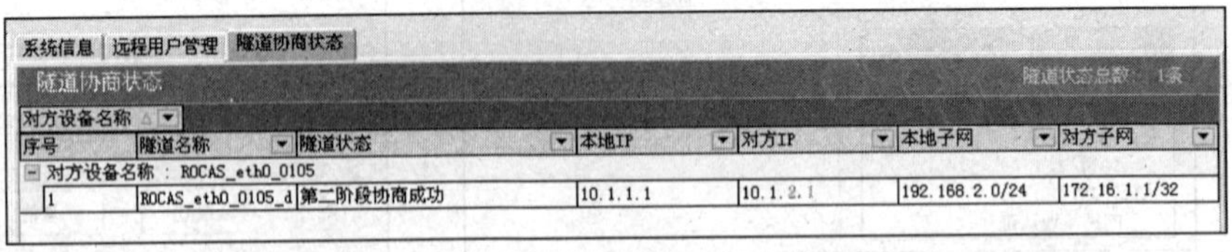

系统信息 | 远程用户管理 | 隧道协商状态

隧道协商状态 隧道状态总数：1条

对方设备名称

序号	隧道名称	隧道状态	本地IP	对方IP	本地子网	对方子网
对方设备名称：ROCAS_eth0_0105						
1	ROCAS_eth0_0105_d	第二阶段协商成功	10.1.1.1	10.1.2.1	192.168.2.0/24	172.16.1.1/32

图 4-86 查看隧道协商状态（2）

⑤ 进行隧道通信。

从 PC 访问服务器提供的服务，在 PC 上能 Ping 通服务器 IP（没有 VPN 隧道前 Ping 会是失败）。VPN 隧道的通信情况可以在“隧道通信状态”中查看到，如图 4-87 所示。

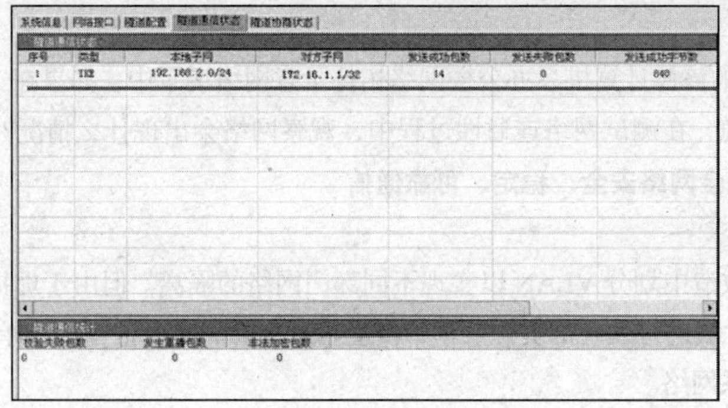

图 4-87　查看隧道通信状态

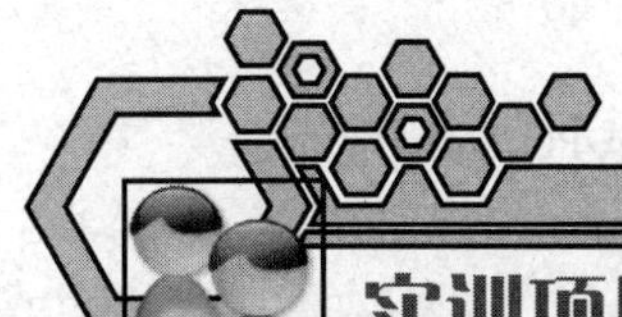

实训项目

实训项目 1　骨干链路聚合技术，实现网络高带宽

1. 实训目的与要求

学会配置校园网络中骨干链路之间带宽，在主干链路之间使用双链路，采用聚合链路技术以保证网络高带宽。

2. 实训内容

实训内容为任务一中项目实施内容，按照规划任务内容，实施实训。

3. 实训设备与材料

二层交换机（1 台）、三层交换机（1 台）、网络线（若干根）、测试 PC（若干台）。

4. 实训拓扑

图 4-17 所示是计算机系办公楼接入拓扑示意网络场景。

5. 思考

在如图 4-17 所示的计算机系办公楼接入拓扑示意网络场景中，在项目实施中，如果骨干链路之间的聚合链路，不设置干道（trunk）技术，如何测试网络连通性？

实训项目 2　骨干链路冗余技术，实现网络稳定性

1. 实训目的与要求

学会配置校园网络中骨干链路之间实现的冗余技术，在主干链路之间使用双链路，以保证网络稳定性。

2. 实训内容

实训内容为任务二中项目实施内容，按照规划任务内容，实施实训。

3. 实训设备与材料

二层交换机（1 台）、三层交换机（1 台）、网络线（若干根）、测试 PC（若干台）。

4. 实训拓扑

图 4-22 所示为该校计算机系办公楼网络拓扑示意网络场景。

5. 思考

在如图 4-22 所示的该校计算机系办公楼网络拓扑示意网络场景中，如果在工作中，拔掉骨干交换机之间连接的一根线缆，在测试网络连通性过程中，观察网络会出现什么情况？

实训项目 3　实现全网络安全、稳定、可靠通信

1. 实训目的与要求

学会在校园网络改造中划分 VLAN 以实现不同部门网络的隔离。但由于虚拟局域网技术又造成了不同部门之间隔离，无法进行系内部资源共享，希望通过三层交换设备，有选择地进行数据流的通过，从而实现安全畅通的系网络。

2. 实训内容

实训内容为任务三中项目实施内容，按照规划任务内容，实施实训。

3. 实训设备与材料

二层交换机（1 台）、三层交换机（1 台）、网络线（若干根）、测试 PC（若干台）。

4. 实训拓扑

图 4-27 所示为该校计算机系接入网络拓扑示意网络场景。

5. 思考

在如图 4-27 所示的该校计算机系接入网络拓扑示意网络场景中，在施工中，如果骨干链路之间的链路不设置干道（trunk）技术，如何测试网络连通性？如果骨干链路之间的聚合链路，不设置干道（trunk）技术，如何测试网络连通性？

对于接入子网中用户 PC 来说，需要为其配置网关？不配置是否可以？如果需要配置，其对应的网关在哪儿？

实训项目 4　配置交换机安全端口，实现网络安全

1. 实训目的与要求

学会配置校园网络接入交换机设备安全，配置安全端口功能，保证该交换机所有端口，能对所连接终端设备具有端口安全检查功能。

2. 实训内容

实训内容为任务二中项目实施内容，按照规划任务内容，实施实训。

3. 实训设备与材料

二层交换机（1 台）、网络线（若干根）、测试 PC（若干台）。

4. 实训拓扑

如图 4-30 所示，连接校园网络工程设备接入拓扑所示意网络场景。

5. 思考

如图 4-30 所示，连接校园网络工程设备接入拓扑示意网络场景中，如何一次实现把交换机所有的端口都配置成安全端口？

实训项目 5　路由器上配置标准 ACL，保护区域安全

1. 实训目的与要求

学会在校园网路由器上配置标准 ACL，保护网络部分区域安全。

2. 实训内容

实训内容为任务三中项目实施内容，按照规划任务内容，实施实训。

3. 实训设备与材料

路由器（2台）、网络连线（若干根）、测试PC（2台）、配置PC（1台）。

4. 实训拓扑

图4-42所示为标准ACL控制网络工作场景接入拓扑网络场景。

5. 思考

图4-42所示为标准ACL控制网络工作场景接入拓扑网络场景，如果把互联设备换成路由交换机设备，是否可以实现一样的安全配置效果？

实训项目6 路由器上配置扩展ACL，保护服务器安全

1. 实训目的与要求

学会在校园网路由器上配置扩展ACL，保护网络区域中FTP服务器安全。

2. 实训内容

实训内容为任务三中项目实施内容，按照规划任务内容，实施实训。

3. 实训设备与材料

路由器（2台）、网络连线（若干根）、测试PC（2台）、配置PC（1台）。

4. 实训拓扑

图4-49所示为扩展ACL控制网络工作场景接入拓扑网络场景。

5. 思考

图4-49所示为扩展ACL控制网络工作场景接入拓扑网络场景，如果把互联设备换成路由交换机设备，是否可以实现一样的安全配置效果？

实训项目7 交换机上配置命名ACL，保护区域网络安全

1. 实训目的与要求

学会在校园网交换机上配置命名ACL，保护网络区域安全。

2. 实训内容

实训内容为任务三中项目实施内容，按照规划任务内容，实施实训。

3. 实训设备与材料

三层交换机（2台）、网络连线（若干根）、测试PC（2台）、配置PC（1台）。

4. 实训拓扑

图4-51所示为命名ACL控制网络工作场景接入拓扑网络场景。

5. 思考

图4-51所示为命名ACL控制网络工作场景接入拓扑网络场景，如果把互联设备换成路由器设备，是否可以实现一样的安全配置效果？

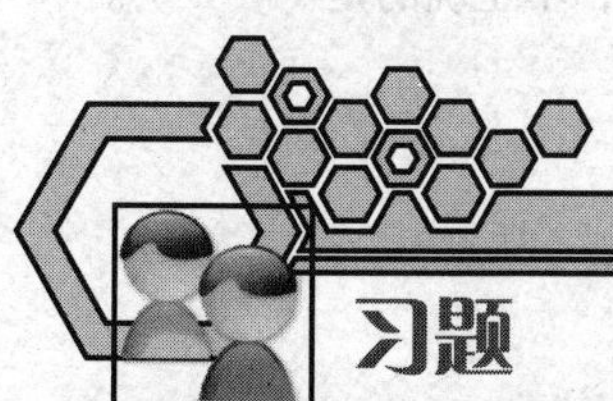

习题

1. 交换机可以用（ ）来创建较小的广播域？

A. 生成树协议　　B. 虚拟中继协议

C. 虚拟局域网　　D. 路由

2. 下面列举的网络连接技术中，不能通过普通以太网接口完成的是（　　）。

A. 主机通过交换机接入到网络　　B. 交换机与交换机互联以延展网络的范围

C. 交换机与交换机互联增加接口数量　　D. 多台交换机虚拟成逻辑交换机以增强性能

3. 交换机与交换机之间互联时，为了避免互联时出现单条链路故障问题，可以在交换机互联时采用冗余链路的方式，但冗余链路构成时，如果不做妥当处理，会给网络带来诸多问题，下列说法中，属于冗余链路构建后，带给网络的问题的是（　　）。

A. 广播风暴　　B. 多帧复制

C. MAC 地址表的不稳定　　D. 交换机接口带宽变小

4. 下列技术中不能解决冗余链路带来的环路问题的是（　　）。

A. 生成树技术　B. 链路聚合技术　C. 快速生成树技术　D. VLAN 技术

5. VLAN 技术可以在交换机中的（　　）进行隔离。

A. 广播域　　B. 冲突域

C. 连接在交换机上的主机　　D. 当一个 LAN 里主机超过 100 台时，自动对主机隔离

6. 交换机堆叠的方式方法有（　　）。

A. 菊花链式堆叠　B. 连环堆叠　C. 星形堆叠　D. 网状堆叠

7. 既可以解决交换网络中冗余链路带来的环路问题，又能够有效提升交换机之间传输带宽，还能够保障链路单点故障时数据不丢失的技术是（　　）。

A. 生成树技术　B. 链路聚合技术　C. 快速生成树技术　D. VLAN 技术

8. IEEE802.1Q 可以提供的 VLAN ID 范围是（　　）。

A. 0～1024　B. 1～1024　C. 1～4094　D. 1～2048

9. 交换机端口在 VLAN 技术中应用时，常见的端口模式有（　　）。

A. access　B. trunk　C. 三层接口　D. 以太网接口

10. 二层交换机级连时，涉及到跨越交换机多个 VLAN 信息需要交互时，trunk 接口能够实现的是（　　）。

A. 实现多个 VLAN 的通信　　B. 实现相同 VLAN 间通信

C. 可以直接连接普通主机　　D. 交换机互联的接口类型可以不一致

11. 三层交换机在转发数据时，可以根据数据包的（　　）进行路由的选择和转发。

A. 源 IP 地址　B. 目的 IP 地址　C. 源 MAC 地址　D. 目的 MAC 地址

12. 三层交换机中的三层表示的含义不正确的是（　　）。

A. 是指网络结构层次的第三层　　B. 是指 OSI 模型的网络层

C. 是指交换机具备 IP 路由、转发的功能　D. 和路由器的功能类似

13. 在企业网规划时，选择使用三层交换机而不选择路由器的原因中，不正确的是（　　）。

A. 在一定条件下，三层交换机的转发性能要远远高于路由器

B. 三层交换机的网络接口数相比路由器的接口要多很多

C. 三层交换机可以实现路由器的所有功能

D. 三层交换机组网比路由器组网更灵活

14. 下列（　　）访问列表范围符合 IP 范围?

A. 1～99　B. 100～199　C. 800～899　D. 900～999

15. 访问列表分为（　　）?

A. 标准访问列表 B. 高级访问列表　C. 低级访问列表　D. 扩展访问列表

16. R2624 路由器（　　）显示访问列表 1 的内容?

A. show acl 1；　B. show list 1；　C. show access-list 1；　D. show access-lists 1

17. 扩展 IP 访问列表的号码范围是（　　）。

A. 1～99；　B. 100～199；　C. 800～899；　D. 900～999

18. 以下为标准访问列表选项是（　　）。

A. access-list 116 permit host 2.2.1.1

B. access-list 1 deny 172.168.10.198

C. access-list 1 permit 172.168.10.198 255.255.0.0

D. access-list standard 1.1.1.1

19. 在配置访问列表的规则时，以下描述正确的是（　　）。

A. 加入的规则，都被追加到访问列表的最后

B. 加入的规则，可以根据需要任意插入到需要的位置

C. 修改现有的访问列表，需要删除重新配置

D. 访问列表按照顺序检测，直到找到匹配的规则

20. 以下对交换机安全端口描述正确的是（　　）。

A. 交换机安全端口的模式可以是 trunk　B. 交换机安全端口违例处理方式有两种

C. 交换机安全端口模式是默认打开的　D. 交换机安全端口必须是 access 模式

21. 访问列表是路由器的一种安全策略，你决定用一个标准 ip 访问列表来做安全控制，以下为标准访问列表的例子的是（　　）。

A. access-list　standart 192.168.10.23

B. access-list　10 deny　192.168.10.23 0.0.0.0

C. access-list　101 deny　192.168.10.23　0.0.0.0

D. access-list　101 deny　192.168.10.23　255.255.255.255

22. 下列条件中，能用做标准 ACL 决定报文是转发或还是丢弃的匹配条件有（　　）?

A. 源主机 IP　B. 目标主机 IP　C. 协议类型　D. 协议端口号

23. 扩展的访问控制列表，可以采用以下（　　）来允许或者拒绝报文。

A. 源地址　B. 目标地址　C. 协议　D. 端口

项目五

构建多区域网络

自 2001 年某学校 A 升级为新高职以来，学院连年扩大招生，合并了附近的 B 校和 C 校，学校原有的规模拓展为三个独立的校区。

为满足校园信息化建设需要，实现校园网络的互联互通，需要在现有三个独立校区网络基础上合并，实现多校区校园网络的互相连通。

新规划的校园网络整合目前所有学校网络资源，以 A 校校园网为骨干，其他两个校区网络为接入，通过高速光纤接入校园骨干网络，如图 5-1 所示。

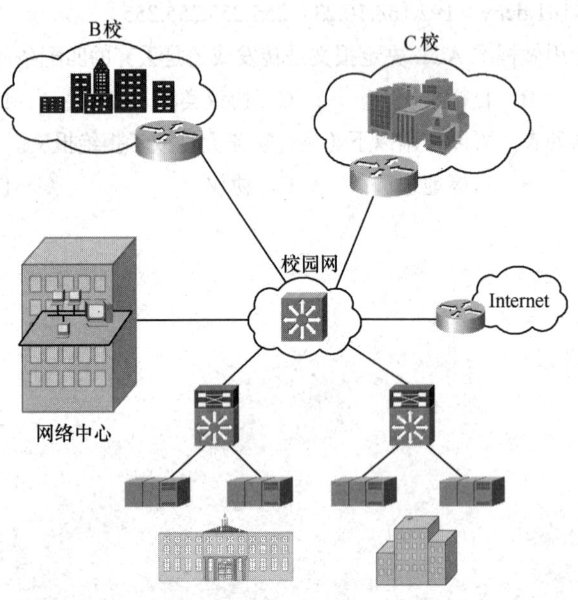

图 5-1　A 校校园网络拓扑

任务一　静态路由实现园区网络连通

一、任务分析

三个互相分隔的校区可以看成是三个独立的子网络，如果需要实现多个独立的子网络之间的互联互通，静态路由技术是最简单的技术之一。

二、相关知识

（一）路由

所谓路由就是指通过相互连接的网络把信息从源地点移动到目标地点的活动，一般是通过路由器将一个接口接收到的数据包，转发到另外一个接口，信息由此就从一个网络传递到另一个网络中。一般在路由过程中，信息至少会经过一个或多个中间节点，在传输路径上至少遇到一台转发的路由器设备。路由器在路由过程中，需要完成两种功能：为包选路径和转发数据。网络中的数据包在到达目的地之前，必须经过 Internet 上众多的通信路由器，如图 5-2 所示，寻找道路（路由），层层转发，接力传递到目的网络。

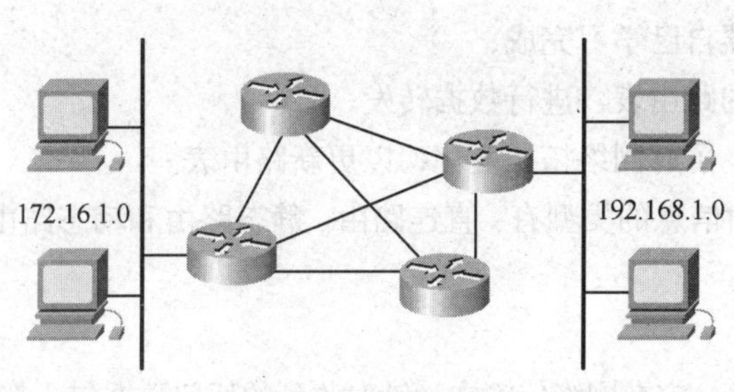

图 5-2　路由过程

通常人们会把路由和交换进行对比，这是因为在大家看来，两者所实现数据传输的功能一样。其实路由和交换之间还是有本质的区别：交换发生在 OSI 参考模型的第二层（数据链路层），而路由发生在第三层即网络层。这一区别决定了数据在路由和交换过程中，需要使用不同的控制信息，由此两者所实现功能和传输的方式也各有不同。

（二）路由原理

路由技术之所以在问世之初没有被广泛使用，主要是因为 20 世纪 80 年代之前的网络，结构都非常简单，路由技术没有用武之地。直到最近十几年，大规模的互联网络技术的推广应用，为路由技术的发展提供了良好的基础平台。通常所说的路由技术其实是由两项最基本的活动组成，即决定最优路径和传输信息单元（也称数据包）。其中数据包的传输和交换相对较为简单和直接，而路由的工作过程的确定则更加复杂一些。

为了简单说明路由器在传输数据中的路由过程，现有如图 5-3 所示网络，A、B、C、D 四个子网络通过路由器连接在一起。假设网络 A 中一个

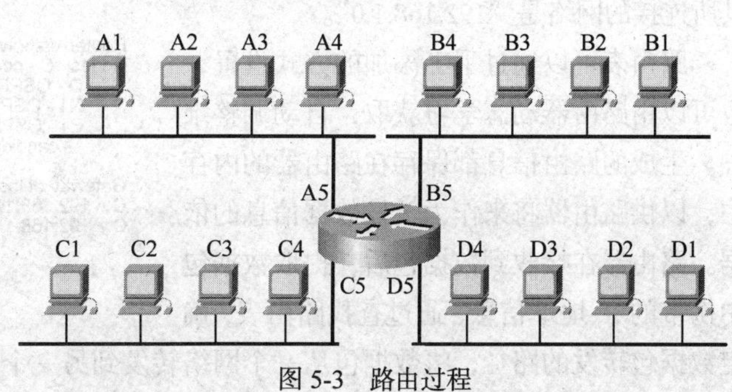

图 5-3　路由过程

用户 A1 要向 C 网络中的 C3 用户发送一个请求信号，现在看一下路由器在网络传输过程中，如何发挥其路由作用，把数据转发到对应的网络中。

第 1 步：用户 A1 将目的用户 C3 的地址 C3，连同数据信息以数据帧的形式通过交换机以广播的形式发送给同一网络中的所有节点，当路由器 A5 端口侦听到这个地址后，分析得知所发目的节点不是本网段，需要路由器转发，就把数据帧接收下来。

第 2 步：路由器 A5 端口接收到用户 A1 的数据帧后，先从报头中取出目的用户 C3 的 IP 地址，并根据路由表计算出发往用户 C3 的最佳路径。因为从分析得知到 C3 的网络 ID 号与路由器的 C5 网络 ID 号相同，所以由路由器的 A5 端口直接发向路由器的 C5 端口应是信号传递的最佳途径。

第 3 步：路由器的 C5 端口再次取出目的用户 C3 的 IP 地址，找出 C3 的 IP 地址中的主机 ID 号，先发给网络中交换机，由交换机根据 MAC 地址表找出具体的网络节点位置；如果没有交换机设备则根据其 IP 地址中的主机 ID 直接把数据帧发送给用户 C3，这样一个完整的数据通信转发过程也就完成了。

从上面可以看出，不管网络有多么复杂，路由器所作的工作就是这么几步，其路由过程中的基本工作过程都是这样的。但从过滤网络流量的角度来看，路由器使用专门的软件协议，从逻辑上把整个网络划分成多个子网段，只有指向特殊 IP 地址的网络流量才可通过路由器，自动过滤网络广播，提高网络的整体效率。在路由的过程中，路由器设备所承担的路由功能有：

路由发现：学习路由的过程，通常由路由器自己学习完成；

路由转发：路由学习之后，按照学习更新的路由表，进行数据转发；

路由维护：路由器定期与其他路由器通信，了解网络拓扑变化，以更新路由表。

其中路由发现是路由过程的开始，发现路由信息的类型有：直连路由、静态路由和动态路由。

（三）查看路由表

路由器是工作在 OSI 网络模型中网络层设备，它在网络传输中，针对收到的任何数据包，都需要“拆包”查看第三层信息 IP 地址。然后根据路由表确定数据包路由，将该数据包转发。如果在路由表中查不到转发目标网络地址，则路由器将向其转发到默认的网络，或者把这个数据包丢弃掉。

路由器的主要工作就是为经过路由器的每个数据帧寻找一条最佳传输路径，并将该数据有效地传送到目的站点。由此可见，选择最佳路径的策略即路由算法是路由器的关键所在。为了完成这项工作，在路由器中保存着各种传输路径的相关数据——路径表（Routing Table），供路由选择时使用。路由表就像平时使用的地图一样，标识着各种路线，保存着到达各子网的标志信息：路由标识、获得路由方式、目标网络、转发路由器地址和经过路由器的个数等内容，如图 5-4 所示。路由表中显示的信息分别为：Codes 部分信息，表示路由学习获得的各种方式，通过一个大写的字母区别。最下 2 行显示具体的路由表信息，“C”表示直连路由信息，“192.168.1.1”反映的是 fa1/0 接口的地址，其所连接的网络是“192.168.1.0”。

```
RouterA#show ip route  !! 查看路由器路由表信息
Codes:  C - connected, S - static,  R - RIP
        O - OSPF, IA - OSPF inter area
        N1 - OSPF NSSA external type 1, N2 - OSPF NSSA external type 2
        E1 - OSPF external type 1, E2 - OSPF external type 2
        * - candidate default

Gateway of last resort is no set
C    192.168.1.0/24 is directly connected, FastEthernet 1/0
C    192.168.1.1/32 is local host.
```

图 5-4　路由器转发数据路由表

路由表可以通过手工添加的方式设置，也可以由路由器动态学习获取，自动调整维护。生成的路由信息都保存在路由器的内存中，以供路由器将来作为转发数据信息的依据。路由器在接收到数据包后，提取数据包中携带的 IP 地址信息，通过查找路由表，确定数据包转发的路径，将数据包从一个网络转发到另一个网络，如图 5-3 所示。

三、任务实施

（一）配置路由器直连路由

路由技术在实际使用中可以分为直连路由和非直连路由两种类型。直连路由是指通过路由器接口直接连接的子网形成的直连路由；非直连路由则是通过路由协议、由通信设备从别的路由器学习获取到的路由。非直连路由在形态上又可分为静态路由和动态路由。

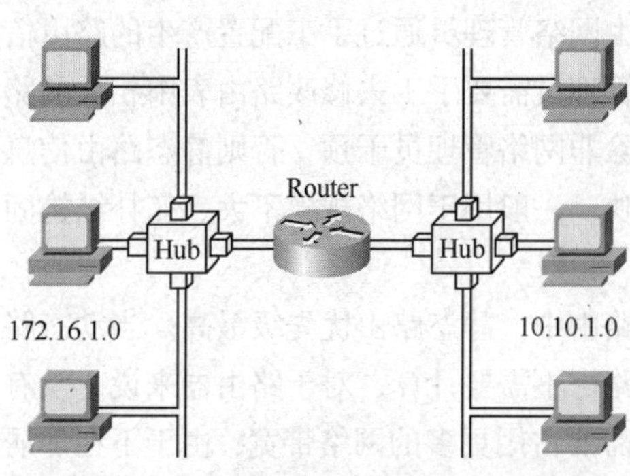

图 5-5　路由器直连子网间路由过程

直连路由由链路层协议发现，直接指向路由器的接口所连接的网段，完成直连网络间通信。直连路由信息不需要网络管理员维护，也不需要路由器通过算法计算获得，只要该接口配置有有效接口 IP 地址，并保证该接口处于活动状态（Active），路由器就会把通向该网段的路由信息直接填写到路由表中去生成直连路由，如图 5-5 所示。直连路由无法使路由器获取与其不直接相连的路由信息，因此也不能保证其之间的通信。

如图 5-5 所示的网络场景，路由器的每个接口都必须单独占用一个网段，路由器经过配置如表 5-1 中地址信息后，激活端口 IP，即可在互连设备中生成直连路由信息，从而实现直连网段之间的通信。

表 5-1　路由器接口所连接网络地址

接　口	IP 地址	目 标 网 段
Fastethernet 1/0	172.16.1.1	172.16.1.0
Fastethernet 1/1	10.10.1.1	10.10.1.0

路由器设备加电激活后，需要配置路由器，为所有接口配置所在网络的接口地址。

```
Red-Giant#
Red-Giant#configure terminal                              ! 进入全局配置模式
Red-Giant(config)#hostname Router

Router (config)#interface fastethernet 1/0               ! 进入 F1/0 接口模式
Router (config-if) #ip address 172.16.1.1 255.255.255.0 ! 配置接口地址
Router (config-if) #no shutdown

Router (config)#interface fastethernet 1/1               ! 进入 F1/1 接口模式
Router (config-if) #ip address 10.10.1.1 255.255.255.0  ! 配置接口地址
Router (config-if) #no shutdown

Router (config-if)#end                                    ! 退回到特权模式
Router #
```

通过以上配置操作以后，路由器将为激活的接口自动产生直连路由，172.16.1.0 网络被映射到接口 F1/0 上、10.10.1.0 网络被映射到接口 F1/1 上。相应的路由表可以通过 show ip route 命令查询，如下所示。

```
Router# show ip route                                     ! 查看路由表信息
Codes:  C - connected, S - static,  R - RIP
```

```
        O - OSPF, IA - OSPF inter area
        N1 - OSPF NSSA external type 1, N2 - OSPF NSSA external type 2
        E1 - OSPF external type 1, E2 - OSPF external type 2
        * - candidate default
Gateway of last resort is no set

C    172.16.1.0/24  is directly connected, FastEthernet1/0     ! 生成直连路由
C    10.10.1.0/24  is directly connected, FastEthernet1/1
```

（二）配置路由器静态路由

和直连路由连接网络的通信过程不同，静态路由是由网络管理员通过手工配置产生的路由信息。当网络的拓扑结构或链路的状态发生变化时，网络管理员需要手工去修改路由表中相关的路由信息。静态路由在路由器中产生固定的路由表信息，除非网络管理员干预，否则静态路由信息不会发生变化。由于静态路由不能对网络的改变作出反映，一般用于网络规模不大、拓扑结构固定的网络中。

静态路由具有简单、高效、可靠的优点，在所有的路由中，静态路由优先级最高。当动态路由与静态路由发生冲突时，以静态路由为准。由于静态路由不需要计算，对于路由器来说，没有CPU负载；在路由器之间没有带宽占用，这就意味着不需要占用更多的网络带宽；由于不在邻居路由器之间传递静态路由信息，增加了网络的安全性。

静态路由一般出现在非直连的网段中，适用于比较简单的网络环境，在这样的环境中，网络管理员易于了解网络拓扑结构，便于设置正确的路由信息。但在网络中使用静态路由技术时，作为网络管理人员必须熟悉这个网络，知道每一个路由器是如何相连的，以便正确的配置网络；如果在网络中新添加了一台路由器，那么网络管理员必须在每台路由器上手动添加路由，因此这也决定了在一个大型网络中，静态路由技术难以适应。

静态路由必须通过网络管理手工配置完成，在网络中配置静态路由的语法是：

```
Ip route [destination_network] [mask] [next-hop or exitinterface]
--------------------------------------------------------------------------------
ip route ：创建一个静态路由；
destination_network：所要到达的目的网络；
mask：网络上使用的子网掩码；
next-hop ：下一跳路由器的 IP 地址
exitinterface ：数据被转发出的接口，可以用它来代替下一路地址
```

如图 5-6 所示的网络场景，两台路由器的每个接口都必须单独占用一个网段，共连接有三个不同的子网络，无法通过直连路由实现三个子网络的通信，因此需要为该网络项目配置静态路由技术以实现三个子网络之间的通信。

路由器经过配置如表 5-2 中地址信息后，激活端口 IP，即可在互连设备中生成直连路由信息，从而实现直连网段之间的通信，但需要为网络配置非直连路由信息。

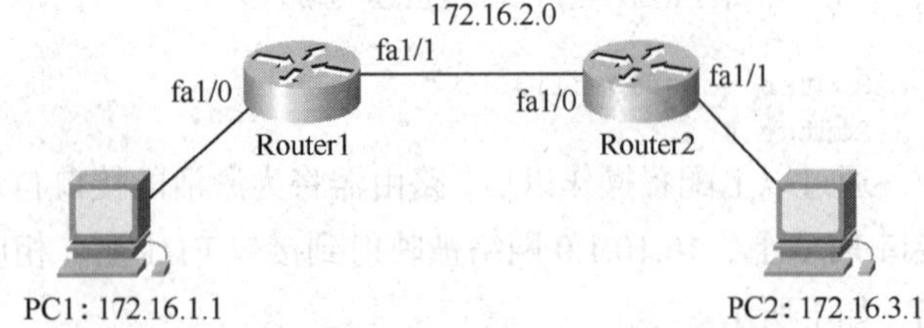

图 5-6　两台路由器连接三个非直连网络

表 5-2　　路由器接口所连接网络地址

设备名称	设备及端口的配置地址		备　注
Router1	Fa1/0	172.16.1.2 / 24	局域网端口，连接 PC1
	Fa1/1	172.16.2.1 / 24	局域网端口，连接 R2 路由器 Fa1/0
Router2	Fa1/0	172.16.2.2 / 24	局域网端口，连接 R1 路由器 Fa1/1
	Fa1/1	172.16.3.2 / 24	局域网端口，连接 PC2
PC1	172.16.1.1 / 24		网关：172.16.1.2
PC2	172.16.3.1 / 24		网关：172.16.3.2

路由器设备加电激活后，需要配置路由器，为所有接口配置所在网络的接口地址，生成直连网络的路由。首先配置路由器 Router1 设备的直连路由信息。

```
Red-Giant#
Red-Giant#configure terminal                                   ! 进入全局配置模式
Red-Giant(config)#hostname Router1

Router1 (config)#interface fastethernet 1/0                    ! 进入 F1/0 接口模式
Router1 (config-if) #ip address 172.16.1.2 255.255.255.0       ! 配置接口地址
Router1 (config-if) #no shutdown

Router1 (config)#interface fastethernet 1/1                    ! 进入 F1/1 接口模式
Router1 (config-if) #ip address 172.16.2.1 255.255.255.0       ! 配置接口地址
Router1 (config-if) #no shutdown
```

其次配置路由器 Router2 设备的直连路由信息。

```
Red-Giant#
Red-Giant#configure terminal                                   ! 进入全局配置模式
Red-Giant(config)#hostname Router2

Router2 (config)#interface fastethernet 1/0                    ! 进入 F1/0 接口模式
Router2 (config-if) #ip address 172.16.2.2 255.255.255.0       ! 配置接口地址
Router2 (config-if) #no shutdown

Router2 (config)#interface fastethernet 1/1                    ! 进入 F1/1 接口模式
Router2 (config-if) #ip address 172.16.3.2 255.255.255.0       ! 配置接口地址
Router2 (config-if) #no shutdown
```

分别查看其路由表信息，都无法获得其到达非直连网络的路由信息，因此需要为其配置指向非直连网络的路由信息，以获得非直连网段的路由信息，实现网络连通。

```
Router1 (config)# ip route 172.16.3.0 255.255.255.0 172.16.2.2
                  ! 配置到达非直连 172.16.3.0 网络的下一跳地址 172.16.2.2

Router2 (config)# ip route 172.16.1.0 255.255.255.0 172.16.2.1
                  ! 配置到达非直连 172.16.1.0 网络的下一跳地址 172.16.2.1
```

在所有接口信息及静态路由信息配置完成后，分别在 2 台路由器上验证配置生效的结果。使用 show ip route 命令可以完成。以 Router1 路由器查看结果为例：

```
Router1# show ip route                        ! 查看 Router1 设备生成路由表信息
Codes:  C - connected, S - static,  R - RIP
```

```
        O - OSPF, IA - OSPF inter area
        N1 - OSPF NSSA external type 1, N2 - OSPF NSSA external type 2
        E1 - OSPF external type 1, E2 - OSPF external type 2
        * - candidate default
Gateway of last resort is no set

C    172.16.1.0/24 is directly connected, FastEthernet1/0
C    172.16.2.0/24 is directly connected, FastEthernet1/1
S    172.16.3.0/24 [1/0] via 172.16.2.2            ! 生成的静态路由信息记录
```

❖ 备注：S　172.16.3.0/24 [1/0] via 172.16.2.2。

S —— 路由信息的来源（静态路由 S-static）。

172.16.3.0 —— 目标网络（或子网）。

[1 —— 管理距离（路由的可信度）。

/0] —— 量度值（路由的可到达性）。

via 172.16.2.2 —— 下一跳地址（下个路由器）。

（三）默认路由配置

在一个末端网络中，由于只有一条指向外部网络的路由信息，因此经常使用一条默认路由技术予以解决，如图 5-7 所示的右侧 R 路由器所连接的是一个企业内部网络，无法向外网转发数据。

在技术上默认路由常被理解为网络中特殊的静态路由，有时默认路由也叫做缺省路由，指在路由表中转发的数据包目的地址没有匹配到对应的表项时，需要路由器做出的相应的选择。在默认的情况下，路由器在路由表中没有匹配表项的包将被丢弃。

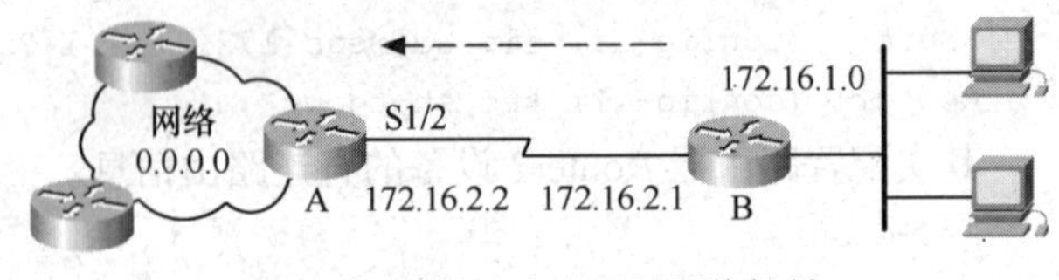

图 5-7　默认路由出现的网络场景

默认路由也需要由网络管理员设置，在没有找到目标网络的路由表匹配项时，路由器将该信息包发送到缺省路由器上，以避免网络中某些数据包的丢失。这在某些时候非常有效，特别是在当存在末梢网络时，默认路由将会大大简化路由器的配置，减轻管理员的工作负担，提高网络性能。

默认路由以目的网络为 0.0.0.0、子网掩码为 0.0.0.0 的形式出现。如果数据包的目的地址不能与任何路由相匹配，那么系统将使用缺省路由转发该数据包。意思就是说：当一个数据包的目的网段不在你的路由记录中，那么路由器把该数据包发送到指定的地址。这个地址是下一个路由器的一个接口，数据包在交付给下一台路由器处理，与我无关。

配置默认路由命令如下：

```
Router #configure terminal
Router(config)# ip route  0.0.0.0  0.0.0.0  [转发路由器的 IP 地址/本地接口]
```

在如图 5-6 所示的网络环境中，由于是使用 2 台路由器连接 3 个非直连网络，实际上也可以当作 2 个末端网络来看待，因此分别在路由器 R 上配置一条默认路由，也可以实现三个非直连网络通信，但以上现象只是个别现象。

```
Router1 (config)# ip route 0.0.0.0 0.0.0.0 172.16.2.2
                ! 配置匹配不成功的数据都经过下一跳地址 172.16.2.2 接口转发

Router2 (config)# ip route 0.0.0.0 0.0.0.0 172.16.2.1
                ! 配置匹配不成功的数据都经过下一跳地址 172.16.2.1 接口转发
```

任务二　RIP 动态路由实现园区网络连通

一、任务分析

随着招生规模的连年扩大，A 校的校区由原来的一个老校园扩展为三个区域，为了实现校园整体信息化建设的需要，需要把分散的校园网络连接为一体，实现互联互通。

三个互相分隔的校区可以看成是三个独立的子网络，如果需要实现多个独立的子网络之间的互联互通，RIP 动态路由技术是最好的技术之一。与管理员通过手工添加的静态路由技术相比，动态路由技术具有更好的灵活性。

二、相关知识

（一）动态路由协议

网络中典型的路由选择方式有两种：静态路由和动态路由。静态路由是在路由器中设置固定的路由表。除非网络管理员干预，否则静态路由不会发生变化。由于静态路由不能对网络的改变作出反映，一般用于网络规模不大、拓扑结构固定的网络中。在结构复杂、网络变化大的网络环境中，一旦网络结构发生改变，手动配置的静态路由往往无法及时进行相应的改变，在这种情况下，应该使用动态路由技术，保证网络的畅通。

动态路由技术的运行依赖于路由器的两个基本功能：对路由表的维护；路由器之间适时的路由信息交换。动态路由通过网络中的路由器自动学习网络中路由信息，之间相互传递路由信息，利用收到的路由信息更新路由表，实时地适应网络结构变化的路由技术。配置有动态路由技术的路由器在网络路由发生变化时，相互连接的路由器之间彼此交换信息，然后按照一定的算法优化重新计算路由，并生成新的路由更新信息。

此后这些更新的路由信息通过网络，引起互相连接网络中路由器及时更新各自的路由表，根据实际情况的变化适时地进行调整，以动态地反映网络拓扑变化。因此动态路由技术适用于网络规模大、网络拓扑复杂的网络。同样由于需要路由器及时计算，各种动态路由协议都会不同程度地占用网络带宽和 CPU 资源。

在结构复杂的网络中，什么样的路由器要使用什么样的路由协议，是由网络的管理策略直接决定的。一般中小型的网络，网络拓扑比较简单，不存在线路冗余等因素，所以通常采用静态路由的方式来配置。但是大型网络拓扑复杂，路由器数量大，线路冗余多，管理人员相对较少，要求管理效率要高等原因，通常都会使用动态路由协议，适当地辅以静态路由的方式。静态路由和动态路由有各自的特点和适用范围，因此在网络中动态路由通常作为静态路由的补充。当一个分组在路由器中进行寻径时，路由器首先查找静态路由，如果查到则根据相应的静态路由转发分组；否则再查找动态路由。

（二）距离矢量路由协议

当网络结构发生变化时，相互连接路由器间就需要彼此交换信息，然后按照一定的路由算法，

重新计算路由，并发出新的路由更新信息。路由算法在初始化路由、维护路由表、选择最佳路径信息中起着至关重要的作用，采用何种算法往往决定了最终的寻径结果。常见的路由选择协议按照算法基本上有两类：距离矢量路由算法和链路状态路由算法。

距离矢量路由协议（也叫做 Bellman-Ford 算法）是为小型网络环境设计，其名称中距离的意义是使用跳数作为度量值，来计算到达目的地要经过的路由器数，根据距离的远近来决定最好的路径。距离矢量路由协议定期传送各自路由表信息给所有的邻居（RIP 协议默认是 30s）。

网络中的每一台路由器都从自己的邻居路由器获取路由信息，并将这些获取的路由信息连同自己的本地路由信息，发送给其他邻居，使相邻站点的路由选择表得到更新。这样一级一级地传递直到全网同步。每个路由器都从邻居那里得到路由信息来更新自己的路由表，其所有的信息都靠道听途说，相信邻居告诉它的所有信息，类似于“击鼓传话”这个游戏，因此距离矢量路由也称为是基于“流言”的路由，可信度不高。

和距离向量算法中每台路由器发送全部路由表给其邻居相比，链接状态算法（也叫做短路径优先算法）中连接的每台路由器设备，只把描述自己链接状态的部分路由信息，传输到网络的骨干节点。也就是说，链接状态算法在网络中只传播较少的更新信息。因此在大型网络环境下，链接状态路由算法比距离矢量路由算法，在学习路由及保持路由中产生较少的网络流量，占用更少的带宽，因此其工作效率也更高。

（三）RIP 路由协议

RIP(Routing information Protocol)是使用最广泛的距离矢量路由协议，其最早由施乐（Xerox）在 20 世纪 70 年代开发。RIP 路由协议采用距离矢量路由算法，无论是工作原理还是配置实现方法，都非常简单。由于 RIP 路由协议在工作过程中，需要通过广播方式来交换路由信息，且每 30s 发送一次路由信息更新，因此适用于小型规模的网络。

由于是距离矢量算法，RIP 路由协议的度量使用跳数（hops count）作为尺度来衡量路由距离。路由跳数是一个包到达目标网络过程中，所必须经过的路由器的数目。每经过一台路由器，路径的跳数加 1。如此一来，跳数越多，路径就越长，RIP 路由协议会优先选择跳数少的路径作为最佳传输路径。如果到达相同目标有两个不等速或不同带宽的路由器，但跳数相同，则 RIP 认为两条路由是等距离。

（四）RIP 路由协议工作原理

RIP（路由信息协议）是当今应用最为广泛的内部网关协议。在工作过程中，RIP 路由信息协议需要通过广播方式来交换路由信息，且每 30s 发送一次路由信息更新。

RIP 的度量是基于跳数（hops count）的，每经过一台路由器，路径的跳数加 1。如此一来，跳数越多，路径就越长，RIP 算法会优先选择跳数少的路径。在默认情况下，RIP 使用一种非常简单的度量制度：RIP 路由协议最多支持的路由跳数为 15，即在源和目的网络之间所要经过的最多路由器的数目为 15 台，跳数 16 表示目标网络不可到达。

RIP 协议的路由更新是通过定时广播方式来实现，在缺省情况下路由器每隔 30s 向与它相连的网络广播自己的最新路由表，接到广播信息的邻居路由器将接收到的信息添加至自身的路由表中，并修改更新时间。每台路由器都如此广播，最终使用 RIP 路由协议的网络上所有的路由器，都会得知全部的路由信息，如图 5-8 所示。

正常情况下，配置 RIP 路由协议的路由器每隔 30s，就可以收到一次来自邻居的路由更新信息；如果经过 180s，即 6 个更新周期，某台路由器中的一条路由项都没有得到来自邻居的更新确认，路由器就认为该项路由已经失效；如果经过 240s，即 8 个更新周期，该路由项仍没有得到来自邻居的确认，它就被从路由表中删除。上面的 30s，180s 和 240s 的延时，都是由计时器控制，它们分别隶属于更新计时器（Update Timer）、无效计时器（Invalid Timer）和刷新计时器（Flush Timer）。

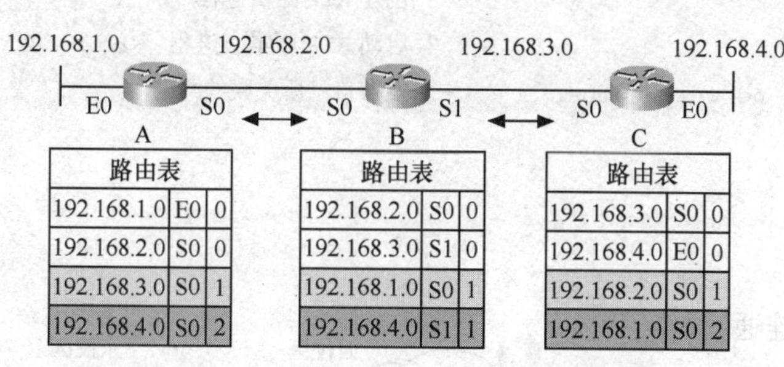

图 5-8　RIP 路由协议学习生成路由表的过程

RIP 路由协议虽然简单易行，并且久经考验，但是也存在着一些很严重的缺陷，主要有以下几点：过于简单，以跳数为依据计算度量值，经常得出非最优路由；度量值以 16 为极限，不适合大型的网络；由于通过广播方式传输路由信息，安全性差，接受来自任何设备的路由更新；不支持无类 IP 地址和 VLSM（Variable Length Subnet Mask，变长子网掩码）；收敛缓慢，时间经常大于 5min；消耗带宽很大。

（五）配置 RIP 路由协议

在使用 RIP 路由协议通信的网络中配置 RIP 路由协议，首先需要创建 RIP 路由进程，并定义与 RIP 路由进程关联的网络。需要注意的是 RIP 路由协议只和自己使用相同协议的设备进行交换路由信息。

```
Router(config)# router rip                          ! 创建 RIP 路由进程
Router(config-router)# network network-number       ! 发布自己所关联的网络
```

（六）RIP 路由协议版本

虽然 RIP 路由协议已经存在了很长的时间，但只适合早期的互联网络计算路由。由于技术进步已极大地改变了互联网络建构方式，RIP 协议已经不太适合今天的互联网络环境。特别是 RIP 版本 1 是个有类的路由选择协议，其在路由宣告中不携带子网掩码，因此 RIP 版本 1 不能识别子网地址，在传送的路由更新报文中不包含子网掩码。

RIP 版本 1 接收路由信息时，采用接口的子网掩码来确定目的网络的子网范围，这种匹配网络的结果是仅对接收到的路由和直连网络处于同一主网的情况有效。如果接收到的路由信息和其不是同一个主网时，路由器就会试着去匹配该路由的主网掩码，也即是 A、B、C 有类网络掩码，因此会屏蔽掉一些带有子网信息的路由信息。这明显不能适应今天以子网信息为核心的互联网络技术应用时代，新的替代性 RIP 版本 2 路由协议技术应运而生。

RIP 版本 2 路由协议不是一个新的协议，是在 RIP 版本 1 基础上进行技术更新，属于 RIP 版本 1 的补充协议。主要表现在扩大 RIP 版本 1 装载有用信息的数量，在 RIP 版本 1 协议的基础上增加了一些扩展特性，以适用于现代网络的路由选择环境。这些扩展特性有：

- 每个路由条目都携带自己的子网掩码；
- 路由选择更新支持明文/MD5 验证；

- 每个路由条目都携带下一跳地址，为路由的选优提供了更多的信息；
- 外部路由标志；
- 使用组播方式更新路由。

```
Router(config)# router rip                              ! 创建 RIP 路由进程
Router(config-router)# version 2                        ! 启动 RIP 版本 2 进程
Router(config-router)# network network-number           ! 发布自己所关联的网络
```

三、任务实施

【任务目标】

通过 RIP 动态路由实现区域网络连通。

【施工设备】

路由器（3 台）、网络连线（若干根）、测试 PC（3 台）。

【任务场景】

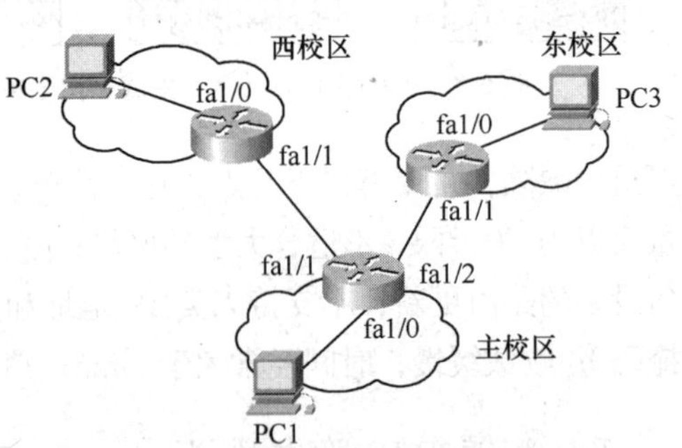

图 5-9　A 校主校区骨干网络之间连接工作场景

随着招生规模的连年扩大，A 校的校区由原来的一个老校园扩展为三个区域，为了适应校园整体信息化建设的需要，需要把分散的校园网络连接为一体，实现互联互通。三个互相分隔的校区可以看成是三个独立的子网络，如果需要实现多个独立的子网络之间的互联互通，RIP 动态路由技术是最好的技术之一，具有更好的灵活性。

如图 5-9 所示，实现的是 A 校分散在两个校区和主校区骨干网络之间互相连接的工作场景，左边路由器连接西校区，右边路由器连接东校区。其中园区网络的地址规划如表 5-3 所示。希望通过 RIP 版本 2 动态路由技术，实现分散园区网络之间互相连通。

表 5-3　A 校 3 个园区网络地址规划

区域网络	设备名称	设备及端口的配置地址		备注
A 校骨干网络	骨干路由器 R1	Fa1/0	172.16.1.2 / 24	局域网端口，连接 PC1
		Fa1/1	172.16.2.1 / 24	局域网端口，连接水利水电校区
		Fa1/2	172.16.3.1 / 24	局域网端口，连接建筑学校校区
	测试 PC1	IP	172.16.1.1 / 24	模拟网络局域网中测试计算机
		网关	172.16.1.2 / 24	
B 校校园网	接入路由器 R2	Fa1/0	172.16.4.2 / 24	局域网端口，连接 PC2
		Fa1/1	172.16.2.2 / 24	局域网端口，连接学院骨干网
	测试 PC2	IP	172.16.4.1 / 24	模拟网络局域网中测试计算机
		网关	172.16.4.2 / 24	
C 校校园网	接入路由器 R3	Fa1/0	172.16.5.2 / 24	局域网端口，连接 PC3
		Fa1/1	172.16.3.2 / 24	局域网端口，连接学院骨干网
	测试 PC3	IP	172.16.5.1 / 24	模拟网络局域网中测试计算机
		网关	172.16.5.2 / 24	

❖ 备注：在实验室使用环境中，骨干路由器 Router1 如果缺乏 Fa1/2 局域网端口，可以使用 Serial1/0 等广域网接口来代替，但需要使用 V35 线缆，其相应的对端接口也随之变化。

步骤 1 如图 5-9 所示网络拓扑，在工作现场连接好设备

步骤 2 配置所有路由器设备基本信息

路由器设备加电激活后，需要配置路由器，为所有接口配置所在网络的接口地址，生成直连网络的路由。首先配置 A 校骨干路由器 Router1 设备的直连路由信息。

```
Red-Giant#
Red-Giant#configure terminal                                  ! 进入全局配置模式
Red-Giant(config) #hostname Router1
Router1(config) #interface fastethernet 1/0                   ! 进入 F1/0 接口模式
Router1(config-if) #ip address 172.16.1.2 255.255.255.0       ! 配置接口地址
Router1(config-if) #no shutdown
Router1(config) #interface fastethernet 1/1                   ! 进入 F1/1 接口模式
Router1(config-if) #ip address 172.16.2.1 255.255.255.0       ! 配置接口地址
Router1(config-if) #no shutdown
Router1(config) #interface fastethernet 1/2                   ! 进入 F1/2 接口模式
Router1(config-if) #ip address 172.16.3.1 255.255.255.0       ! 配置接口地址
Router1(config-if) #no shutdown
```

其次配置 B 校校园网接入路由器 Router2 设备的直连路由信息。

```
Red-Giant#
Red-Giant#configure terminal                                  ! 进入全局配置模式
Red-Giant(config)#hostname Router2

Router2 (config)#interface fastethernet 1/0                   ! 进入 F1/0 接口模式
Router2 (config-if) #ip address 172.16.4.2 255.255.255.0      ! 配置接口地址
Router2 (config-if) #no shutdown
Router2 (config)#interface fastethernet 1/1                   ! 进入 F1/1 接口模式
Router2 (config-if) #ip address 172.16.2.2 255.255.255.0      ! 配置接口地址
Router2 (config-if) #no shutdown
```

最后配置 C 校校园网接入路由器 Router3 设备的直连路由信息。

```
Red-Giant#
Red-Giant#configure terminal                                  ! 进入全局配置模式
Red-Giant(config)#hostname Router3

Router3 (config)#interface fastethernet 1/0                   ! 进入 F1/0 接口模式
Router3 (config-if) #ip address 172.16.5.2 255.255.255.0      ! 配置接口地址
Router3 (config-if) #no shutdown
Router3 (config)#interface fastethernet 1/1                   ! 进入 F1/1 接口模式
Router3 (config-if) #ip address 172.16.3.2 255.255.255.0      ! 配置接口地址
Router3 (config-if) #no shutdown
```

分别查看所有设备路由表信息，都生成直连路由信息，无法获得其到达非直连网络的路由信息。

```
Router1 (config)#show ip route                                ! 查看设备路由信息表
……
Router2 (config)# show ip route
……
Router3 (config)# show ip route
……
```

步骤 3　配置所有路由器设备动态路由技术

由于所有设备都无法获取非直连网络的路由信息，因此需要为其配置指向非直连网络的路由信息，以获得非直连网段的路由信息，实现网络连通。但由于网络规模大，涉及到五个不同子网络信息，因此配置 RIP 动态路由技术是最好选择方案。此外由于在网络规划中使用了子网地址，因此使用 RIP 版本 2 技术。

```
Router1#configure terminal
Router1(config)# router Rip                        ！创建 RIP 路由进程
Router1(config-router)# version 2                  ！启动 RIP 版本 2 进程
Router1(config-router)# network 172.16.1.0         ！发布自己所关联的网络
Router1(config-router)# network 172.16.2.0
Router1(config-router)# network 172.16.3.0
              ！配置 A 校骨干路由器 Router1 设备 RIP 版本 2 路由
Router2#configure terminal
Router2(config)# router Rip                        ！创建 RIP 路由进程
Router2(config-router)# version 2                  ！启动 RIP 版本 2 进程
Router2(config-router)# network 172.16.2.0         ！发布自己所关联的网络
Router2(config-router)# network 172.16.4.0
              ！配置 B 校校园网路由器 Router2 设备 RIP 版本 2 路由
Router3#configure terminal
Router3(config)# router Rip                        ！创建 RIP 路由进程
Router3(config-router)# version 2                  ！启动 RIP 版本 2 进程
Router3(config-router)# network 172.16.3.0         ！发布自己所关联的网络
Router3(config-router)# network 172.16.5.0
              ！配置 C 校校园网接入路由器 Router3 设备 RIP 版本 2 路由
```

分别查看所有设备路由表信息，由于都配置了 RIP 版本 2 路由信息，互相连接的路由器之间互相学习生成动态路由，学习获得其到达非直连网络的路由信息。

```
Router1 (config)#show ip route                     ！查看设备路由信息表
……
Router2 (config)# show ip route
……
Router3 (config)# show ip route
……
```

步骤 4　测试网络连通性

如表 5-3 所示，为网络中所有测试计算机配置对应的 IP 管理地址和网关信息，测试到达网络中任意位置的连通性

① 从 A 校校园网络测试到达分校网络。

```
c:\ping 172.16.4.1
……
c:\ping 172.16.5.1
……
```

② 从 B 校校园网络测试到达总校和分校网络。

```
c:\ping 172.16.1.1
……
c:\ping 172.16.3.1
```

```
……
c:\ping 172.16.5.1
……
```

③ 从 C 校校园网络测试到达总校和分校网络。

```
c:\ping 172.16.1.1
……
c:\ping 172.16.2.1
……
c:\ping 172.16.4.1
……
```

任务三 OSPF 动态路由实现园区网络连通

一、任务分析

随着招生规模的连年扩大，A 校校区由原来的一个老校园扩展为三个区域，为了实现校园整体信息化建设的需要，需要把分散的校园网络连接为一体，实现互连互通。

三个互相分隔的校区可以看成是三个独立的子网络，如果需要实现多个独立的子网络之间的互联互通，动态路由技术是最好的技术之一。与管理员通过手工添加的静态路由技术相比，动态路由技术具有更好的灵活性。但由于 A 校的整体校园网络涉及到多个复杂的子网络，网络结构复杂，因此需要启用 OSPF 动态路由实现园区网络连通，以保障校园网间获得高带宽，稳定链路连接。

二、相关知识

（一）链路状态路由协议

20 世纪 80 年代中期，以距离矢量算法为代表的 RIP 协议，已不能适应大规模异构类型互联网络连接的需要，特别是不适合有几百个路由器组成的的大型网络，或经常更新的网络环境。在大型网络中，由于路由表的更新过程很长，因此远程设备的路由表不大可能与本地设备的路由表同步更新。在这种情况下，需要一种更新的算法，以提高远程路由和本地路由的同步更新的速度，以基于链路状态的算法为核心的路由协议应运而生。

链路状态路由算法比距离矢量路由算法需要更强的处理能力，对路由选择过程提供更多的控制和对网络的变化提供更快的响应。链路状态算法在算法上使用更多的方法，如根据链路的带宽、延迟、可靠性和负载的变化，以避开拥塞区、选择线路的速度、优化线路的费用或提供更高优先级别来实现网络连通。

以链接状态算法为核心的路由协议更适合大型网络，同时也由于它的复杂性，使得路由器需要消耗更多的 CPU 和内存资源，因此实现和支持链路状态算法的路由协议需要更昂贵链路成本。链路状态算法（也称最短路径算法）也把自己了解的路由信息，发送到周围互联的网络上，对于每台路由器而言，仅发送本路由器路由表中描述其自身链路状态的那一部分信息，从而使链路状态算法收敛更快。这样就保证了链接状态路由协议能够在更短的时间内，发现已经断了的链路或

新连接的路由器，使得协议的汇聚时间比距离矢量路由协议更短。最常用的链路状态路由选择协议是优先开放最短路径（OSPF）动态路由协议。

（二）OSPF 路由协议

20 世纪 80 年代中期，RIP 已不能适应大规模异构网络的互连，OSPF 随之产生。它是网间工程任务组织 IETF 工作组为 IP 网络而开发的一种新路由协议。

OSPF 路由协议是一种典型的链路状态（Link-state）算法的路由协议，作为一种链路状态的路由协议，OSPF 路由器首先必须收集有关的链路状态信息，并根据一定的算法计算出到每个节点的最短路径。然后 OSPF 将链路状态广播数据包（LSA，Link State Advertisement）传送给在某一区域内的所有路由器，与距离矢量路由协议不同的是，链路状态路由协议只发送路由更新信息。在 OSPF 的链路状态广播信息中，包括本地设备所有接口信息、所有的度量和其他一些变量。

OSPF 一般只将链路状态广播数据包 LSA 在同一个路由域内广播，这里的路由域是指一个自治系统（Autonomous System），即 AS，在路由域中通过统一的路由政策或路由协议互相交换路由信息。在这个 AS 中，所有的 OSPF 路由器都维护一个相同的描述这个 AS 结构的数据库，该数据库中存放的是路由域中相应链路的状态信息，OSPF 路由器正是通过这个数据库计算出其 OSPF 路由表的。

通常，在 10s 之内没有收到邻站的 HELLO 报文，它就认为邻站已不可到达。一个链接状态路由器向它的邻站发送更新报文，通知它所知道的所有链路。它确定最优路径的度量值是一个数值代价，这个代价的值一般由链路的带宽决定。具有最小代价的链路被认为是最优的。在最短路径优先算法中，最大可能代价的值几乎可以是无限的。如果网络没有发生任何变化，路由器只要周期性地将没有更新的路由选择表进行刷新就可以了（周期的长短可以从 30min 到 2 个 h）。

RIP 路由协议中用于表示目的网络远近的唯一参数为跳（HOP），也即到达目的网络所要经过的路由器个数。对于 OSPF 路由协议，路由表中表示目的网络的参数为 Cost，该参数为一个虚拟值，与网络中链路的带宽等相关，也就是说 OSPF 路由信息不受物理跳数的限制。并且 OSPF 是一种链路状态的路由协议，当网络比较稳定时，网络中的路由信息是比较少的，并且其广播也不是周期性的，因此 OSPF 路由协议即使是在大型网络中也能够较快地收敛。此外 OSPF 路由协议采用变长子网屏蔽码可以在最大限度上节约 IP 地址。OSPF 路由协议对 VLSM 有良好的支持性。因此，OSPF 比较适合应用于大型网络中。

在所有的动态路由协议中，OSPF 路由协议具有高等级的管理距离，其管理距离是 110。管理距离是指一种路由协议的路由可信度。每一种路由协议按可靠性从高到低，依次分配一个信任等级，这个信任等级就叫做管理距离。对于到一个目的地的两种不同路由协议的路由信息，路由器首先根据管理距离决定相信哪一个协议。

（三）OSPF 路由协议区域

区域是 OSPF 路由协议引入的“分层路由”概念，在 OSPF 路由协议中，一个网络，或者说是一个路由域，可以划分为很多个区域（area）。网络通过 area 被分割成许多和“主干”连接的相互独立的部分，这些相互独立的部分被称为“区域”，其中“主干”部分称为“主干区域”，如图 5-10 所示。每个

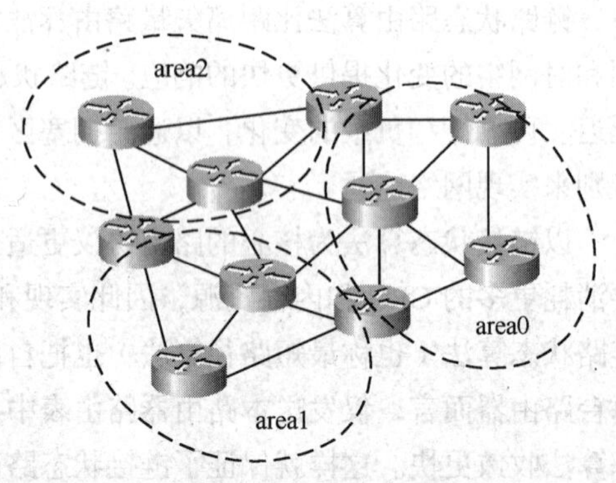

图 5-10　OSPF 协议路由区域划分

区域就如同一个独立的网络，该区域的 OSPF 路由器只保存该区域的链路状态。每个路由器的链路状态数据库都可以保持合理的大小，路由计算的时间、报文数量都不会过大。

在 RIP 协议中，网络是一个平面的概念，并无区域及边界定义，与 RIP 路由协议不同，OSPF 将一个自治域划分为区。相应地即有两种类型的路由选择方式：当源和目的地在同一区时，采用区内路由选择；当源和目的地在不同区时，则采用区间路由选择，每一个区域通过 OSPF 边界路由器相连，区域间可以通过路由总结（Summary）来减少路由信息，减小路由表，提高路由器的运算速度。因而大大减少了网络开销，并增加网络的稳定性。而且当一个区内的路由器出现故障时，也不影响其自治域内其他区路由器的正常工作，这也给网络的管理维护带来方便。

在 OSPF 路由协议中，每一个区域中的路由器都按照该区域中定义的链路状态算法来计算网络拓扑结构，这意味着每一个区域都有着该区域独立的网络拓扑数据库及网络拓扑图。对于每一个区域，其网络拓扑结构在区域外是不可见的，同样，在每一个区域中的路由器对其域外的其余网络结构也不了解。这意味着 OSPF 路由域中的网络链路状态数据广播被区域的边界挡住了，这样做有利于减少网络中链路状态数据包在全网范围内的广播，也是 OSPF 将其路由域或一个 AS 划分成很多个区域的重要原因。

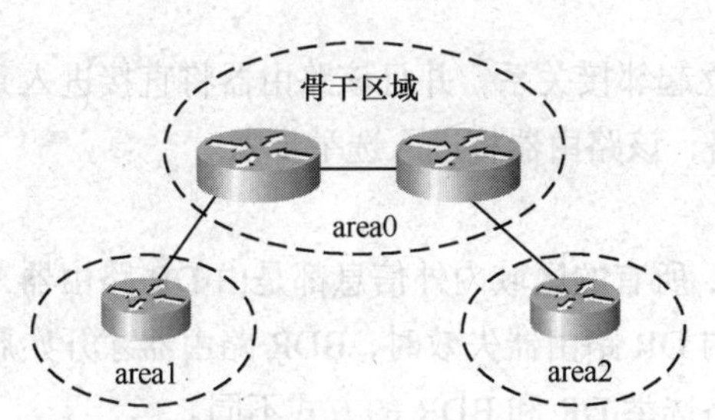

图 5-11　OSPF 中区域中骨干区域（areao）划分

所有的 OSPF 路由协议中都存在一个骨干区域（Backbone）area0，该区域包括属于这个区域的网络及相应的路由器，骨干区域必须是连续的，同时也要求其余区域必须与骨干区域直接相连。骨干区域一般为区域 0，其主要工作是在其余区域间传递路由信息，如图 5-11 所示。所有的区域，包括骨干区域之间的网络结构情况是互不可见的，当一个区域的路由信息对外广播时，其路由信息是先传递至区域 0（骨干区域），再由区域 0 将该路由信息向其余区域作广播。

（四）OSPF 路由协议工作原理

OSPF 路由协议是一种典型的链路状态路由协议，作为一种典型的链路状态路由协议，OSPF 还得遵循链路状态路由协议的统一算法。链路状态的算法非常复杂，可以概括为：当路由器初始化或当网络结构发生变化（例如增减路由器，链路状态发生变化等）时，路由器会产生链路状态广播数据包（LSA，Link-State Advertisement），该数据包里包含路由器上所有相连链路，也即所有端口的状态信息。所有路由器会通过一种被称为刷新（Flooding）的方法来交换链路状态数据。Flooding 过程是路由器将其 LSA 数据包传送给所有与其相邻的 OSPF 路由器，相邻路由器根据其接收到的链路状态信息更新自己的数据库，并将该链路状态信息转发给与其相邻的路由器，直至稳定的一个过程。

当网络重新稳定下来，也可以说 OSPF 路由协议收敛后，所有的路由器会根据其各自的链路状态信息数据库计算出各自的路由表。该路由表中包含路由器到每一个可到达目的地的 Cost 以及到达该目的地所要转发的下一个路由器（next-hop）。最后当网络状态比较稳定时，网络中传递的链路状态信息是比较少的，或者说，当网络稳定时，网络中是比较安静的。这也正是链路状态路由协议区别于距离矢量路由协议的一大特点。

（五）OSPF 路由协议工作过程

作为一种链路状态的路由工作模式，OSPF 路由协议将链路状态的广播数据包 LSA 传递给在某一区域内的所有的路由器。在 OSPF 路由区域内，每台路由器工作都呈现 4 种工作状态，分别为：初始化状态，双向状态，启动和交换状态，载入和完全状态。

步骤 1　建立路由器的邻接关系

所谓“邻接关系”（Adjacency）是指 OSPF 路由器以交换路由信息为目的，在所选择的相邻路由器之间建立的一种关系。

路由器首先发送拥有自身 ID 信息（Loopback 端口或最大的 IP 地址）的 Hello 报文。与之相邻的路由器如果收到这个 Hello 报文，就将这个报文内的 ID 信息加入到自己的 Hello 报文内。这里的 Loopback 端口是应用最为广泛的一种虚接口，几乎在每台路由器上都会使用，当物理链路不断的话，Loopback 接口不会 down 掉，将数据包在设备内部处理，以保证数据包的有效传输以及设备间的选举等功能。

如果路由器的某端口收到从其他路由器发送的含有自身 ID 信息的 Hello 报文，则它根据该端口所在网络类型确定是否可以建立邻接关系。

在点对点网络中，路由器将直接和对端路由器建立起邻接关系，并且该路由器将直接进入到第 3 步操作：发现其他路由器。若为 MultiAccess 网络，该路由器将进入选举步骤。

步骤 2　选举 DR 和 BDR

DR 是 OSPF 区域内部的指定路由器，正常情况下，所有的区域内外信息都是由 DR 路由器来完成。BDR 是区域内 DR 的备份路由器，只有当区域内 DR 路由器失效时，BDR 路由器才开始履行 DR 路由器的功能。需要注意的是，不同类型的网络选举 DR 和 BDR 的方式不同。

在一个广播性的、多接入的网络（例如 Ethernet、TokenRing 及 FDDI 环境）中，存在一个指定路由器（Designated Router），指定路由器主要在 OSPF 协议中完成如下工作：指定路由器产生用于描述所处网段的链路数据包——network link，该数据包里包含该网段上所有的路由器，包括指定路由器本身的状态信息。指定路由器与所有与其处于同一网段上的 OSPF 路由器建立相邻关系。由于 OSPF 路由器之间是通过建立相邻关系及以后的 flooding 来进行链路状态数据库同步的，因此，我们可以说指定路由器处于一个网段的中心地位。

步骤 3　发现路由器

在这个步骤中，路由器与路由器之间首先利用 Hello 报文的 ID 信息确认主从关系，然后主从路由器相互交换部分链路状态信息。每个路由器对信息进行分析比较，如果收到的信息有新的内容，路由器将要求对方发送完整的链路状态信息。这个状态完成后，路由器之间建立完全相邻（Full Adjacency）关系，同时邻接路由器拥有自己独立的、完整的链路状态数据库。

步骤 4　选择适当的路由器

当一个路由器拥有完整独立的链路状态数据库后，它将采用 SPF 算法计算并创建路由表。OSPF 路由器依据链路状态数据库的内容，独立地用 SPF 算法计算出到每一个目的网络的路径，并将路径存入路由表中。OSPF 利用量度（Cost）计算目的路径，Cost 最小者即为最短路径。在配置 OSPF 路由器时可根据实际情况，如链路带宽、时延或经济上的费用设置链路 Cost 大小。Cost 越小，则该链路被选为路由的可能性越大。

其中 SPF 算法是 OSPF 路由协议的基础。SPF 算法有时也被称为 Dijkstra 算法，这是因为最

短路径优先算法 SPF 是 Dijkstra 发明的。SPF 算法将每一个路由器作为根（ROOT）来计算其到每一个目的地路由器的距离，每一个路由器根据一个统一的数据库会计算出路由域的拓扑结构图，该结构图类似于一棵树，在 SPF 算法中，被称为最短路径树。在 OSPF 路由协议中，最短路径树的树干长度，即 OSPF 路由器至每一个目的地路由器的距离，称为 OSPF 的 Cost。

步骤 5　维护路由信息

当链路状态发生变化时，OSPF 通过 Flooding 过程通告网络上其他路由器。OSPF 路由器接收到包含有新信息的链路状态更新报文，将更新自己的链路状态数据库，然后用 SPF 算法重新计算路由表。在重新计算过程中，路由器继续使用旧路由表，直到 SPF 完成新的路由表计算。新的链路状态信息将发送给其他路由器。值得注意的是，即使链路状态没有发生改变，OSPF 路由信息也会自动更新，默认时间为 30min。

（六）配置单区域 OSPF 路由协议

如图 5-12 所示的网络拓扑是某区域网络中，一台需要启用 OSPF 路由协议工作的路由器设备，需要为该路由器进行简单的配置，以启动和激活设备。

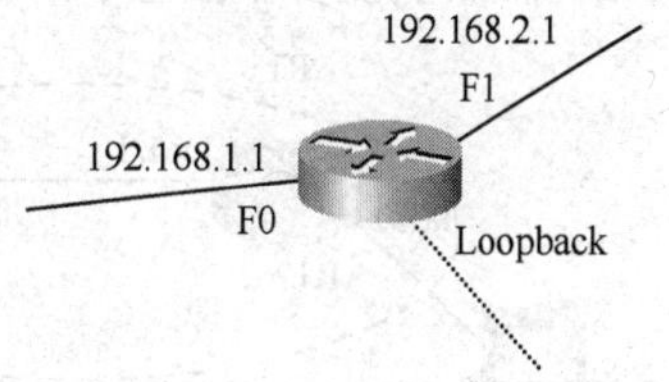

图 5-12　配置单区域 OSPF 路由

首先为设备进行基本信息配置操作。

```
Router#
Router#configure terminal
Router(configure)# interface fa1/0
Router(configure)# ip address 192.168.1.1 255.255.255.0
Router(configure)# no shutdown

Router(configure)# interface fa1/1
Router(configure)# ip address 192.168.2.1 255.255.255.0
Router(configure)# no shutdown

Router(configure)# interface loopback0
Router(configure)# ip address 192.168.3.1 255.255.255.0
Router(configure)# no shutdown
```

再为路由器配置 OSPF 单区域操作。

```
Router#
Router#configure terminal
Router(config)#router ospf
Router(config-router)#network 192.168.1.0 0.0.0.255 area 0  !申明本网段信息，分配区域号
Router(config-router)#network 192.168.2.0 0.0.0.255 area 0  !申明本网段信息，分配区域号
Router(config-router)#network 192.168.3.0 0.0.0.255 area 0  !申明本网段信息，分配区域号
Router(config-router)#end
Router#
```

查看配置好的设备信息。

```
Router#show ip route                    ！查看路由表
......
Router#show ip ospf  interface          ！查看区域号和与此相关的信息
......
Router#show ip ospf  neighbor   查看在每一个接口上的邻居信息
......
```

三、任务实施

【任务目标】

配置 OSPF 动态路由实现区域网连通。

【施工设备】

路由器（2 台）、网络连线（若干根）、测试 PC（2 台）。

【任务场景】

A 校的校区由原来的一个老校园扩展为三个区域，为了实现校园整体信息化建设的需要，需要把分散的校园网络连接为一体，实现互联互通。三个互相分隔的校区可以看成是三个独立的子网络，需要实现多个独立子网络之间互联互通。

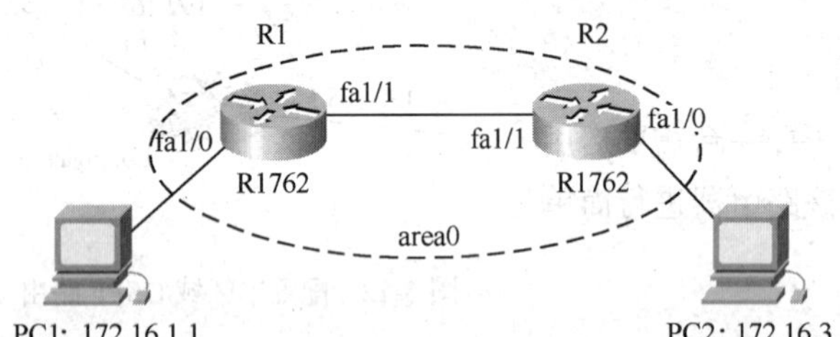

图 5-13　B 校校区和主校区网络工作场景

如图 5-13 所示，是实现 A 校其中一个校区和主校区骨干网络之间互相连接的工作场景，左边路由器连接的是 B 校校区，右边路由器连接的是 A 校主校区。其中园区网络的地址规划见表 5-4 所示。希望通过 OSPF 动态路由技术，实现分散园区网络之间互相连通。

表 5-4　分散园区网络地址规划

设 备 名 称	设备及端口的配置地址		备　　注
R1	Fa1/0	172.16.1.2 / 24	局域网端口，连接 PC1
	Fa1/1	172.16.2.1 / 24	局域网端口，连接 R2 路由器 Fa1/1
R2	Fa1/1	172.16.2.2 / 24	局域网端口，连接 R1 路由器 Fa1/0
	Fa1/0	172.16.3.2 / 24	局域网端口，连接 PC2
PC1	172.16.1.1 / 24		网关：172.16.1.2
PC2	172.16.3.1 / 24		网关：172.16.3.2

步骤 1　如图 5-13 所示，使用网线在工作现场连接好设备

步骤 2　配置路由器设备基本接口信息

① 配置 R1 路由器端口的地址信息。

```
Router# configure terminal
Router(config)#hostname Router-1
Router-1 (config)# interface fa1/0
Router-1 (config-if)#ip address 172.16.1.2 255.255.255.0
Router-1 (config-if)#no shutdown
Router-1 (config)# interface fa1/1
Router-1 (config-if)#ip address 172.16.2.1 255.255.255.0
Router-1 (config-if)#no shutdown
Router-1 (config-if)#end
```

② 配置 R2 路由器端口的地址信息。

```
Router# configure terminal
Router(config)#hostname Router-2
Router-2 (config)# interface fa1/1
Router-1 (config-if)#ip address 172.16.2.2 255.255.255.0
Router-1 (config-if)#no shutdown
Router-1 (config)# interface fa1/0
Router-1 (config-if)#ip address 172.16.3.2 255.255.255.0
Router-1 (config-if)#no shutdown
Router-1 (config-if)#end
```

步骤 3　测试网络连通性

① 配置 PC1 的地址：172.16.1.1/24　网关：172.16.1.2；配置 PC2 的地址：172.16.3.1/24　网关：172.16.3.2。

② 使用 Ping 命令，测试网络连通性，PC1 无法和 PC2 进行通信。

③ 查询网络不通原因，查看 R1 路由表，缺少到 172.16.3.0/24 网络路由。

```
R1762#show ip route
Codes:  C - connected, S - static,  R - RIP
        O - OSPF, IA - OSPF inter area
        N1 - OSPF NSSA external type 1, N2 - OSPF NSSA external type 2
        E1 - OSPF external type 1, E2 - OSPF external type 2
        * - candidate default
Gateway of last resort is no set
C    172.16.2.0/24 is directly connected, FastEthernet 1/1
C    172.16.2.1/32 is local host
```

步骤 4　配置网络的动态 OSPF 路由，实现网络的连通

① 配置 R1 路由器到达 172.16.3.0/24 网络的动态 OSPF 路由。

```
Router-1# configure terminal
Router-1 (config)# router ospf
Router-1 (config- router)#network 172.16.1.0 0.0.0.255 area 0
Router-1 (config- router)#network 172.16.2.0 0.0.0.255 area 0
Router-1 (config- router)#end
```

② 配置 R2 路由器到达 172.16.1.0/24 网络的动态 OSPF 路由。

```
Router-2# configure terminal
Router-2 (config)# router ospf
Router-2 (config- router)#network 172.16.2.0 0.0.0.255 area 0
Router-2 (config- router)#network 172.16.3.0 0.0.0.255 area 0
Router-2 (config- router)#end
```

③ 查看 R1 路由表，通过 OSPF 路由技术，学习到达 172.16.3.0/24 网络的路由。

```
R1762#show ip route
Codes:  C - connected, S - static,  R - RIP
        O - OSPF, IA - OSPF inter area
        N1 - OSPF NSSA external type 1, N2 - OSPF NSSA external type 2
        E1 - OSPF external type 1, E2 - OSPF external type 2
        * - candidate default
Gateway of last resort is no set
C    172.16.2.0/24 is directly connected, FastEthernet 1/1
C    172.16.2.1/32 is local host.
O    172.16.3.0/24 [110/1] via 172.16.2.2, 00:00:16, FastEthernet 1/1
```

【任务测试】

使用 Ping 命令，测试网络连通性，如图 5-14 所示。PC1 和 PC2 能进行通信，通过 OSPF 动态路由技术，实现了某大学多个分散园区网络互联互通。

```
C:\WINDOWS\system32\cmd.exe
Microsoft Windows XP [版本 5.1.2600]
(C) 版权所有 1985-2001 Microsoft Corp.

C:\Documents and Settings\new>ping 172.16.1.1

Pinging 172.16.1.1 with 32 bytes of data:

Reply from 172.16.1.1: bytes=32 time=1ms TTL=126
Reply from 172.16.1.1: bytes=32 time<1ms TTL=126
Reply from 172.16.1.1: bytes=32 time<1ms TTL=126
Reply from 172.16.1.1: bytes=32 time<1ms TTL=126

Ping statistics for 172.16.1.1:
    Packets: Sent = 4, Received = 4, Lost = 0 (0% loss),
Approximate round trip times in milli-seconds:
    Minimum = 0ms, Maximum = 1ms, Average = 0ms

C:\Documents and Settings\new>
```

图 5-14　通过 OSPF 动态路由技术实现了网络的连通

❖ 备注：虽然以上是通过2台路由器实现了网络的连通性，在不同区域的网络中，可能使用了更多的路由器设备，但它们通过动态路由实现的技术原理是一样的，2台路由器和多台路由器的区别在于配置更多设备的动态路由而已。

任务四 三层交换动态路由实现园区网络连通

一、任务分析

在以交换为中心的校园网络中，为了保证高效的传输效率，多使用三层交换机实现不同子网络之间的互相连通。三个互相分隔的校区可以看成是三个独立的子网络，如果需要实现多个独立的子网络之间的互联互通，动态路由技术是最好的技术之一。管理员需要在三层交换机上启动动态路由技术，以保证园区网络的高带宽和通信速度。

二、相关知识

（一）三层交换机的传输效率

三层交换机就是具有部分路由器功能的交换机，三层交换机的最主要的功能是加快大型局域网内部的数据交换，所具有的路由功能也是为这目的服务的，能够做到一次路由，多次转发，如图5-15所示。对于数据包转发等规律性的过程由硬件高速实现，而像路由信息更新、路由表维护、路由计算、路由确定等功能，则由软件实现。

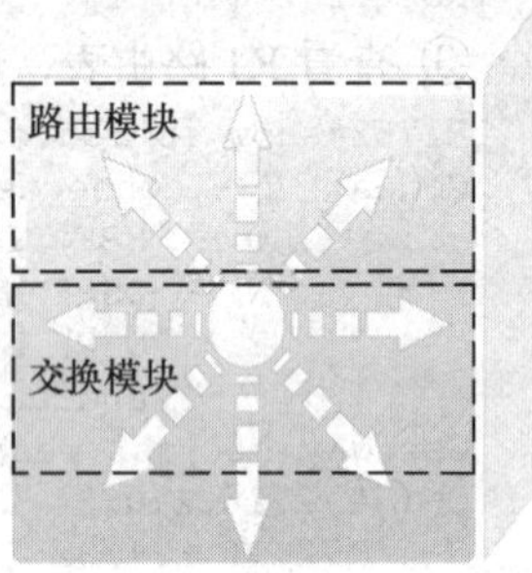

图5-15 三层交换机及内部芯片组成

出于安全和管理方便的考虑，主要是为了减小广播风暴的危害，必须把大型局域网按功能或地域等因素划成一个个小的局域网，这就使VLAN技术在网络中得以大量应用，而各个不同VLAN间的通信都要经过路由器来完成转发。随着网间互访的不断增加，单纯使用路由器来实现网间访问，不但端口数量有限，而且路由速度较慢，从而限制了网络的规模和访问速度。基于这种情况三层交换机便应运而生，三层交换机是为IP设计的，接口类型简单，拥有很强二层包处理能力，非常适用于大型局域网内的数据路由与交换，它既可以工作在协议第三层替代或部分完成传统路由器的功能，同时又具有几乎第二层交换的速度，且价格相对便宜些。

在企业网和教学网中，一般会将三层交换机用在网络的核心层，用三层交换机上的吉比特端口或百兆端口连接不同的子网或VLAN。不过应清醒地认识到，三层交换机最主要的目的是加快大型局域网内部的数据交换，所具备的路由功能也多是围绕这一目的而展开的，所以它的路由功能没有同一档次的专业路由器强。在安全、协议支持等方面还有许多欠缺，并不能完全取代路由器工作。

在实际应用过程中，典型的做法是：处于同一个局域网中的各个子网的互联以及局域网中

VLAN 间的路由，用三层交换机来代替路由器，而只有局域网与公网互联之间要实现跨地域的网络访问时，才能通过专业路由器。

三层交换技术是在网络模型中的第三层实现数据包的高速转发。应用第三层交换技术即可实现网络路由的功能，又可以根据不同的网络状况做到最优的网络性能。其优良的性能主要表现在以下几方面。

（1）网络骨干少不了三层交换

要说三层交换机在诸多网络设备中的作用，用“中流砥柱”形容并不为过。在校园网、城域教育网中，从骨干网、城域网骨干、汇聚层都有三层交换机的用武之地，尤其是核心骨干网一定要用三层交换机，否则整个网络成千上万台的计算机都在一个子网中，不仅毫无安全可言，也会因为无法分割广播域而无法隔离广播风暴，如图 5-16 所示。

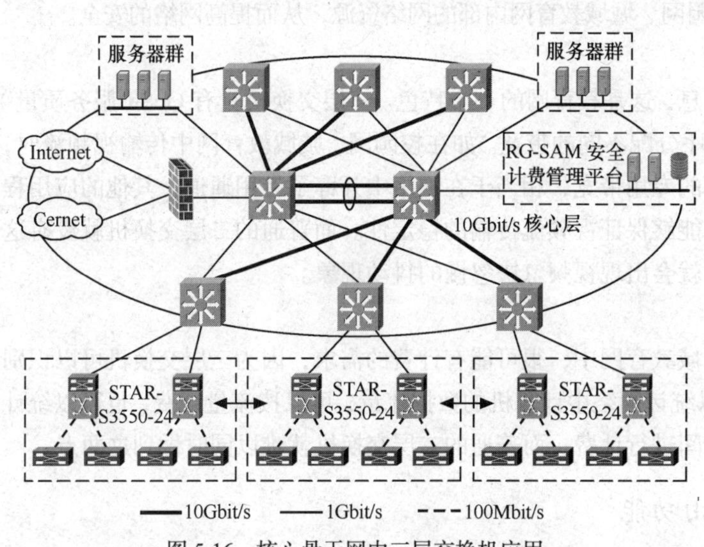

图 5-16　核心骨干网中三层交换机应用

如果采用传统的路由器，虽然可以隔离广播，但是性能得不到保障。而三层交换机的性能非常高，既有三层路由的功能，又具有二层交换的网络速度。二层交换是基于 MAC 寻址，三层交换则是转发基于第三层地址的业务流；除了必要的路由决定过程外，大部分数据转发过程由二层交换处理，提高了数据包转发的效率。

三层交换机通过使用硬件交换机实现了 IP 的路由功能，其优化的路由软件使得路由过程效率提高，解决了传统路由器软件路由的速度问题。因此可以说，三层交换机具有“路由器的功能、交换机的性能”。

（2）连接子网少不了三层交换

同一网络上的计算机如果超过一定数量（通常在 200 台左右，视通信协议而定），就很可能会因为网络上大量的广播而导致网络传输效率低下。为了避免在大型交换机上进行广播所引起的广播风暴，可将其进一步划分为多个虚拟网（VLAN）。但是这样做将导致一个问题：VLAN 之间的通信必须通过路由器来实现。但是传统路由器也难以胜任 VLAN 之间的通信任务，因为相对于局域网的网络流量来说，传统的普通路由器的路由能力太弱。

而且吉比特级路由器的价格也是非常难以接受的。如果使用三层交换机上的吉比特端口或百兆端口连接不同的子网或 VLAN，就可以在保持性能的前提下，经济地解决了子网划分之后子网之间必须依赖路由器进行通信的问题，因此三层交换机是连接子网的理想设备，如图 5-17 所示。

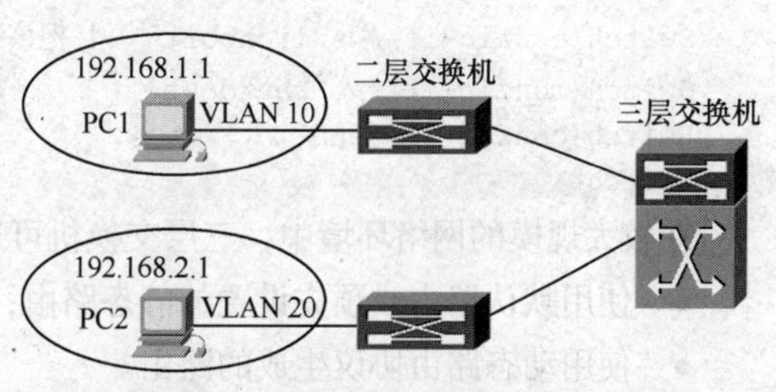

图 5-17　三层交换机连接不同子网络

（3）高可扩充性

三层交换机在连接多个子网时，子网只是与第三层交换模块建立逻辑连接，不像传统外接路

由器那样需要增加端口，从而保护了用户对校园网、城域教育网的投资。并满足学校 3~5 年网络应用快速增长的需要。

（4）高性价比

三层交换机具有连接大型网络的能力，功能基本上可以取代某些传统路由器，但是价格却接近二层交换机。现在一台百兆三层交换机的价格只有几万元，与高端的二层交换机的价格差不多。

（5）内置安全机制

三层交换机可以与普通路由器一样，具有访问列表的功能，可以实现不同 VLAN 间的单向或双向通信。如果在访问列表中进行设置，可以限制用户访问特定的 IP 地址，这样学校就可以禁止学生访问不健康的站点。访问列表不仅可以用于禁止内部用户访问某些站点，也可以用于防止校园网、城域教育网外部的非法用户访问校园网、城域教育网内部的网络资源，从而提高网络的安全。

（6）适合多媒体传输

教育网经常需要传输多媒体信息，这是教育网的一个特色。三层交换机具有 QoS（服务质量）的控制功能，可以给不同的应用程序分配不同的带宽。如在校园网、城域教育网中传输视频流时，就可以专门为视频传输预留一定量的专用带宽，相当于在网络中开辟了专用通道，其他的应用程序不能占用这些预留的带宽，因此能够保证视频流传输的稳定性。而普通的二层交换机就没有这种特性，因此在传输视频数据时，就会出现视频忽快忽慢的抖动现象。

（7）计费功能

在高校校园网及有些地区的城域教育网中，很可能有计费的需求，因为三层交换机可以识别数据包中的 IP 地址信息，因此可以统计网络中计算机的数据流量，可以按流量计费，也可以统计计算机连接在网络上的时间，按时间进行计费。而普通的二层交换机就难以同时做到这两点。

（二）配置三层交换机路由功能

三层交换机最大的特色是其不仅仅具有交换功能，还具有路由功能，每一个物理接口还可以是一个路由接口，连接一个子网络。三层交换机物理接口默认是交换接口，如果需要开启路由接口。

在三层交换机开启路由功能的配置命令为

```
Switch#configure terminal
Switch(config)# interface fastethernet 0/5
Switch(config-if)# no switchport              ！开启物理接口 Fa5 的路由功能
Switch(config-if)# ip address 192.168.1.1 255.255.255.0
                                              ！配置接口 Fa5 的 IP 地址
Switch(config-if)# no shutdown
```

如果需要关闭物理接口路由功能，则可以执行下面的命令：

```
Switch#configure terminal
Switch(config)# interface fastethernet 0/5
Switch(config-if)# switchport     ！把该端口还原为交换端口
Switch(config-if)#no shutdown
Switch(config-if)#end
Switch#
```

在较大规模的网络环境中，三层交换机可通过下面的方式进行路由：

- 使用默认路由或预先设置的静态路由；
- 使用动态路由协议生成的路由。

在三层交换机中配置路由和在路由器中配置路由没有区别，在配置时只需启用该设备的路由功能即可。

三、任务实施

【任务场景】

如图 5-18 所示实现 A 校其中一个分校区和主校区骨干网络之间互相连接的工作场景，左边是B校校区网络模型，分校出口使用三层交换机，和右边 A 校主校区网络中心的 10 吉比特核心路由交换机实现连接。其中园区网络的地址规划见表 5-5 所示。希望通过 RIPV2 动态路由技术，通过三层交换技术，实现分散园区网络之间互相连通。

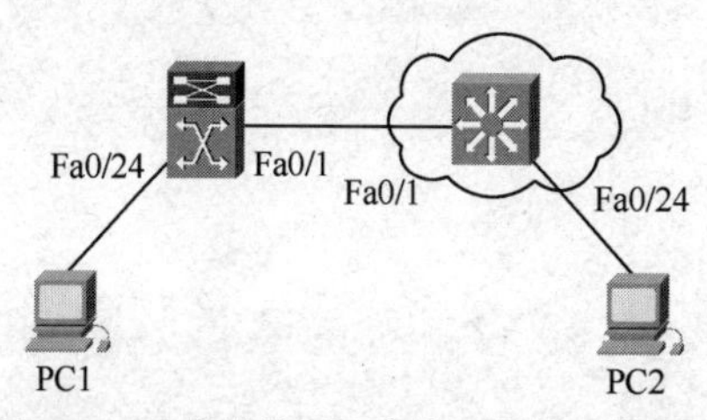

图 5-18　B 校分校区和主校区网络工作场景

【任务目标】

配置三层交换机 RIPV2 动态路由实现区域网连通。

【施工设备】

三层交换机（2 台）、网络连线（若干根）、测试 PC（2 台）。

表 5-5　分散园区网络地址规划

设 备 名 称	设备及端口的配置地址		备　注
S3760	Fa0/1	172.16.1.1 / 24	局域网端口，连接 S8600 的 Fa0/1
	Fa0/24	172.16.2.1 / 24	分校园网端口，连接模拟客户 PC1
S8600	Fa0/1	172.16.1.2 / 24	局域网端口，连接 S3760 的 Fa0/1
	Fa0/24	172.16.3.1 / 24	主校园网端口，连接模拟客户 PC2
PC1	172.16.2.2 / 24		网关：172.16.2.1
PC2	172.16.3.2 / 24		网关：172.16.3.1

步骤 1　如图 5-18 所示，使用网线在工作现场连接好设备

步骤 2　配置三层交换机设备基本接口信息

① 配置 S3760 三层交换机端口的地址信息。

```
Switch# configure terminal
Switch (config)#hostname S3760
S3760 (config)# interface fa0/1
S3760 (config)#no switchport
S3760 (config-if)#ip address 172.16.1.1 255.255.255.0
S3760 (config-if)#no shutdown
S3760 (config-if)#exit

S3760 (config)# interface fa0/24
S3760 (config)#no switchport
S3760 (config-if)#ip address 172.16.2.1 255.255.255.0
S3760 (config-if)#no shutdown
S3760 (config-if)#end
S3760 #
```

② 配置 S8600 三层路由交换机的地址信息。

```
Switch# configure terminal
```

```
Switch (config)#hostname S8600
S8600 (config)# interface fa0/1
S8600 (config)#no switchport
S8600 (config-if)#ip address 172.16.1.2 255.255.255.0
S8600 (config-if)#no shutdown
S8600 (config-if)#exit

S8600 (config)# interface fa0/24
S8600 (config)#no switchport
S8600 (config-if)#ip address 172.16.3.1 255.255.255.0
S8600 (config-if)#no shutdown
S8600 (config-if)#end
S8600 #
```

步骤 3　配置三层交换机设备 RIPV2 动态技术

① 配置 S3760 三层交换机。

```
S3760 # configure terminal
S3760 (config)# router rip
S3760 (config-router)# version 2
S3760 (config-router)#network  172.16.1.0
S3760 (config-router)# network  172.16.2.0
S3760 (config-router)#end
S3760 #

S3760 #show ip route
......
```

② 配置 S8600 三层路由交换机。

```
S8600 # configure terminal
S8600 (config)# router rip
S8600 (config-router)# version 2
S8600 (config-router)#network  172.16.1.0
S8600 (config-router)# network  172.16.3.0
S8600 (config-router)#end
S8600 #

S8600 #show ip route
......
```

步骤 4　测试网络连通性

从 PC1 测试计算机发送数据包，通过三层交换机的动态路由技术，实现水利水电学校分校区和主校区网络正常通信。

实训项目

实训项目 1　配置路由器直连路由，实现网络连通

1. 实训目的与要求

学会配置连接校园不同子网络接入路由器设备，实现直连网络连通。

2. 实训内容

实训内容为任务一中项目实施内容，按照规划任务内容，实施实训。

3. 实训设备与材料

路由器（1台）；网络线（若干根）；测试PC（若干台）。

4. 实训拓扑

如图5-5所示网络场景是路由器直连子网间路由过程接入拓扑。

5. 思考

如图5-5所示网络场景，为什么规划地址中，需要规划接口不同子网络地址？

实训项目2　配置路由器静态路由，实现网络连通

1. 实训目的与要求

学会配置连接校园不同子网络接入路由器设备静态路由技术，实现非直连子网络连通。

2. 实训内容

实训内容为任务一中项目实施内容，按照规划任务内容，实施实训。

3. 实训设备与材料

路由器（2台）；网络线（若干根）；测试PC（若干台）。

4. 实训拓扑

如图5-6所示网络场景，是两台路由器连接三个非直连网络规划拓扑。

5. 思考

如图5-6所示网络场景，两台路由器连接三个非直连网络规划拓扑，路由器到非直连网络可以通过几种方式和技术实现？

实训项目3　配置路由器RIP动态路由，实现网络连通

1. 实训目的与要求

学会配置连接校园不同子网络接入路由器设备的RIP动态路由技术，实现非直连子网络连通。

2. 实训内容

实训内容为任务二中项目实施内容，按照规划任务内容，实施实训。

3. 实训设备与材料

路由器（3台）；网络线（若干根）；测试PC（若干台）。

4. 实训拓扑

如图5-9所示网络场景，是A校主校区骨干网络之间连接工作场景的网络规划拓扑，实现非直连子网络连通。

5. 思考

如图5-9所示网络场景是三台路由器连接多个非直连网络规划拓扑，如果通过静态路由技术实现连通，应该如何来实施配置？

实训项目4　配置路由器OSPF动态路由，实现网络连通

1. 实训目的与要求

学会配置连接校园不同子网络接入路由器设备OSPF动态路由技术，实现非直连子网络连通。

2. 实训内容

实训内容为任务三中项目实施内容，按照规划任务内容，实施实训。

3. 实训设备与材料

路由器（2 台）；网络线（若干根）；测试 PC（若干台）。

4. 实训拓扑

如图 5-13 所示网络场景，是 A 校主校区连接不同子网络之间，连接工作场景的网络规划拓扑，实现非直连子网络连通。

5. 思考

如图 5-13 所示网络场景，两台路由器连接 3 个非直连网络规划拓扑，如果分别实施了静态路由技术、RIP 动态路由技术、OSPF 动态路由技术实现连通，查看结果设备中路由表的信息？路由器设备优先选择哪种路由通信？

实训项目 5　配置交换机动态路由，实现网络连通

1. 实训目的与要求

学会配置连接校园不同子网络接入三层交换机设备动态路由技术，实现非直连子网络连通。

2. 实训内容

实训内容为任务四中项目实施内容，按照规划任务内容，实施实训。

3. 实训设备与材料

三层交换机（2 台）；网络线（若干根）；测试 PC（若干台）。

4. 实训拓扑

如图 5-18 所示网络场景，是 A 校一个分校区和主校区骨干网络之间互相连接的工作场景，希望实现非直连子网络连通。

5. 思考

如图 5-18 所示网络场景，两台三层交换机连接 3 个非直连网络规划拓扑，如果分别实施了静态路由技术、RIP 动态路由技术、OSPF 动态路由技术实现连通，查看结果设备中路由表的信息？路由器设备优先选择哪种路由通信？

习题

1. 三层交换机在转发数据时，可以根据数据包的（　　）进行路由的选择和转发。

   A. 源 IP 地址　　B. 目的 IP 地址

   C. 源 MAC 地址　　D. 目的 MAC 地址

2. 在企业内部网络规划时，下列（　　）地址属于企业可以内部随意分配的私有地址。

   A. 172.15.8.1　　B. 192.16.8.1

   C. 200.8.3.1　　D. 192.168.50.254

3. 在企业网规划时，选择使用三层交换机而不选择路由器的原因中，不正确的是（　　）。

   A. 在一定条件下，三层交换机的转发性能要远远高于路由器

   B. 三层交换机的网络接口数相比路由器的接口要多很多

   C. 三层交换机可以实现路由器的所有功能

   D. 三层交换机组网比路由器组网更灵活

4. 下列的 IP 地址，（　　）可以正确地分配给主机使用。

A. 192.168.1.256　　B. 224.0.0.1　　C. 172.16.0.0　　D. 10.8.5.1

5. 三层交换机中三层表示的含义不正确的是（　　）。

A. 是指网络结构层次的第三层　　B. 是指 OSI 模型的网络层

C. 是指交换机具备 IP 路由、转发的功能　　D. 和路由器的功能类似

6. 静态路由协议的默认管理距离是？RIP 路由协议的默认管理距离是（　　）？OSPF 路由协议的默认管理距离是（　　）？

A. 1，40，120　　B. 1，120，110

C. 2，140，110　　D. 2，120 ，120

7. OSPF 网络的的最大跳数是（　　）。

A. 24　　B. 18　　C. 15　　D. 没有限制

8. 配置 OSPF 路由，最少需要（　　）命令？

A. 1　　B. 2　　C. 3　　D. 4

9. 配置 OSPF 路由，必须需要具有的网络区域是（　　）。

A. area0　　B. area1　　C. area2　　D. area3

10. OSPF 的管辖距离（Administrative Distance）是（　　）。

A. 90　　B. 100　　C. 110　　D. 120

11. 下列是距离矢量路由协议的有（　　）。是链路状态路由协议的有（　　）。

A. RIPV1/V2　　B. IGRP 和 EIGRP　　C. OSPF　　D. IS-IS

12. OSPF 路由协议是一种（　　）的协议？

A. 距离向量路由协议　　B. 链路状态路由协议

C. 内部网关协议　　D. 外部网关协议

13. 在路由表中 0.0.0.0 代表（　　）。

A. 静态路由　　B. 动态路由　　C. 默认路由　　D. RIP 路由

14. 如果将一个新的办公子网加入到原来的网络中，那么需要手工配置 IP 路由表，请问需要输入（　　）。

A. Ip route　　B. Route ip　　C. Sh ip route　　D. Sh route

15. Rip 路由缺省的 Holddown time 是（　　）。

A. 180　　B. 160　　C. 140　　D. 120

16. 默认路由是（　　）。

A. 一种静态路由　　B. 所有非路由数据包在此进行转发

C. 最后求助的网关

17. 当 RIP 向相邻的路由器发送更新时，它使用（　　）为更新计时的时间值。

A. 30　　B. 20　　C. 15　　D. 25

18. 路由协议中的管理距离，是告诉我们这条路由的（　　）？

A. 可信度的等级　　B. 路由信息的等级

C. 传输距离的远近　　D. 线路的好坏

项目六

连接局域网到互联网

随着 Internet 的迅猛发展，网络应用不再局限在一个小的范围，人们需要在更广泛的范围内来实现数据的远程交换和共享，以满足日益增多的信息检索、远程教学、视频会议、电子商务、远程医疗等应用需求。因此网络建设中必须解决局域网接入广域网的问题。广域网一般存在两种类型：一种是连接范围庞大的网络，如遍及全球的 Internet；另一种是由远程多个局域网互连后形成的范围更大的网络，这个网络属于某个单位或组织，如银行网络。

通常将用户接入公共传输网络部分简称为“最后一公里”网络线路，“最后一公里”最早是指电信服务商在公用模拟电话通信网建设中接入工程的入户接入部分，后来在 Internet 网络建设中被引用，用于表示用户到 Internet 网络的高速接入问题中 Internet 主干线到用户之间狭窄的信息通道所形成的进入网络的“瓶颈”。简单地说就是从局方（提供网络接入的服务商）到用户的数据通信终端设备这一段线路。

网络接入方式统称为网络接入技术，其发生在连接 Internet 主干网络与用户的最后一段路程，相对日益成熟和完善的各种宽带广域网技术和高速局域网技术，网络的接入部分是一个瓶颈，它与用户线路另一端的高性能设备形成了鲜明的反差，是目前最有希望大幅提高网络性能的环节。

一般将接入方式分“窄带”和“宽带”2 种接入方式，窄带和宽带其实并没有严格的定义，一般是以目前拨号上网速率的上限 56kbit/s 为分界，将 56kbit/s 及其以下的接入称为“窄带”，大于 56kbit/s 的接入方式则归类于“宽带”。

接入技术的多元化是接入网的一个基本特征，目前已逐步形成了电信网、有线电视网和计算机网三大网络并存且互相融合的局面，它表现为业务层互相渗透交叉，应用层使用统一的通信协议，网络层互联互通，技术上趋向一致。

任务一　通过 ADSL 接入互联网

一、任务分析

1997 年 10 月中国互联网络信息中心（CNNIC）第 1 次发布《中国互联网络发展状况统计报告》，报告显示，当时的网民数量只有 62 万，分为直接上网和拨号上网两种上网方式，其中通过电话拨号上网的占绝大多数，约为 66.7%。

2008 年 7 月 24 日，中国互联网络信息中心（CNNIC）在京发布《第 22 次中国互联网络发展状况统计报告》。报告显示，截至 2008 年 6 月底，我国网民数量达到了 2.53 亿，首次大幅度超过美国，跃居世界第一位。同时，宽带网民数达到 2.14 亿人，占网民总数的 84.6%。窄带网民（有线窄带和无线窄带）中有线电话拨号上网的仅占 8%左右。

短短的 11 年间，中国的网民数量从 62 万增加到 2.53 亿，电话拨号上网网民数从占总网民数的 66.7%，下降到现在的 8%。

随着网络接入技术的发展，李先生家里也从最初的电话拨号上网升级到 ADSL 宽带接入 Internet。

二、相关知识

1．ADSL 工作原理

传统的 Modem 也是使用电话线传输的，但它只使用了 0 ~ 4kHz 的低频段，而电话铜线理论上有接近 2MHz 的带宽，ADSL 正是使用了 26kHz 以上的高频带才提供了如此高的数据传输速率。

为了在电话线上有效分隔带宽，产生多路信道，ADSL 调制解调器一般采用两种方法实现。频分多路复用（FDM）或回波消除（Echo Cancellation）技术。FDM 在现有带宽中分配一段频带作为数据下行通道，同时分配另一段频带作为数据上行通道。下行通道通过时分多路复用（TDM）技术再分为多个高速信道和低速信道。同样，上行通道也由多路低速信道组成。而回波消除技术则使上行频带与下行频带叠加，通过本地回波抵消来区分两频带。无论使用哪种技术，ADSL 都会分离出 4kHz 的频带用于电话服务（POTS）。

ADSL 能产生这么高的带宽，是因为在信号调制数字相位均衡、回波抑制等方面采用了更先进的器件和动态控制技术，它采用正交调幅（QAM）、无载波幅度相位调制（CAP）、离散多音频调制（DMT）等调制技术，通过对不同的业务和上下行信号采用频分复用方式，其中 DMT 调制解调技术由于技术先进已经被 ANSI 组织定为标准，并被美国 ADSL 国家标准推荐使用，是目前最具前景的调制解调技术。以下主要介绍 DMT 调制技术。

DMT 调制解调技术把铜制电话线上可用的 0~1.104MHz 频带分割为 256（0~255）个信道，每个信道占用 4312.5Hz 带宽，0 信道（0~4kHz）用来传输电话音频；1~5 信道（4kHz~26kHz）没有使用，用来分隔语音信道和数据信道；另外的 250 信道（26kHz~1.1MHz）传送数据，其中一个信道用于上行的控制，一个信道用于下行的控制，其余的可以传送数据。电信公司可决定上下行数据各占用多少信道，由于接入网中用户下行数据量大于上行数据量，因此下行信道数一般占可用信道的 80%~90%，上行信道只占 10%~20%，这就是为什么电信公司提供的 ADSL 接入速率不一致的原因。

ADSL 的每个信道使用类似 V.34 的调制技术，采样率为 4kHz，输入的数据经过比特分配和

缓存变为比特块，再经 TCM 编码及 QAM 调制后送上信道，理论上每赫兹可以传输 15bit 数据，如果有 224 条下行信道，则理论上下行速率为：224× 4000×15=13.44Mbit/s。但实际的信号传输受到噪声的影响，在有干扰存在的信道上的传输速率可能降为 8bit/sHz，因此，实际的 ADSL 传输速率是达不到理论值的。然而 DMT 具有良好的抗干扰能力，它可以根据实际线路及外界环境干扰的情况动态地调整信道的传输速率，而未受干扰或干扰较小的地方仍可保持较高的速率，同时 DMT 还可以把受干扰较大的信道内的数据流转移到其他信道上，这样既保证了传输数据的高速性又保证了其完整性。

ADSL 标准：ANSI 的 T1.413h 和 ITU-T 的 G.992.1 都规定允许有 8Mbit/s 的下行速率和 1Mbit/s 的上行速率，电信公司一般根据 ADSL 的下行速率：512kbit/s、1Mbit/s、2Mbit/s、4Mbit/s、8Mbit/s 为用户提供不同规格的接入线路，并收取不同的月租费用。

2. ADSL 系统组成

ADSL 技术应用在本地回路，它支持高速接入服务而且无须在中途增加任何中继器。当基于 ADSL 技术的服务被加以应用时，只需在线路两侧各安装一台 ADSL 调制解调器即可。系统主要由局端设备和用户端设备（CPE）组成。

局端设备包括（Digital Subscriber Line Access Multiplexer，DSLAM）和 语音分离器（又称为滤波器），DSLAM 由 DSLAM 接入平台、DSL 局端卡（ADSL Modem）、IPC（数据汇聚设备）组成。语音分离器将线路上的音频信号和高频数字调制信号分离，并将音频信号送入电话交换机，高频数字调制信号送入 DSLAM。DSLAM 接入平台可以同时插入不同的 DSL 局端卡和网管卡等，局端卡将线路上的信号调制为数字信号，并提供数据传输接口，IPC 为 DSL 接入系统提供不同的广域网接口，如 ATM、帧中继、T1/E1 等。

用户设备由 ADSL Modem 和语音分离器组成，一般由 ISP 提供。ADSL Modem 对用户的数据包进行调制和解调，并提供数据传输接口。ADSL Modem 有外置式和内置式两种，外置式有以太网接口外置式 ADSL MODEM 和 USB 接口外置式 ADSL MODEM。用户端 ADSL Modem 通常又被称为 ATU-R（ADSL Transmission Unit－Remote）。还有一种用户端设备就是 ADSL 路由器，它集成了路由器的功能，在提供 ADSL 接入的同时，还具有 IP 地址的路由功能，有的 ADSL 路由器还集成了 Switch 模块，具有几个 RJ-45 以太网接口，ADSL 路由器为局域网宽带接入 Internet 提供了极佳选择。

具体工作流程是：用户端经 ADSL Modem 编码后的计算机数据信号或电话机传送的语音信号通过本地回路电话线传到中心局后再通过一个分离器，如果是语音信号就传到电话程控交换机上，如果是数字信号就通过 DSLAM 接入数据网络，反之从局端传来的信息到达用户端的分离器，如果是语音信号就传到电话机上，如果是数字信号就通过 ADSL Modem 传送到用户计算机。

ADSL系统结构如图6-1所示。

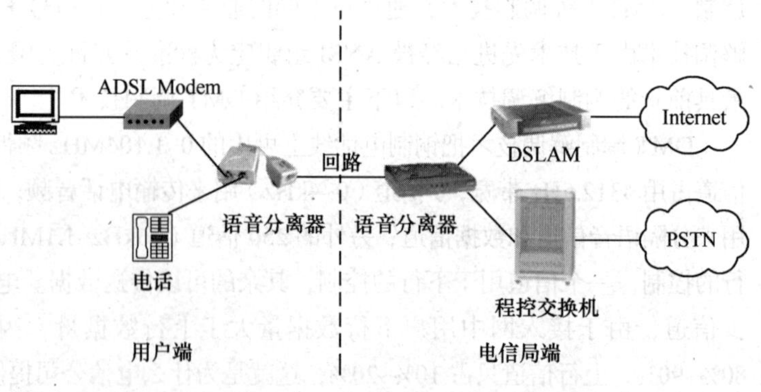

图 6-1　ADSL 系统结构图

三、任务实施

【任务场景】

目前，国内市场有中国电信、中国网通、中国联通和中国铁通等运营商在经营 ADSL 业务。如果要安装 ADSL，需要到当地网络运营商（即用户电话运营商）申请 ADSL 业务。ADSL 目前提供两种接入方式：专线方式与虚拟拨号方式，可选择 512kbit/s、1Mbit/s、2Mbit/s、4Mbit/s、8Mbit/s 等不同的接入速率，速率根据用户的通信数据量来确定。专线方式即用户 24h 在线，网络运营商为用户提供静态 IP 地址，可将用户局域网接入，主要面对中小型公司用户和网吧用户，价格较贵。虚拟拨号方式主要面对上网时间短、数据量不大的用户，如个人用户及中小型公司等，但与传统拨号不同，这里的“虚拟拨号”是指根据用户名与口令认证，接入相应的网络，并没有真正的拨电话号码，费用也与电话服务无关，这种方式价格较便宜。下面以以太网接口外置式 ADSL MODEM 为例介绍个人用户的 ADSL 安装过程。

李先生决定将家里原来的电话拨号上网改造升级为 ADSL 宽带上网，他向北京网通申请了 512kbit/s 不限时包月上网的方式。ADSL 安装包括局端线路调整和用户端安装，李先生申请 ADSL 业务成功后，服务商将局端用户原有的电话线经语音分离器分为二路，一路接入 ADSL 局端设备 DSLAM，一路接入电话程控交换机。ADSL 用户端的安装过程包括硬件安装和软件安装两部分。

【施工拓扑】

如图 7-1 左图（用户端）所示。

【施工设备】

计算机 1 台，电话线路 1 条，ADSL 宽带账号 1 个，ADSL Modem1 台，语音分离器 1 个，网线 1 条。

【操作步骤】

步骤 1　硬件安装

使用 ADSL 接入 Internet 无须改动电话线，只需增加语音分离器、ADSL Modem 和计算机网卡即可。在采用 G.Lite 标准的系统中由于降低了对输入信号的要求，就不需要安装信号分离器了，这使得该 ADSL Modem 的安装更加简单和方便了。

安装过程中注意以下事项：

（1）语音分离器的 Line 口连接进户电话线，Phone 口连接电话机，另一接口连接 ADSL Modem；

（2）用双绞线连 ADSL Modem 和计算机网卡；

（3）网卡安装成功后，打开 ADSL Modem 电源，如果 ADSL Modem 上 LAN-Link 显示绿灯亮，表明 ADSL Modem 与计算机硬件连接成功。

步骤 2　建立虚拟拨号连接

目前，国内的 ADSL 接入类型主要有专线方式（固定 IP）和虚拟拨号方式两种。专线方式连接时计算机用服务商提供的静态 IP 地址。虚拟拨号方式连接时，在虚拟拨号接入 ADSL 接入服务器后，计算机自动获取服务商动态分配的 IP 地址。根据网络性质，有 PPPOE 和 PPPOA 两种虚拟拨号方式，PPPOE 全称为基于以太网的点对点传输协议（Point-To-Point Protocol Over Ethernet），PPPOA 全称为基于 ATM 的点对点传输协议（Point-To-Point Protocol Over ATM），目前国内向普通用户提供的是 PPPOE 虚拟拨号方式。常用的基于 Windows 的流行的 PPPOE 软件有 EnterNet500、

WinPOET 和 RASPPPOE 等，Windows XP 用户可用系统自带的针对 ADSL 的 PPPOE 拨号软件。李先生家的计算机操作系统是 Windows XP，Windows XP 自带了 ADSL 的 PPPOE 拨号软件，下面介绍安装 PPPOE 虚拟拨号软件和建立虚拟拨号连接的步骤。

① 如图 6-2 所示，从“开始→所有程序→附件→通信→新建连接向导”进入如图 6-3 所示的“新建连接向导”对话框（也可用其他方式进入）。

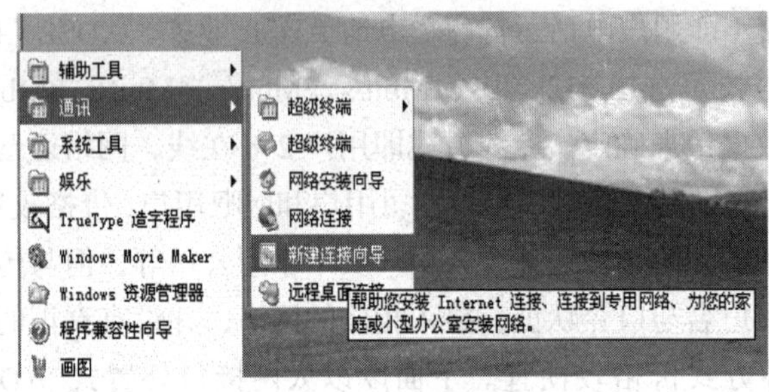

图 6-2　进入“新建连接向导”

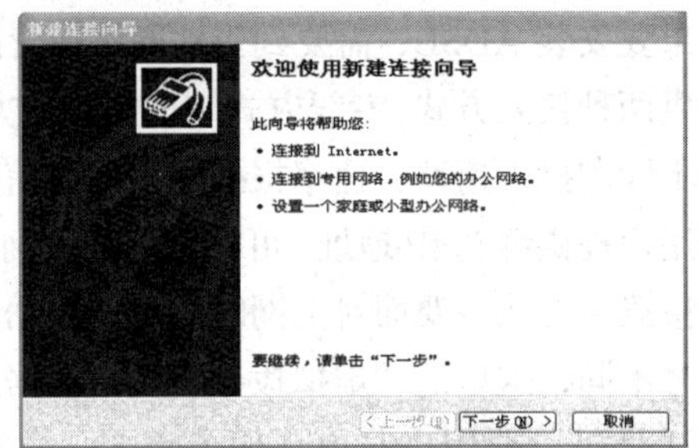

图 6-3　新建连接向导

② 单击“下一步”按钮，进入如图 6-4 所示对话框，然后选择“连接到 Internet”。

③ 单击“下一步”按钮，进入如图 6-5 所示对话框，然后选择“手动设置我的连接”。

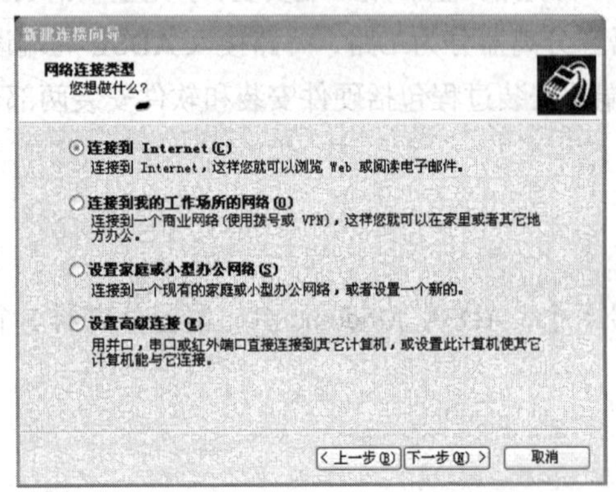

图 6-4　设置“连接到 Internet”

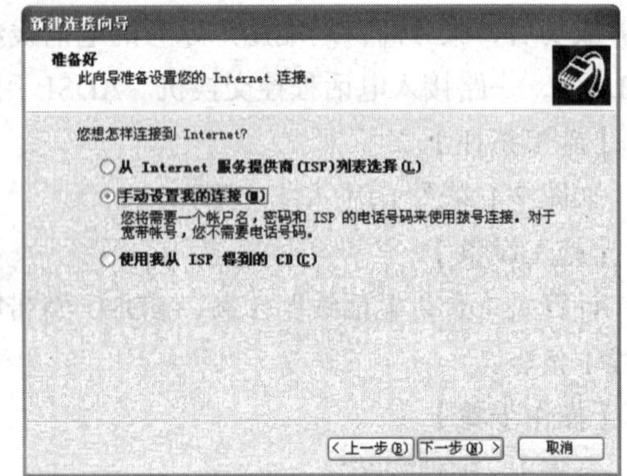

图 6-5　设置“手动设置我的连接”

④ 单击“下一步”按钮，进入如图 6-6 所示对话框，然后选择“用要求用户名和密码的宽带连接来连接”。

⑤ 单击“下一步”按钮，进入如图 6-7 所示对话框，建立一个连接名，如“北京网通宽带”。

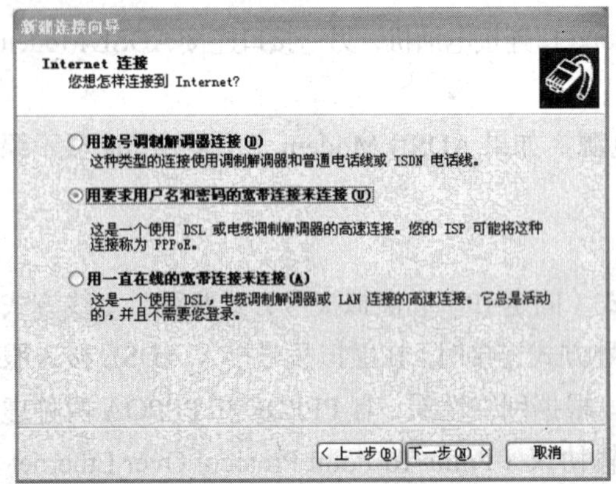

图 6-6　设置“用要求用户名和密码的宽带连接来连接”

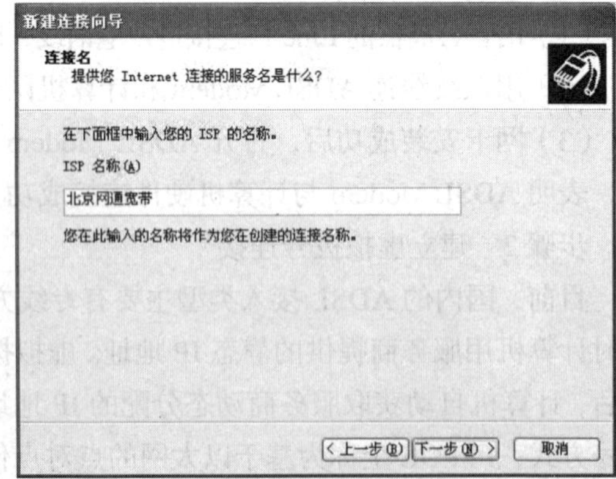

图 6-7　建立一个连接名

⑥ 单击“下一步”按钮，进入如图 6-8 所示对话框，然后输入自己的登录账号信息（用户名和密码），并根据向导的提示对这个上网连接进行 Windows XP 的其他一些安 全方面设置；

⑦ 单击“下一步”按钮，进入如图 6-9 所示对话框，至此我们的 ADSL 虚拟拨号设置就完成了。

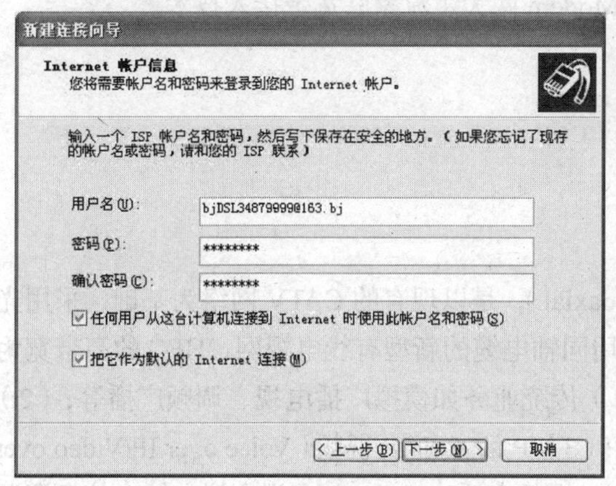

图 6-8　设置“用户名和密码”

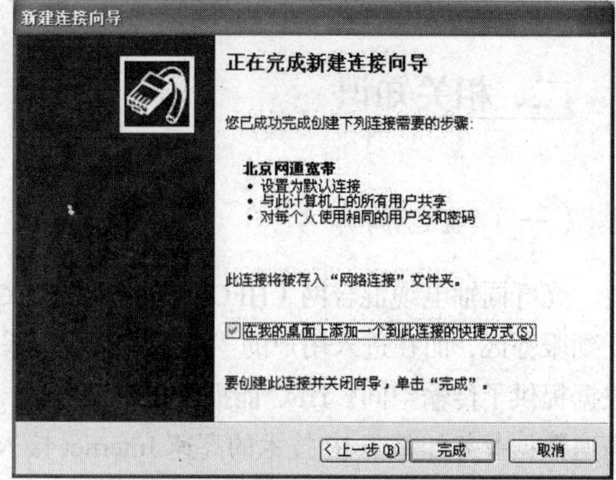

图 6-9　ADSL 虚拟拨号设置完成

⑧ 以后在“网络连接”中单击相应宽带连接名，进入如图 6-10 所示虚拟拨号连接对话框，单击“连接”按钮，即可通过 ADSL 上网。

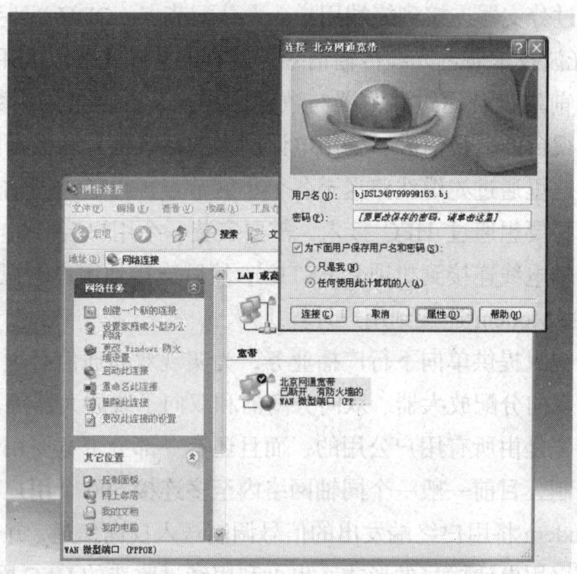

图 6-10　ADSL 虚拟拨号连接上网

任务二　通过 Cable Modem 接入互联网

一、任务分析

为了解决终端用户通过普通电话线入网速率较低的问题，人们一方面通过 xDSL 技术提高电话线路的传输速率，另一方面尝试利用目前覆盖范围广、最具潜力、具有很高带宽的有线电视

（CATV）网络。有线电视网络拥有庞大的用户群，同时它理论上可以提供极快的接入速度和相对低廉的接入费用。自从 1993 年 12 月，美国时代华纳公司在佛罗里达州奥兰多市的有线电视网上进行模拟和数字电视、数据的双向传输试验获得成功后，Cable Modem 技术就已经成为最被看好的接入技术，目前在全球已形成 ADSL 和 Cable Modem 两大主流家庭宽带接入技术。

二、相关知识

（一）HFC 简介

光纤同轴电缆混合网（HFC，Hybrid Fiber Coaxial），是以现有的 CATV 网络为基础，采用光纤到服务区，而在进入用户的“最后 1 公里”采用同轴电缆的新型有线电视网，HFC 的高带宽为数据提供了传输空间。HFC 能提供以下服务：（1）传统业务如模拟广播电视、调频广播等；（2）高速数据业务如基于 IP 技术的高速 Internet 接入；（3）IP 话音和/IP 视频（Voice over IP/Video over IP）业务；（4）其他增值业务如虚拟专网（VPN）、视频点播（VOD）、电视会议、综合信息资源的共享通道等。

HFC 以现有的 CATV 网络为基础，采用模拟频分复用技术，综合应用模拟和数字传输技术、射频技术和计算机技术所产生的一种宽带接入网技术。与光纤到路边（FTTC）不同的是，其同轴电缆采用树形结构，通过分支器连接到终端用户。光分配节点（ODU）到头端（HE）为星形拓扑结构，采用 AN-SCM 光波技术通过光缆传输信号，所有连接到光节点的用户共享一条光纤线路。

在 HFC 网络中，前端设备通过路由器与数据网相连，并通过局用数据端机与公用电话网（PSTN）相连。有线电视台的电视信号、公用电话网来的话音信号和数据网的数据信号送入合路器形成混合信号后，由这里通过光缆线路送至各个小区节点，再经过同轴分配网络送至用户本地综合服务单元。终端用户要想通过 HFC 接入，需要安装一个用户接口盒（UIB），它可以提供 3 种连接：使用 CATV 同轴电线连接到机项盒（STB），然后连接到用户电视机；使用双绞线连接到用户电话机；通过 Cable Modem 连接到用户计算机。

由于现有的有线电视只提供单向下行广播业务，为实现双向通信必须对现有的有线电缆进行双向通信改造，需要有双向分配放大器、双向分离器和双向干线放大器等。其次，HFC 接入系统为树形结构，同轴的带宽是由所有用户公用的，而且还有一部分带宽要用于传送电视节目，用于数据通信的带宽受到限制，目前一般一个同轴网络内至多连接 500 个用户。反向链路则由用户本地服务单元的 Cable Modem 将用户终端发出的信号调制送入反向信道，并由前端设备解调后送往网络。其中反向信道可以用电话拨号的形式，也可利用经过改造的 HFC 网络的反向链路。

由于树形结构使其上行信号存在噪声积累，多个用户共用一条共享链路，对线路要进行双向通信改造等，因此 HFC 网络的安全保密性、系统健壮性以及价格等问题有待进一步解决和完善。

（二）Cable Modem 的种类

随着 Cable Modem 技术的发展，出现了不少的 Cable Modem 类型。

① 从传输方式的角度，可分为双向对称式传输和非对称式传输。对称式传输速率为 2Mbit/s ~ 4Mbit/s、最高能达到 10Mbit/s。非对称式传输下行速率为 36Mbit/s，上行速率为 500kbit/s ~ 10Mbit/s。

② 从接口角度分，可分为外置式、内置式、通用串行总线 USB 式和交互式机顶盒。外置 Cable

Modem 的外形像小盒子，通过网卡连接计算机。内置 Cable Modem 是一块 PCI 插卡，这是最便宜的解决方案。USB 式是通用串行总线 USB 与计算机相联。交互式机顶盒是真正 Cable Modem 的伪装。机顶盒的主要功能是在频率数量不变的情况下提供更多的电视频道。通过使用数字电视编码（DVB），交互式机顶盒提供一个回路，使用户可以直接在电视屏幕上访问网络，收发 E-mail 等。图 6-12 所示为一款带 USB 接口的外置式 Cable Modem，不同品牌的产品可能有不同的指示灯。

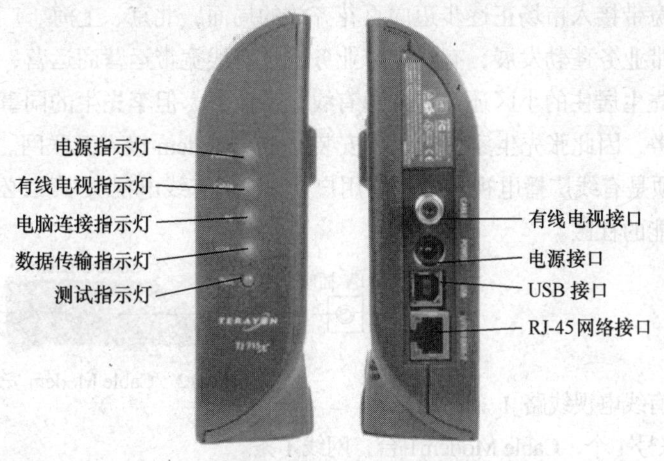

图 6-11　Cable Modem

（三）Cable Modem 系统的配置、使用和管理

Cable Modem 和前端设备的配置是分别进行的。Cable Modem 设备有一个 Consol 接口，可通过 VT 终端或 Windows 系统的超级终端程序进行设置。

Cable Modem 加电工作后，首先自动搜索前端的下行频率，找到下行频率后，从下行数据中确定上行通道，与前端设备 CMTS 建立连接，并交换信息，包括上行电平数值、动态主机配置协议（DHCP）、小文件传送协议（TFTP）和服务器的 IP 地址等。Cable Modem 有在线功能，即使用户不使用，只要不切断电源，则与前端始终保持信息交换，用户可随时上线。Cable Modem 具有记忆功能，断电后再次上电时，使用断电前存储的数据与前端进行信息交换，可快速地完成搜索过程。

因此，在实际使用中，Cable Modem 一般不需要人工配置和操作。如果进行了设置，例如改变了上行电平数值，它会在交换过程中自动设置到 CMTS 指定的合适数值上。每一台 Cable Modem 在使用前，都需在前端登记，在 TFTP 服务器上形成一个配置文件。一个配置文件对应一台 Cable Modem，其中含有设备的硬件地址，用于识别不同的设备。Cable Modem 的硬件地址标示在产品的外部，有 RF 和以太网两个地址，TFTP 服务器的配置文件需要 RF 地址。有些产品的地址需通过 Consol 接口联机后读出。对于只标示一个地址的产品，该地址为通用地址。

前端设备 CMTS 是管理控制 Cable Modem 的设备，其配置可通过 Consol 接口或以太网接口完成。通过 Consol 接口配置的过程与 Cable Modem 配置类似，以行命令的方式逐项进行，而通过以太网接口的配置，需使用厂家提供的专用软件。CMTS 的配置内容主要有：下行频率、下行调制方式、下行电平等。下行频率在指定的频率范围内可以任意设定，但为了不干扰其他频道的信号，应参照有线电视的频道划分表选定在规定的频点上。此外，还必须设置 DHCP、TFTP 服务器的 IP 地址、CMTS 的 IP 地址等。上述设置完成后，如果中间的线路无故障，信号电平的衰减符合要求，则启动 DHCP、TFTP 服务器，就可以在前端和 Cable Modem 间建立正常的通信通道。

三、任务实施

【任务场景】

近几年，国内宽带接入市场正逐步迈向百花齐放的局面，北京、上海、广州、深圳、杭州、淄博等地的有线宽带业务蓬勃发展，有线宽带业务通过有线宽带运营商运营，如北京地区的运营商有歌华有线。李先生居住的小区还没有开通有线宽带业务，但李先生的同事张先生居住的小区开通了有线宽带业务，因此张先生家里选择了安装 Cable Modem 接入互联网。开通 Cable Modem 接入方式，首先必须是有线广播电视台的网络用户（安装了有线电视），第二必须是有线电视已经开通了双向回传功能的社区。

【施工拓扑】

如图 6-12 所示。

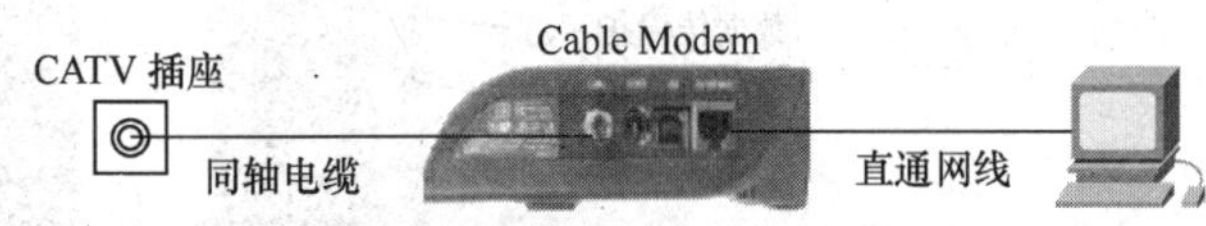

图 6-12　Cable Modem 安装图

【施工设备】

计算机 1 台，有线电视线路 1 条，

Cable Modem 宽带账号 1 个，Cable Modem1 台，网线 1 条。

【操作步骤】

步骤 1　安装 Cable Modem

① 首先，将用作上网的 CATV 端口接上电视机，先查看有无电视信号且电视信号是否正常，若电视信号不正常，则表明该线路不通，需重新布线。

② 连电视线。将随机所提供的专用连线（RG6 闭路电视线），一头接上 CATV 端口，一头和 Cable Modem 连接。然后插上 Cable Modem 电源线，接通电源，Modem 开始按以下顺序执行启动过程（以全景 DVT-2150 Cable Modem 为例）：

- Power 指示灯。先亮一下，再熄灭几秒钟，然后一直亮，正常；不亮，电源关闭或没接好或设备坏。
- Cable 指示灯。亮，注册成功，系统可以传输数据；慢速闪烁，发现下行信道，开始初始上行测距；快速闪烁，初始下行测距成功，正在进行 DHCP，下载配置文件，注册、密钥交换，注册成功系统可以传输数据。
- Test 指示灯。亮，Modem 自检失败；闪，Modem 自我测试进行中；暗，Modem 自我测试成功或电源关闭。

步骤 2　Cable Modem 连计算机

待 Cable Modem 上的 Power、Cable 和 Test 灯显示正常后，用 Cable Modem 随机附带的网线或 USB 连线将 Cable Modem 与计算机上的网卡或 USB 接口连接。使用 USB 连接时，用 Cable Modem 随机配备的 USB 连线将 Cable Modem 和计算机连接，安装随机附带的 USB 驱动光盘。安装好 USB Modem 的驱动程序（使用网卡连接方式的用户不需此步），安装完成后重新启动计算机。

步骤 3　配置 TCP/IP 协议及上网

① 网卡或 USB Modem 协议配置，TCP/IP 属性设置为自动获取 IP 地址，如果使用静态 IP 地址的用户，要在 IP 地址和子网掩码、填写网关、设置 DNS 配置相关位置填入用户申请登记表格中给出数据。经过以上的设置，完成上网配置。

② 上网。计时制用户则需每次上网时进行登录，注册方法为用浏览器任意输入一网站地址，即会自动进入注册界面，按照提示输入用户名及密码（即用户邮箱名及密码，在用户的入网协议书上有）。退出时单击“退出”按钮，关闭计时窗口即可正常下线。

任务三　光纤以太网接入互联网

一、任务分析

随着宽带业务的发展，人们越来越意识到网络的接入部分（最后 1km）存在严重的带宽“瓶颈”。事实上，网络用户端以太网已进入 100Gbit/s 时代，接入部分另一端如城域网等网络传输速率也已达到 2.5Gbit/s ~ 10Gbit/s。它们的速率都比接入部分高出至少 3 个数量级。所以，只有突破接入部分的带宽“瓶颈”，才能使整个网络有效发挥宽带的作用，真正推动宽带业务的发展。

用 xDSL 和 Cable Modem 虽然在一定程度上拓宽了接入带宽，但是它们都先天不足，有很大的局限性，例如 DSL 的带宽和传输距离非常依赖于铜线的质量。许多宽带应用，特别是视频应用，用 DSL 或 Cable Modem 难以支持；当用城域网来为数据中心做异地备份时，接入带宽受限而使传送大文件所需时间过长是无法容忍的。

真正解决宽带接入的是 FTTx（光纤到小区、到楼、到家等），FTTx 是 20 年前人们就已认定的发展目标，随着城域网的快速发展和市场需求的驱动，FTTx 已成为接入网市场的热点，企事业单位、住宅社区、网吧等单位和场所纷纷采用 FTTx + LAN 的互联网接入方式。

二、相关知识

（一）xPON 技术和 FTTx

xPON 技术就是以光纤为传输媒质，采用波分复用技术，具备高接入带宽，全程无源分光传输的光接入技术。xPON 作为新一代光接入技术，在抗干扰性、带宽特性、接入距离、维护管理等方面均具有巨大优势，其应用得到了全球运营商的高度关注，相比其他光接入技术具有明显的优势。

xPON 主要分为 BPON（Broadband PON）、EPON（Ethernet PON）和 GPON（Gigabit PON）三种技术。BPON 和 GPON 标准都由 ITU 制订，GPON 为 BPON 的后续技术；而 EPON 由 IEEE 制订。BPON 基于 ATM 协议，上下行速度分别为 155 和 622Mbit/s；EPON 基于以太网和 IP 协议，上下行都是 1.25Gbit/s；GPON 可以支持 ATM、TDM、SONET/SDH、以太网等多种协议，上下行分别为 1.25 和 2.5Gbit/s。

业内普遍看好的 xPON 技术有 EPON 和 GPON，两种技术的基本组网和构架完全相同，均是由局端 OLT、用户端 ONU/ONT 和无源光分配网络 ODN 组网，从产业链发展、技术成熟度、芯片成熟度、设备成本等各方面比较，GPON 市场进展大大慢于 EPON，现阶段以 EPON 技术为主，同时兼顾未来向 GPON 演进的能力。

FTTx 是 xPON 技术的典型应用。FTTx 指光纤建网模式，根据光终节点的不同，主要有 FTTCab（光纤到交接箱）、FTTB/C（光纤到大楼/分线盒）、FTTH（光纤到户）、FTTO（光纤到公司或办公室）等不同应用模式，FTTH 是网络发展的目标。如图 6-13 所示是用户网络用 FTTx 接入城域网的示意图。

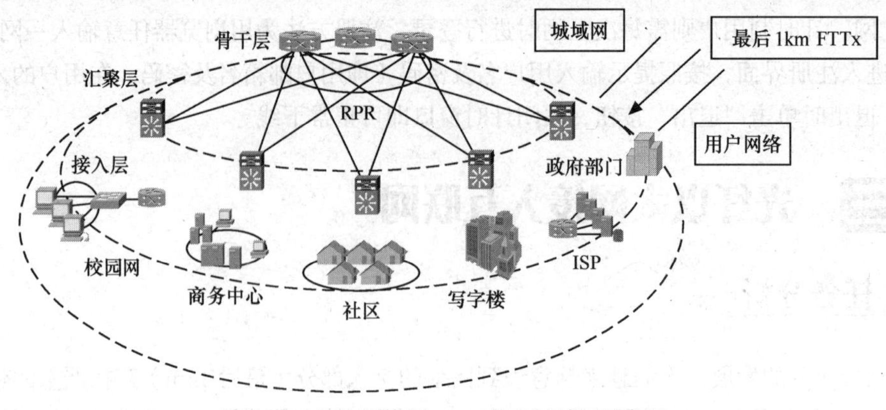

图 6-13　用户网络用 FTTx 接入城域网示意图

（二）FTTx＋LAN 接入

使用光纤传输信息，在传输两端必须有光收发装置，若传输两端的交换机或路由器带光纤模块接口，则安装如图 6-14 所示的光纤模块到交换机或路由器上，发送方的光纤模块负责将数据转换为光信号，发送到光纤上，接收方的光纤模块负责接收光信号，并将光信号还原为数据。若传输两端的交换机或路由器不带光纤模块接口，则需配置如图 6-15 所示的光电转发器。

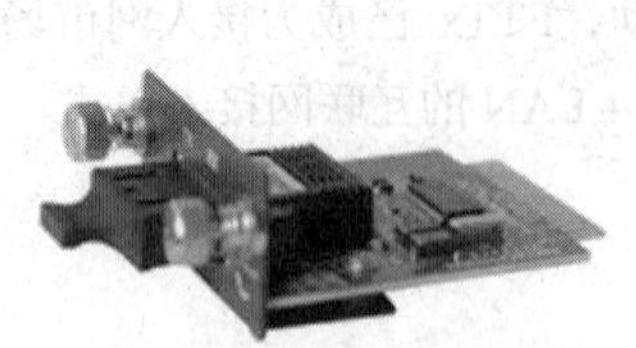
图 6-14　光纤模块

图 6-15　光电转发器

FTTx+LAN 接入技术适用于已做好综合布线及系统集成的园区、商务楼宇等场所，由于和原来的以太局域网技术相通，所以 FTTx+LAN 接入技术不需要重新布线。

任务四　DDN 专线

一、任务分析

对于大型企业用户，可以采用 DDN 和帧中继的 Internet 的接入方式。数字数据网（Digital Data Network）是利用数字信道传输数据信号的数据传输网，它的传输媒介有光缆、数字微波、卫星信道以及用户端可用的普通电缆和双绞线。利用数字信道传输数据信号与传统的模拟信道相比，具有传输质量高、速度快、带宽利用率高等一系列优点。

二、相关知识

DDN 是同步数据传输网，不具备交换功能。但可根据与用户所订协议，定时接通所需路由（这便是半永久性连接概念）。沿途不进行复杂的软件处理，因此延时较短，避免了分组网中传输时延大且不固定的缺点；DDN 采用交叉连接装置，信道容量的分配和接续在计算机控制下进行，具有极大

的灵活性，使用户可以开通种类繁多的信息业务，传输任何合适的信息。DDN 有 4 个组成部分：数字通道、DDN 节点、网管控制和用户环路。通信速度可以根据需要在 2.4kbit/s～2Mbit/s 之间选择。

DDN 是采用数字传输信道传输数据信号的通信网，可提供点对点、点对多点透明传输的数据专线，为用户传输数据、图像、声音等信息。数字数据网是以光纤为中继干线的网络，组成 DDN 的基本单位是节点，节点间通过光纤连接，构成网状的拓扑结构，用户的终端设备通过数据终端单元（DTU）与就近的节点机相连。

DDN 专线就是市内或长途的数据电路，电信部门将它们出租给用户做信息传输使用后，它们就变成用户的专线，直接进入电信的 DDN 网络，因为这种电路是采用固定连接的方式，不需经过交换机房，所以称之为固定 DDN 专线。现在我们常见的固定 DDN 专线按传输速率可分为 14.4kbit/s、28.8kbit/s、64kbit/s、128kbit/s、256kbit/s、512kbit/s、768kbit/s、1.544Mbit/s（T1 线路）、2Mbit/s（E1 线路）及 44.763Mbit/s（T3）等类型，目前 DDN 可达到的最高传输速率为 155Mbit/s，平均时延≤450μs。过去这种所谓专线的技术是单纯用来连接相隔两地的区域网络，现在利用它直接进入电信主干数据网的先天优势，使其应用范围获得了极大扩展。

由于 DDN 采用了同步转移模式的数字时分复用技术，用户数据信息根据事先约定的协议，在固定的时隙以预先设定的通道带宽和速率，顺序传输，这样只需按时隙识别通道就可以准确地将数据信息送到目的终端，而不必选择路由，由于信息是顺序到达目的终端，免去了目的终端对信息的重组，因此，减小了时延。因为 DDN 的主干传输为光纤传输，采用数字信道直接传送数据，所以传输质量高。采用点对点或点对多点的专用数据线路，特别适用于业务量大、实时性强的用户。

1. DDN 业务种类

DDN 网络业务分为专用电路、帧中继和压缩话音/G3 传真 3 类业务。DDN 的主要业务是向用户提供中、高速率，高质量的点到点和点到多点数字专用电路（简称专用电路）；在专用电路的基础上，通过引入帧中继服务模块（FRM），提供永久性虚电路（PVC）连接方式的帧中继业务；通过在用户入网处引入话音服务模块（VSM）提供压缩话音/G3 传真业务。在 DDN 上，帧中继业务和压缩话音/G3 传真业务均可看作在专用电路业务基础上的增值业务。对压缩话音、G3 传真业务可由网络增值，也可由用户增值。

（1）专用电路业务

① 基本专用电路。

DDN 提供的基本专用电路是规定速率的点到点专用电路。

② 特定要求的专用电路。

为了满足用户特殊需求，DDN 网络还可提供特定要求的专用电路，例如：高可用度的 TDM 电路、低传输时延的专用电路、定时的专用电路和多点专用电路等。

（2）帧中继业务

① DDN 内的等效帧中继网络。

DDN 上的帧中继业务是通过在 DDN 节点上设置帧中继模块来实现的，帧中继模块（FRM）之间、以及 FRM 和帧装/拆（FAD）模块之间通过基本专用电路互联。FRM、FAD 和它们之间的专用电路专门为帧中继业务使用，它们的设置可独立于所依附的 DDN 网络，即可以根据帧中继用户的分布和帧中继业务量的需要，在选择的 DDN 节点处设置 FRM、FAD 和它们的容量；FRM、FAD 之间的专用电路及其容量也是根据帧中继业务的需要设置，而不是每个 DDN 节点都必须设置 FRM、FAD，不是每条数字通道上都必须有供帧中继业务使用的专用电路。这样，单从帧中继业务看，可认为在DDN内逻辑上独立地存在一个帧中继网络。

② 帧中继用户接入网。

帧中继业务用户分为两类：一类是具有ITU-T建议Q.922“帧方式承载业务ISDN数据链路层规范”接口的用户，称为帧中继用户。另一类是不具有Q.922接口的用户，称为非帧中继用户。帧中继用户可直接与FRM连接，非帧中继用户经FAD与FRM连接。FAD执行帧的装拆、协议转换功能；FRM执行帧中继功能，即按照帧中继路由表和每个帧的帧头中数据链路连接标识符（DLCI）存储转发帧。

③ 帧中继PVC路由表。

帧中继PVC路由表是FRM上各物理通路及其传送的各帧中DLCI之间的对照表。帧中继PVC路由表由网管控制中心统一制定，并分别安装到各FRM中。

FRM之间所使用的DLCI数值由网管控制中心在PVC路由表中规定。各FRM按路由表进行DLCI的转换，构成用户之间的虚通道连接。

（3）压缩话音/G3传真业务

DDN上通过在用户入网处设置的话音服务模块（VSM）来提供这种业务。在VSM之间，DDN网络提供端到端的全数字连接，即中间不再引入话音编码和信令处理方面的数/模转换部件。VSM可以设置在DDN内的节点上，也可以由用户自行设置。

2. 用户入网速率

对上述各类业务，DDN提供的用户入网速率及用户之间的连接如表6-1所示。对于专用电路和开放话音/G3传真业务的电路，互通用户入网速率必须是相同的；而对于帧中继用户，由于DDN内FRM具有存储/转发帧的功能，允许不同入网速率的用户互通。

表6-1　　DDN用户入网速率和用户之间连接表

业务类型	用户入网速率（kbit/s）	用户之间连接
专用电路	● 2048 ● N×64（N=1~31） ● 子速率：2.4、4.8、9.6、19.2	TDM连接
帧中继	9.6、14.4、19.2、32、48 N×64（N=1~31）、2048	PVC连接
话音/G3传真	用户2/4线模拟入网（DDN提供附加信令信息传输容量）的8kbit/s、16kbit/s、32kbit/s通路	带信令传输能力的TDM连接

其他接入互联网的技术有ISDN、电力线接入、HomePNA接入和宽带固定无线接入等。

任务五　代理服务器共享接入互联网

一、任务分析

家庭网络也好，办公网络也好，绝大多数都要连入互联网。由于上网费用、通信线路资源有限、IPv4网络地址资源有限、网络安全等原因，同一局域网中的用户一般都是共享同一账号、同一线路、同一IP地址等接入互联网。

共享上互联网的方式很多，主要分为代理服务器（软件）和路由器（硬件）接入互联网 2 种。

二、相关知识

代理服务器，英文名叫做 Proxy Server，是建立在 TCP/IP 协议应用层上的一种服务软件。作为连接互联网与局域网的桥梁，在实际应用中发挥着极其重要的作用，它可用于多个目的，最基本的功能是共享连接，此外还包括安全、缓存、内容过滤和访问控制管理等功能。代理服务器，顾名思义就是不能直接上网的机器将上网请求（比如浏览某个网页）发给代理服务器，然后代理服务器代理完成这个上网请求，将它所要浏览的网页调入代理服务器的缓存；然后将这个页面传给请求者，这样局域网上的机器使用起来就像能够直接访问网络一样。

1. 代理服务器的主要功能

① 共享上网。充当局域网与外部网络的连接出口，同时将内部网络结构的状态对外屏蔽起来，使外部不能直接访问内部网络。从这一点上说，代理服务器起到网关的作用。

② 作为防火墙。代理服务器可以保护局域网的安全，起防火墙的作用。通过设置防火墙，为公司内部的网络提供安全边界，防止外界的侵入。代理服务器可以设置 IP 地址过滤，对外界或内部的 Internet 地址进行过滤，限制不同用户的访问权限。例如代理服务器可以用来限制封锁 IP 地址，禁止用户对某些网页进行浏览。

③ 提高访问速度。代理服务器将远程服务器提供的数据保存在自己的硬盘上，如果有许多用户同时使用这一个代理服务器，他们对 Internet 站点所有的访问都会经由这台代理服务器来实现。当有人访问过某一站点后，所访问站点的内容便会被保存在代理服务器的本地缓存上，如果下一次有人再要访问这个站点时，这些内容便会直接从代理服务器本地缓存中取得，而不必再次连接到远程服务器上去取，代理服务器缓存中的数据会不断更新，因此，它可以节约带宽、提高访问速度。

2. 代理服务器适用场合和使用要求

采用代理服务器通过拨号、ADSL 或 Cable 共享上网，对于家庭用户或小型企业用户来说，不失为一种价廉实用的方式。

代理服务器软件一般安装在内存和硬盘容量较大、性能稳定的计算机上（用户数较多时可用服务器），该计算机安装两块网卡（或同时安装内置 Modem 和网卡）。一块网卡通过 Modem 连接外网，代理服务器需要至少拥有一个合法的 IP 地址，该地址分配给连接外网的网卡，合法的 IP 地址由网络接入服务商提供，一般是连接时动态分配的，如果需要静态合法的 IP 地址，需额外支付较高的费用。

代理服务器的另一块网卡连接局域网，为该网卡指定一个私有地址，如 192.168.1.1。局域网中其他主机也分配同一网段中的私有地址，该地址可以指定分配，也可通过某些代理服务器软件自带的 DHCP（动态分配 IP 地址）分配。

3. 代理服务器软件种类

第 1 种代理服务器软件是操作系统自带的。Windows 操作系统自带有 Internet 连接共享（ICS，Internet Connection Sharing）软件，ICS 是 Windows 2000 以上操作系统默认安装，是针对家庭或小型局域网提供的一种 Internet 连接共享服务软件。ICS 功能简单，配置容易。

第 2 种是第 3 方代理服务器软件。第 3 方代理服务器软件又分为 2 类，一种是通常意义上的

代理服务器软件，如Wingate、Winproxy等。它把局域网中的某台计算机设为一个Proxy Server，其余的机器则设为Client（客户端），所有客户端机器的请求首先是转换为代理服务器自己的请求后，再将此请求传送至Internet。代理服务器软件实现的功能多，但配置比较复杂，大部分要配置客户端软件。另一种是网关代理软件，该方式在代理服务器上设置一个软网关，利用软网关来完成上网数据的转换和中继的任务，而客户机通过这个网关上网。此种方式较上一种方式设置简单，用户不必对客户机的浏览器、电子邮件客户端、ICQ等应用进行设置。而且对主机的硬件要求也不高。它相对代理服务器软件功能弱一些，但是对于小型网络共享已经是绰绰有余，这类软件有Sygate、WinRoute等。

三、任务实施

（一）双机用ICS共享ADSL接入互联网

【任务场景】

不管是单位用户还是家庭用户，申请ADSL的目的是让网络中的所有计算机都能共享上网。共享上网有代理服务器（非路由）上网和路由方式上网两种方式。李先生家原有2台计算机，最早采用双机互连组成最简单的网络，采用操作系统自带的ICS共享上网。

【施工拓扑】

网络连接如图6-16所示，电话线连接如图7-1左图所示，计算机A是代理服务器，计算机B是客户机。

【施工设备】

计算机2台（其中1台安装双网卡和Windows 2000以上操作系统），交叉网线1条，直通网线1条。电话线路1条，ADSL 宽带账号1个，ADSL MODEM1台，语音分离器1个，网线1条。

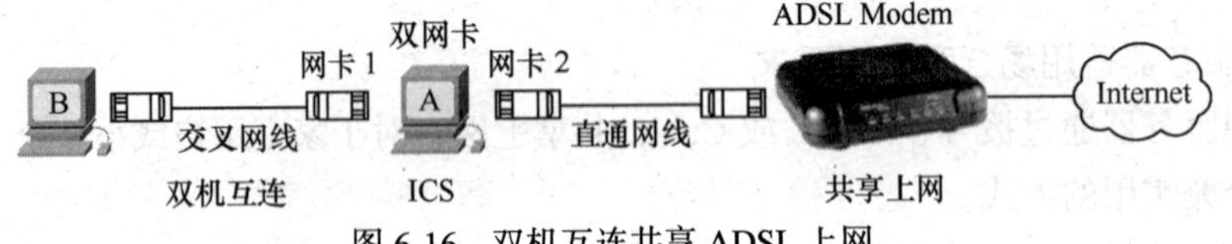

图6-16　双机互连共享ADSL上网

【操作步骤】

步骤1　按项目一中的步骤连接好双机网络，代理服务器A的网卡1连接局域网，网卡2连接ADSL到外网

① 将代理服务器A的两个网卡的IP地址都配置为“自动获得IP地址”。

② 由于配置ICS后，代理服务器A连接局域网的网卡1自动配置IP地址为192.168.0.1，所以按表6-2所示给出计算机B配置IP地址。

表6-2　　计算机B的IP地址配置表

计 算 机	A（网卡1）	A（网卡2）	B	备 注
IP地址	ICS 自动分配为192.168.0.1	ISP动态分配	192.168.0.2	IP 地址和代理服务器同一网段
子网掩码	255.255.255.0		255.255.255.0	
默认网关			192.168.0.1	通过代理服务器访问外网
首选DNS服务器			202.99.8.1	设置为Internet上的某DNS

步骤 2　按“安装 ADSL 接入互联网”中的步骤安装好 ADSL

步骤 3　代理服务器 ICS 设置

① 右击代理服务器连接外部宽带网的“网络连接”（本例为 ADSL），选择“高级”。

② 在“Internet 连接共享”栏中选中“允许其他网络用户通过此计算机的 Internet 连接来连接”复选框，如图 6-17 所示。

③ 单击“确定”按钮，完成外部宽带“网络连接”属性配置后，代理服务器连接局域网的网卡 1 的 IP 地址被自动配置为 192.168.0.1，该地址不可以更改。如图 6-18 所示。ICS 共享 ADSL 上网已全部配置完成。

④ 单击 ADSL 虚拟拨号连接上网，用 Ping 命令或访问网页的方式测试主机 B 是否可以访问互联网。

值得注意的是，本例中的双机互连网络可以是用交换机或集线器连接的局域网，ADSL 可以是 Cable 或电话拨号接入方式。

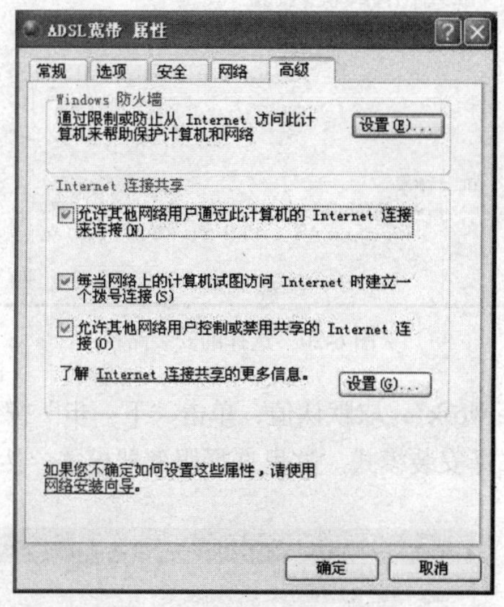

图 6-17　配置宽带网络连接 ICS

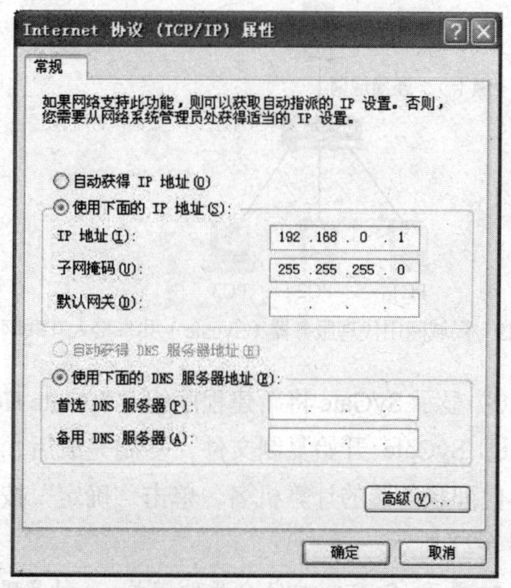

图 6-18　自动配置代理服务器连接局域网的 IP 地址

（二）局域网用代理服务器（Sygate）共享接入互联网

【任务场景】

北京兴达实业公司天津分公司有员工 20 人，申请了一个 4Mbit/s 的 ADSL 虚拟拨号（办公用户）账号，公司用一台 24 口交换机组建成一个局域网，用一台代理服务器（安装 Sygate 软件）共享上互联网。Sygate 是一个网关型代理服务器软件，它运行在 Windows 操作平台上，支持几乎所有的 Internet 应用和协议：HTTP、FTP、POP3、SMTP 等。具有站点访问控制、指定允许和过滤 IP、DHCP 动态 IP 分配、记录日志、防火墙安全保护等功能，并且其支持二次代理。

【施工拓扑】

网络连接如图 6-19 所示。

【施工设备】

代理服务器 1 台（安装双网卡），交换机 1 台，ADSL 宽带线路 1 条（实验中可用已与互联网相连的局域网接口替代)，测试用计算机多台，直通网线多条，代理软件 Sygate Home Network 4.5 汉化版 1 套。

【操作步骤】

步骤 1　如图 6-19 所示连接好局域网

步骤 2　连接代理服务器，网卡 1 接局域网，网卡 2 接宽带外网

步骤 3　安装代理服务器软件 Sygate

① 双击 Sygate45chs，运行 SyGate 安装程序，弹出欢迎窗口，单击“下一步”按钮继续，然后弹出 SyGate 安装使用协议书，单击“是”按钮接受协议。

② 选择 SyGate 的安装路径，默认安装路径是“c:\Program Files\SyGate\SHN”，要改变默认安装路径则单击“浏览”修改默认安装路径，否则，单击“下一步”按钮，如图 6-20 所示。

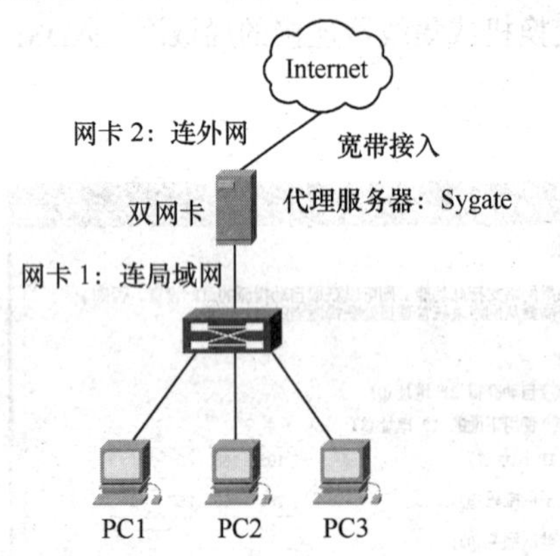

图 6-19　局域网用代理服务器（Sygate）共享接入互联网拓扑图

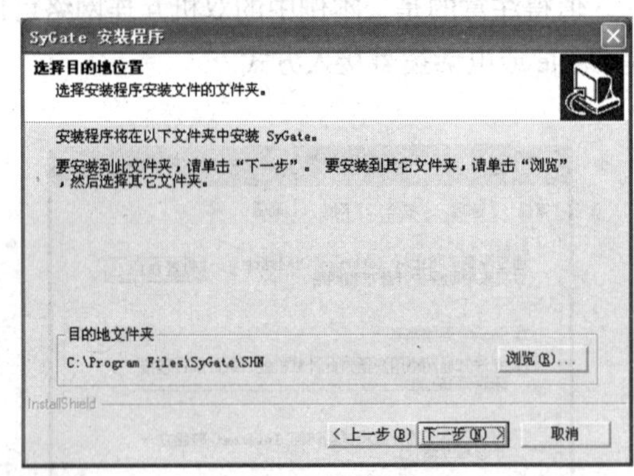

图 6-20　选择的安装路径

③ 显示 SyGate 将新建程序组“SyGate Home Network”，取默认值，单击“下一步”按钮。

④ SyGate 开始复制文件，复制完成后，要求选择安装模式。这里选择服务器模式，然后输入本代理服务器的计算机名，单击“确定”按钮，如图 6-21 所示。

❖ 提示：SyGate 安装分两种模式，一种是服务器模式，即本身已经接入 Internet，用它做代理服务器，另一种是客户端模式，该模式计算机需通过代理服务器上网，同时可以远程管理 SyGate 服务器。

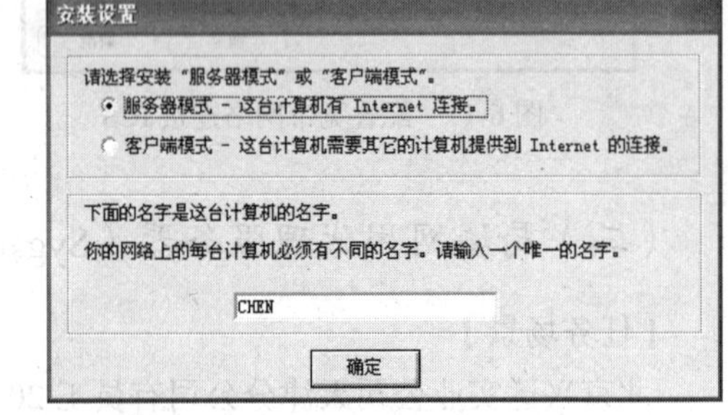

图 6-21　选择 SyGate 安装模式

⑤ 安装完 SyGate 后，它会自动检测 Internet 连接，如 Internet 连接正常，则会显示“SyGate Network Diagnostics finished”提示，否则会显示检测连接失败，单击“确定”按钮，如图 6-22 所示。

⑥ 然后弹出感谢试用 SyGate 的对话窗口，单击“确定”进入试用模式，如图 6-23 所示。

❖ 注意：SyGate 试用模式是限制 30 天或限制 100M 流量，超过两者中的任一种，如果还要继续使用，则需购买 SyGate 的注册码。

⑦ 安装完成，要求重启计算机生效，单击“是（Y）”按钮，重启计算机。

步骤 4　配置 SyGate 服务器

在成功安装好 SyGate 后，SyGate 会自动检测 Internet 连接与本地连接，自动配置好代理服务，

用户无需参与即可使用 SyGate 的默认服务，但我们往往不满足于这些服务，需要对它进行进一步的设置，以更好更方便的管理 SyGate 代理服务器。

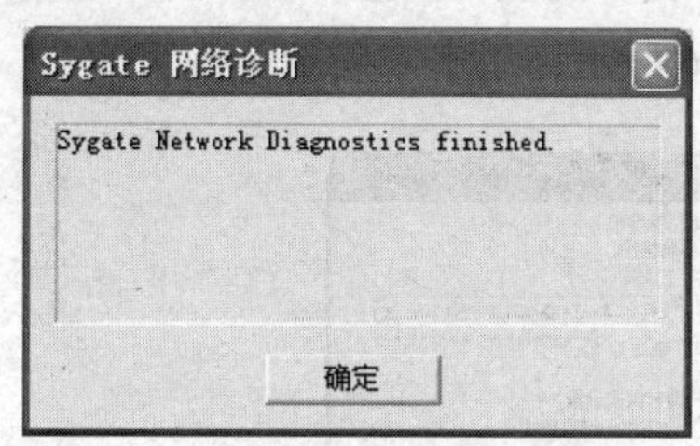

图 6-22　自动检测 Internet 连接

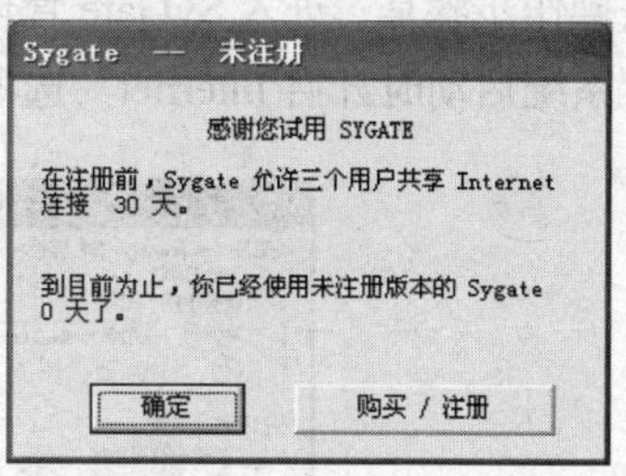

图 6-23　“试用与注册”对话框

① 进入 SyGate 管理主窗口。

单击“开始”菜单，然后选择“程序”→“SyGateHome Network”→“SyGate manage”进入 SyGate 管理主窗口，如图 6-24 所示，以后所有 SyGate 服务器端管理工作全在此完成。“状态”栏显示是“连接类型：High-Speed Connection”、“Internet 共享：Online”，右下角亮的是绿灯，“网络流量信息”栏显示信息传输状况，“INTERNETR 接口状态”栏显示线路、用户、连接 Internet 网卡情况，可以看出 SyGate 正在正常工作。

② 暂停/恢复 SyGate 服务。

有时由于某种原因，需要暂停 SyGate 代理服务，暂停服务的方法是：进入 SyGate 管理主界面，单击工具栏左边的“停止”按钮或单击“服务”→“停止”菜单，如图 6-25 所示，弹出对话窗口，询问是否真的想暂停 SyGate 服务，单击“是”按钮。此时“状态”栏显示“连接类型：None”、“Internet 共享：Service Off”，同时管理主窗口右下角灯为红色。如想恢复 SyGate 服务，只需单击管理主界面“开始”按钮或单击“服务”→“开始”菜单。

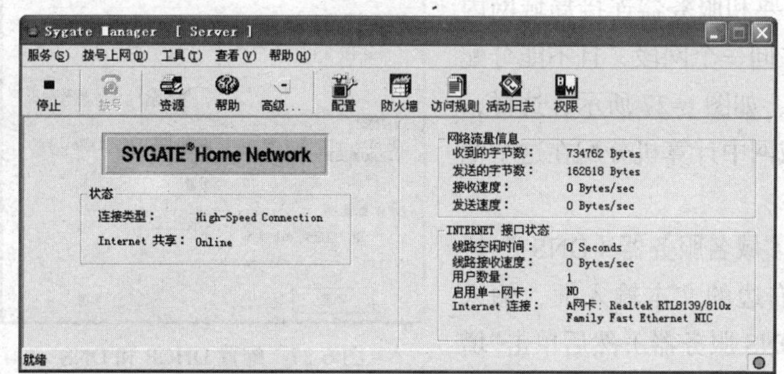

图 6-24　SyGate 管理主窗口

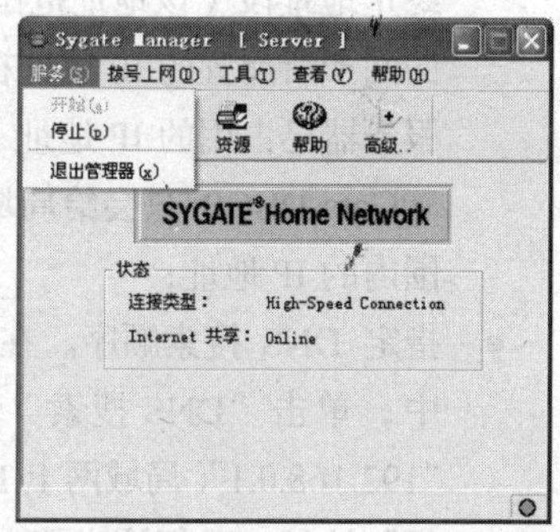

图 6-25　停止或开始 Internet 共享服务

③ 配置网卡。

如果 SyGate 代理服务器只有两个网卡，在安装 SyGate 时将会自动配置，如果该机器有 3 个甚至更多网卡，则需手动配置指定连接 Internet 和接入本地网络的网卡。在 SyGate 管理主窗口，单击“配置”按钮，弹出“配置”对话窗口，配置完毕，单击“确定”按钮，重新启动服务使配置生效。

④ 自动启动 SyGate 服务。

作为代理服务器，机器只要是开着，代理服务器软件应该时刻运行着，有时计算机也需要经

常重启，如每次启动时再人为运行 SyGate 服务，既麻烦，又可能忘记而未启动代理服务器软件，这样其他客户端将无法上网。SyGate 为我们提供了在计算机启动时便自动启动 SyGate 服务，启用该项方法操作步骤是：进入 SyGate 管理主窗口，单击“配置”按钮，在弹出“配置”对话窗口中，勾选“系统启动时开启 Internet”选项，如图 6-26 所示，单击“确定”按钮确定。

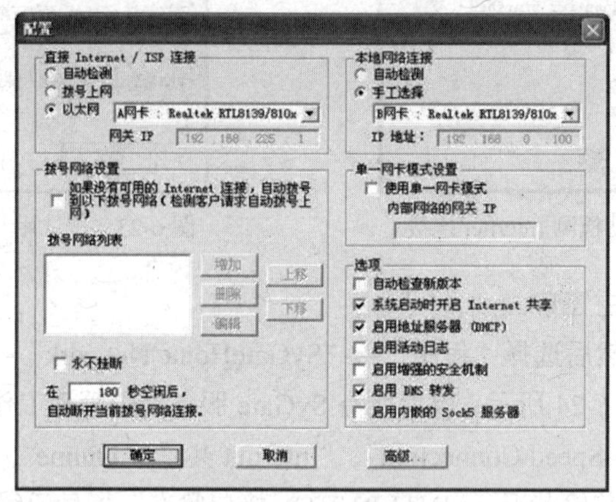

图 6-26　配置系统启动时开启 Internet 和 DHCP

⑤ 启用 SyGate 内嵌的 DHCP 服务器，自动分配 IP 地址。

- 在图 6-26 所示的“配置”对话窗口中，勾选“启动地址服务器（DHCP）”，单击“高级”按钮，进入“高级配置”对话窗口；
- 指定 IP 地址段。在“地址服务器（DHCP）”栏中，单击“使用以下指定的 IP 范围”，在“从”与“至”的文本输入框中分别输入 IP 地址起始地址与 IP 地址终止地址段（该地址范围要和服务器连接局域网内的网卡所配置的 IP 地址在同一个网段，且不能分配服务器已占用的 IP 地址），如图 6-27 所示，这样，SyGate DHCP 只会给局域网中计算机分配在这个范围内的 IP 地址；
- 指定 DNS 搜索顺序。在“域名服务器（DNS）”栏中，单击“DNS 搜索”右边的文本输入框，输入“192.168.0.1”(局域网上 DNS 服务器)，然后单击“增加”按钮，重复该步骤，添加“202.103.96.68”（互联网上的 DNS 服务器），可配置多个 DNS 服务器，单击“确定”按钮完成配置。

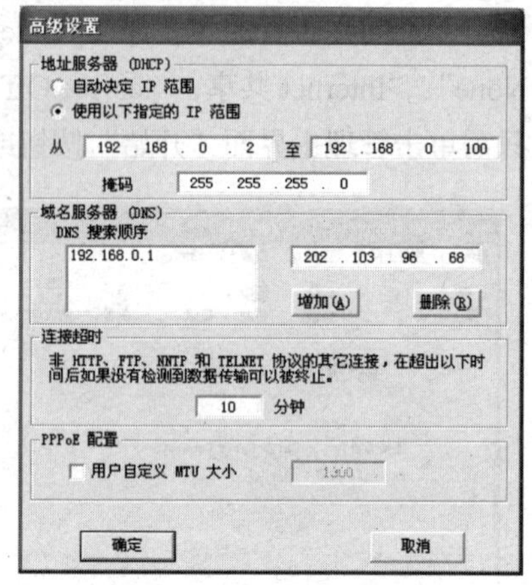

图 6-27　配置 DHCP 和 DNS

⑥ 管理 SyGate 的黑名单。

黑名单，即在 SyGate 代理服务器中，不允许这些用户在指定的时间访问指定的站点，而其他用户则无此限制，这里的指定时间和指定站点可以是全部时间和全部站点。

下面将以禁止 IP 地址为 192.168.0.3 用户，在每周一的 9：00~周三 9：00 期间禁止上网为例进行说明。

具体操作步骤如下。

- 在 SyGate 管理主界面，单击“权限”按钮，SyGate 弹出对话窗口，要求输入密码，如图

6-28 所示，如无密码，可单击“确定”按钮直接进入“权限编辑器”对话窗口，如图 6-29 所示。

❖ 建议：从安全角度出发，建议单击“修改密码”按钮新建一个密码，这样如果其他用户想修改黑白名单，如无密码授权，是无法修改的，如图 6-30 所示。

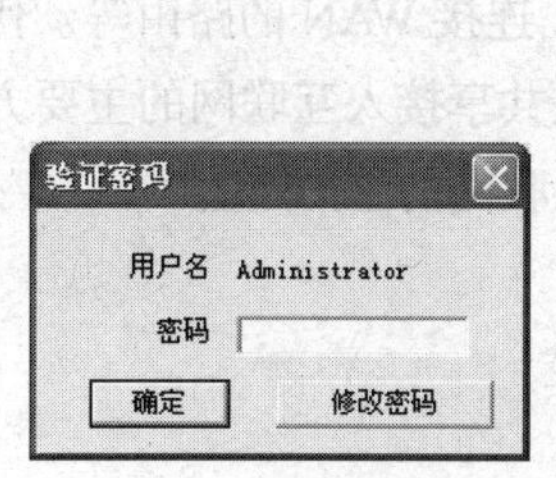

图 6-28　验证密码

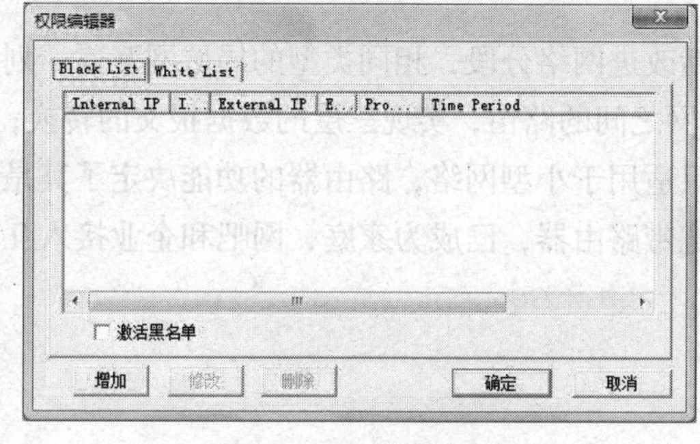

图 6-29　权限编辑器

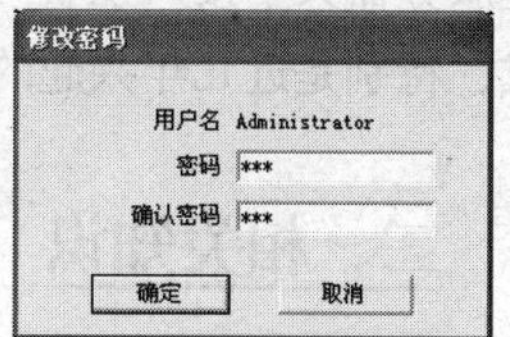

图 6-30　修改密码

- 单击“Black List”选项卡，然后单击“增加”按钮，进入“Add BWlist Item”编辑窗口，先选择协议类型为“TCP”或“UDP”；在“内网 IP 地址”文本输入框中输入“192.168.0.3”，“端口”选择“All Port”；单击“在以下期间”，在“开始”栏中，“月”选择“Every Month”，“星期”选择“Monday”，“小时”选择 9，“分钟”选择 0；在“持续”栏中，“日”选择 2，其他选择 0，单击“确定”按钮，如图 6-31 所示。
- 在权限编辑器中勾选“激活黑名单”，单击“确定”按钮，如图 6-32 所示。
- 同理，可屏蔽外网（Internet）的网站被内网访问。

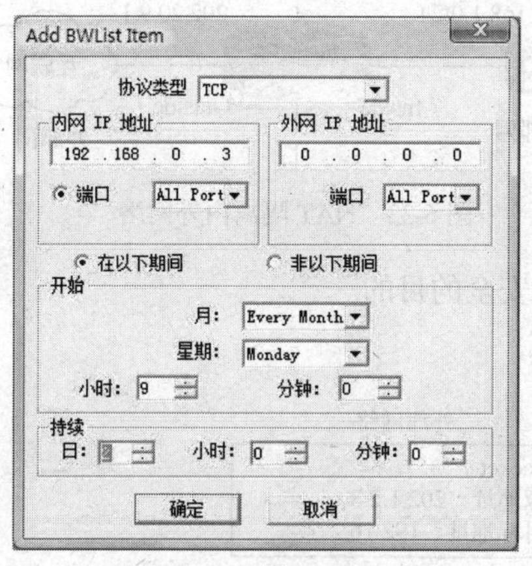

图 6-31　增加黑名单

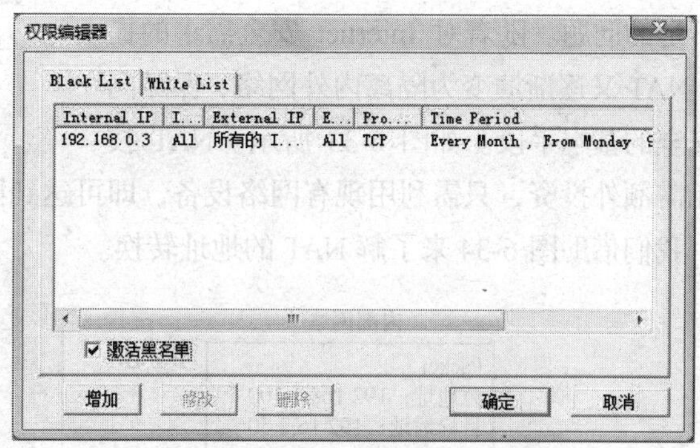

图 6-32　激活黑名单

⑦ 管理 SyGate 的白名单。SyGate 的白名单与黑名单类似，它们是相互对应的，但黑名单的优先级要高些，比如在白名单允许的东西，只要黑名单中设置禁止，则 SyGate 将采用黑名单中的设置。它们的操作方法类似，这里不再赘述。

⑧ SyGate 的客户端的设置。SyGate 是一款网关软件，它的客户端设置比较简单。最简单的办法是“TCP/IP 属性”设置为“自动获取”IP 地址；手动配置时，客户机的 IP 地址和代理服务器连接局域网的网卡的 IP 地址在同一网段，网关指向代理服务器连接局域网的网卡的 IP 地址，DNS 服务器配置为互联网上的 DNS 服务器或代理服务器连接局域网的网卡的 IP 地址。

任务六　路由器共享接入互联网

一、任务分析

路由器的基本功能包括改进网络分段，相同类型的局域网互连，划分子网段，三层交换，避免“广播风暴”；不同局域网之间的路由，实现三层的数据报文的转换；连接 WAN 的路由等。代理服务器共享接入互联网只适用于小型网络，路由器的功能决定了其是共享接入互联网的主要方式，特别是近几年兴起的宽带路由器，已成为家庭、网吧和企业接入互联网的主力军。

二、相关知识

（一）NAT 地址转换技术

每个连接到 Internet 的计算机必须有唯一的 IP 地址，但是，随着 Internet 不断以指数级速度增长，一个重要而紧迫的问题出现了——IP 地址空间迅速地枯竭，尽管 IPv6 是解决 Internet 长期发展的解决方案，但目前 IPv6 还处于试验阶段，因此，私有地址是解决地址问题的过渡方案。

私有地址只能用于局域网中，不能在 Internet 上使用，路由器不向 Internet 上转发带私有地址的数据包，如果使用私有地址的计算机需要和 Internet 通信，必须采用 NAT 地址转换技术。

1. NAT 地址转换技术的作用

NAT 首先把内网中使用的私有地址转换为 Internet 上的公有地址，以解决 Internet 上地址不足的问题。随着对 Internet 安全需求的提升，NAT 又逐渐演变为隔离内外网络，保障网络安全的基本手段。如图 6-33 所示。NAT 技术无需额外投资，只需利用现有网络设备，即可达到网络安全的目的。

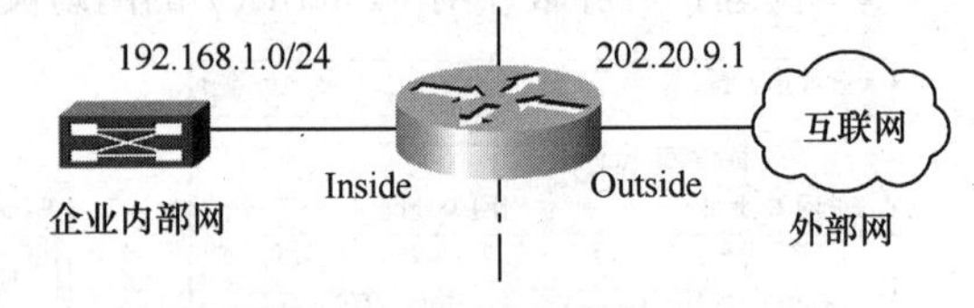

图 6-33　NAT 隔离内外网络

我们借助图 6-34 来了解 NAT 的地址转换。

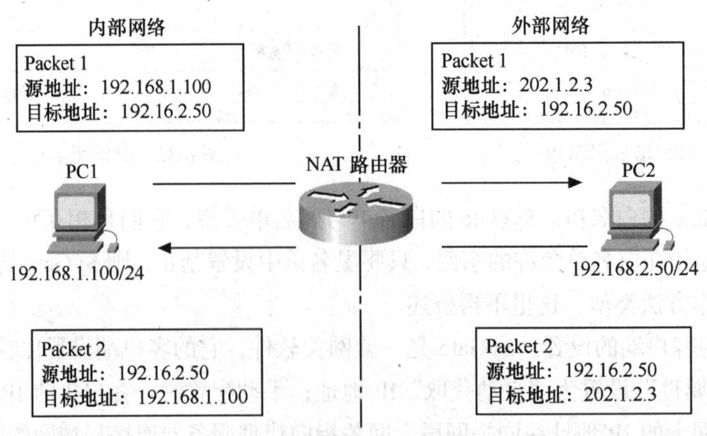

图 6-34　NAT 路由器用一个公有地址 202.1.2.3 替换 PC1 的私有地址 192.168.1.100

图 6-35 描述了 NAT 技术在网络中的简单实现。PC1 具有一个私有地址 192.168.1.100，这个地址在互联网上是不被传输的，当 PC1 要访问远程主机 PC2 的时候，数据包要通过一个运行 NAT 技术的路由器。路由器把 PC1 的私有地址转换成一个可以在互联网上传输的公有地址 202.1.2.3。然后把数据包转发出去。当 PC2 应答 PC1 的时候，PC2 数据包中的目标地址是 202.1.2.3，当通过路由器接收到 PC2 的目标地址是 202.1.2.3 的数据包时，路由器会把数据包的目的地址转换成 PC1 的私有地址，完成 PC1 和 PC2 的通信。

在上面的例子中，对于 PC1 来讲，本身是不知道 202.1.2.3 这个公有地址的；对于 PC2 来讲，认为是与 202.1.2.3 这个地址的主机进行通信，并不知道 PC1 的真实地址。所以 NAT 技术对于网络上的终端用户是透明的。

下面的例子描述了 NAT 技术的双向性，如图 6-35 所示。

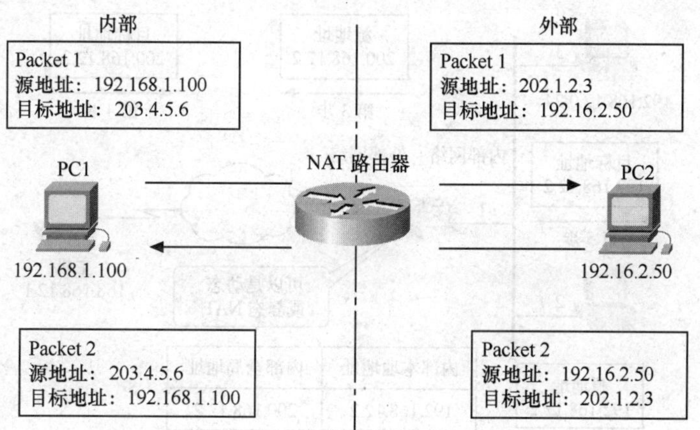

图 6-35　NAT 技术对于地址可以进行双向隐藏

在上面这个例子中，PC1 的地址被转换成 202.1.2.3，PC2 的地址被转换成 203.4.5.6。PC1 认为 PC2 的地址是 203.4.5.6 ，所以发往 PC2 的数据包的目标地址是 203.4.5.6，PC2 认为 PC1 的地址是 202.1.2.3，所以应答 PC1 的数据包的目标地址是 202.1.2.3。其实 PC1 和 PC2 真实的地址分别是 192.168.1.100 和 192.16.2.50。

2. NAT 技术相关概念

NAT 技术把地址分成两大部分，即内部地址和外部地址。内部地址分为内部本地（IL，Inside Local）地址和内部全局（IG，Inside Global）地址，外部地址分为外部本地（OL，Outside Local）地址和外部全局（OG，Outside Global）地址。这 4 个概念清楚地阐明了代表相同主机的不同地址在 NAT 技术中所处的位置。在这里注意，4 个概念是相对于网络中某一台主机来讲的，因为主机处在不同的网络中 NAT 可以解释为不同的地址。下面我们来解释这 4 个基本概念。

内部本地地址（IL）：分配给网络内部主机的 IP 地址，一般为私有 IP 地址。

内部全局地址（IG）：合法的 IP 地址，是由网络信息中心（NIC）或者服务提供商提供，用以转换内网的一个或多个内部本地地址。

外部本地地址（OL）：出现在外部网络内主机的私有 IP 地址，该地址不一定是合法的地址，也可以在内网的地址空间进行分配。

外部全局地址（OG）：外部网络内主机连接到 Internet 的公有地址。

在上面的例子中以 PC1 为例，192.168.1.100 是内部本地地址，202.1.2.3 是内部全局地址，

192.16.2.50 是外部本地地址，203.4.5.6 是外部全局地址。

3. NAT 技术的应用

下面重点讨论 NAT 技术中最常用的两种实现模式：静态 NAT 和动态 NAT。

静态 NAT 是建立内部本地地址和内部全局地址的一对一的永久映射。静态 NAT 在现实应用中并不多见，因为对于内部网络而言，无法申请到很多的内部全局地址，在有限个内部全局地址下，需要采用动态 NAT。只有当外部网络需要通过固定的全局可路由地址访问内部主机时，才会使用静态 NAT。

动态 NAT 是建立内部本地地址和内部全局地址池的临时对应关系，建立一个地址映射池，进行随机映射。如果经过一段时间，内部本地地址没有向外的请求或者数据流，该对应关系将被删除，如图 6-36 所示。

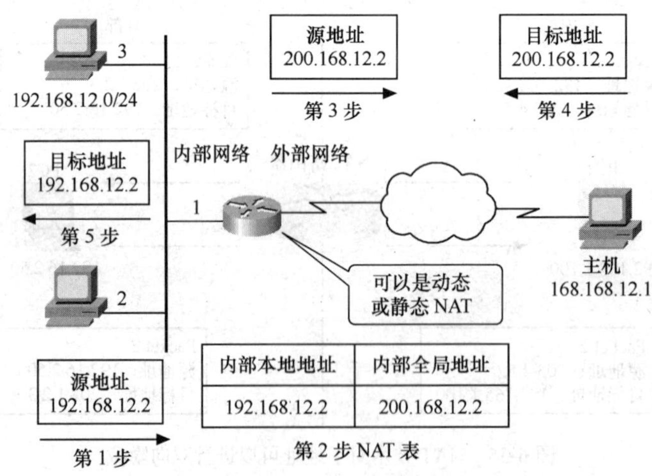

图 6-36　NAT 网络地址转换的过程

上图反映了内部源地址 NAT 的整个过程。

当内部网络一台主机访问外部网络资源时，详细过程描述如下。

① 内部主机 192.168.12.2 发起一个到外部主机 168.168.12.1 的连接。

② 当路由器接收到以 192.168.12.2 为源地址的第一个数据包时，引起路由器检查 NAT 映射表：

- 如果该地址有配置静态映射，就执行第三步；
- 如果没有静态映射，就进行动态映射，路由器就从内部全局地址池中选择一个有效的地址，并在 NAT 映射表中创建 NAT 转换记录，这种记录叫做基本记录。

③ 路由器用 192.168.12.2 对应的 NAT 转换记录中的全局地址，替换数据包源地址，经过转换后，数据包的源地址变为 200.168.12.2，然后转发该数据包。

④ 168.168.12.1 主机接收到数据包后，将向 200.168.12.2 发送响应包。

⑤ 当路由器接收到内部全局地址的数据包时，将以内部全局地址 200.168.12.2 为关键字查找 NAT 记录表，将数据包的目的地址转换成 192.168.12.2 并转发给 192.168.12.2。

⑥ 192.168.12.2 接收到应答包，并继续保持会话。第一步到第五步将一直重复，直到会话结束。

4. NAPT 网络地址端口转换

NAT 可在内部局部地址和外部全局地址之间建立映射，由于通常局域网络只能分配有限个公网地址，这就需要将多个内部局部地址映射为一个外部全局地址，为了区别不同设备的连接，引

入了 NAPT。网络地址端口转换 NAPT（Network Address Port Translation）是把内部地址映射到外部网络的一个 IP 地址的不同端口上。NAPT 普遍应用于接入设备中，它可以将中小型的网络隐藏在一个合法的 IP 地址后面。NAPT 与动态地址 NAT 不同，它将内部连接映射到外部网络中的一个单独 IP 地址上，同时在该地址上加上一个由 NAT 设备选定的 TCP 端口号，如图 6-37 所示。

在 Internet 中使用 NAPT 时，所有不同的 TCP 和 UDP 信息流看起来好像来源于同一个 IP 地址。这个优点在小型办公室内非常实用，通过从 ISP 处申请一个 IP 地址，将多个连接通过 NAPT 接入 Internet。实际上，许多 SOHO 远程访问设备支持基于 PPP 的动态 IP 地址。这样，ISP 甚至不需要支持 NAPT，就可以做到多个内部 IP 地址共用一个外部 IP 地址上 Internet，虽然这样会导致信道的一定拥塞，但考虑到节省 ISP 上网费用和易管理的特点，用 NAPT 还是很值得的。

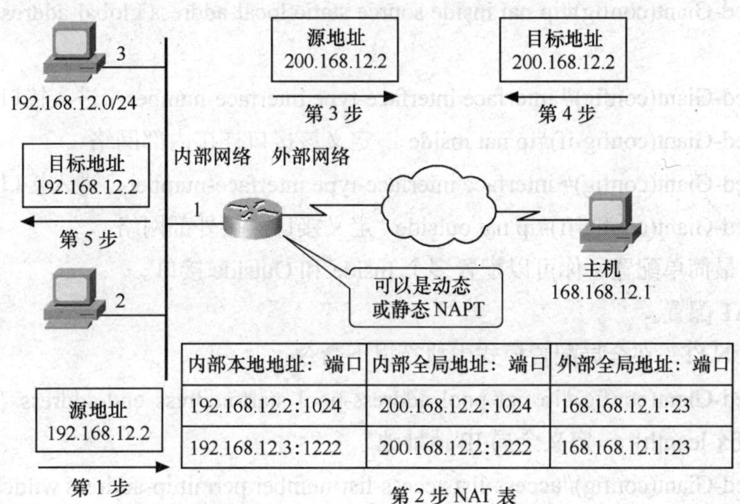

内部本地地址：端口	内部全局地址：端口	外部全局地址：端口
192.168.12.2:1024	200.168.12.2:1024	168.168.12.1:23
192.168.12.3:1222	200.168.12.2:1222	168.168.12.1:23

图 6-37　NAPT 网络地址转换过程

NAPT 也分为静态 NAPT 和动态 NAPT。

① 静态 NAPT。

- 需要向外网络提供信息服务的主机。
- 永久的一对一“IP 地址 + 端口”映射关系。

② 动态 NAPT。

- 只访问外网服务，不提供信息服务的主机。
- 临时的一对一“IP 地址 + 端口”映射关系。

图 6-37 反映了内部源地址 NAPT 的整个过程。

① 内部主机 192.168.12.2 发起一个到外部主机 168.168.12.1 的连接。

② 当路由器接收到以 192.168.12.2 为源地址的第一个数据包时，引起路由器检查 NAT 映射表：

- 如果 NAT 没有转换记录，路由器就为 192.168.12.2 作地址转换，并创建一条转换记录。
- 如果启用了 NAPT，就进行另外一次转换，路由器将复用全局地址并保存足够的信息以便能够将全局地址转换回本地地址。NAPT 的地址转换记录称为扩展记录。

③ 路由器用 192.168.12.2 对应的 NAT 转换记录中的全局地址，替换数据包源地址，经过转换后，数据包的源地址变为 200.168.12.2，同时附加一自定义的大于 1023 的随机端口号 1024，内部局部地址源端口号是临时的，并且要保证是唯一的。然后转发该数据包。

④ 168.168.12.1 主机接收到数据包后，将向 200.168.12.2 发送响应包。

⑤ 当路由器接收到内部全局地址的数据包时，将以内部全局地址 200.168.12.2 及其端口号（1024）、外部全局地址及其端口号（1024）为关键字查找 NAT 记录表，将数据包的目的地址转换成 192.168.12.2 并转发给 192.168.12.2。

⑥ 192.168.12.2 接收到应答包，并继续保持会话。第 1 步到第 5 步将一直重复，直到会话结束。

图 6-38 中，内部主机 192.168.12.3 发起一个到外部主机 168.168.12.1 的连接时，此时端口号随机分配一个唯一的端口号：1222。

① 内部源地址 NAT 配置。

要配置静态 NAT，在全局配置模式中执行以下命令：

第 1 步　Red-Giant(config)#ip nat inside source static local-address global-address 定义内部源地址静态转换关系

第 2 步　Red-Giant(config)# interface interface-type interface-number　进入接口配置模式

第 3 步　Red-Giant(config-if)#ip nat inside　定义该接口连接内部网络

第 4 步　Red-Giant(config)# interface interface-type interface-number　进入接口配置模式

第 5 步　Red-Giant(config-if)#ip nat outside　定义接口连接外部网络

以上配置为最简单配置，你可以配置多个 Inside 和 Outside 接口。

② 动态 NAT 配置。

要配置动态 NAT，在全局配置模式中执行以下命令：

第 1 步　Red-Giant(config)#ip nat pool address-pool start-address end-address {netmask mask | prefix-length prefix-length}　定义全局 IP 地址池

第 2 步　Red-Giant(config)#access-list access-list-number permit ip-address wildcard　定义访问列表，只有匹配该列表的地址才转换

第 3 步　Red-Giant(config)#ip nat inside sourcelist access-list-number pool address-pool　定义内部源地址动态转换关系

第 4 步　Red-Giant(config)# interface interface-type interfacenumber　进入接口配置模式

第 5 步　Red-Giant(config-if)#ip nat inside　定义接口连接内部网络

第 6 步　Red-Giant(config)# interface interface-type interface-number　进入接口配置模式

第 7 步　Red-Giant(config-if)#ip nat outside　定义接口连接外部网络

❖ 说明：

访问列表的定义，使得只在列表中许可的源地址才可以被转换，必须注意访问列表最后一个规则是否定全部。访问列表不能定义太宽，要尽量准确，否则将出现不可预知的结果。

③ 静态 NAPT。

要配置静态 NAPT，在全局配置模式中执行以下命令：

第 1 步　Red-Giant(config)#ip nat inside source static {UDP | TCP} local-address port global-address port　定义内部源地址静态转换关系

第 2 步　Red-Giant(config)# interface interface-type interface-number　进入接口配置模式

第 3 步　Red-Giant(config-if)#ip nat inside　定义该接口连接内部网络

第 4 步　Red-Giant(config)# interface interface-type interface-number　进入接口配置模式

第 5 步　Red-Giant(config-if)#ip nat outside　定义接口连接外部网络

❖ 说明：

如果有条件，尽量不要用 outside 接口的全局地址作为内部全局地址，该接口地址的所有者是互联网服务提供商（ISP）。当线路变更时该地址就会改变，就需要更改 DNS 记录了，如果是直接通过 IP 提供服务，那就更麻烦了，而线路的变更是常有的事。

④ 动态 NAPT。

要配置内部源地址动态 NAPT，在全局配置模式中执行以下命令：

第 1 步　Red-Giant(config)#ip nat pool address-pool start-address end-address {netmask mask | prefix-length prefix-length}　定义全局 IP 地址池，对于 NAPT，一般就定义一个 IP 地址

第 2 步　Red-Giant(config)#access-list access-list-number permit ip-address wildcard　定义访问列表，只有匹配该列表的地址才可以转换

第 3 步　Red-Giant(config)#ip nat inside source list access-list-number {[pool address-pool] | [interface interface-type interface-number]} overload　定义源地址动态转换关系

第 4 步　Red-Giant(config)# interface interface-type interface-number　进入接口配置模式

第 5 步　Red-Giant(config-if)#ip nat inside　定义接口连接内部网络

第 6 步　Red-Giant(config)# interface interface-type interface-number　进入接口配置模式

第 7 步　Red-Giant(config-if)#ip nat outside　定义接口连接外部网络

NAPT 可以使用地址池中的 IP 地址，也可以直接使用接口的 IP 地址。一般来说一个地址就可以满足一个网络的地址转换需要，一个地址最多可以提供 64512 个 NAT 地址转换。如果地址不够，地址池可以将多定义几个地址。

❖ 说明：

访问列表的定义，使得只在列表中许可的源地址才可以被转换，必须注意访问列表最后一个规则是否定全部。访问列表不能定义太宽，要尽量准确，否则将出现不可预知的结果。

（二）宽带路由器接入互联网

除传统路由器采用 NAT 接入互联网外，近几年兴起的宽带路由器已成为 SOHO 网络、企业网络和网吧等场所接入互联网的主力军。宽带路由器分为 SOHO 宽带路由器和企业级宽带路由器。

1. SOHO 宽带路由器

SOHO 路由器在构造、功能、价格等各方面，都与传统的路由器相去甚远，它是厂商专门针对 SOHO 网络研发的相应网络设备，以适应搭建小型网络和共享 Internet 接入的需求。它适用于 ADSL、Cable Modem 或小区宽带的 Internet 共享接入，基本功能是提供简单的路由服务，通常具有地址映射、端口映射、DHCP 服务、动态 DNS、网址过滤、防火墙、VPN、自动拨号等功能。

SOHO 路由器产品很多，名称也很多，如宽带路由器、SOHO 宽带路由器、家用路由器等。SOHO 路由器通常有 1~4 个 RJ-45 以太网接口，兼具集线器的功能，现在的 SOHO 路由器大多集成了无线 AP 的功能，称为无线路由器、无线 SOHO 路由器或无线宽带路由器。SOHO 路由器产品价格大多在一二百元左右，受成本的制约，SOHO 路由器在 CPU、内存、FLASH 方面，甚至包括电源、体积诸因素，限制了其性能，一般只能支持几个到几十个用户的网络接入。

2. 企业级宽带路由器

随着宽带网络的发展，运营商为最终用户提供的大都是以太网协议的宽带线路，传统路由器在宽带接入上无法发挥多种协议转换和路由转换的能力，影响高速传输效率，成本也较高，于是

催生了宽带路由器的诞生。

宽带路由器的设计初衷完全不同于传统路由器，它的接入方式更为简单，通常为光纤、ADSL、Cable Modem 等运行以太网协议的接入终端。在功能方面，宽带路由器更强调 NAT 转换速度，所以其处理的 CPU 主频，RAM 大小、嵌入式程序的高效性成为宽带路由器重要的硬性标准。和传统路由器相比，宽带路由器支持的接口种类和相关协议减少，一般只有以太网接口，没有窄带接口和模块插卡，从体系结构来看简单了，而这种变化正好能够满足目前应用的需求。宽带路由器工作在内部局域网是以太网、外部宽带也是以太网的环境下，本身就很少考虑路由和协议的问题，它主要解决接入方式、共享、安全、控制等方面的问题，以低成本方式承担了网吧、企业网与公网连接的接入任务。

企业级宽带路由器的名称叫法很多：企业宽带路由器、防火墙宽带路由器、VPN 防火墙宽带路由器等。其广域网（WAN）接口一般为 1~4 个，以太网（LAN）接口 2~8 个，其产品价格在几百元到几千元甚至几万元不等，一般能支持几百到上千用户的网络接入。

企业级宽带路由器从诞生到现在，虽然只有短短 5 年左右的时间，但呈现出很活跃的市场态势，表现在：性能越来越强，功能越来越多，安全性越来越好，价格越来越低廉。在硬件配置方面，处理器主频越来越高，架构越来越好；存储路由器操作系统和配置文件的 FLASH（闪存）越来越大，为实现可视方便的管理，目前都提供基于 Web 方式的漂亮界面，使非专业人员也可以设置路由器；系统内存很大，速度也越来越快，很多产品配置了 DDR 内存。在功能服务方面，企业级宽带路由器现在都在围绕着动态拨号 IP 接入的现实环境，如提供 NAT、DDNS、VPN、PPPoE 等、在安全性方面，多数企业宽带路由器都能提供状态防火墙、MAC、应用过滤、访问时间控制、病毒攻击危害阻隔等。

三、任务实施

（一）SOHO 网络用 SOHO 无线宽带路由器共享接入互联网

【任务场景】

李先生家原有 2 台台式计算机，李先生的女儿李小姐购置了 1 台笔记本电脑后，李先生对家庭网络又进行了升级，添置了一台带 4 个 RJ-45 端口的无线宽带路由器构成无线宽带网络环境，不但计算机能上网，李小姐的智能手机也能通过该网络上网。

【施工设备】

计算机 2 台，笔记本电脑 1 台，支持无线上网的手机 1 台，SOHO 无线宽带路由器 1 台，ADSL 宽带线路 1 条（实验中可用已与互联网相连的局域网接口替代），直通网线多条。

【施工拓扑】

网络连接如图 6-38 所示。

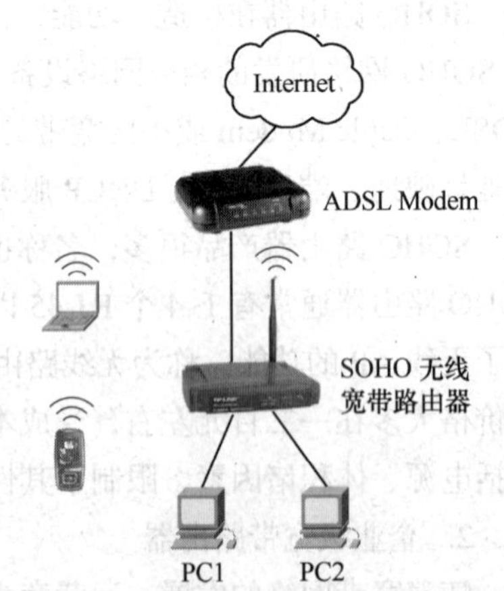

图 6-38　SOHO 网络用 SOHO 无线宽带路由器共享接入互联网

【操作步骤】

步骤 1　如图 6-38 所示连接好 SOHO 网络和 ADSL 线

路，其中连 ADSL 的网线连到无线宽带路由器的 WAN 口上

步骤 2　配置 SOHO 无线宽带路由器

以 D-Link DI-624 为例，安装配置无线宽带路由器。

① 登录无线宽带路由器。该路由器初始 IP 地址为：192.168.0.1，将 PC1 或 PC2 的 IP 地址设置为 192.168.0.X 网段中的某个地址：如 192.168.0.2。通过 IE 浏览器登录路由器的 Web 管理页面，首先弹出用户名和密码的对话框，默认用户名是 Admin，默认没有密码，然后进入如图 6-39 所示的配置界面，以简单安装向导（Wizard）为例说明安装配置过程，单击“Run wizard”按钮。

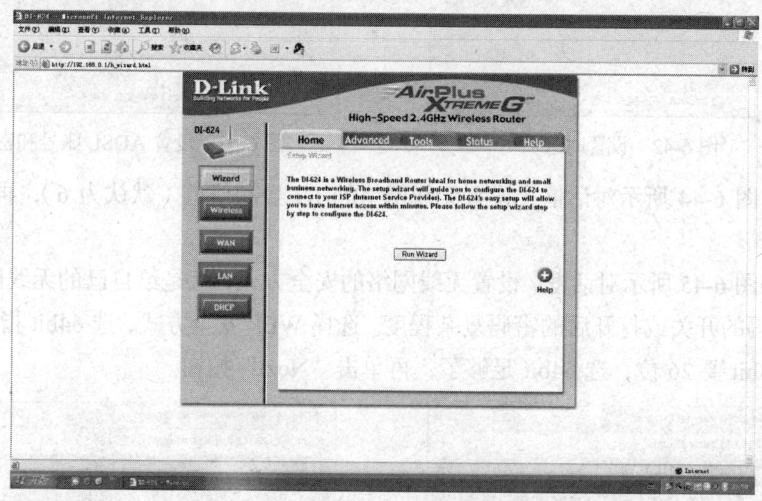

图 6-39　登录无线宽带路由器 Web 管理界面

② 进入如图 6-40 所示对话框，该对话框介绍简单安装的 5 个步骤：设密码、设时区、设置 Internet 连接、设置无线连接、重启生效，单击“Next”按钮。

③ 进入如图 6-41 所示对话框，设置登录无线路由器 Web 管理页面的密码，再单击“Next”按钮。

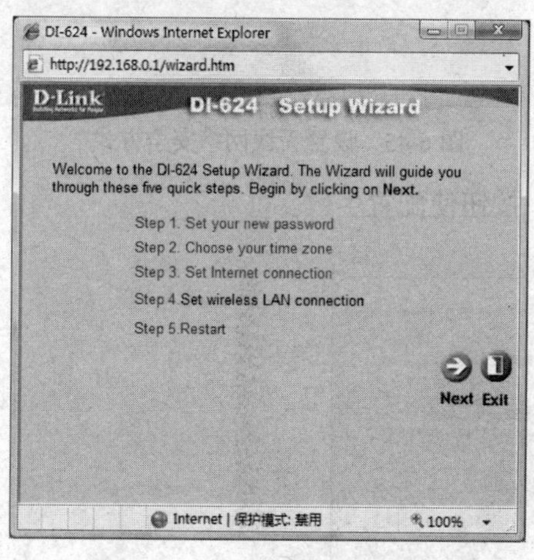

图 6-40　简单安装向导步骤

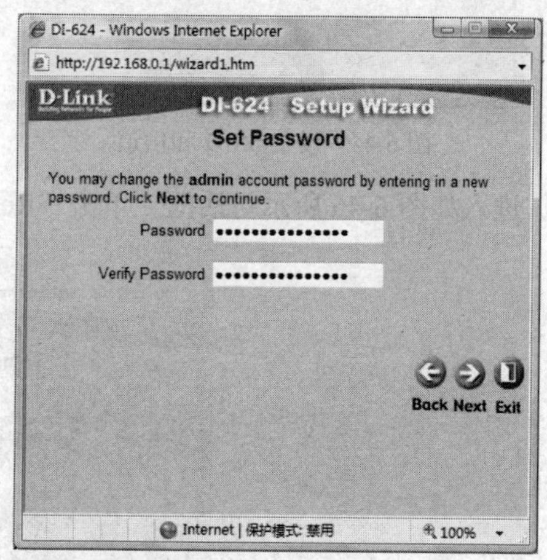

图 6-41　设置登录无线路由器 Web 管理页面密码

④ 进入如图 6-42 所示对话框，设置北京时区，再单击“Next”按钮。

⑤ 系统检测到 PPPoE 的 ADSL 连接，进入如图 6-43 所示对话框，设置 ADSL 账号和密码，再单击“Next”按钮。

图 6-42 设置时区

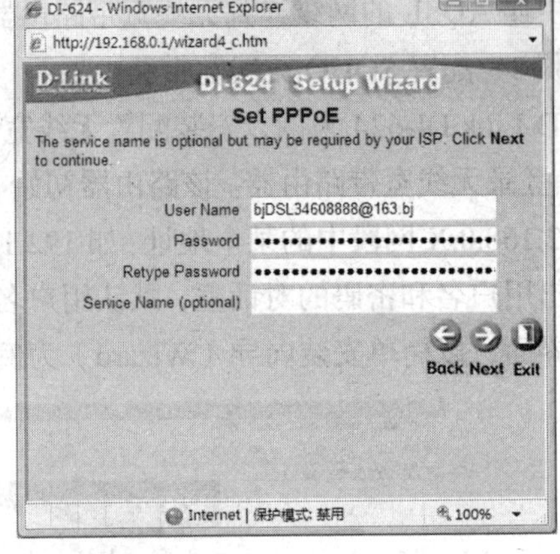

图 6-43 设置 ADSL 账号和密码

⑥ 进入如图 6-44 所示对话框，设置无线网络的 ID 号和信道（默认为 6），再单击“Next”按钮。

⑦ 进入如图 6-45 所示对话框，设置无线网络的安全方式，就是给自己的无线网络加个密码，这里是选择密码的开关或打开后的密码复杂程度。选择 WEP 安全方式，选 64bit 指的是要输入 10 位的密码，128bit 要 26 位，选 64bit 足够了，再单击“Next”按钮。

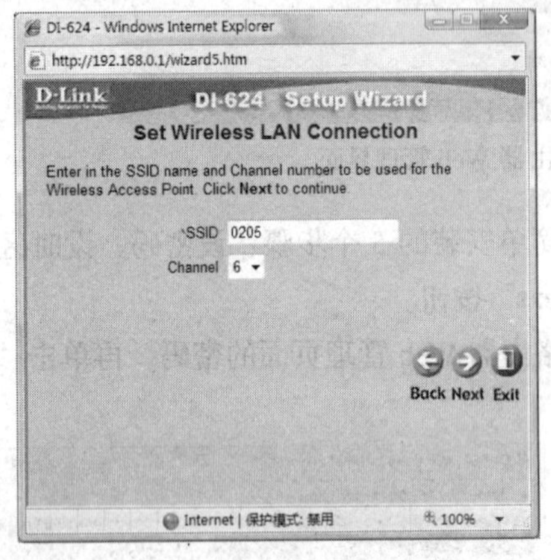

图 6-44 设置 SSID 和信道

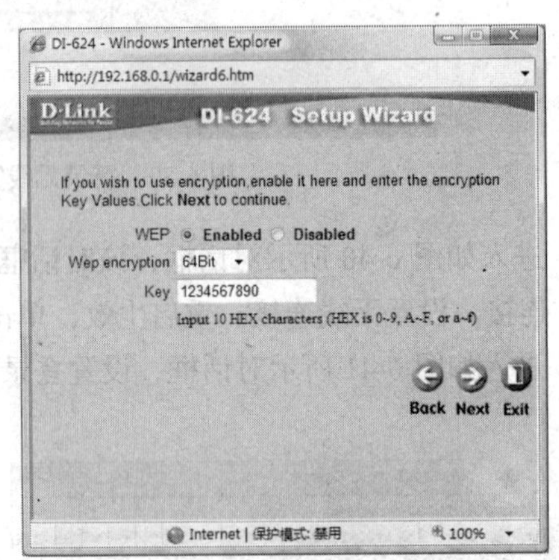

图 6-45 设置无线网络安全方式

⑧ 进入如图 6-46 所示对话框，单击“Restart”按钮使配置生效。

图 6-46 重启，配置生效

⑨ 对 SOHO 网络中的台式机、笔记本、手机进行测试，检查上网的情况。

⑩ 登录无线路由器对其进行更详细的配置。

❖ 提示:

目前，市场上还有一类产品是带路由功能的 ADSL Modem，使用此类产品网络结构更简单。

（二）网吧用宽带路由器共享接入互联网

【任务场景】

网吧是宽带路由器共享接入互联网的重要应用场所。随着网吧规格的扩大，视频应用和大型网络游戏的增加，现在的网吧大多采用宽带路由器接入互联网，根据不同的规模采用不同档次的产品。宽带路由器产品很多，以锐捷网络公司为例，其宽带路由器产品线是 NBR 系列路由器，包括 NBR200、NBR300、NBR1000E、NBR1200、NBR2000 和 NBR2500 路由器等。这里介绍其中两款产品。

- NBR1200

RG-NBR1200 是锐捷网络公司针对有多个出口的中型网吧推出的电信级宽带路由器。RG-NBR1200 采用 RISC 架构高性能通信专用网络处理器。固化带有 2 个百兆以太网 WAN 口，1 个独立的光模块扩展插槽，插上模块就提供了 3 个 WAN 口，4 个百兆以太网 LAN 口，一个 Console 配置口。RG-NBR1200 拥有先进的硬件架构，出色的小包转发能力。内置高性能防火墙，具备防病毒、防攻击能力、丰富的内网安全特性和智能的带宽管理功能、人性化的 Web 管理和监控界面。在网吧环境下，NBR1200 的最大带机数为 250 台。

- NBR2000

RG-NBR2000 是锐捷网络公司针对大型网吧推出的一款吉比特核心宽带路由器，在网吧环境下，RG-NBR2000 的带机数可达 1000 台。它采用 64 位高性能专用网络处理器，固化带有 1 个吉比特和 1 个百兆以太网 WAN 口，1 个吉比特以太网 LAN 口，一个 Console 配置口，最大支持 50 万条的超大容量 NAT 并发会话。RG-NBR2000 拥有先进的千兆硬件架构，业内最高的小包转发能力，内置高性能防火墙，具备超强防病毒、防攻击能力、丰富的内网安全特性和智能的带宽管理功能、人性化的 Web 管理和监控界面，以及专利的设备联动管理为大型网吧构建高速、安全、稳定、智能、易管理的吉比特网络提供了最佳的出口解决方案。

【施工拓扑】

网吧用宽带路由器共享接入互联网主要有以下 3 种网络结构。

① 单出口。

如图 6-47 所示。作为单线路出口的网吧接入路由器，网吧规模可在 200 台以上；网络核心为 3 层交换机，内部划分不同网段，降低广播风暴；可防外网百兆线速 DDOS 攻击。

② 双出口。

随着网吧规模的扩大，同时线路资费的下降，网吧要求稳定快速运行，可租用 2 条来自相同或者不同的运营商的宽带线路，接入到 NBR2000 路由器上，利用 1000Mbit/s 线路下联到内部网，网吧内部划分不同的网段，核心用 3 层交换机，内部 3 层转发由 3 层交换机来完成，出口的双线路的选择和自动备份功能由 NBR2000 来完成。和单出口相比特点是：多出口，提高线路速度；多出口，自动负载均衡和备份。如图 6-48 所示。

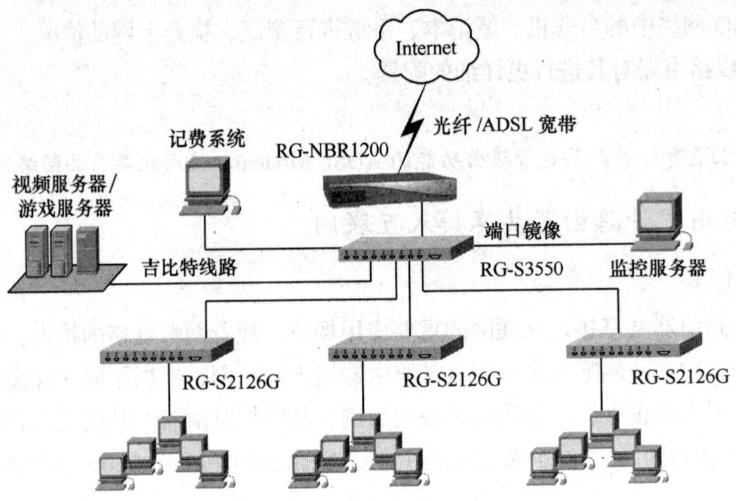

图 6-47 网吧单出口宽带路由器接入互联网

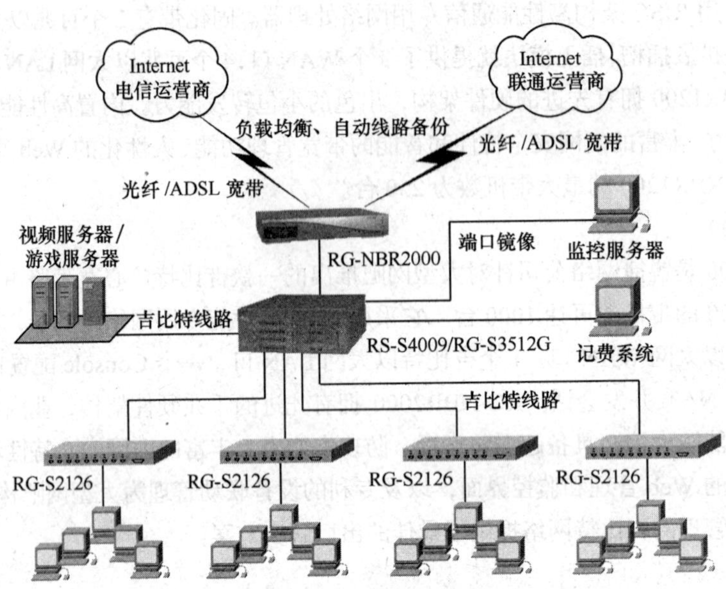

图 6-48 网吧双出口宽带路由器接入互联网

③ 双出口双路由器。

现在网吧规模呈现出扩大的趋势，不少地方还推出了豪华网吧，这种网吧要求网络可靠稳定、速度高，在这种应用中，可以推双出口双路由结构，实现负载均衡和线路备份的功能。内部用锐捷 S6506 交换机作为核心，负载均衡由 S6506 交换机来完成，利用 S6506 交换机提供的策略路由功能，就是基于 VLAN 的缺省路由功能来实现负载均衡和备份。与双出口结构相比，上网速率更快，稳定性更高。如图 6-49 所示。

【操作步骤】

宽带路由器大多是 Web 管理界面，使网络管理人员也可以根据安装指南很方便地配置路由器，在此不再一一介绍。

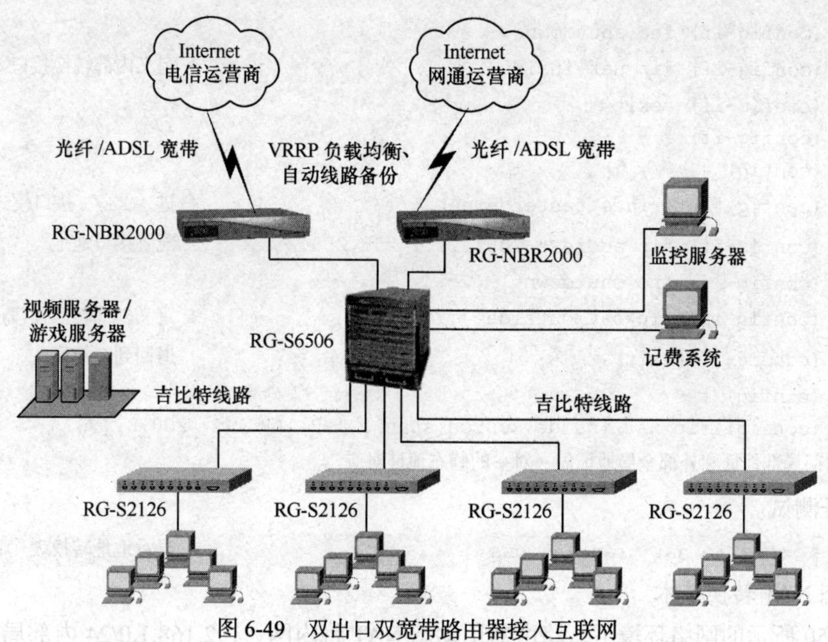

图 6-49　双出口双宽带路由器接入互联网

（三）配置 NAT 实现不同内部网络接入互联网

【任务场景】

某校成教学院办公网络，由于分配到的公网地址不足，只申请到 200.1.1.2 和 200.1.1.3 两个内部全局地址，因此只能通过路由器 NAT 地址转换技术，代理成教学院办公网络中的 192.168.1.0/24 全部计算机访问 Internet。

【施工拓扑】

如图 6-50 所示是在实验室中模拟成教学院 NAT 的网络拓扑图，路由器的 F1/0 端口接内网，路由器 F1/1 端口接外网，计算机 PC3 模拟外网中的 1 台服务器。

内部全局地址:
200.1.1.2
200.1.1.3
192.168.1.1
F1/0
200.1.1.1
F1/1
F0/24
PC3: 200.1.1.5
F0/3
F0/5
PC1: 192.168.1.2　PC2: 192.168.1.3
内网: 192.168.1.0

图 6-50　NAT 地址转换技术

【施工设备】

交换机 1 台，路由器 1 台，测试用计算机 3 台。

【操作步骤】

1. 静态 NAT（以 192.168.1.2～200.1.1.2 转换示例）

① 配置路由器基本信息和静态 NAT。

```
Router #
Router #configure terminal                                   ! 进入全局配置模式
Router (config)#
Router (config)#interface fastethernet 1/0                   ! 进入 F1/0 接口模式
Router (config-if) #ip address 192.168.1.1 255.255.255.0     ! 配置接口地址
```

```
Router (config-if) #no shutdown
Router (config-if) #ip nat inside                          ！定义内部转换接口
Router (config-if) #exit
Router (config-if) #
Router (config) #
Router (config)#interface fastethernet 1/1                 ！进入 F1/1 接口模式
Router (config-if) #ip address 200.1.1.1 255.255.255.0     ！配置接口地址
Router (config-if) #no shutdown
Router (config-if) #ip nat outside                         ！定义外部转换接口
Router (config-if)#exit                                    ！退回到特权模式
Router (config) #
Router (config) #ip nat inside source static 192.168.1.2  200.8.7.3
！定义内部局部地址和外部全局地址做一对一的静态地址对应
```

② 验证测试。

```
Router #  show ip nat translations                         ！显示地址转换表
```

2. 动态 NAT 转换技术

在图 6-50 所示的网络环境下，路由器用动态 NAT 将内网：192.168.1.0/24 内部局部地址动态转换为内部全局地址：200.1.1.2 和 200.1.1.3。步骤如下。

① 和静态 NAT 转换一样，配置路由器的接口地址，内外网转换接口等基本信息。

② 定义内部网络的默认路由，使内部网络具有连接外部网络的路由信息。

```
Router # configure terminal
Router (config)#
Router (config)#ip route 0.0.0.0 0.0.0.0  f1/1
```

③ 配置路由器设备动态 NAT。

```
Router (config)#ip nat pool to-internet 200.1.1.2 200.1.1.3 netmask 255.255.255.0
          ！定义内部全局地址池
Router (config)#accesss-list 1 permit 192.168.1.0  0.0.0.255
          ！定义允许转换的内部本地网络地址范围
Router (config)#ip nat inside source list 1 pool to-internet
          ！为内部本地地址调用转换内部全局地址池
```

④ 验证测试。

```
Router #  show ip nat translations                ！显示地址转换表
```

3. NAPT 转换技术

若图 6-50 所示网络工作环境中，由于内部全局地址紧张，只申请到一个内部全局地址：200.1.1.2，整个内部网络：192.168.1.0/24 对应唯一的内部全局地址访问 Internet，需要通过 NAPT 地址转换过程。步骤如下。

① 和 NAT 转换一样，配置路由器的接口地址，内外网转换接口等基本信息。

② 同动态 NAT 一样，定义内部网络的默认路由，使内部网络具有连接外部网络的路由信息。

③ 配置路由器 NAPT。

```
Router (config)#ip nat pool to-internet 200.1.1.2 netmask 255.255.255.0
          ！定义内部全局地址
Router (config)#accesss-list 1 permit 192.168.1.0  0.0.0.255
          ！定义允许转换的内部本地网络地址范围
```

```
Router (config)#ip nat inside source list 1 pool to-internet overload
        ! 为内部本地地址调用转换内部全局地址池
```

④ 验证测试。

```
Router #  show ip nat translations                    ! 显示地址转换表
```

此时再从内网中某台主机 Ping 外网 PC3 的 HTTP 服务器，可以访问外部的 HTTP 服务器。

（四）校园网专线接入互联网

【任务场景】

某校校园网络需要通过路由器用专线接入 Internet。

【施工拓扑】

如图 6-51 所示，是在实验室中模拟通过路由器用专线接入 Internet 的拓扑图，校园网络中会划分为多个 VLAN 分割不同的功能区域，本图中用 VLAN10 和 VLAN20 两个独立网段区域示意。网络接入用二层交换机 RG-S2126G，三层交换机 RG-S3750 作为网络中的核心交换机，用于汇聚网络中所有的接入层设备，并与路由器 R1 相连，VLAN99 用于核心交换机与路由器相连的网段使用。校园网通过路由器 R1 用专线和网络运营商（电信、网通、联通等）的路由器 R2 相连。

学校向网络运营商申请到一个公网地址 210.20.20.1 作为内部全局地址，通过 NAPT 技术接入 Internet。图中，在与路由器 R2 相连的 PC5 上做一台 Web 服务器，代表 Internet 环境。

设备接口和 IP 地址分配如图 6-51 所示。

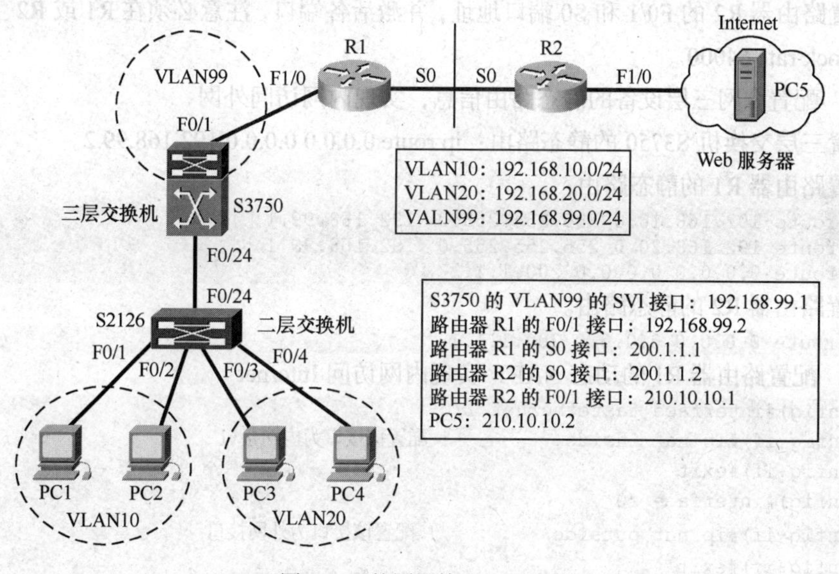

图 6-51　校园网接入 Internet

【施工设备】

路由器 2 台（如 RG-R1762），三层交换机 1 台（如 RG-S3750），二层网管交换机 1 台（如 RG-S2126G），测试用计算机 5 台，直通网络多条，V35 线缆 1 对（路由器与路由器相连，模拟专线连接）。

【操作步骤】

本项目中已在前面项目中介绍过具体操作，不再重复介绍。

步骤 1　设备连接。按图 6-52 所示网络拓扑连接所有设备

步骤 2　配置计算机 TCP/IP 属性

PC1 和 PC2 的 IP 地址为 192.168.10.2~192.168.10.254 中的一个，网关为 192.168.10.1；PC3 和 PC4 的 IP 地址为 192.168.20.2~192.168.20.254 中的一个，网关为 192.168.20.1；PC5 的 IP 地址为 210.10.10.2，网关为 210.10.10.1。

步骤 3　在 PC5 上安装配置好 Web 服务器

步骤 4　配置交换机基本信息

① 配置交换机 S2126 的基本信息。交换机名定义，VLAN10 和 VLAN20 定义，将端口 F0/1、F0/2 划分到 VLAN10 中，端口 F0/3、F0/4 划分到 VLAN20 中，将端口 F0/24 定义为 trunk 端口，并激活各端口。

② 配置三层交换机 S3750 的基本信息。交换机名定义，VLAN10、VLAN10 和 VLAN99 定义，将端口 F0/24 定义为 trunk 端口，并激活各端口。

步骤 5　配置三层交换机 S3750 的 SVI，实现 VLAN 间互联

给 VLAN10、VLAN20 和 VLAN99 分别配置 SVI，VLAN10：192.168.10.1，VLAN20: 192.168.20.1，VLAN99：192.168.99.1。

步骤 6　配置路由器基本信息

① 配置路由器 R1 的 F0/1 和 S0 端口地址，并激活各端口。

② 配置路由器 R2 的 F0/1 和 S0 端口地址，并激活各端口，注意必须在 R1 或 R2 上设置时针频率，如 clock rate 64000。

步骤 7　配置全网三层设备的静态路由信息，实现内网访问外网

① 配置三层交换机 S3750 的静态路由：ip route 0.0.0.0 0.0.0.0 192.168.99.2。

② 配置路由器 R1 的静态路由：

```
ip route 192.168.10.0 255.255.255.0  192.168.99.1
ip route 192.168.20.0 255.255.255.0  192.168.99.1
ip route 0.0.0.0 0.0.0.0 200.1.1.2
```

③ 配置路由器 R2 的静态路由。

```
ip route 0.0.0.0 0.0.0.0 200.1.1.1
```

步骤 8　配置路由器 R1 的动态 NAPT 实现内网访问 Internet

```
R1 (config)#interface fastethernet 1/0
R1 (config-if)#ip nat inside            ！配置该接口为内网接口
R1 (config-if)#exit
R1 (config)#interface s0
R1 (config-if)#ip nat outside            ！配置该接口为外网接口
R1 (config-if)#exit
R1 (config) accesss-list 10 permit any  ！定义允许转换的内部本地网络地址范围
R1  (config)#ip  nat  pool  to-internet  210.20.20.1  210.20.20.1   netmask
255.255.255.0          ！定义内部全局地址
R1(config)#ip nat inside source list 10 pool to-internet overload
          ！建立动态 NAPT 映射
```

步骤 9　验证测试

通过 PC1、PC2、PC3、PC4 都能访问 PC5 的 Web 服务器。

实训项目

实训项目 1　局域网用 ICS 共享 ADSL/Cable Modem 接入互联网

1. 实训目的与要求

学会局域网中用 ICS 共享 ADSL/Cable Modem 接入互联网的方法。

2. 实训设备与材料

交换机 1 台，安装两块网卡的计算机 1 台，其他计算机多台。

3. 实训拓扑

如图 6-19 所示，将其中的 Sygate 换成 ICS。

4. 思考

为什么配置 ICS 时，客户机只能配置 192.168.0.0/24 网段的地址？

实训项目 2　局域网用代理服务器共享接入互联网

1. 实训目的与要求

学会局域网用代理服务器软件（Wingate，WinRoute 等）（Sygate 除外）共享接入互联网的方法。

2. 实训设备与材料

代理服务器 1 台（安装双网卡），交换机 1 台，测试用计算机多台，直通网线多条，代理服务器软件 1 套，准备连接互联网的环境。

3. 实训拓扑

如图 6-19 所示，将其中的 Sygate 换成其他代理软件。

4. 思考

使用的代理服务器软件与 Sygate 有什么区别？

实训项目 3　局域网用 SOHO 无线宽带路由器共享接入互联网

任务六中的项目实施（1）。

实训项目 4　配置 NAT 实现不同内部网络接入互联网

任务六中的项目实施（3）。

实训项目 5　校园网专线接入互联网

任务六中的项目实施（4）。

习题

1. 简述接入网“最后一公里”的概念。

2. 简述 xDSL 的分类。
3. ADSL 用户端有哪几种设备?
4. 试比较 ADSL 与 Cable Modem 两种网络接入方式的优缺点。
5. 局域网中共享接入互联网的方式有哪些?
6. 调查学校所在地一个家庭的互联网共享接入方式，列出所用设备，绘制出网络拓扑图。
7. 调查所在学校校园网接入互联网的方式，绘制出网络拓扑图。
8. 先对学校所在地互联网接入市场进行调查，然后写一篇本地互联网接入技术的调查报告。

项目七

构建无线局域网

某校为方便教师的教学和工作，希望改造和建设整体校园网络。但教室、老行政楼等旧式建筑网络改造麻烦，因此学院希望采用无线方式来解决其网络应用问题。此外，近几年来学院中学生携带笔记本电脑的数量越来越多，对无线局域网建设的呼声也更加高涨。这更坚定了领导的决心，无线校园局域网的建设规划迅速被提上了日程。

在经过周密的可行性分析与论证之后，该校启动无线局域网建设项目，使用无线局域网设备 AP 和学院三层交换机连接，扩展网络范围到有线不能覆盖的区域，旨在建成高速率、广覆盖、易管理的安全可信的无线校园局域网，实现校园信息资源共享，为移动终端提供高效的连接方式，如图 7-1 所示。

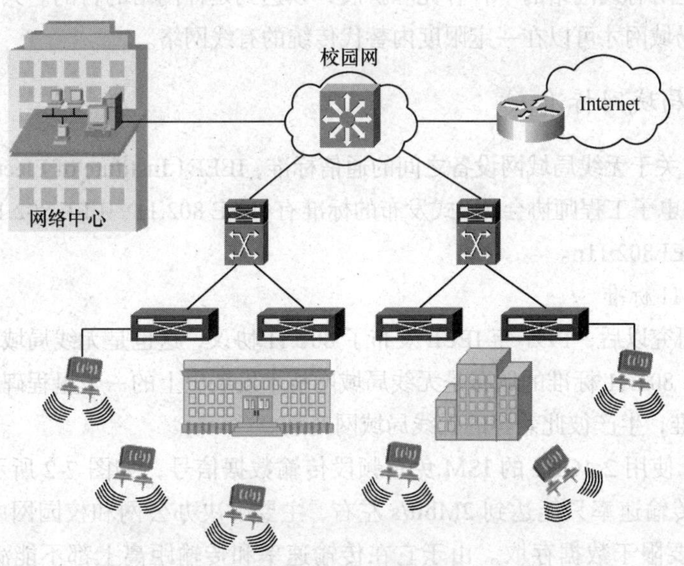

图 7-1　校园无线局域网拓扑

任务一 安装无线网卡

一、任务分析

与使用传统的有线组网技术构建网络相比较，无线局域网络不需要在办公室中重新布线，不需要砸墙打孔等施工，而且工作在无线局域网络环境下的笔记本电脑，能灵活方便的移动，充分发挥其独特的优势。

但如果一台计算机需要通过无线方式进行通信，就需要另外购置无线网卡设备，配置无线局域网络信号接收组件，只有迅驰技术笔记本电脑可以使用其芯片组自带的无线功能，直接进行工作，其他都需要安全无线网卡设备。

二、相关知识

（一）无线局域网络概述

WLAN（Wireless Local Area Networks）是计算机网络技术与无线通信技术结合的产物，与有线网络建设中复杂的布线和施工工程相比，无线局域网则简单得多，仅需要安装一个或者多个无线局域网络的接入设备（Access Point），可将无线设备互连起来，甚至还可以把无线局域网络接入到有线网络，完成对目标区域的网络覆盖。网络的施工周期大大减少，费用的节省和效率的提高都显而易见。无线局域网一旦建成，在无线信号覆盖的任何一个位置都可以接入网络。

需要说明的是，无线局域网绝对不是用来取代有线网络的，而是为了弥补有线网络的信号覆盖范围的不足，是对有线网络的一种补充和扩展，以达到延伸网络的目的。只是在某些特殊的网络环境中，无线局域网才可以在一定限度内替代传统的有线网络。

（二）无线局域网标准

到目前为止，关于无线局域网设备之间的通信标准，IEEE（Institute of Electrical and Electronic Engineers，电气和电子工程师协会）正式发布的标准有 IEEE 802.11、IEEE 802.11a、IEEE 802.11b、IEEE 802.11g、IEEE802.11n。

1. IEEE 802.11 标准

经过 7 年的研究以后，1997 年 IEEE 发布了 802.11 协议，这也是无线局域网领域内第 1 个被认可的标准协议。802.11 标准的颁布是无线局域网技术发展史上的一个里程碑，使得各家公司都能基于 802.11 标准，生产彼此兼容的无线局域网产品。

IEEE 802.11 使用 2.4GHz 的 ISM 免费频段传输数据信号，如图 7-2 所示。由于使用的是公共频段，最高传输速率只能达到 2Mbit/s 左右，主要解决办公网和校园网中无线终端设备接入网络，业务主要限于数据存取。由于它在传输速率和传输距离上都不能满足人们的需要，1999 年 IEEE 组织又提出了高速率的 IEEE802.11b 协议，用来对 802.11 协议进行补充，传输速率高达 11Mbit/s。

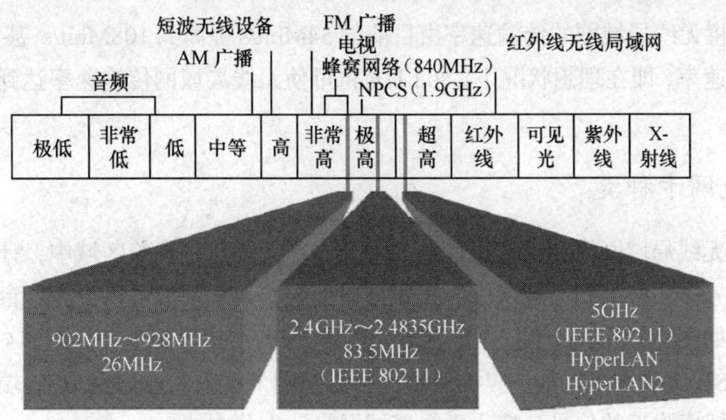

图 7-2 无线局域网使用信号传输频段

2. IEEE802.11b 标准

802.11b 是目前应用最早、最广泛、最成熟的无线局域网标准，最早得到大规模应用，11Mbit/s 速度满足商业用户的应用需求。802.11b 标准也使用免费的 2.4GHz 开放频段，传输距离可达到 130m，标准传输速率提高到 11Mbit/s，与普通的 10Base-T 有线网持平。为了能够获得较好的传输速率，802.11b 采用了动态速率调节技术，允许用户在不同的环境下，自动使用不同的传输速率。在理想状态下，用户以 11Mbit/s 的全速运行，然而，当用户移出理想的 11Mbit/s 速率传送距离时，或者潜在地受到了干扰，信号传输速率自动降低为 5.5Mbit/s、2Mbit/s、1Mbit/s。而当用户回到理想环境时，传输速率又会恢复至 11Mbit/s。

3. IEEE802.11a 标准

为获得更高的无线局域网传输速率，IEEE 802.11a 标准在 1999 年制定完成。802.11a 是在 802.11b 标准开发成功的基础上，对 802.11 标准修订的第 2 个版本。为避免公共频段的信号干扰，802.11a 标准使用独占的 5.8G Hz 的频带来传输数据，传输距离控制在 10～100m。

802.11a 是对 802.11b 标准的修正，以解决无线局域网高速传输问题，使无线产品应用更广泛。因此 802.11a 使用更高的 5.8GHz 频段传输信息，避开了微波、蓝牙以及大量工业设备广泛采用的 2.4GHz 频段。在数据传输过程中，干扰大为降低，抗干扰性强，从而获得了高达 54Mbit/s 的传输速率。由于在不同频段传输信号，因此，802.11a 和 802.11b 是互相不兼容的两套标准。

4. IEEE802.11g 标准

2003 年 6 月，经 IEEE 标准化委员会批准，又推出了 IEEE 802.11g 无线局域网协议，802.11g 标准是为了解决工作在 2.4GHz 公共频段下设备兼容和高速传输问题。802.11g 标准使用与 802.11b 标准相同的 2.4GHz 频段来传输信号，数据传输速率最高可达 54Mbit/s。

802.11g 标准仍使用开放的 2.4GHz 频段，以保证和现有的很多无线设备的兼容。但大量的工业设备也采用 2.4GHz 频段传输信息，信号受外界的干扰较大，因此 802.11g 标准改进了信号传输技术，采用扩频技术以避免信号干扰，技术上要求较为复杂，因而产品的价格也比较昂贵。IEEE 802.11g 是最被看好的无线局域网标准，传输速率可以满足各种网络应用的需求。更重要的是还向下兼容 IEEE 802.11b 设备。

5. IEEE802.11n 标准

一直以来，无线局域网的数据传输率低、网络信号不稳定、信号传输范围小等种种问题一直困扰着无线局域网的大规模应用。802.11n 标准的出现，让当前比较尴尬的无线局域网建设得到解

脱。802.11n标准将无线局域网的传输速率由目前的54Mbit/s提高到108Mbit/s,甚至高达500Mbit/s以上的数据传输速率，即在理想状况下，802.11n将可使无线局域网传输速率达到目前传输速率的10倍左右。

（三）无线网卡种类

无线网卡是无线局域网络和计算机连接的中介，在无线信号覆盖区域中，计算机通过无线网卡，以无线电信号方式接入到局域网中。按照接口标准，无线网卡可以分为：台式机专用的PCI接口无线网卡，如图7-3所示；笔记本电脑专用的PCMICA接口网卡，如图7-4所示。还有一种是广泛应用的USB无线网卡，如图7-5所示，只需把网卡插入到计算机USB端口，安装驱动程序，就可以自动搜索附近的信号，接入无线局域网络，十分方便。

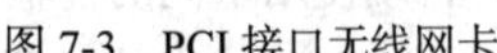

图7-3　PCI接口无线网卡

图7-4　PCMICA接口网卡

图7-5　USB接口无线网卡

按无线通信协议标准，无线网卡又可分为IEEE 802.11a、IEEE 802.11b、IEEE 802.11g等几种。其中，IEEE 802.11b标准无线网卡传输速率为11Mbit/s；IEEE 802.11a标准的传输速率为54Mbit/s；IEEE 802.11g标准的传输速率为54Mbit/s。

（四）无线局域网传输基础

CSMA/CD是有线局域网采用的带冲突检测的载波侦听多路访问信息技术，在这种介质访问机制下，准备传输数据计算机的首先检查传输通道，如果在一定时间内没有侦听到载波，就可以发送数据。如果两台计算机同时发送数据，就会发生信号冲突，所有设备都检测到这一冲突，在隔一定的随机时间后，才可以再发送数据。

而无线局域网中的无线信号，通常经过无线电波方式发送，不容易监视到，更别说检测天空中的其他无线设备发送的信号，因此，在无线局域网中无法做到检测冲突，侦听载波及冲突检测都不可靠。此外，还由于无线信号传输带宽的问题，如果采用CSMA/CD访问方法，过多的碰撞会降低网络传输效率。由于无线适配器不易检测信道是否存在冲突，无线标准802.11协议定义了一种新的物理层访问介质的方法，即载波侦听多点接入/冲突避免（CSMA/CA）。

有线局域网在MAC层使用冲突检测而无线局域网在MAC层使用冲突避免。CSMA/CA的基本工作原理是：传输载波侦听无线介质是否空闲；通过随机的时间等待后，使信号冲突发生概率减到最小。当无线适配器侦听到介质空闲时，最先等待的信号优先发送。此外，CSMA/CA还利用ACK确认信号，来避免冲突发生。也就是说，只有当无线客户端设备收到无线局域网络上返回ACK信号后，才确认送出的数据已经正确到达目的。如果没有探测到网络中正在传送数据，则等待一段时间，再随机选择一个时间片，继续探测。如果探测到无线局域网中仍旧没有其他信号传输的话，就将数据发送出去。计算机成功收到数据信号后，则回发一个ACK信息，ACK数据报被接收端收到，则本次通信过程结束。如果发送端没有收到返回的ACK数据包，数据包在

发送端等待一段时间后被继续重传。

三、任务实施

某校老师希望能在自己计算机中，构建如图 7-6 所示家庭无线局域网络，享受无线生活，因此，为所有的计算机都购买了无线局域网卡，通过正确地配置和安装，以组建无线对等网络环境。

无线网卡是组建无线对等网络中重要的硬件设备，组建无线对等网络环境，首先需要为处于网络中的所有计算机安装无线网络设备。

无线网卡的安装分为两步。首先进行无线网卡的硬件安装，然后进行驱动程序安装。

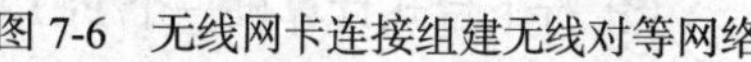

图 7-6　无线网卡连接组建无线对等网络

【练习 1：安装 PCMCIA 无线网卡】

① PCMCIA 无线网卡和其他 PCMCIA 卡（简称 PC 卡）差不多，如图 7-7 所示。

② 找到位于位于笔记本电脑左侧的 TYPE II 型 PCMCIA 卡槽，如图 7-8 所示。

图 7-7　PCMCIA 无线网卡

图 7-8　PCMCIA 卡槽

③ 平行于桌面将无线网卡插入 PCMCIA 卡槽，注意一定要水平插入，如图 7-9 所示。

④ 将无线网卡插好后，露在外面的收发端，如图 7-10 所示。

图 7-9　水平插入 PCMCIA 卡

图 7-10　安装好无线网卡

【练习 2：安装 PCI 无线网卡】

① PCI 无线网卡就是把 PC 卡插在 PCI 转接卡上组成，图 7-11 所示为 PCI 转接卡。

② 在 PCI 转接卡上插入 PC 卡，如图 7-12 所示。

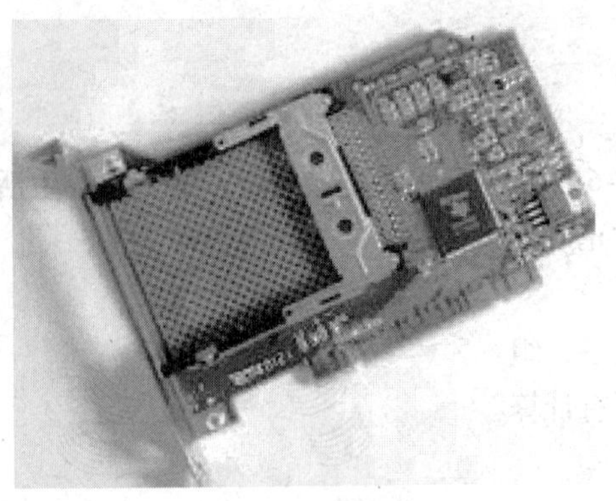
图 7-11　PCI 转接卡

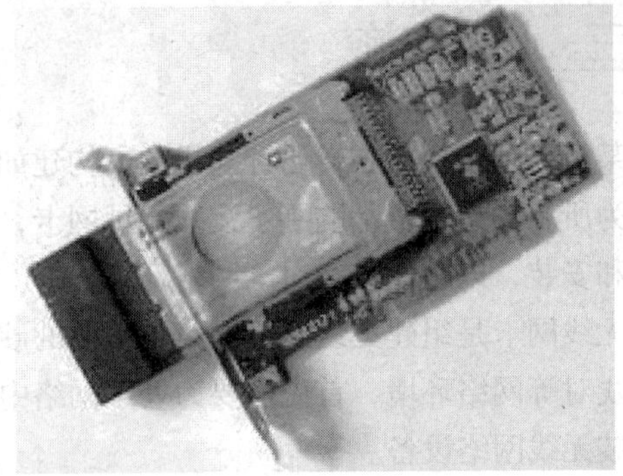
图 7-12　插入 PC 卡

③ 拧下台式计算机一个 PCI 插槽挡板，注意摘下挡板时别划着手，如图 7-13 所示。

④ 将 PCI 无线网卡接头与插槽对准，双手垂直推入，直到完全插紧，如图 7-14 所示。

图 7-13　安装 PCI 无线网卡

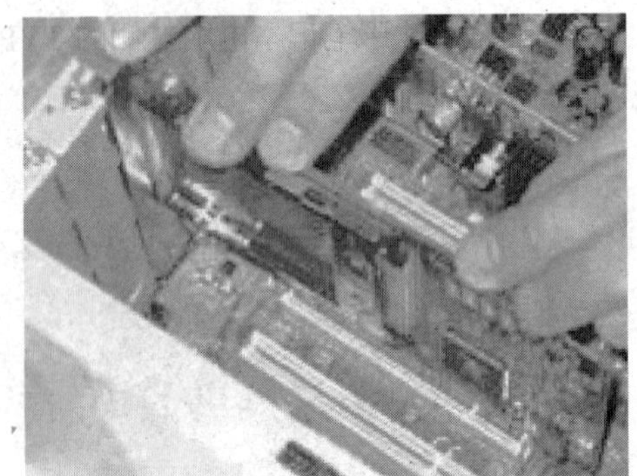
图 7-14　安装 PCI 无线网卡

⑤ 安装好 PCI 无线网卡，如图 7-15 所示。

⑥ 在计算机中插入 PC 无线网卡，计算机后部有突出来的收发端，如图 8-16 所示。

图 7-15　安装 PCI 无线网卡

图 7-16 安装 PCI 无线网卡

【练习 3：安装 USB 无线网卡】

① 在计算机上找到通用 USB 接口，如图 7-17 所示。

② 把 USB 无线网卡插入 USB 接口，如图 7-18 所示。

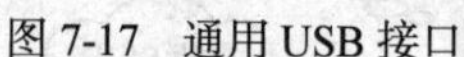

图 7-17　通用 USB 接口

图 7-18　在 USB 接口插入无线网卡

以上 3 种类型的无线网络安装过程都只是完成硬件设备安装，由于操作系统没有集成无线网卡驱动程序，因此还需要进行无线网卡驱动程序安装。以下主要以 USB 无线网卡驱动程序安装为例进行说明。

① 把无线网卡插入相应端口，操作系统自动搜索到新硬件，提示安装设备驱动程序。

② 选择“从列表或指定位置安装”，插入驱动程序光盘，选择驱动程序所在位置。

③ 找到设备的驱动程序后，按照屏幕的指示安装 54Mbit/s 无线 USB 适配器。

④ 驱动安装结束，桌面右下角出现无线局域网已连接图标，提示速率和信号强度。

任务二　安装 Ad-hoc 结构无线局域网

一、任务分析

某校王小林老师家里原有两台计算机，最近学校为方便老师的教学，给每位老师配发了一台笔记本电脑（非迅驰）。由于家中计算机日益增多，王小林老师想重新来搭建家庭网络。如果再使用传统的有线组网技术构建家庭网络，则需要在家中重新布线，不可避免地要进行砸墙和打孔等施工，这样不仅家中的装修会有损坏，而且笔记本电脑方便移动的优势也无法发挥。

因此，王小林老师采用无线方式来进行解决其网络应用的问题。

二、相关知识

（一）无线局域网类型

组建无线局域网可供选择方案有两种：一种是通过无线 AP 连接的 Infrastructure 模式，另一种是 Ad-hoc 模式。Infrastructure 模式无线局域网是指通过 AP 互连工作模式，把 AP 看做传统局域网中集线器功能。Ad-hoc 模式是一种特殊模式，只要计算机上安装有无线网卡，通过配置无线网卡 ESSID 值，即可组建无线对等局域网，实现设备相互连接。

Ad-hoc 模式无线局域网，即常说的无线对等网模式，和有线对等网一样，无线对等网也是由两台以上的安装有无线网卡的计算机，组成无线局域网环境，实现文件共享，如图 7-6 所示，这也是最简单无线局域网结构。

（二）无线局域网身份标识符

工作在无线环境中互相连接的多台计算机，也是通过广播帧的形式，把信息传播给无线网络环境中的所有设备。在无线局域网中，处于同一无线网络环境中的无线设备，为识别是否是自己的同伴，无线终端设备之间使用无线局域网身份标识符号来区别设备。就像对暗号一样，你对得上暗号，就可以接入指定的网络，否则就排斥在该无线局域网之外，身份标识符号工作模式如图 7-19 所示。

这种无线局域网身份标识符号又叫作 SSID，SSID 是配置在无线局域网设备中的一种无线标识，它只允许具有相同 SSID 的无线用户端设备之间进行通信。

图 7-19　无线局域网设备标识符 SSID

（三）Ad-hoc 模式无线局域网

Ad-hoc 结构是一种省去了无线中介设备 AP 而搭建起的对等网络结构，只要安装了无线网卡，计算机彼此之间即可实现无线互连；其原理是网络中的一台计算机主机建立点对点连接，相当于虚拟 AP，而其他计算机就可以直接通过这个点对点连接进行网络互连与共享。因此 Ad-hoc 模式无线局域网在安装上，除无线局域网硬件正确安装外，在软件配置上，要求设备必须配置相同 SSID。

SSID 是配置在无线局域网设备中的一种无线标识，具有相同 SSID 的无线用户端设备之间才能进行通信。因此 SSID 的泄密与否，也是保证无线局域网接入设备安全的一个重要标志。配置有相同 SSID 连接标识符的无线网卡建立相同的无线连接，设备之间可以通过无线信号相互通信，如图 7-20 所示。

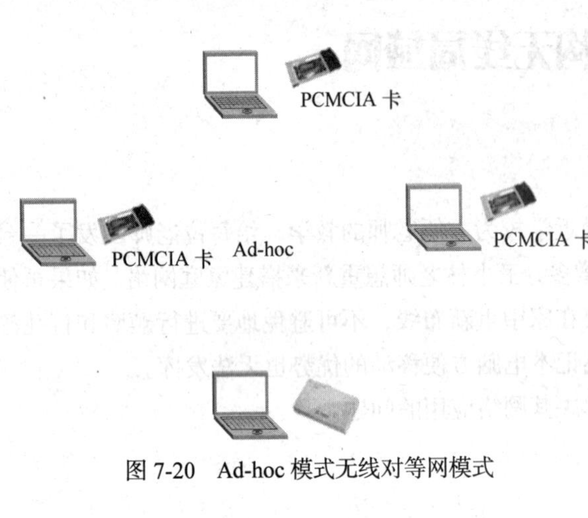

图 7-20　Ad-hoc 模式无线对等网模式

三、任务实施

在家庭无线局域网的组建中，最简单的莫过于两台安装有无线网卡的计算机实施无线互连，其中一台计算机连接 Internet 就可以共享带宽。如图 7-21 所示为某校王小林老师家庭无线网络拓扑，王小林为家中所有的计算机购置 USB 接口无线网卡。

由于省去了无线 AP，Ad-hoc 无线局域网的网络架设过程十分简单，不过一般的无线网卡在室内环境下传输距离通常为 40m 左右，当超过此有效传输距离，就不能实现彼此之间的通信。因此，该种模式非常适合一些简单甚至是临时性的无线互连需求。

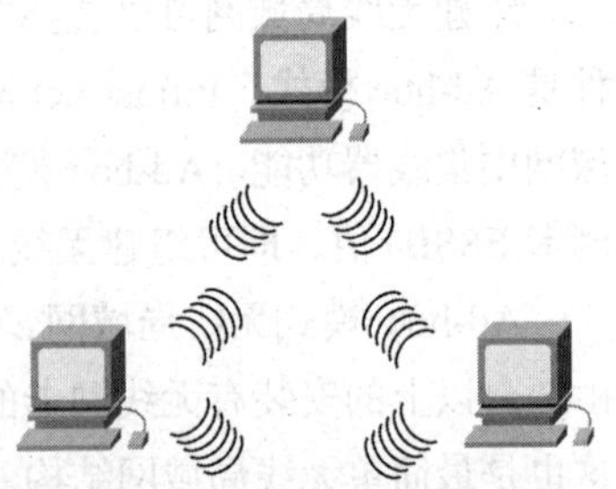

图 7-21　Ad-hoc 模式无线网络

Ad-hoc 模式无线网络架设步骤如下。

步骤 1　安装无线网卡

安装无线网卡。

把 USB 接口无线网卡插入计算机接口。

安装好硬件后，操作系统自动识别到新加硬件，提示安装驱动程序。安装成功，任务栏上出现无线连接标识，如图 7-22 所示。

步骤 2　查看“无线连接”图标

打开“控制面板”中网络连接，“网络连接”窗口出现“无线网络连接”图标，如图 7-23 所示，用户可以进行配置和管理。

图 7-22　无线网卡连接成功

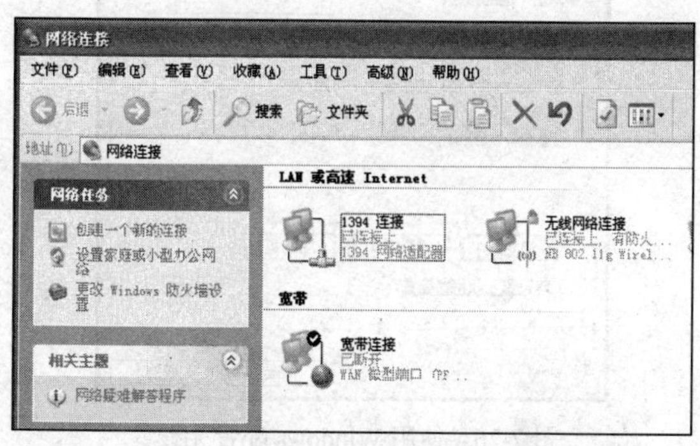

图 7-23　打开无线网络连接

步骤 3　在 Windows 中配置无线网络

① 打开配置窗口。

选择“无线网络连接”单击右键，选择快捷菜单“属性”→“常规”→“TCP/IP 协议 ”，单击“属性”按钮，如图 7-24 所示。

②配置无线局域网地址（可选项）。

在“Internet 协议（TCP/IP）属性”窗口，配置 IP 地址：192.168.1.2/24，如图 7-25 所示。

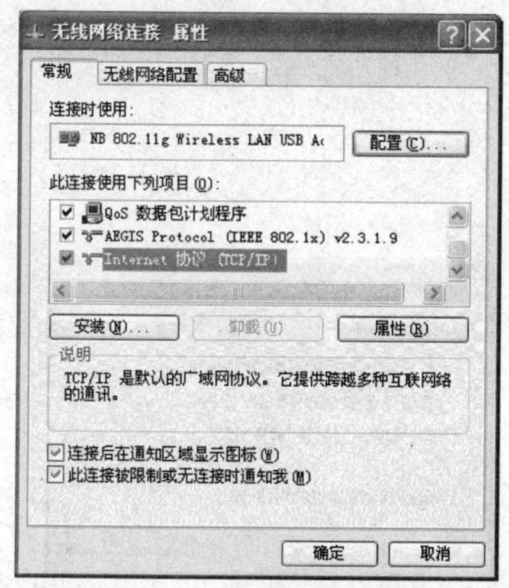

图 7-24　配置无线连接属性

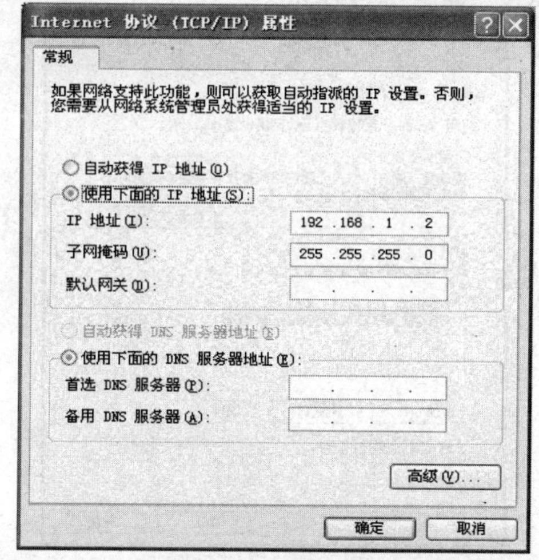

图 7-25　配置无线连接地址

③ 修改无线的标识。

在如图 7-26 所示“无线网络连接属性”配置框，打开“无线网络配置”选项，选中“用 Windows

配置我的无线网络设置”单选框，使用操作系统自带软件配置无线网络，如图 7-26 所示。

④ 添加一个新的标识。

选中复选框后，如图 7-26 所示“首选网络”项激活可用。

单击“首选网络”项中“添加”按钮，打开如图 7-27 所示对话框，在“关联”项中配置如下：网络名（SSID）为 ruijie；网络验证为开放式；数据加密为已禁用。

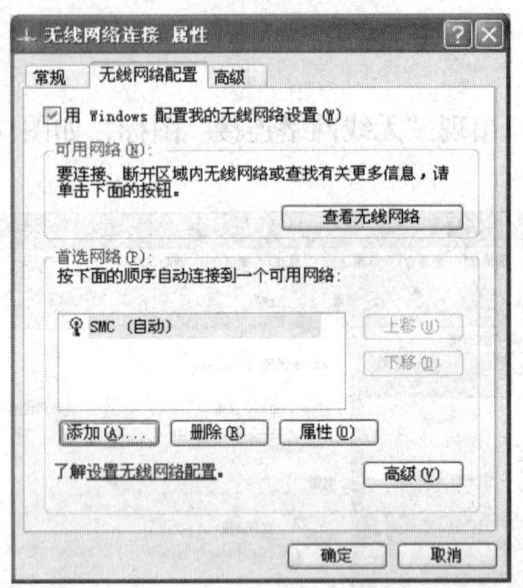

图 7-26　使用 Windows 配置无线

图 7-27　配置无线连接 SSID

⑤ 添加一个新的标识。

为无线网络中设备添加标识名（SSID）：ruijie 标识成功后结果，如图 7-28 所示。

⑥ 配置无线网络的连接模式。

在如图 7-28 所示的对话框中，在“首选网络”　选项中选中标识名为 ruijie 无线网络标识名，单击“高级”按钮。

在出现“高级”选项对话框，选中“仅计算机到计算机（特定）”单选框，表示建设无线对等网络模式，如图 7-29 所示。

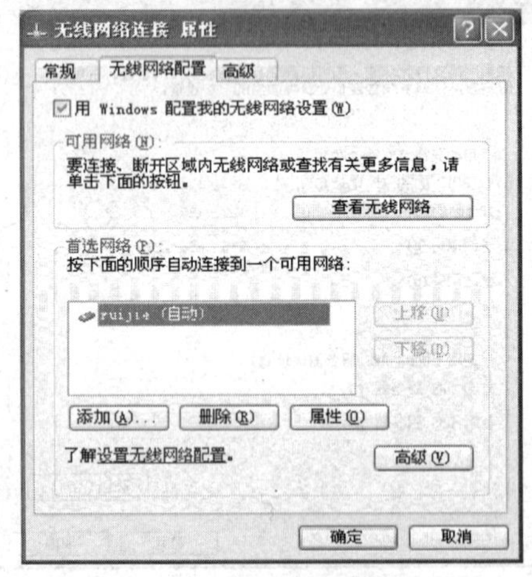

图 7-28　添加无线网络标识

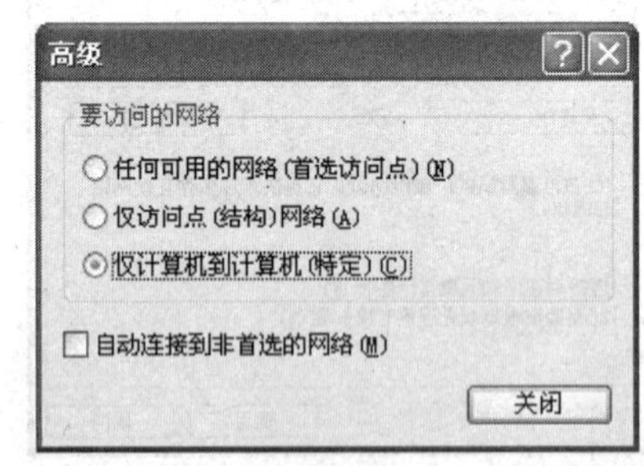

图 7-29　配置无线网络的连接模式

⑦ 查看状态。

在“控制面板”打开“网络连接”窗口，选择“无线网络连接”图标，双击打开“查看无线

网络”对话框，如图 7-30 所示显示配置成功无线网络连接状态。

⑧ 使用 Windows 连接无线网络。

或者也可在 “网络连接”窗口，选择“无线网络连接”图标，单击右键选择快捷菜单中“查看可用的无线连接”选项，使用 Windows 自带查看“无线网络状态”工具程序，如图 7-31 所示。

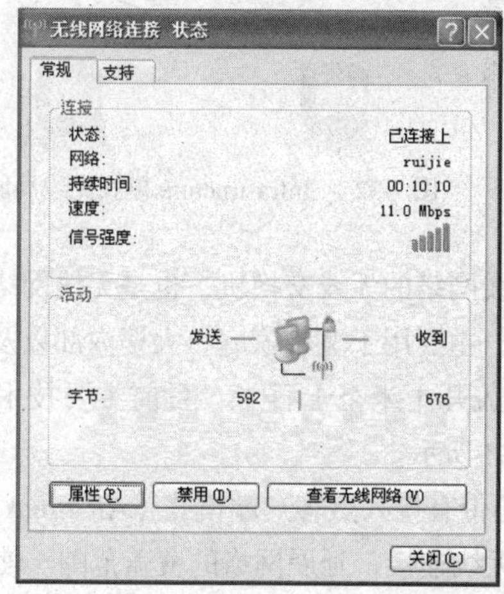

图 7-30　无线网络连接成功

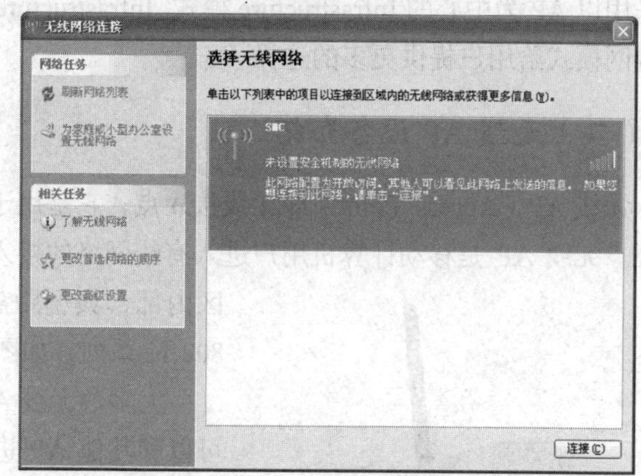

图 7-31　查看无线网络连接

⑨ 其他设备配置。

按同样过程配置其他计算机“无线连接”属性，各项参数配置和以上相同。

为“无线连接”配置成功计算机配置管理地址，保持所有 IP 地址在同一网段，如 192.168.1.1/24。

使用 Ping 命令测试无线对等网络连通性。

任务三　安装 Infrastruction 结构无线局域网络

一、任务分析

如果你有一台笔记本电脑（已安装无线网卡），你会发现无论是在校园，还是在公共图书馆，或是所在的小区，笔记本电脑可能有一个或多个或强或弱的无线网络信号，说明这些地方都被无线网络覆盖了。再察看一下周围的环境，也许会发现一台带天线的设备—AP，AP 类似有线网络中的 Hub，组成以 AP 为中心的 Infrastructure 模式无线局域网。

二、相关知识

（一）Infrastructure 模式介绍

众所周知，无线电波在传播的过程中会不断衰减，通过无线网卡发出的无线信号在超过一定的距离时，就无法接收到。而且随网络中接入无线设备的增多，网络的工作速度会变得很缓慢。因此，无线局域网中也需要一个类似于有线网络中 Hub 一样的设备，能放大无线网卡发送的信号，在无线接入设备之间转发信息，这种设备就是无线接入设备 AP，无线访问点 AP 也称无线集线器

（Hub），用于在无线工作站间接收和转发数据。一般把以无线接入设备 AP 为中心结构的无线局域网称为 Infrastructure 模式，如图 7-32 所示。

在实际的应用中，如果需要把无线局域网和有线网络连接为一体，或者有数量众多的计算机需要进行无线连接，最好采用以 AP 为中心的 Infrastructure 模式。Infrastructure 无线局域网模式给用户提供更多的选择。

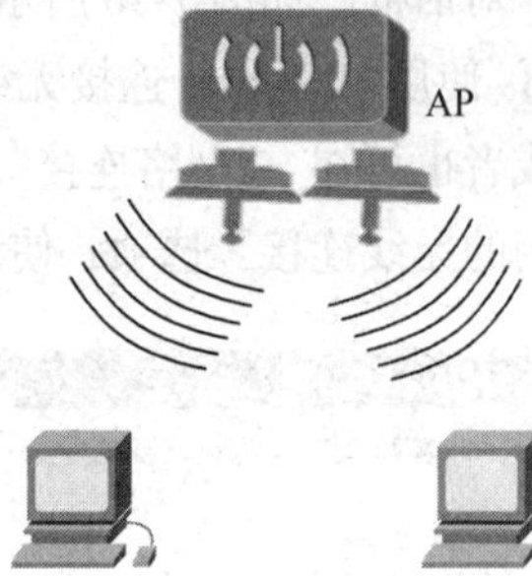

图 7-32　Infrastructure 模式无线局域网

（二）无线 AP 设备介绍

无线 AP（Access Point）即无线接入点，它是用于无线网络的无线交换机，也是无线网络的核心。无线 AP 是移动计算机用户进入有线网络的接入点，主要用于宽带家庭、大楼内部以及园区内部，典型距离覆盖几十米至上百米，目前主要技术为 802.11 系列，如图 7-33 所示。

图 7-33　无线接入 AP 设备

大多数无线 AP 还带有接入点客户端模式（AP client），可以和其他 AP 进行无线连接，延展网络的覆盖范围。使用 AP 连接无线局域网中设备时，所有客户端的通信都要通过 AP 接收转发。客户端计算机首先要找到局域网中可用的 AP，这个过程既可以是由 AP 发送一个信号到达客户端，也可以使用客户端设备进行主动侦测完成，当访问点和客户端验证成功后，则开始配合工作。

由于在空气中传输的无线信号会衰减，因此无线 AP 还可扮演 Hub 角色，多个无线 AP 连接可以扩展独立无线局域网的工作范围，有效地延长无线工作站间的距离。根据不同的功率，无线 AP 可以实现不同范围的网络覆盖。

（三）无线 AP 和有线网络连接

与 Ad-hoc 结构无线局域网模式的不同，Infrastructure 结构的无线局域网模式更加复杂。在 Infrastructure 结构中，计算机之间的通信通过无线接入设备 AP 连接，由 AP 接收客户设备的信号，转发给其他计算机，实现无线局域网资源的共享。如果把无线接入点 AP 设备再通过电缆连线与有线网络连接，就可以构成无线局域网与有线网络之间的一体通信，如图 7-34 所示。无线接入 AP 设备承担着无线和有线网络之间连接的桥梁。

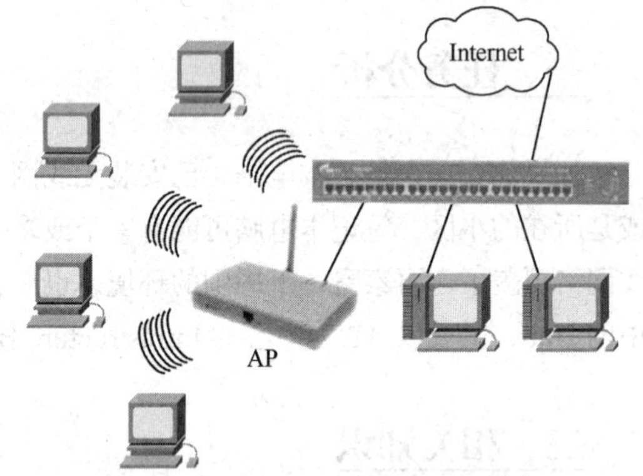

图 7-34　无线和有线网络一体连接模式

（四）配置无线 AP 设备

图 7-35 所示网络场景是某学校主楼会议室的无线工作场景，以无线 AP 作为整个会议室无线网络连接的核心。在学校会议室的所有计算机都可以通过该无线 AP 连接为一个网络，构成会议室的无线网络环境，组建 Infrastructure 无线校园网络场景，通过无线 AP 构建无线局域网，使得

主机之间能够实现资源共享。

步骤 1　为所有会议室内的计算机安装和配置无线网卡，安装过程见任务一。

步骤 2　安装会议室中无线 AP 设备

① 无线 AP 需要适配器作为供电电源，无线 AP 和适配器之间使用网线进行连接，如图 7-36 所示。

② 再使用网线把适配器和配置 PC 连接起来，如图 7-37 所示，首先来配置管理无线 AP 设备。

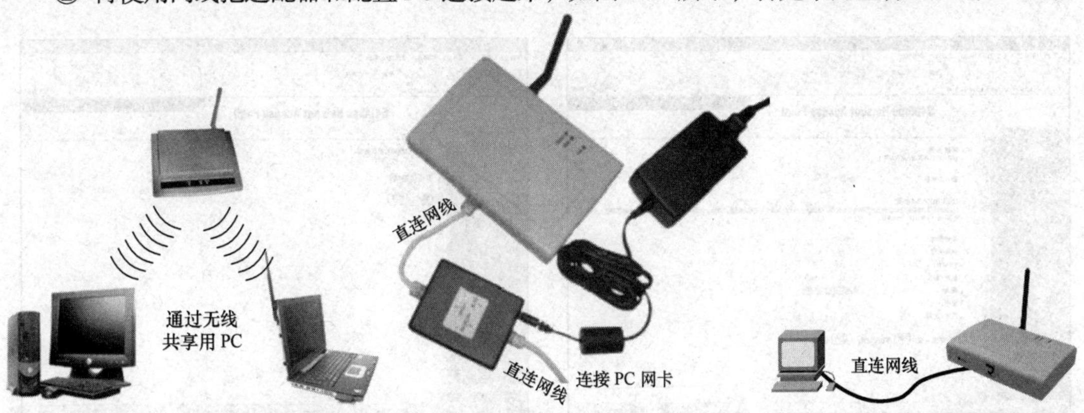

图 7-35　无线网络场景　　图 7-36　无线 AP 实物连接图　　图 7-37　无线 AP 和配置 PC 连接

③ 通常无线 AP 管理地址都默认为 192.168.1.1/24，所以连接 AP 配置 PC 需要保证相同网段，如 192.168.1.23/24。

打开配置 PC，选择"控制面板"中的"网络连接"，选择"TCP/IP"属性，在其中配置和 AP 同网段 IP 地址。

步骤 3　配置会议室中无线 AP 设备

① 从配置 PC 登录无线 AP。

打开配置 PC，在浏览器地址栏输入无线 AP 管理地址 http://192.168.1.1，在打开无线 AP 管理界面，输入默认管理密码 default，如图 7-38 所示。

② 登录成功后管理界面如图 7-39 所示。

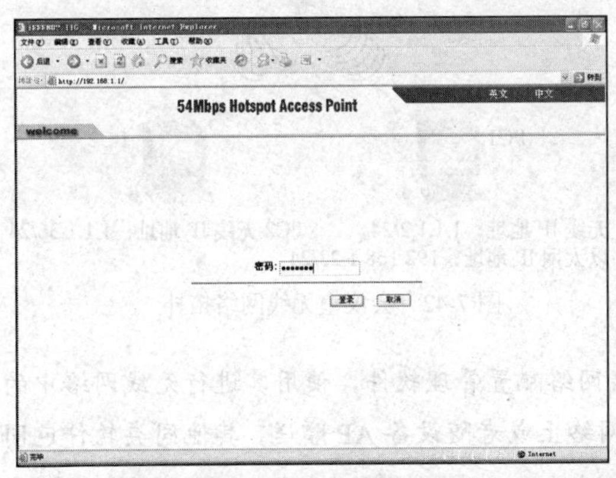

图 7-38　AP 设备管理界面（一）

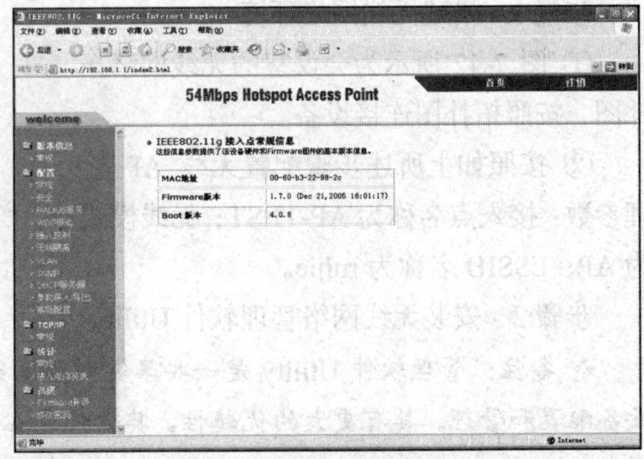

图 7-39　AP 设备管理界面（二）

③ 选择管理界面左侧"常规"菜单，在常规项中做如下修改。

- 设置接入点名称为 AP-TEST（可任意设置）。

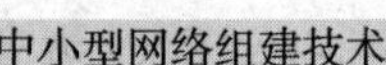

- 设置无线模式为 AP。
- 设置 ESSID 为 ruijie（可任意设置）。
- 设置信道/频段为 01/2412MHz。
- 设置模式为混合模式（可根据无线网卡类型进行具体设置）。

配置后管理界面如图 7-40 所示。

④ 配置完成后，单击“确定”按钮，使配置生效，如图 7-41 所示。

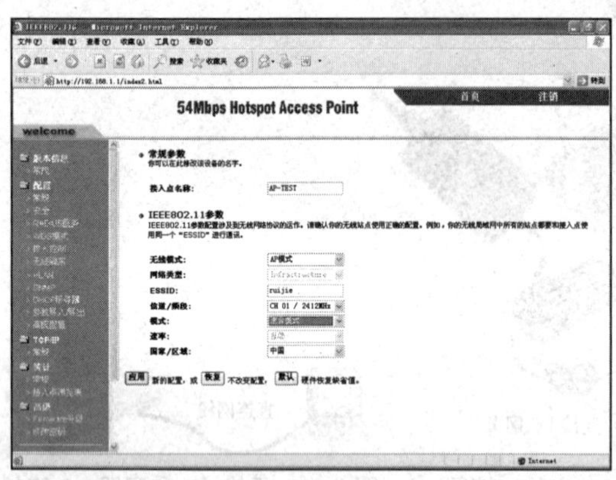

图 7-40　AP 设备管理界面（三）

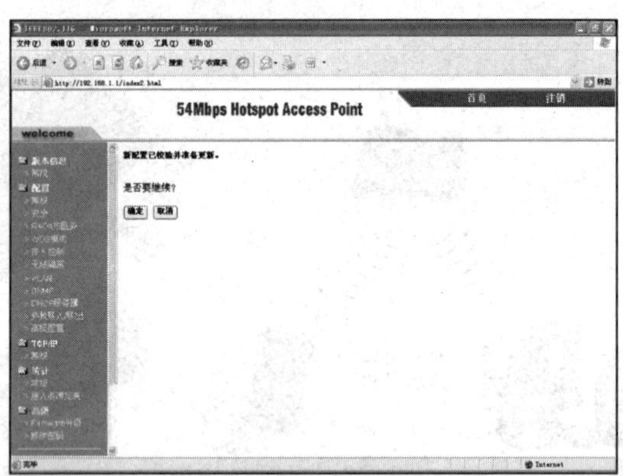

图 7-41　AP 设备管理界面（四）

三、任务实施

图 7-42 所示的网络场景是某学校主楼会议室的无线工作场景的网络拓扑，以无线 AP 作为整个会议室无线网络连接的核心。在学校会议室的所有计算机都可以通过该无线 AP 连接为一个网络，构成会议室的无线网络环境，组建 Infrastructure 无线校园网络场景，通过无线 AP 构建无线局域网，使得主机之间能够实现资源共享。

RG-WG54P：AP-TEST
ESSID：ruijie
RG-WG54P 管理地址：192.168.1.1/24
AP
PC1
PC2
PC1 无线 IP 地址：1.1.1.2/24
PC2 无线 IP 地址：1.1.1.36/24
PC1 以太网 IP 地址：192.168.1.23/24

图 7-42　会议室无线网络拓扑

步骤 1　搭建无线网络环境

① 图 7-42 所示为会议室的无线网络拓扑图，按照拓扑图连接设备。

② 按照如上所述步骤配置无线 AP 管理参数：接入点名称为 AP-TEST；无线模式为 AP；ESSID 名称为 ruijie。

步骤 2　安装无线网络管理软件 Utility

❖ 备注：管理软件 Utility 是一共享类型的无线网络配置管理软件，使用其进行无线网络中的设备配置和管理，具有更大的优越性，其软件包在网络上或者随设备 AP 赠送。其他同类软件包同样使用。

① 打开配置 PC1，在 PC1 上安装连接无线 AP 的管理软件 Utility。

② 运行 Utility 的安装文件，如图 7-43 所示。

③ 按照同样方法把 Utilit 安装到 PC2 上。

④ 无线网络环境管理软件 Utility 安装成功后，在 PC1 操作系统的任务栏上会出现运行成功标识，如图 7-44 所示。

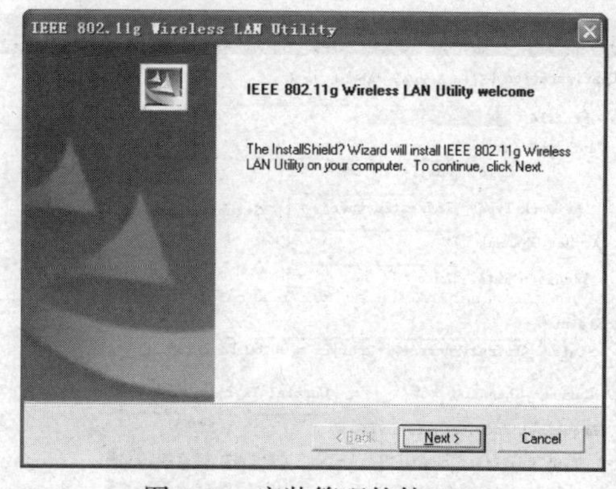

图 7-43 安装管理软件 Utility

图 7-44 管理软件 Utility 安装成功标识

步骤 3 配置无线网络管理软件 Utility

① 在接入 PC1 上，启动运行 Utility 软件，运行状态如图 7-45 所示。

② 配置管理无线运行参数。

选择 Utility 的“Configuration”选项，配置 PC1 和无线 AP 连接参数：

- 设置 SSID 标识为 ruijie。
- 设置无线网络连接模式为 Infrastructure。

完成后单击“Apply”按钮，即出现搜索附近无线信号状态，如图 7-46 所示蓝色搜索信号的状态条。

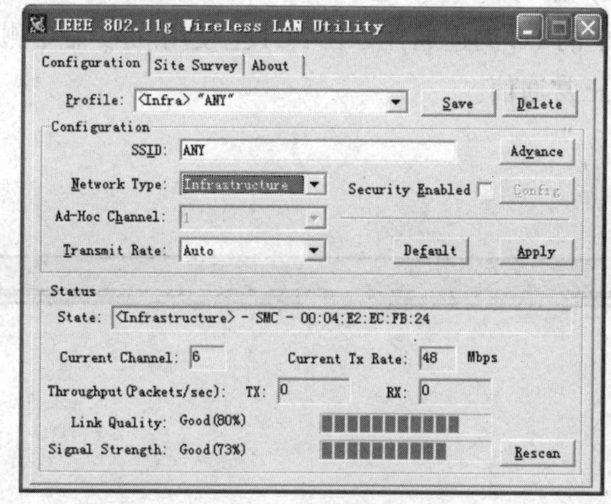

图 7-45 PC1 上启动运行 Utility 软件

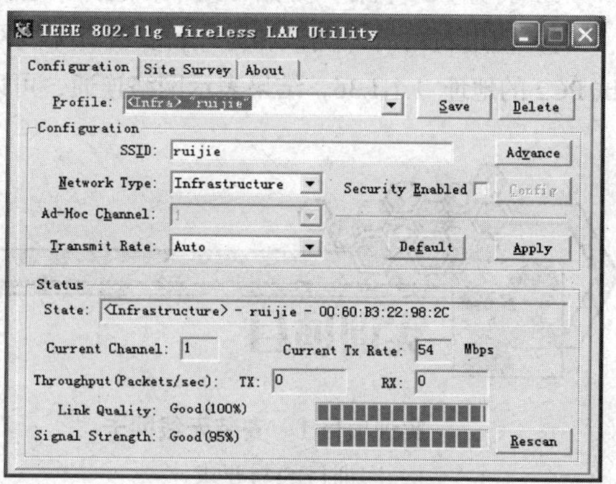

图 7-46 配置 Utility 软件

③ 配置管理 Utility 软件。

选择 Utility 的“Site Survey”选项，配置 PC1 和无线 AP 参数。

搜索到无线信号后，网卡会自动把进入无线网络计算机标识为“ruijie”。选中 ruijie，然后单击“Join”按钮，如图 7-47 所示。

❖ 备注：在 Utility 软件“Site Survey”选项列表栏中如果没有出现设置的 ESSID 标识，应该检查网络的配置，重新设置和重新搜索信号。

④ 配置管理 Utility 软件。

选择 Utility 的“Configuration”选项，成功加入到无线环境 PC1 上出现标识为“<Infra>ruijie”的

Profile 信息。相应 SSID 标识为刚才设置的 ruijie；无线网络连接模式为 Infrastructure，如图 7-48 所示。

步骤 4　按照同样的方法配置需要加入无线网络环境的 PC2

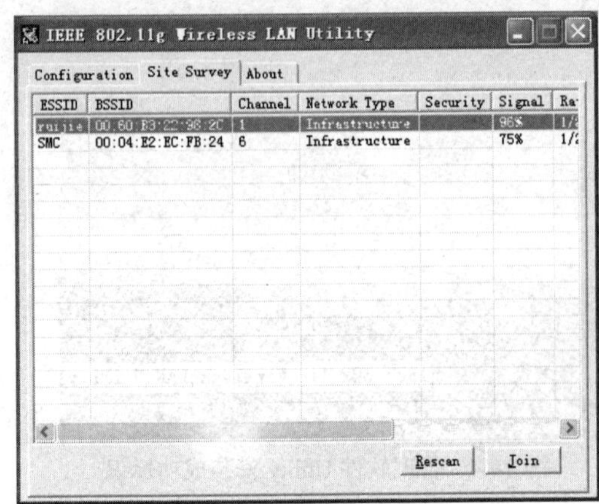

图 7-47　加入“ruijie” ESSID 标识

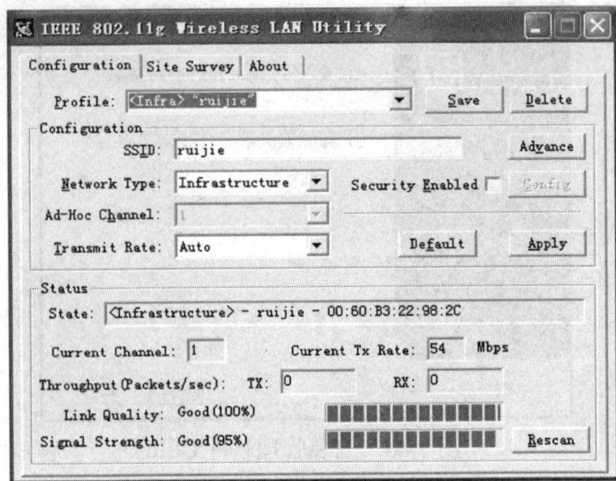

图 7-48　无线网络配置成功的界面

❖ 备注：两台 PC 无线网卡的 SSID 必须与无线 AP（RG-WG54P）的设置一致；无线网卡信道必须与无线 AP 的设置一致；注意两块无线网卡的 IP 地址设置为同一网段；无线网卡通过 Infrastructure 方式互联，覆盖距离可以达到 100m ~ 300m。

步骤 5　打开配置 PC 进行如下配置

① 打开 PC1 的“无线网络连接”，配置 PC1 的无线网卡地址为 1.1.1.2/24；

② 打开 PC2 的“无线网络连接”，配置 PC2 的无线网卡地址为 1.1.1.36/24；

③ 打开 PC1 机器“开始”菜单，选择“运行”，输入“cmd”进入 DOS 命令行状态；

④ 使用 ping 命令测试和另一台安装有无线网卡的 PC 的连通性，在 PC1 上使用 ping 命令测试 PC2 的地址 1.1.1.36，结果表示网络连通，可以正常通信。

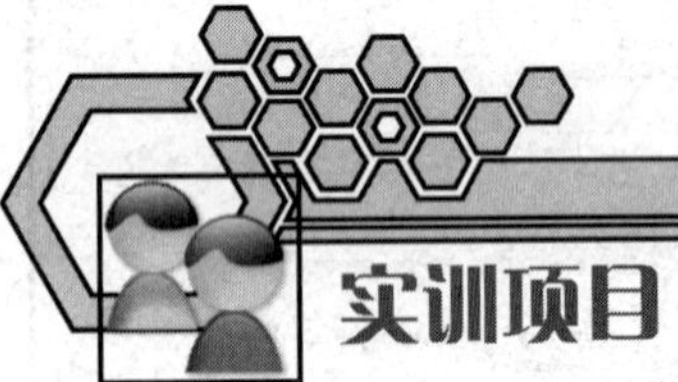

实训项目

实训项目 1　安装无线网卡

1. 实训目的与要求

学会安装各种机器类型的无线局域网网卡。

2. 实训内容

实训内容为任务一练习 3 中练习的项目内容。

3. 实训设备与材料

计算机 1 台（台式机或者笔记本，USB 接口无线网卡）。

4. 实训拓扑

如图 7-6 所示。

5. 思考

为什么有线网卡不需要用户安装使用？而无线网卡需要用户安装后才能使用？为什么

有些笔记本电脑不需要安装无线网卡直接可以使用？

实训项目 2　安装 Ad-hoc 结构无线局域网

1. 实训目的与要求

（1）熟悉 Ad-hoc 结构无线局域网基础知识和连接方式。

（2）熟悉无线对等局域网基础知识。

2. 实训内容

实训内容为任务二中实施内容。

3. 实训设备与材料

计算机 2～3 台，无线网卡 2～3 个。

4. 实训拓扑

如图 7-21 所示 Ad-hoc 模式无线局域网络。

5. 思考

Ad-hoc 结构无线局域网内设备之间通信是如何进行的？如果设备之间配置不同的无线局域网标识，设备之间还能通信成功吗？在具体设备上试试？

实训项目 3　安装 Infrastruction 结构无线局域网络

1. 实训目的与要求

（1）熟悉 Infrastruction 结构无线局域网基础知识和连接方式。

（2）熟悉无线局域网中 AP 设备基础知识。

（3）会配置无线局域网中 AP 设备。

（4）会建立、安装 Infrastruction 结构无线局域网。

2. 实训内容

（1）内容 1 为任务三练习 1 内容，安装配置会议室中无线 AP 设备，如图 7-35 所示。

（2）内容 2 为任务三练习 2 内容，安装 Infrastruction 无线局域网，如图 7-42 所示。

3. 实训设备与材料

计算机 2 台，无线 AP 设备 1 台，无线网卡 2 个。

4. 实训拓扑

如图 7-42 所示。

5. 思考

（1）交换机如何和无线 AP 设备连接，把无线局域网中设备接入到有线网络中？

（2）家庭中的无线笔记本电脑如何接入互连网络？

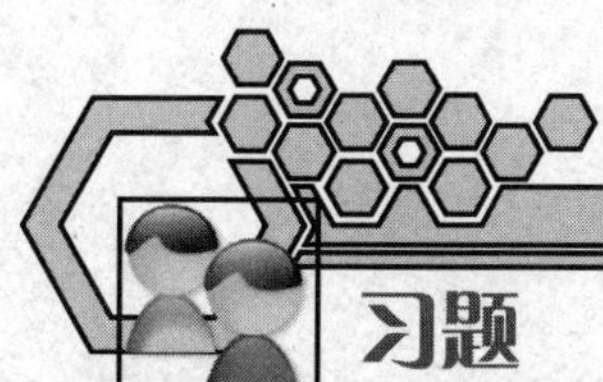

习题

1. 无线基础组网模式包括（　　）。

A. Ad-hoc　　B. infrastructure　　C. 无线漫游　　D. anyIP

2. 对“迅驰”技术说法正确的是（　　）。

A. 迅驰是一种技术、一种新型的平台技术

B. 迅驰是三种部分的合成，这三个部分是处理器（CPU）、芯片组、无线模块

C. 迅驰是芯片的名称

D. 迅驰 1.8GHz 的处理能力弱于奔腾 4 的 1.8GHz 的处理能力

3. 双路双频三模中的三模是指（　　）。

A. IEEE802.11a　　B. IEEE802.11g　　C. IEEE802.11e　　D. IEEE802.11b

4. 无线局域网络工作的频段上可以有（　　）？

A. 2.0GHz　　B. 2.4GHz　　C. 2.5GHz　　D. 5.0GHz

E. 5.4GHz　　F. 5.8GHz

5. 无线局域网络的通信协议有（　　）？

A. IEEE802.11a　　B. IEEE802.11b　　C. IEEE802.11c　　D. IEEE802.11d

6. 无线局域网络属于（　　）类型的网络。

A. LAN　　B. WAN　　C. 城域网　　D. 都不是

7. 无线局域网络中使用的介质访问机制是（　　）。

A. CSMA　　B. CSMA/CD　　C. CSMA　　D. CSMA/CA

8. 下列协议中不属于无线局域网通信协议的是（　　）。

A. IEEE802.11a　　B. IEEE802.11　　C. IEEE802.1Q　　D. IEEE802.11b

项目八

广域网技术

某校为满足因在校人数快速增长而产生的对网络的需求，于 2003 年改造了校园主干网络，扩展了带宽，规范了校园网络管理，以更好地服务于广大师生。如图 8-1 所示的网络拓扑，是当年扩建的校园网络，解决了校园网络通过高带宽、专线接入 Internet 的问题。

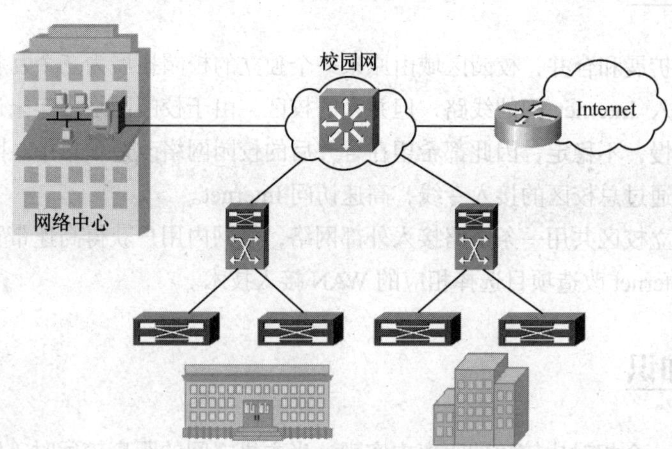

图 8-1　校园网络拓扑

2005 年学校合并了附近的两所学校 A、B，校园规模拓展为三个独立的校区。各分校区原来独自接入 Internet 网络，由于多年未进行扩建，速度慢，不稳定，因此都需要从总校区访问 Internet，这些网络需求的新变化，使学院启动了校园网络接入 Internet 的改造项目工程，以获得更高的带宽。

校园网接入 Internet 工程改造拓扑如图 8-2 所示，其中黄色虚线部分标出的就是接入 Internet 工程改造项目，需要考虑校园网中应用需求，选择相应的技术进行改造。

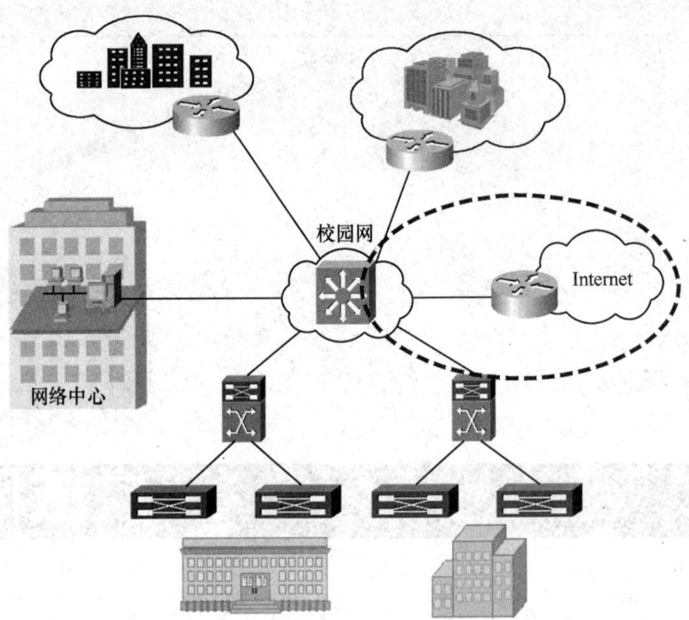

图 8-2　校园网接入 Internet 工程改造拓扑

任务一　广域网协议

一、任务分析

该校规模由于扩展和合并，校园区域由原来一个独立的校园拓展为三个互相分隔校区。各分校区都有自己的接入 Internet 网的线路，但并入的校区，由于校园网络多年未进行扩建和改造，接入 Internet 速度慢，不稳定，因此都希望在合并后的校园网络改造项目中，除保留原来的接入链路之外，还可以通过总校区的接入专线，高速访问 Internet。

为保证三个独立校区共用一条链路接入外部网络，使网内用户获得高速带宽，接入稳定，需要为校园网接入 Internet 改造项目选择相应的 WAN 接入技术。

二、相关知识

局域网只能在一个相对比较短的距离内实现，当主机之间的距离较远时（例如，相隔几十或几百公里，甚至几千公里），局域网显然就无法完成主机之间的通信任务。这时就需要另一种结构的网络，即广域网。广域网（WAN，Wide Area Networks）的地理覆盖范围可以从数公里到数千公里，可以连接若干个城市、地区甚至跨越国界而成为遍及全球的一种计算机网络。广域网将地理上相隔很远的局域网互连起来。广域网通常由多个局域网组成，一般利用公共载体（比如电信公司）提供的设备进行传输，例如通过公用电话网连接到广域网，也可以通过专线或卫星连接。国际互联网是目前最大的广域网。

由于广域网的造价较高，一般都是由国家或较大的电信公司出资建造。广域网是互联网的核心部分，其任务是通过长距离运送主机所发送的数据。连接广域网各节点交换机的链路都是高速

链路，其距离可以是几千公里的光缆线路，也可以是几万公里的点对点卫星链路。

（一）广域网连接技术

广域网由一些节点交换机以及连接这些交换机的链路组成。节点交换机的任务是将分组存储转发，节点之间都是点到点连接，但为了提高网络的可靠性，通常一个节点交换机往往与多个节点交换机相连。受经济条件的限制，广域网都不使用局域网普遍采用的多点接入技术。为把本地的设备接入到 WAN 中，需要选择一种连接技术，目前常见广域网连接技术主要有以下几种。

1. 点对点连接

广域网连接比较简单的形式是点到点连接，有时也叫专线技术，客户端设备通过电信网络连接到远程网络中，因为通信线路是从电信公司租用而来，所以也叫做租用线路。点对点链路提供一条预先建立、从客户端经过运营商网络到达远端目标网络的广域网通信路径。一条点对点链路就是一条租用的专线，可以在数据收发双方之间建立起永久性的固定连接，网络运营商负责点对点链路的维护和管理，如图 8-3 所示。

图 8-3 广域网点对点连接

点对点链路可以提供两种数据传送方式。一种是数据报传送方式，该方式主要是将数据分割成一个个小的数据帧进行传送，其中每一个数据帧都带有自己的地址信息，都需要进行地址校验。另外一种是数据流传送方式，该方式与数据报传送方式不同，用数据流取代一个个的数据帧作为数据发送单位，整个流数据具有一个地址信息，只需要进行一次地址验证即可。点到点连接技术的主要特点是：线路比较稳定，独占使用，线路相对利用率较低。租用线路的定价一般由带宽和距离来决定，价格相对其他技术更为昂贵。广域网常见的点到点的连接主要形式：电话拨号、ISDN 拨号线路、DDN 专线、E1 线路等。

2. 电路交换

电路交换技术和日常中打电话的过程很相似，这种连接一般只在有数据需要传输时，才进行连接，通信完成后终止连接。电路交换技术适用于对带宽要求较低的数据传输。

电路交换是广域网所使用的一种交换方式。可以通过运营商网络为每一次会话过程建立、维持和终止一条专用的物理电路。电路交换也可以提供数据报和数据流两种传送方式。电路交换在电信运营商的网络中被广泛使用，其操作过程与普通的电话拨叫过程非常相似。综合业务数字网（ISDN）就是一种采用电路交换技术的广域网技术。

3. 分组交换

分组交换也称为包交换方式，通过包交换，网络设备可以共享一条点对点链路，通过运营商网络在设备之间进行数据包的传递。分组交换设备将用户信息封装在分组或数据帧中进行传输，包交换方式中的数据传输连接不是被某个设备独占，而是由多个设备共享使用，从而节省传输费用，成本较低。在包交换方式的网络连接中，最常见的形式是许多客户共享电信公司网络。客户端设备通过网络连接到电信网络中，然后通过电信网络在几个客户站点之间建立“虚链接”技术，从而提供端到端的连接，数据包通过“虚链接”网络进行传输。常见的分组交换方式的网络有：如帧中继、ATM、X.25 等网络类型。

（二）广域网连接协议

目前网络中使用的所有协议都是严格遵守 OSI 七层模型标准。对照 OSI 参考模型，广域网技

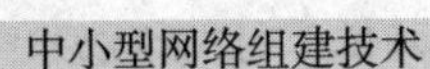

术主要位于下面 3 个层次，分别是：物理层、数据链路层和网络层，如表 8-1 所示，大多数 WAN 技术和协议都是数据链路层协议。广域网数据链路层将数据传输到远程站点，定义了数据是如何进行封装的。广域网数据链路层协议描述了帧如何在系统之间单一数据路径上进行传输，数据帧如何传送。

表 8-1　　OSI 开放式系统互连参考模型对应的广域网协议

OSI 参考模型	WAN 技术
网络层	X.25
数据链路层	LAPB、Frame Relay、HDLC、PPP、SDLC
物理层	X.21bits、EIA/TIA-232、EIA/TIA-449、V.24 V.35、EIA-530

与局域网相比，WAN 一般使用不同的网络技术和设备，主要的技术包括 SONET、帧中继、X.25、ATM 和 PPP。在数据链路层中比较常用的广域网协议主要有以下几种：X.25 协议、HDLC 协议、Frame 帧中继协议和 PPP 协议。

（三）配置 X.25 协议

X.25 协议是由 CCITT 组织在 20 世纪 70 年代制定的，X.25 允许不同网络中的计算机通过网络层设备相互通信。X.25 协议工作在分组交换网络中，和 OSI 模型数据链路层相对应。早期 X.25 网络主要应用在电话网中，由于电话线传输介质可靠性不高，必须启用一套复杂的差错处理及重发机制来保证通信质量，因此影响了 X.25 的运行速度。

X.25 协议使得两台数据终端设备通过现有分组交换网络通信。完整的通信过程是首先由通信的一端呼叫另一端，请求在它们之间建立一个会话连接；被呼叫的一端可以根据自己的情况接收或拒绝这个连接请求。一旦这个连接建立，两端的设备可以全双工方式进行信息传输，并且任何一端在任何时候均有权拆除这个连接。

今天的 X.25 网络主要定义了同步分组模式网络设备和公共数据网络之间的接口规程，这个接口实际上数据终端设备（DTE）和数据电路终接设备（DCE）之间的接口。这里的 DTE 通常是指路由器等用户设备，DCE 是指交换机等设备。X.25 协议描述了如何在 DTE 和 DCE 之间建立虚电路、传输分组、建立链路、传输数据、拆除链路、拆除虚电路，同时进行差错控制、流量控制、情况统计等。

按照 OSI 参考模型的结构，X.25 协议定义了从物理层到网络层一共三层的内容。X.25 协议的第三层（网络层）规程描述了网络层所使用分组的格式和两个三层实体之间进行分组交换的规程；X.25 协议的第二层（链路层）规程也叫做平衡型链路访路规程（LAPB），LAPB 定义了 DTE 与 DCE 之间交互的帧格式和规程； X.25 协议第一层（物理层）则定义了 DTE 与 DCE 之间进行连接时的一些物理电气特性。

在 IP 包通过 X.25 网络进行传送时候，IP 包传送到路由器后，路由器分析下一跳地址，决定通过某接口发送出去，这个接口封装了 X.25 协议。在路由器中 IP 包先传到网络层，网络层将 IP 包放在一个分组区，在它前面加上分组头，然后传给链路层。链路层看到的只是一个分组。链路层将分组当作帧的信息字段，加上帧头和帧尾封装成一个帧，而最终在物理链路上传送的是二进制的比特流。数据通过 X.25 网络传送到对端的路由器，路由器的各层协议将自己的结构层层剥离，将数据送给上层协议处理。

如图 8-4 所示的网络拓扑，是某校在校园网络改造之前，校园网络和电信网络之间通过 X.25 公用数据网络接入 Internet 的网络场景。在网络建设中，通过两台路由器 R1 和 R2，经过 X.25 公用数据网络实现连接。其中主校区接入路由器 R1 连接电信网络，接口上封装 LAPB，IP 地址 200.102.1.1/30，电信接入路由器 R2 同步串口上封装 LAPB，IP 地址 200.102.1.2/30。通过点到点的方式连接，通过 X.25 公用数据网络接入 Internet，完成 IP 报文转发目的。

图 8-4　学院网络和电信网通过 X.25 接入 Internet

首先配置该校接入路由器 R1：

```
Red-Giant#
Red-Giant#configure terminal
Red-Giant(config)#hostname Router1

Router1 (config)#interface serial 1/0
Router1 (config-if)#ip address 200.102.1.1 255.255.255.252
Router1 (config-if)#encapsulation LAPB DTE
                                        ! 接口封装 LAPB 协议，设置为 DTE 端
Router1 (config-if)#end
Router1 #
```

配置电信端接入路由器 R2：

```
Red-Giant#
Red-Giant#configure terminal
Red-Giant(config)#hostname Router2

Router2 (config)#interface serial 1/2
Router2 (config-if)#ip address 200.102.1.2 255.255.255.252
Router2 (config-if)#encapsulation LAPB DCE       ! 接口封装 LAPB，设置为 DCE 端
Router2 (config-if)# clock rate 64000            ! 配置 DCE 端时钟频率
Router2 (config-if)#end
Router2 #
```

用如下命令可以查看 X.25 接口的信息。

```
Router1 #show interface serial 1/0    ! 查看 X.25 接口的信息
serial 1/0 is UP  , line protocol is UP
Hardware is Infineon DSCC4 PEB20534 H-10 serial
Interface address is: 200.102.1.1/24
MTU 1500 bytes, BW 2000 kbit
Encapsulation protocol is X.25, loopback not set
 ......
```

在配置了 X.25 协议的一些参数、属性，或打开、关闭了一些 X.25 的功能之后，可以使用此命令观察操作的结果。使用此命令可以方便地获得一个接口上有关 X.25 配置信息。

（四）配置 HDLC 协议

HDLC 是 X.25 协议栈的一部分，英文全称 High level Data Link Control，即高级数据链路控制，是一个在同步网上传输数据、面向位的数据链路层协议。高级数据链路控制（HDLC）使传送到下一层的数据在传输过程中能够准确地被接收。HDLC 另一个重要的功能是流量控制，一旦接收端收到数据，立即进行传输。

HDLC 是面向比特的同步通信协议，其最大特点是不需要数据必须是规定字符集，对任何一种比特流，均可以实现全双工点对点透明地传输。HDLC 支持对等链路，表现在每个链路终端都

不具有永久性管理站的功能。此外 HDLC 还是一种高效协议，为确保流量控制、差错监测和恢复，要求额外开销最小。如果数据在两个方向上（全双工）相互传输，数据帧本身就会传送所需的信息从而确保数据完整性。

HDLC 是所有路由器设备上广域网络接口封装的缺省协议，一台新路由器在未指定封装协议时，默认都使用 HDLC 封装。HDLC 协议是标准化协议，还具有较高的数据链路传输效率，因此在常见路由器广域网接口上，都默认使用 HDLC 来进行封装。

通过如下命令可以直接查询显示结果：

```
RouterA #show interface serial 1/2                        ! 查看RA serial 1/2接口的状态
-----------------------------------------------------------------
serial 1/2 is UP  , line protocol is UP                  ! 接口的状态，是否为UP
Hardware is PQ2 SCC HDLC CONTROLLER serial
Interface address is: 1.1.1.1/24                         ! 接口IP地址的配置
  MTU 1500 bytes, BW 512 kbit                            ! 查看接口的带宽为512KB
  Encapsulation protocol is HDLC, loopback not set      ! 接口封装的是HDLC协议
  Keepalive interval is 10 sec , set
  Carrier delay is 2 sec
  ……
```

在广域网连接中，同步口上缺省封装的协议是 HDLC。如果该接口封装的不是 HDLC 协议，如封装的是 PPP 协议，而对端接入设备封装的是 HDLC 协议，为解决对等层的设备通信问题，需要修改为 HDLC 协议。

在接口配置状态下，使用命令 encapsulation 来完成。

```
downRouterA # configure terminal
RouterA (config)# interface serial 1/2
RouterA (config-if)# encapsulation HDLC              ! 把该接口封装为HDLC协议
RouterA (config-if)#no shut down
RouterA (config-if)#end
RouterA #
```

（五）配置帧中继协议

帧中继协议是在 X.25 分组交换技术的基础上发展起来的一种快速分组交换技术，是对 X.25 协议的改进。帧中继技术的核心部分对应于 OSI 参考模型的下两层，帧中继仅完成 OSI 物理层和链路层核心层的功能，将流量控制、纠错等留给智能端完成，大大简化了节点机之间的协议。同时，帧中继采用虚电路技术，能充分利用网络资源，因此帧中继具有吞吐量高、时延低、适合突发性业务等特点。

帧中继是一种高性能的 WAN 协议，它运行在 OSI 参考模型的物理层和数据链路层。它是一种数据包交换技术，是 X.25 的简化版本。它省略了 X.25 的一些强健功能，如提供窗口技术和数据重发技术，而是依靠高层协议提供纠错功能，这是因为帧中继工作在更好的 WAN 设备上，这些设备较之 X.25 的 WAN 设备具有更可靠的连接服务和更高的可靠性，它严格地对应于 OSI 参考模型的最低二层，而 X.25 还提供第三层的服务，所以，帧中继比 X.25 具有更高的性能和更有效的传输效率。

帧中继技术提供面向连接的数据链路层通信，帧中继广域网的设备分为数据终端设备（DTE）和数据电路终端设备（DCE）设备。在每对设备之间都存在一条定义好的通信链路，且该链路有

一个链路识别码。这种服务通过帧中继虚电路实现，每个帧中继虚电路都以数据链路识别码（DLCI）标识自己，DLCI 的值一般由帧中继服务提供商指定。此外帧中继本地管理接口（LMI）是对基本的帧中继标准的扩展，它是路由器和帧中继交换机之间的信令标准，提供帧中继管理机制。

在如图 8-5 所示的网络环境中，使用路由器设备来模拟帧中继交换机做 WAN 接入，针对 R1 路由器设备而言，其相应的设备配置可以为：

图 8-5　路由器模拟帧中继接入网络

```
RouterA #
RouterA # configure terminal
RouterA (config)#frame-relay switching
                              ！把路由器模拟帧中继交换机，启动帧中继交换功能

RouterA (config)#interface s1/0
RouterA (config-if)# encapsulation  frame-relay
        ！接口封装帧中继协议，这里没有打封装类型，就是缺省 cisco 类型，另外还可以是 ietf，命令的格式写为如下格式
RouterA (config-if)# encapsulation  frame-relay itef
                              ！接口封装为帧中继协议，协议的类型封装格式为 ietf

RouterA (config-if)# encapsulation  itef-type DCE
    ！接口封装为帧中继，配置帧中继接口类型，有 DCE，DTE，本类型为 DCE，
RouterA (config-if)#clock rate 64000
    ！定义 DCE 接口时钟频率，用于同步数据传输速率，在实际工程中 clock rate 由局端如电信部门来确定
RouterA (config-if)# encapsulation  lmi-type ansi
                                        ！定义帧中继本地接口为管理类型
RouterA (config-if)#frame route 20 interface s1/1  21
    ！设置帧中继交换，指定同步接口之间的 DLCI 互换方式，意思是来自 dlci 为 20 的数据从 s1/1 接口转发出去到达 dlci 21
RouterA (config-if)#no shutdown ！启用该接口
RouterA (config-if)#end

RouterA #show interface serial 1/2    ！查看 RA serial 1/0 接口的状态
...... ......
```

❖ 备注：配置帧中继 LMI 封装类型。LMI（local management interface）本地管理接口，运行在路由器和帧中继交换机之间，是数据传输一种信令标准。它有三种封装方法：cisco，ansi，q933a，缺省封装类型是 Cisco 类型。但它是由 Cisco，StrataCom，Nortel，DEC 联合制定的。ansi（American National Standards Institute）美国国家标准学会，始建立于 1918 年，标准涉及电工、建筑、日用品、制图、材料试验等技术领域。q933a 是国际电联（International Telecommunication Union）的标准。ITU-T （The ITU Telecommunication Standardization Sector ）ITU-T 是国际电信联盟电信标准化部门，成立于 1993 年，它的前身是国际电报和电话咨询委员会（CCITT）。

（六）配置 PPP 协议

虽然 HDLC 协议在历史上曾经起过很大的作用，但现在全世界使用得最多的数据链路层协议是非常简单的点对点协议。这主要在于 HDLC 协议没有差错检测的功能，无法应用在对网络安全应用要求很高的环境中，此外在 HDLC 通信的每一方必须事先知道对方的 IP 地址。

为了克服 HDLC 协议的这些缺点，1992 年制定了 PPP 协议。PPP 点对点协议为在点对点连接上，传输多协议数据包提供了一个标准的方法。PPP 最初设计是为两个对等节点之间的 IP 流量传输，提供一种封装协议。在 TCP/IP 协议集中，用来同步调制连接的数据链路层协议，替代原来非标准的第二层协议，即 SLIP。

PPP 协议是目前广域网上应用最广泛的协议之一，它的优点在于简单、具备用户验证能力、可以解决 IP 分配等。主要具有以下特性。

- 能够控制数据链路的建立；
- 能够对 IP 地址进行分配和使用；
- 允许同时采用多种网络层协议；
- 能够配置和测试数据链路；
- 能够进行错误检测；
- 有协商选项，能够对网络层的地址和数据压缩等进行协商。

PPP 由于能提供验证，易扩充，支持同异步而获得较广泛的应用。PPP 协议在工作过程中主要由两类协议组成：链路控制协议族（LCP）和网络层控制协议族（NCP）。链路控制协议（LCP）主要用于建立、拆除和监控数据链路，配置、测试 PPP 数据链路连接，实施链路控制，通信的双方可协商一些选项。网络层控制协议族（NCP）主要用于协商在该数据链路上所传输的数据包的格式与类型，建立、配置不同网络层协议，支持不同的网络层协议。同时，PPP 扩展协议族还提供对 PPP 功能的进一步支持，提供了用于网络安全方面的验证协议族（PAP 和 CHAP）。

PPP 提供了建立、配置、维护和终止点到点连接的方法。从开始发起呼叫到最终通信完成后释放链路，PPP 通过以下 4 个阶段在一个点到点的链路上建立通信连接：

- 链路的建立和配置协调。通信的发起方发送 LCP 帧来配置和检测数据链路，主要用于协商选择将要采用的 PPP 参数，包括身份验证、压缩、回拨、多链路捆绑等。
- 链路质量检测。在链路建立、协调之后，这一阶段是可选的。
- 网络层协议配置协调。通信的发起方发送 NCP 帧以选择并配置网络层协议。配置完成后，通信双方可以发送各自的网络层协议数据报。
- 关闭链路。通信链路将一直保持到 LCP 或 NCP 帧关闭链路，或者是发生一些外部事件（如空闲时间超长或用户干预）。

在广域网连接中，如果该接口封装的是 HDLC 协议，需要为其封装具有验证功能的 PPP 协议，在接口配置状态下，使用命令 encapsulation 来完成。

```
RouterA #
RouterA # configure terminal
RouterA (config)# interface serial 1/2
RouterA (config-if)# encapsulation PPP            ! 把该接口封装为 PPP 协议
RouterA (config-if)#no shutdown
RouterA (config-if)#end
RouterA #
```

同样道理，在连接 WAN 两端的接口封装的是 PPP 协议，也是对等封装的过程，需要在两端同时封装 PPP 协议。

可以通过如下命令查询广域网接口封装协议内容：

```
RouterA #show interface serial 1/2              ! 查看 RA serial 1/2 接口的状态
------------------------------------------
```

```
serial 1/2 is UP  , line protocol is UP
Hardware is Infineon DSCC4 PEB20534 H-10 serial
Interface address is: 100.100.100.1/24
  MTU 1500 bytes, BW 2000 kbit
  Encapsulation protocol is PPP, loopback not set   ! 封装的是 PPP 协议
  Keepalive interval is 10 sec , set
  Carrier delay is 2 sec
  RXload is 1 ,Txload is 1
……
```

任务二　PPP 协议验证技术

一、任务分析

为了各校区之间安全接入，保证三个独立校区在共用链路接入外部网络时的网络安全性，学院在网络改造的过程中，在选择 WAN 接入改造项目中，希望对接入的技术具有验证的功能，以保证网络接入的安全性。

二、相关知识

PPP 协议以其简单、具备用户验证功能等优点而替代 HDLC 等协议，成为目前广域网上应用最广泛的协议之一。PPP 协议中提供了一整套方案来解决链路建立、维护、拆除、上层协议协商、认证等问题。PPP 协议的工作过程，一般分为链路建立阶段、认证阶段以及认证协议配置 3 个阶段。

为了在点到点链路上建立通信，PPP 的每一端在其链路建立阶段，必须首先发送 LCP 包，进行远程数据链路配置。链路建立之后，PPP 提供可选的认证阶段，可以在进入 NLP 阶段之前实行认证。一般在缺省情况下，认证并非是强制执行。如果需要进行链路认证，PPP 必须在链路建立阶段，指定"认证协议配置"选项，这些认证协议主要用于主机和路由器。主机和路由器一般通过交换电路线或者拨号线，连接在 PPP 网络服务器上，也可以通过专线实现。

PPP 协议链路建立阶段，进行链路认证主要有两种方式，分别为：口令认证协议（PAP）协议和挑战握手认证协议（CHAP）协议。PAP 和 CHAP 协议是目前的在 PPP（MODEM 或 ADSL 拨号）中普遍使用的认证协议。

（一）PAP 协议基础

PAP 全称为 Password Authentication Protocol（口令认证协议），是 PPP 中简单、实用的身份验证协议。PAP 认证进程只在双方的通信链路建立初期进行。假如认证成功，在通信过程中不再进行认证。假如认证失败，则直接释放链路。PAP 的弱点是用户的用户名和密码是明文发送的，有可能被协议分析软件捕捉而导致安全问题。但是，因为认证只在链路建立初期进行，节省了宝贵的链路带宽。

PAP 是一个简单、实用的身份验证协议，PAP 认证进程只在双方的通信链路建立初期进行。如果认证成功，在通信过程中不再进行认证。如果认证失败，则直接释放链路。当双方都封装了 PPP 协议且要求进行 PAP 身份认证，同时它们之间的链路在物理层已激活后，认证客户端（被认证一端）会不停地发送身份认证请求，直到身份认证成功。当认证客户端路由器发送了用户名或口令后，认证服务器会将收到的用户名和口令与本地数据库中的口令信息比较，如果正确则身份认证成功，否则认证失败。PAP认证的过程如图8-6所示。

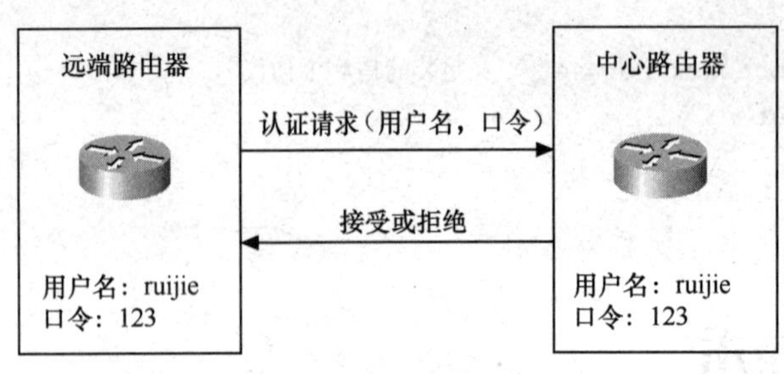

图8-6 PAP认证协商过程

如图8-6所示的协议之间验证协商过程，可以看出PAP认证过程经过两个阶段，通常称为两次握手：

- 阶段1：被验证方（远端路由器）发送用户名和口令到验证方；
- 阶段2：验证方（中心路由器）对用户名和口令进行认证，根据结果返回接受或拒绝认证请求的信息。

PAP认证可以在一方进行，即由一方认证另一方的身份，也可以进行双向身份认证。这时，要求被认证的双方都要通过对方的认证程序，否则，无法建立二者之间的链路。

（二）配置PAP认证

在如图8-7所示的各校区互相连接的校园网络接入WAN的工程场景中，在PPP协议接入中启动PAP验证的配置过程，通过以下几个环节进行，设备配置的地址如表8-2所示。

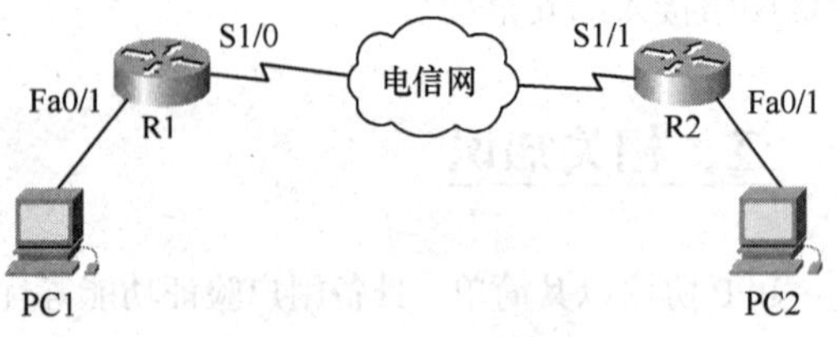

图8-7 各校区连接场景

表8-2 网络连接地址规划表

设备名称	接口	地址	说明
校园网络接入设备（R1）	S1/0	172.16.1.1/24	校园网络接入电信网接口
	Fa0/1	172.16.2.1/24	校园网络内部PC接口
电信接入设备	S1/1	172.16.1.2/24	电信WAN接口
	Fa0/1	172.16.3.1/24	电信本地网模拟接口
校园网测试PC1，		172.16.2.2/24	网关：172.16.2.1
电信网测试PC2		172.16.3.2/24	网关：172.16.3.1

1. 首先进行通信双方设备的基本信息配置

校园网络接入设备Router 1基本信息。

```
Red-Giant#
Red-Giant#configure terminal                              ！进入全局配置模式
Red-Giant(config)#hostname Router1

Router1 (config)#interface fastethernet 0/1               ！进入F0/1接口模式
Router1 (config-if) #ip address 172.16.2.1 255.255.255.0  ！配置接口地址
Router1 (config-if) #no shutdown

Router1 (config)#interface S1/0                           ！进入WAN接口S1/0模式
```

```
Router1 (config-if) #ip address 172.16.1.1 255.255.255.0      ! 配置接口地址
Router1 (config-if) #no shutdown
Router1 (config-if) #end
Router1 #
Router1 #show ip route              ! 查看目前设备获得路由信息
......
```

其次配置电信接入路由器 Router2 设备基本信息。

```
Red-Giant#
Red-Giant#configure terminal                                    ! 进入全局配置模式
Red-Giant(config)#hostname Router2

Router2 (config)#interface S1/1                                 ! 进入 WAN 接口 S1/1 模式
Router2 (config-if) #ip address 172.16.1.2 255.255.255.0       ! 配置接口地址
Router2 (config-if) #clock rate 64000          ! 配置局端接口时钟
Router2 (config-if) #no shutdown

Router2 (config)#interface fastethernet 0/1                     ! 进入 F0/1 接口模式
Router2 (config-if) #ip address 172.16.3.1 255.255.255.0       ! 配置接口地址
Router2 (config-if) #no shutdown
Router2 (config-if) #end
Router2 #
Router2 #show ip route              ! 查看目前设备获得路由信息
......
```

2. 其次进行通信双方设备的基本路由配置

分别查看其路由表信息，都无法获得其到达非直连网络的路由信息，因此需要为其配置指向非直连网络的路由信息，以获得非直连网段的路由信息，实现网络连通。

```
Router1 (config)# ip route 172.16.3.0 255.255.255.0 172.16.1.2
                        ! 配置到达非直连 172.16.3.0 网络的下一跳地址 172.16.12.2
Router2 (config)# ip route 172.16.2.0 255.255.255.0 172.16.1.1
                        ! 配置到达非直连 172.16.2.0 网络的下一跳地址 172.16.1.1
```

在所有接口信息及静态路由信息配置完成后，分别在 2 台路由器上验证配置生效的结果。使用 show ip route 命令可以完成。以校园网 Router1 路由器查看结果为例：

```
Router1# show ip route                      ! 查看 Router1 设备生成路由表信息
......
```

3. 通信双方 WAN 接口上进行 PPP 配置

对于一般路由设备的同步串行接口，默认的封装协议都是 HDLC，可以通过 show interface S1/0 命令进行查询显示结果。

```
Router1 #
Router1 #show interface serial 1/0          ! 查看 RA s1/0 同步串行接口的状态
......
```

在没有进行配置修改的情况下，路由设备的同步串行接口，默认的封装协议都是 HDLC 可以使用命令 encapsulation ppp 将其封装协议修改为 PPP。

分别在两台路由器两端对等接口配置：

```
Router1 (config)# interface serial 1/0
Router1 (config-if)# encapsulation PPP      ! 把该接口封装为 PPP 协议
```

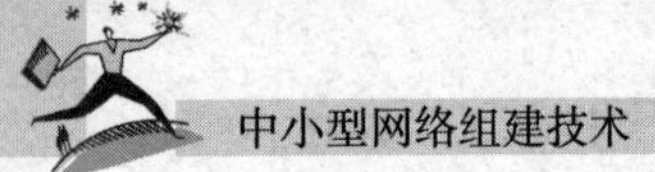


```
Router1 (config-if)#no shutdown
Router2 (config)# interface serial 1/1
Router2 (config-if)# encapsulation PPP             ! 把该接口封装为 PPP 协议
Router2 (config-if)#no shutdown
```

如果两台路由器通信双方的某一方封装格式为 HDLC，而另一方为 PPP 时，双方由于封装协议的类型不一样，通信之前的协商将失败。此链路将处于协议性关闭（protocol down）状态，通信无法进行。因此在进行 PPP 认证通信之前，需要将通信双方的同步串行接口，修改为同等的 PPP 通信。

4. PPP 协议的 PAP 认证过程

PAP 认证可以在一方进行，即由一方认证另一方身份，也可以进行双向身份认证。这时，要求被认证的双方都要通过对方的认证程序。否则，无法建立二者之间的链路。当双方都封装了 PPP 协议且要求进行 PAP 身份认证，同时它们之间的链路在物理层已激活后，认证服务器会不停地发送身份认证要求直到身份认证成功。

当认证客户端（被认证一端）路由器 RouterB 发送了用户名或口令后，认证服务器会将收到的用户名或口令和本地口令数据库中的口令信息比对，假如正确则身份认证成功，通信双方的链路最终成功建立。假如被认证一端路由器 RouterB 发送了错误的用户名或口令，认证服务器将继续不断地发送身份认证要求直到收到正确的用户名和口令为止。

PAP 认证的配置共分为 3 个步骤：建立本地口令数据库、启用 PAP 认证、认证客户端配置。其中前两个步骤为认证端的配置，第三步为被认证端的配置。

（1）建立本地口令数据库

通过全局模式下的命令 username username password password 来为本地口令数据库添加记录。如下所示。

```
Router1 #
Router1 #configure terminal
Router1 (config)# username routera password rapass
```

（2）要求进行 PAP 认证

这需要在相应接口配置模式下使用命令 ppp authentication pap 来完成。如下所示。

```
Router1 #
Router1 #configure terminal
Router1(config)#interface serial 0/0
Router1(config-if)#ppp authentication pap
Router1 (config-if)# no shutdown
Router1 (config-if)#end
```

（3）PAP 认证客户端的配置

PAP 认证客户端配置只需一个步骤，即将用户名和口令发送到对端，如下所示。

```
Router2#
Router2 #configure terminal
Router2(config)#interface serial 0/0
Router2(config-if)# ppp pap sent-username routera pass rapass
```

分别在测试 PC 上配置如表 8-1 所示上测试 PC 地址规划，通过测试网络连通性，实现网络的连通。

❖ 备注：

① PAP 认证过程中，口令是大小写敏感的。

② 身份认证也可以双向进行，即互相认证。配置方法同单向认证类似，只不过需要将通信双方同时配置成为认证服务器和认证客户端。

③ 口令数据库也可以存储在路由器以外的 AAA 或 TACACS+服务器上。限于篇幅，此处不再赘述。

（三）CHAP 协议

CHAP 全称为 Challenge Handshake Authentication Protocol(挑战握手认证协议)，主要是针对 PAP 口令认证协议中密码验证功能弱，而在网络物理连接后进行连接安全性验证的协议。CHAP 挑战握手认证协议在以上几个方面都给以改进，它比 PAP 更加可靠。

CHAP 协议基本过程是：认证方先发送一个随机挑战信息给对方，接收方根据此挑战信息和共享的密钥信息，使用单向 Hash 函数计算出响应值，然后发送给认证者。同时认证者也进行相同的计算，验证自己的计算结果和接收到的结果是否一致，一致则认证通过，否则认证失败。

挑战握手认证 CHAP 协议认证方法的优点在于：密钥信息不需要在通信信道中发送，而且每次认证所交换的信息都不一样，可以很有效地避免监听攻击。CHAP 协议的缺点是：密钥必须是明文信息进行保存，而且不能防止中间人攻击。使用 CHAP 协议的安全性，除了需要保证本地密钥的安全性外，还要保证网络上的安全性，需要考虑挑战信息的长度、随机性和单向 Hash 算法的可靠性等因素的影响。

CHAP 挑战握手协议在认证过程中，需要通过三次握手周期性地来确认对端的认证身份，在初始链路建立时完成，也可以在链路建立之后的任何时候重复进行。

- 链路建立阶段结束之后，认证者向对端发送“挑战”消息。
- 对端用经过单向散列（Hash）函数计算出来的值做应答。
- 认证者根据它自己的预期散列（Hash）值的计算来检查应答，如果值匹配，认证得到承认；否则，连接应该终止。
- 经过一定的随机间隔，认证者发送一个新的挑战给对端，重复以上环境。

CHAP 验证为三次握手验证，口令为密文（密钥），完整的 CHAP 验证过程如下：

① 验证方向被验证方发送一些随机产生的报文，并同时将本端的主机名附带上一起发送到被验证方。

② 被验证方接到对端的验证请求（Challenge）时，便根据此报文中验证方的主机名和本端的用户表查找用户口令字，如找到用户表中与验证方主机名相同的用户，便利用接收到的随机报文、此用户的密钥用 MD5 算法生成应答（Response），随后将应答和自己的主机名送回。

③ 验证方接到应答后，利用对端的用户名在用户表中查找本方保留的口令字，用本方保留的口令字（密钥）和随机报文用 MD5 算法得出结果，与被验证方应答比较，根据比较结果返回相应的确认结果 ACK 或者结果 NAK。

它们的特点是只在网络上传输用户名，并不传输用户口令，因此安全性比 PAP 高。

（四）配置 CHAP 认证

CHAP 和 PAP 一样，通常被用在 PPP 封装的串行线路上提供安全性认证。使用 CHAP 认证，每个路由器通过名字来识别，可以防止未经授权的访问。要使用 CHAP 必须使用 PPP 封装。如果双方协商达成一致，也可以不使用任何身份认证方法。

CHAP 的认证也分为两个步骤：建立本地口令数据库、启用 CHAP 认证，但需要注意的是：建立本地口令数据库需要同时在认证客户端和认证服务器端配置。

CHAP 认证服务器端配置通过全局模型下的命令 username username password password 来为本地口令数据库添加记录：

```
Router1(config)#username Router2 password 123456
```

配置认证服务器进行 CHAP 认证：

```
Router1(config)#interface serial 1/0
Router1(config-if)#ppp authentication chap
```

认证客户端配置通过全局模型下的命令 username username password password 来为本地口令数据库添加记录，例如：

```
Router2(config)#username Router1 password 123456
```

在如图 8-8 所示的各校区互相连接的校园网接入 WAN 的工程场景中，针对 PPP 协议接入中启动 CHAP 验证的配置过程，通过以下几个环节进行。

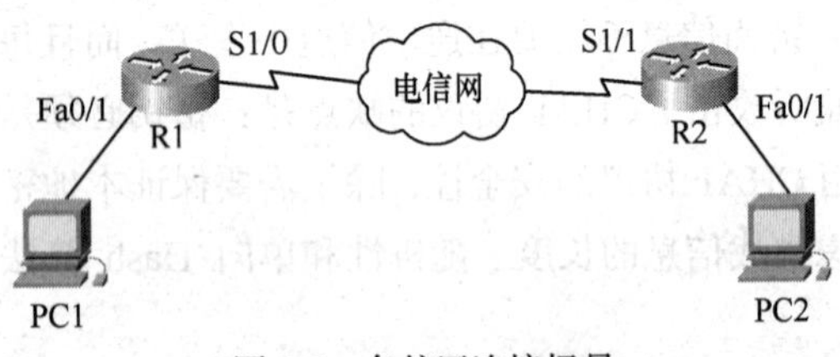

图 8-8 各校区连接场景

路由器 Router1 和 Router2 的同步串行接口均封装 PPP 协议，采用 CHAP 做认证，在 Router1 中应建立一个用户，以对端路由器主机名作为用户名，即用户名应为 router2。同时在 Router2 中应建立一个用户，以对端路由器主机名作为用户名，即用户名应为 router1。所建的这两用户的 password 必须相同，设备地址规划如表 8-3 所示。

表 8–3 网络连接地址规划表

设 备 名 称	接 口	地 址	说 明
校园网络接入设备（R1）	S1/0	172.16.1.1/24	校园网络接入电信网接口
	Fa0/1	172.16.2.1/24	校园网络内部 PC 接口
电信接入设备	S1/1	172.16.1.2/24	电信 WAN 接口
	Fa0/1	172.16.3.1/24	电信本地网模拟接口
校园网测试 PC1		172.16.2.2/24	网关：172.16.2.1
电信网测试 PC2		172.16.3.2/24	网关：172.16.3.1

整个网络工程中实施 CHAP 认证的配置过程如下。

1. 首先进行校园网络接入设备 Router 1 基本信息和认证配置

```
Red-Giant#configure terminal                          ! 进入全局配置模式
Red-Giant(config)#hostname Router1

Router1 (config)#interface fastethernet 0/1           ! 进入 F0/1 接口模式
Router1 (config-if) #ip address 172.16.2.1 255.255.255.0
Router1 (config-if) #no shutdown

Router1 (config)#interface S1/0
Router1 (config-if) #ip address 172.16.1.1 255.255.255.0
Router1(config-if)#encapsulation ppp                  ! 封装 PPP 协议
Router1(config-if)#ppp authentication chap            ! 启动 CHAP 认证
```

```
Router1 (config-if) #no shutdown
Router1 (config-if) #end
......
Router1 (config)# ip route 172.16.3.0 255.255.255.0 172.16.1.2
                    ! 配置到达非直连 172.16.3.0 网络的下一跳地址 172.16.1.2
......
Router1(config)#username Router2 password samesecret
```

2. 配置电信接入路由器 Router2 设备基本信息和认证

```
Red-Giant#configure terminal
Red-Giant(config)#hostname Router2

Router2 (config)#interface S1/1
Router2 (config-if) #ip address 172.16.1.2 255.255.255.0
Router2(config-if)#clock  rate  64000
Router2(config-if)#encapsulation ppp
Router2 (config-if) #no shutdown

Router2 (config)#interface fastethernet 0/1
Router2 (config-if) #ip address 172.16.3.1 255.255.255.0
Router2 (config-if) #no shutdown
Router2 (config-if) #end

Router2 (config)# ip route 172.16.2.0 255.255.255.0 172.16.1.1
                    ! 配置到达非直连 172.16.2.0 网络的下一跳地址 172.16.1.1
......
Router2(config)#username Router1 password samesecret
```

分别在测试 PC 上配置如表 8-1 所示的测试 PC 地址规划，通过测试网络连通性，实现网络的连通。通过以上配置，路由器 Router1、Router2 将建立起 CHAP 认证。但是认证双方选择的认证方法可能不一样，例如一方选择 PAP，另一方选择 CHAP，这时双方的认证协商将失败。

为了避免身份认证协议过程中出现这样的失败，可以配置路由器使用两种认证方法。当第一种认证协商失败后，可以选择尝试用另一种身份认证方法。下面的命令配置路由器，首先采用 PAP 身份认证方法，如果失败，再采用 CHAP 身份认证方法。

```
Router1(config-if)#ppp authentication pap chap
```

相反，如果首先使用 CHAP 认证，协商失败后再采用 PAP 认证，命令如下所示。

```
Router1(config-if)#ppp authentication chap pap
```

实训项目

实训项目 1　配置广域网接入路由器 HDLC 协议，实现网络连通

1. 实训目的与要求

学会配置广域网接入路由器 HDLC 协议，实现接入 Internet 网络连通。

2. 实训内容

实训内容为任务一中项目实施内容，按照规划任务内容，实施实训。

3. 实训设备与材料

路由器（2 台）；网络线（若干根）；测试 PC（若干台）。

4. 实训拓扑

如图 8-4 所示的网络场景，是学院网络和电信网通过路由器接入 Internet 接入拓扑。

5. 思考

如图 8-4 所示的网络场景，如果使用的是三层接入交换机设备，如何配置接入交换机设备的 HDLC 协议，实现接入 Internet 网络连通？

实训项目 2　配置广域网接入路由器帧中继协议，实现网络连通

1. 实训目的与要求

学会配置广域网接入路由器帧中继协议，实现接入 Internet 网络连通。

2. 实训内容

实训内容为任务一中项目实施内容，按照规划任务内容，实施实训。

3. 实训设备与材料

路由器（2 台）；网络线（若干根）；测试 PC（若干台）。

4. 实训拓扑

如图 8-4 所示的网络场景，是学院网络和电信网通过路由器接入 Internet 接入拓扑。

5. 思考

如图 8-4 所示的网络场景，如果使用的是三层接入交换机设备，如何配置接入交换机设备的帧中继协议，实现接入 Internet 网络连通？

实训项目 3　配置广域网接入路由器 PPP 协议，实现网络连通

1. 实训目的与要求

学会配置广域网接入路由器 PPP 协议，实现接入 Internet 网络连通。

2. 实训内容

实训内容为任务一中项目实施内容，按照规划任务内容，实施实训。

3. 实训设备与材料

路由器（2 台）；网络线（若干根）；测试 PC（若干台）。

4. 实训拓扑

如图 8-4 所示的网络场景，是学院网络和电信网通过路由器接入 Internet 接入拓扑。

5. 思考

如图 8-4 所示的网络场景，如果使用的是三层接入交换机设备，如何配置接入交换机设备的 PPP 协议，实现接入 Internet 网络连通？

实训项目 4　配置广域网接入 PPP 验证技术，实现网络连通验证

1. 实训目的与要求

学会配置广域网接入路由器 PPP 协议验证技术，实现接入 Internet 网络连通验证。

2. 实训内容

实训内容为任务二中项目实施内容，按照规划任务内容，实施实训。

3. 实训设备与材料

路由器（2 台）；网络线（若干根）；测试 PC（若干台）。

4. 实训拓扑

如图 8-7 所示的网络场景，是学院网络和电信网通过路由器接入 Internet 接入拓扑。

5. 思考

如图 8-7 所示的网络场景，如果使用的是三层接入交换机设备，如何配置接入交换机设备的 PPP 协议验证技术，实现接入 Internet 网络连通？

分别使用 PPP 协议验证 PAP 和 CHAP 技术配置接入设备，比较 PPP 验证技术中两种不同的验证技术的区别？列表对比说明。

习题

1. 下面（　　）网络技术适合多媒体通信需求？

A. X.25　　B. ISDN　　C. 帧中继　　D. ATM

2. 无论是 SLIP 还是 PPP 的协议都是（　　）协议。

A. 物理层　　B. 数据链路层　　C. 网络层　　D. 传输层

3. ISDN 是目前广泛采用的一种网络接入技术，它能够提供两种数据通道，以下说法正确的是（　　）。

A. B 通道一般用来传输信令或分组信息

B. D 通道一般用来传输话音、数据和图像

C. C 通道一般用来传输分组信息

D. D 通道一般用来传输信令或分组信息

4. 包交换是一种广域网交换方式，网络设备共享一条点到点的线路，将包从源经过通信网络传送到目的地址。交换网络可以传输长度不同的帧（包）或长度固定的信元。下面（　　）网络采用包交换？

A. ISDN　　B. 公用电话网　　C. 帧中继　　D. DDN

5. 当一台计算机发送 E-mail 信息给另外一台计算机时，下列的（　　）过程正确地描述了数据打包的 5 个转换步骤？

A. 数据、数据段、数据包、数据帧、比特

B. 比特、数据帧、数据包、数据段、数据

C. 数据包、数据段、数据、比特、数据帧

D. 数据段、数据包、数据帧、比特、数据

6. 广域网工作在 OSI 参考模型中（　　）层？

A. 物理层和应用层　　B. 物理层和数据链路层

C. 数据链路层和网络层　　D. 数据链路层和表示层

7. 广域网和局域网有（　　）不同？

A. 广域网典型地存在于确定的地理区域

B. 广域网提供了高速多重接入服务

C. 广域网使用令牌来调节网络流量

D. 广域网使用通用的载波服务

8. 下列描述正确的是（　　）。

A. PAP 协议是两次握手完成验证，存在安全隐患

B. CHAP 是两次握手完成验证

C. CHAP 是三次握手完成验证，安全性高于 PAP

D. PAP 占用系统资源要小于 CHAP

9. 以下（　　）是包交换协议？

A. ISDN　　B. 帧中继　　C. PPP　　D. HDLC

10. 如果线路速度是最重要的要素，将选择（　　）封装类型？

A. PPP　　B. HDLC　　C. 帧中继　　D. SLIP

项目九

网络规划与设计

某校一期校园网建设于20世纪90年代，是典型的三层和二层混合网络架构，如图9-1所示。校园网由一台三层交换机充当核心，通过防火墙接入到Internent。下行通过多台二层交换实现全校互联，各楼层二层交换机把用户PC接入到三层。

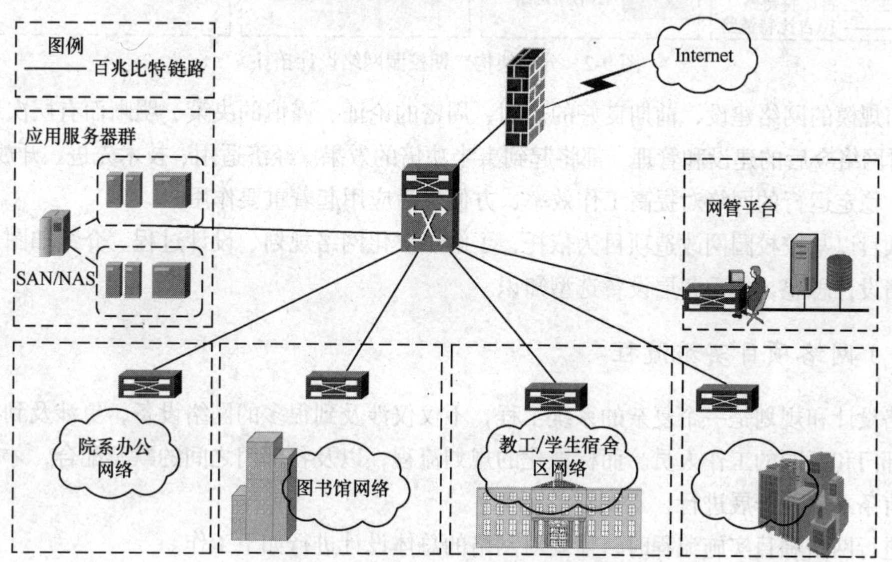

图9-1 三层和二层交换混合架构网络

这种以中低端交换机为核心的组网方案存在以下局限。

- 三层和二层混合架构网络，不能满足网络中越来越多业务流量的需求。
- 三层交换做核心，多个用户共用一个网关，无法限制用户带宽，存在管理盲点。
- 每楼层二层交换机上需要划分多个VLAN，所有VLAN间数据都需通过三层交换实现通信，当楼宇间数据流量较大时，容易使三层交换机成为网络瓶颈。

⋮

随着学校招生规模扩大，原先三层+二层交换混合架构组网方案，难以满足学校发展要求。为此该校启动校园网二期改造项目，二期校园网规划以吉比特为基础，10吉比特为目标，采用核心层、汇聚层、接入层三层架构，网络规划拓扑如图9-2所示。

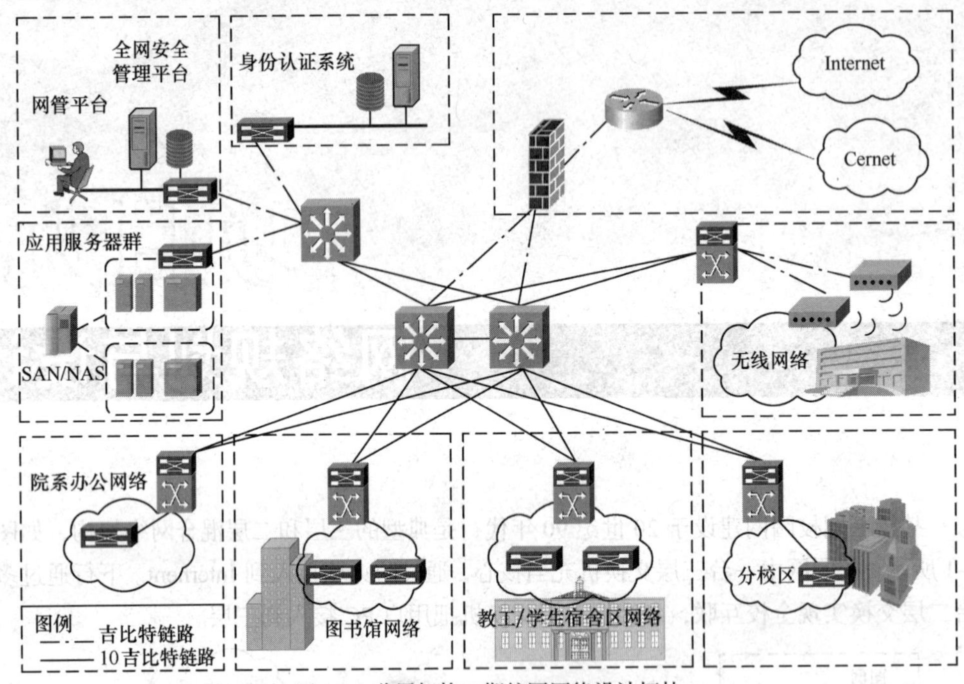

图9-2　分层架构二期校园网络设计拓扑

任何规模的网络建设，前期良好的规划、周密的论证、谨慎的决策、明晰而有层次地设计、施工，对网络今后的建设和管理，都将起到事半功倍的效果。经济适用、技术先进、开放性良好、能长期、稳定运行的网络对提高工作效率、方便生活应用起着重要作用。

本项目以某校校园网改造项目为依托，了解层次化网络规划、设计过程。介绍如图9-2所示分层网络设计思想，熟悉各层设备选型知识。

（一）网络项目实施流程

网络设计和规划是一个复杂的系统工程，不仅仅涉及到很多的网络设备，更涉及到很多不同的工作部门和不同的工作人员。而标准化的规划流程，以及各部门之间的默契配合，才能保证项目工程有条不紊地开展进行。

在进行网络项目实施流程时，需要对网络的总体设计进行如下工作。

首先，进行对象研究和需求调查，弄清用户的性质、任务和改造发展的特点，对网络环境进行准确的描述，明确系统建设的需求和条件。

其次，在应用需求分析的基础上，确定不同网络 Intranet 服务类型，进而确定系统建设的具体目标，包括网络设施、站点设置、开发应用和管理等方面的目标。

第三，确定网络拓扑结构和功能，根据应用需求、建设目标和主要建筑分布特点，进行系统分析和设计。

第四，确定技术设计的原则要求，如在技术选型、布线设计、设备选择、软件配置等方面的标准和要求。

第五，确定规划网络建设的实施步骤。

在进行网络项目规划时，规划设计原则如下。

经济性：尽量利用性价比好的设备，以低廉投资获取较高性能。

实用性：确保能加速信息传递、提高工作效率，节约办公费用。

操作性：网络工程实施之后，让办公人员在进行简单培训后，便能熟练运用。

扩展性：在增加新的硬件设备时，能方便地接入网络；便于更新、维护、升级。

（二）网络规划需求分析

用户的应用需求是网络建设的核心，因此网络需求分析是整个网络工程建设的开始，其前期分析的好坏，直接关系到工程规划的质量好坏。好的网络规划需求分析，可大大提高网络未来应用和管理的效率，降低网络工程资金，为未来的网络扩展减少弯路。

网络需求分析的内容是在针对用户需求调查的基础上，分析用户的网络应用要求和网络建设所要达到的目标，了解用户网络的业务内容、网络应用的环境、网络的安全保障措施以及网络未来的扩充，从而为整个网络系统建设，确定其功能上、性能上和安全上的应用要求。

网络需求分析过程，是一个系统化和网络优化的过程，建设网络的根本目的是在网络平台上进行资源共享与通信。要充分发挥网络的效益，需求分析提供了网络设计应到达的目标，并有助于设计者更好地理解网络应该具有的性能。结合一个具体的校园网络前期建设的需求分析，如图 9-3 所示，了解用户对网络应用的需要，确立网络应用平台建设内容。

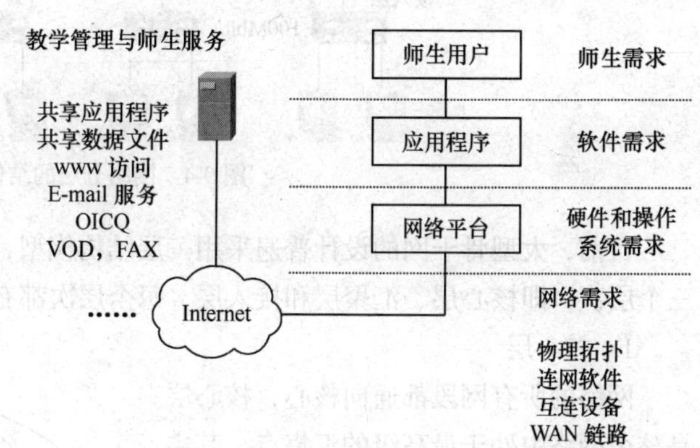

图 9-3　一个校园网络的应用需求分析

（三）网络拓扑层次化结构设计

良好的网络设计方案除应体现出网络的优越性能之外，还体现在应用的实用性、网络的安全性、易于管理和未来方便扩展性。因此，设计时要考虑以下问题。

① 要适应未来网络的扩展和拓扑结构的变化。

② 要能为特定的用户或用户组提供访问路径。

③ 要保证网络能不间断地运行。

④ 当网络扩大和应用增加时，变化的网络结构要能应付相应的带宽要求。

⑤ 使用频率较高的应用能够支持网上大多数的用户。

⑥ 能合理地分配用户对网内、网外的信息流量。

⑦ 能支持较多的网络协议，扩大网络的应用范围。

⑧ 支持 IP 的单点传送和多点广播数据流。

要达到以上这些设计要求，网络在设计时应遵循分层网络的设计思想，目前，分层式的网络

规划和设计已经成为一个潮流。分层网络结构的模型分别由核心层（Core Layer）、汇聚层（Distribution Layer）和接入层（Access Layer）三层组成，网络分层思想使网络有一个结构化的设计，针对每个层次进行模块化的分析，对统一管理网络和维护非常有帮助，分层网络的设计功能及网络拓扑如图 9-4 所示。以大型校园网网络系统来说，从设计上分为核心层、汇聚层和接入层；从功能上可分为网络中心、教学区子网、办公区子网、宿舍区子网等。

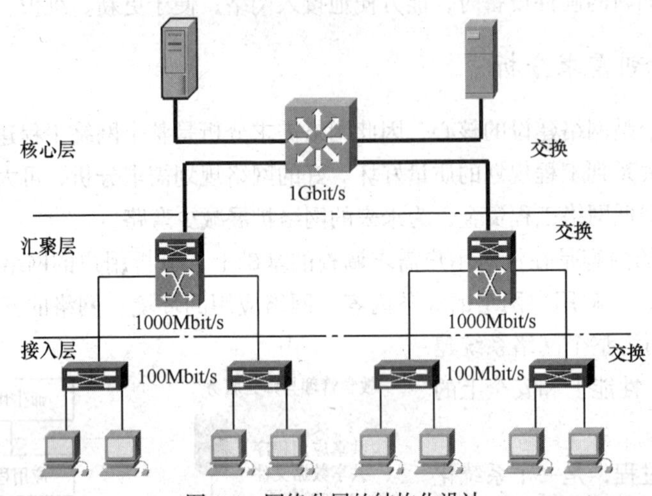

图 9-4　网络分层的结构化设计

目前，大型骨干网的设计普遍采用三层结构模型，三层结构模型将骨干网的逻辑结构划分为三个层次，即核心层、汇聚层和接入层，每个层次都有其特定的功能，如图 9-5 所示。

1. 核心层

网络的所有网段都通向核心，核心层是整个网络中处于最高级的汇集点，其主要任务是以尽可能快的速度交换信息。因此，核心层的设备应当选用具有较快速度及较强功能的路由交换机（具有三层交换功能），并且核心层到汇聚层的链路要具有足够的带宽。

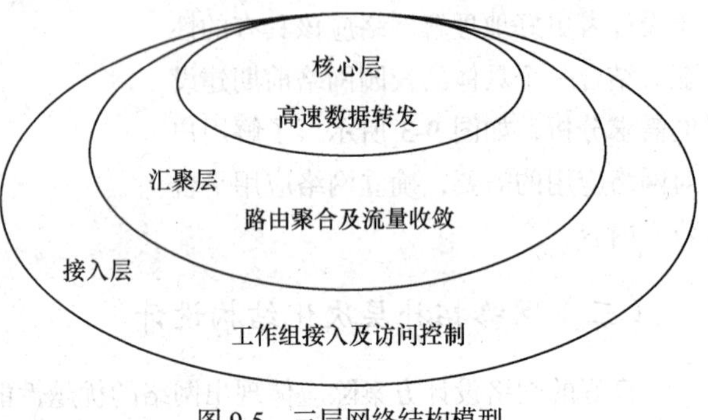

图 9-5　三层网络结构模型

核心层的功能主要是实现骨干网络之间的优化传输，负责整个网络的网内数据交换。网络的功能控制最好尽量少在骨干层上实施，核心层设计任务的重点通常是冗余能力、可靠性和高速的传输。核心层一直被认为是流量的最终承受者和汇聚者，所以要求核心交换机拥有较高的可靠性和性能。

2. 汇聚层

汇聚层处于核心层与接入层之间，所有接入层连接都终止于汇聚层，并经汇聚层汇集到核心层，在网络汇聚层可以配置二层或三层 LAN 交换机。汇聚层主要连接接入层和核心层，汇集分散的接入点，扩大核心层设备端口密度和种类，汇聚各区域数据流量，实现骨干网络之间的优化传输。汇聚交换机还负责本区域内的数据交换，汇聚交换机一般与中心交换机同类型，仍需要较高的性能和比较丰富的功能，但吞吐量较低。

3. 接入层

接入层是桌面设备的汇集点，它通常是一个 Hub 或二层 LAN 交换机，也可以是多个级连的 Hub 或堆叠的二层 LAN 交换机（视用户多少而定），构成一个独立的局域子网，在分布层为各个子网间建立路由。接入层网络作为二层交换网络，提供工作站等设备的网络接入。接入层在整个网络中接入交换机的数量最多，具有即插即用的特性。对此类交换机的要求，一是价格合理；二是可管理性好，易于使用和维护；三是有足够的吞吐量；四是稳定性好，能够在比较恶劣的环境下稳定地工作。

层次化网络拓扑由不同的层组成，它能让特定的功能和应用在不同的层面上分别执行，在层次化设计中，每一层都有不同的用途，并且通过与其他层面协调工作带来最高的网络性能。层次化方式设计网络具有扩充性好、冗余少、业务流控制容易等优点，限制网络出错的范围，减轻网络管理和维护工作量，对于网络维护和管理很重要。为获得最大的效能、完成特殊的目的，每个网络组件都被仔细安置在分层设计的网络中。路由器、交换机和集线器在选择路由及发布数据和报文信息方面都扮演着特定的角色。

（四）层次化结构设计中各层的特点

常见的网络架构大多采用层次化模型设计，即将复杂的网络设计分成几个层次，每个层次着重于实现某些特定的网络功能，这样就能够使一个复杂的网络结构变成许多个简单的小网络。层次化的网络架构设计一般可分为 3 个基本组成结构层次：核心层（网络的高速交换骨干）、汇聚层（提供基于策略的连接）、接入层（将工作站接入网络），以下就每层网络结构做具体的说明。

1. 核心层

（1）核心层的功能

网络核心层是整个网络中心，一般位于网络顶层，负责可靠而迅速数据流传输，图 9-6 所示是实际项目网络拓扑结构。数据信息在网络核心层中时要尽可能快地实现交换，快速转发到对应的网络中，实现骨干网络之间的优化传输。因此网络中骨干层设计任务的重点通常是冗余能力、可靠性和高速地传输，网络的控制功能最好尽量少在网络骨干层设备上实施。在网络的规划和设计中，网络核心层一直被认为是整个内部网络所有流量的最终承受者和汇聚者，所以在网络实际建设过程中，对核心层的功能设计以及网络设备选型上的要求十分严格，从而使网络核心层设备在整个网络建设上将占投资的主要部分。

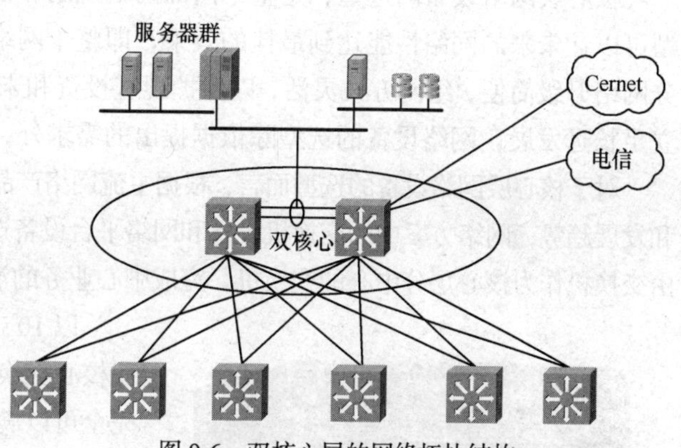

图 9-6　双核心层的网络拓扑结构

核心层是网络的高速交换主干，对协调整个内部网络的通信流量至关重要。一般网络核心层有以下特征。

① 提供高可靠性。

② 提供冗余链路。

③ 提供故障隔离。

④ 迅速自适应升级。

⑤ 提供较少的滞后和好的可管理性。

⑥ 避免由网络控制或其他配置处理而引起的影响包传输减慢的操作。

此外在网络核心层中使用互联设备时，从边界到边界，网络设备的跳（hop）数（直径 diameter）应该是一致的。在复杂网络规划和设计过程中，良好的规划习惯是在网络层次设备跳数设计有直径约束，此意味着从任一末端站点通过主干到另一末端站点，都将有相同的网络跳数，从任一末端站点到主干的服务器的距离也尽量是一致。网络的直径限制提供了网络规划可预计的性能估计，也易于未来进行故障诊断。

一般情况下，网络中心是安置网络核心层交换机最佳所在地，而供全网使用的网络服务器也将连接到网络的核心层交换机上，充分利用网络核心层交换机的路由、控制和安全功能，达到网络服务器资源的有效利用。内网和公网（Internet）的出口规划一般也会连接到核心层交换机，以保证内网络所有设备获得高速传输。此外在公网和内网之间一定最好规划有防火墙设备（软件的或硬件的），以确保网络的安全和防止来自外部网络的非法入侵。

（2）核心层设备选型

核心层是整个内部网络的高速交换中枢，对整个网络的连通性和网络的性能起到至关重要的作用。在核心层网络设备的选择上需要保证未来网络应该具有如下特性：可靠性、高效性、冗余性、容错性、可管理性、适应性、低延时性等。在网络核心层设备选型上，应该尽量采用高带宽的吉比特以上级别交换机。由于核心层是网络的枢纽中心，重要性突出，因此网络核心层在设备规划上采用双机冗余热备份也是非常必要的，双机冗余热备份不仅仅能获得整个网络稳定，还可以达到网络负载均衡功能，改善网络性能。

核心层网络设备的选型，是整个内部网络规划和设计过程中非常关键的部分，严格的设备选型可以让未来的网络性能达到最佳的效果，即整个网络系统在规划上各部分功能相对独立，各部分网络升级简便，组网方式灵活，以保护现有投资和未来的发展。所以为了满足网络目前的需求，立足长远发展，网络设备的选型除依据提出的需求外，还需遵循上面的原则。

对于核心层网络设备的选型而言，根据主流网络产品性能、功能和技术，结合网络应用实际情况和发展趋势，网络方案中的交换机设备和网络平台设备选型，一般采用能支持 10 吉比特的高性能路由交换机作为核心层分中心的交换机，完成中心业务的汇聚交换处理，达到整个核心层的稳定运行。

图 9-7　核心层设备选型：10 吉比特路由交换机

以 10 吉比特核心交换机作为整个校园网核心层的双核心交换机，如图 9-7 所示，该款 10 吉比特交换机完全可以满足组网要求，10 吉比特核心交换机具有高达 1.6Tbit/s 以上级的背板带宽，10 多个插槽，10 吉比特端口密度为 32 个，二、三层转发速率为 572Mpps，可配置冗余电源模块及管理引擎模块，而且所有模块支持热插拔，提高了系统的可靠性和可用性。

10 吉比特核心交换机是专门针对园区网骨干和中高密度接入一体的高速局域网络，提供一个高性能、多层交换解决方案，其设计宗旨是满足主干／分散和服务器集合环境对吉比特位密度、可伸宿性、高可用性及多层交换不断增加的需求，是大中型网络核心骨干交换机的理想选择。

2. 汇聚层：路由

（1）汇聚层的功能

汇聚层有时也称为工作组层，它是网络接入层和核心层的“中介”，接入层和核心层之间的通信点，连接接入层节点和核心层。汇聚层在工作站接入核心层前先做汇聚，以减轻核心层设备的负荷。汇聚层具有实施策略、安全、工作组接入、虚拟局域网（VLAN）之间的路由、源地址或目的地址过滤等多种功能。

网络的汇聚层是网络的接入层和核心层之间的分界点，包括以下功能的实现。

① 策略（例如，要保证从特定网络发送的流量从一个接口转发，或另一个接口转发）。

② 安全。

③ 部门或工作组级访问。

④ 广播/多播域的定义。

⑤ 虚拟 LAN（VLAN）之间的路由选择。

⑥ 介质翻译（例如，在 Ethernet 和令牌环之间）。

⑦ 在路由选择域之间重分布（redistribution 例如，在两个不同路由选择协议之间）。

⑧ 在静态和动态路由选择协议之间的划分。

汇聚层主要功能是提供路由、过滤和 WAN 接入，决定数据报可以怎样对核心层进行访问。汇聚层设计为连接本地的逻辑中心，在网络的规划设计上，应该采用支持三层交换技术和 VLAN 的交换机，以达到网络隔离和分段的目的。

（2）汇聚层设备选型

汇聚层的交换机原则上既可选用 3 层交换机也可以选择 2 层交换机，如图 9-8 所示。这要视投资和核心层交换能力而定，同时最终用户发出的流量也将影响汇聚层交换机的选择。如果选择 3 层交换机，则在全网络的设计上体现了分布式路由思想，可以大大减轻核心层交换机的路由压力，有效的进行路由流量的均衡。如果选择分布式路由方式，可考虑降低核心交换机的路由能力投资费用。另一种情况，如果汇聚层设备仅选择 2 层设备，则核心层交换机的路由压力会增加，需要在核心层交换机上加大投资，选择稳定、可靠、性能高的设备。在投资上，建议在汇聚层选择性能价格比高的设备，同时功能和性能不应太低。作为本地网络的逻辑核心，如果本地的应用复杂、流量大。可考虑选用高性能的交换机。

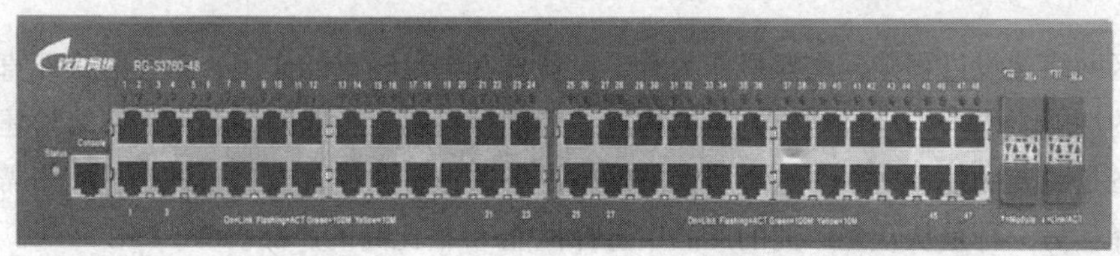

图 9-8 汇聚层设备选型：3 层交换机

汇聚层交换机一般多采用全吉比特三层交换机，可支持多个吉比特端口，具有 48Gbit/s 以上的背板带宽，二、三层包转发率达到 18Mpps 以上，支持冗余电源接口。

3. 接入层：交换

（1）接入层的功能

接入层控制用户和工作组对互联网络资源的访问。接入层也称桌面层。大多数用户所需要的网络资源将在本地获得，分配层处理远程服务的数据流。

接入层为用户提供对网络中的本地网段（segment）的访问。在校园环境里的交换和共享带宽LAN体现接入层的特点。

① 对汇聚层的访问控制和策略进行支持；

② 建立独立的冲突域；

③ 建立工作组与汇聚层的连接。

接入层向本地网段提供工作站接入。在接入层中，减少同一网段的工作站数量，能够向工作组提供高速带宽。接入层可以选择不支持VLAN和三层交换技术的普通交换机。在核心层和汇聚层的设计中主要考虑网络性能，而在接入层设计上主张使用性能价格比高的设备。接入层是最终用户（教师、学生）与网络的接口，它应该提供即插即用的特性，同时应该非常易于使用和维护。

（2）接入层设备选型

接入层交换机没有太多的限制，但是接入层的交换机或集线器对环境的适应力一定要强。在每个建筑里都设置一个通风良好、防外界电磁干扰条件优良的设备间是不现实的，大多数楼层交换机被放置在楼道里，所以接入层的设备首先应该对恶劣环境有良好的“抵抗力”。接入层设备不用追求太多的功能，只要稳定就好。

接入层交换机多选择吉比特交换机，如图9-9所示，吉比特交换机一般全线速、可堆叠、具有智能化，可以配置百兆、吉比特模块或堆叠模块。此外吉比特交换机还可以实现支持802.1x的五元素绑定认证，包括用户名、PCIP地址、PCMAC地址、接入交换机IP地址、接入交换机端口号元素。提供智能的流分类和完善的服务质量（QoS）以及组播管理特性，并可以实施灵活多样的ACL访问控制，支持基于用户的带宽控制。

图9-9 接入层设备选型：2层/3层交换机

（五）网络设备性能介绍

在园区网络建设过程中，交换机作为骨干设备具有举足轻重的作用，其性能好坏直接影响整个园区网的性能。一个中小型规模网络的构建，特别是隶属于企业网络范畴的网络筹建，正确选择网络设备是重要的任务之一。这里所谈的网络设备选择有两种含义：一种是从应用需要出发所进行的选择；另一种是从众多厂商的产品中选择性能/价格比高的产品。

随着网络应用的逐渐深入，交换网络技术升级，交换产品已经成为当今市场争夺的焦点。但是在功能各异、种类繁多的交换设备中，用户要找到符合自身应用特点的产品，这不仅需要用户从传统的交换机评价指标入手，考量产品的性价比，还要特别留意产品是否能够提供对一些具有高附加值的最新功能的支持。

1. 交换机基本技术术语

（1）背板

位于交换机内部连接的电子线路板，带有标准化插槽，最基本的作用是连接，一般用于交换

机接口处理器或接口卡和数据总线及线卡模块之间的标准化连接。

（2）交换机类型

常见的有机架式、固定配置式（带/不带扩展槽）两种类型。机架式交换机是一种插槽式交换机，这种交换机扩展性较好，可支持不同的网络类型，如以太网、快速以太网、吉比特以太网、ATM、令牌环及 FDDI 等，但价格较贵。固定配置式带扩展槽交换机是一种有固定端口数并带少量扩展槽的交换机，这种交换机在支持固定端口类型网络的基础上，还可以支持其他类型的网络，价格居中。固定配置式不带扩展槽交换机仅支持一种类型的网络，但价格最便宜。

（3）交换架构

交换架构是指数据穿越设备的方式。交换机的内部结构主要有：总线型、共享内存型和交叉矩阵型。

总线型数据包通过总线达到所有端口，然后由中央处理器告诉每个端口是继续转发还是丢弃该数据包。可在端口间建立直接的点对点连接，这对于单点传输性能很好，但不适合多点传输。

共享内存型数据包被放到共享内存中，然后中央处理器告诉应该转发数据的端口/模块到指定位置读取数据。这种结构依赖中心交换引擎来提供全端口的高性能连接，由核心引擎检查每个输入包以决定路由。这种方法需要很大的内存带宽、很高的管理费用，尤其是随着交换机端口的增加，中央内存的价格会很高，因而交换机内核成为性能实现的瓶颈。

交叉矩阵型数据通过交叉矩阵开关直接送往该去的模块/端口。可以由中央处理器决定送往方向，也可以由输入模块自己决定。这是一种混合交叉总线实现方式，它的设计思路是，将一体的交叉总线矩阵划分成小的交叉矩阵，中间通过一条高性能的总线连接。其优点是减少了交叉总线数，降低了成本，减少了总线争用；但连接交叉矩阵的总线成为新的性能瓶颈。

（4）全双工

交换机的全双工是指交换机在发送数据的同时也能够接收数据，两者同步进行，就好像我们平时打电话一样，说话的同时也能够听到对方的声音。目前的交换机都支持全双工。全双工的好处在于迟延小，速度快。

2. 交换机主要性能指标

（1）交换引擎

实现系统数据包交换、协议分析、系统管理，是交换机的核心部分。类似于 PC 的 CPU+OS。数据包的交换主要是通过专用的 ASIC 芯片实现的。

（2）背板带宽

背板带宽是交换机接口处理器或接口卡和数据总线间所能吞吐的最大数据量。背板带宽标志了交换机总的数据交换能力，单位为 Gbit/s，也叫交换带宽，一般的交换机的背板带宽从几 Gbit/s 到上百 Gbit/s 不等。一台交换机的背板带宽越高，所能处理数据的能力就越强，但同时设计成本也会越高。

（3）交换容量

一般是指交换引擎所能实现的交换容量。但对于模块化交换机，业务模块本身亦可以实现本地交换。所以有些交换机的所标识的交换容量指标是交换容量（引擎 + 模块）总和。

（4）包转发率

包转发率是指交换机转发数据包的速度，单位一般为 pps（包每秒），一般交换机的包转发率

在几十 kpps 到几百 kpps 不等，包转发率越大网速越快。全双工与半双工以及端口不同传输速率，其包转发率也是不同的。

（5）线速

考察交换机上所有端口能提供的总带宽。计算公式为端口数 × 相应端口速率 ×2（全双工模式）。如果总带宽≤标称背板带宽，那么在背板带宽上是线速。包转发线速的衡量标准是以单位时间内发送 64byte 的数据包（最小包）的个数作为计算基准。

对于吉比特以太网来说，当以太网帧为 64byte 时，需考虑 8byte 的帧头和 12byte 的帧间隙的固定开销。故一个线速的吉比特以太网端口在转发 64byte 包时的包转发率为 1.488Mpps。计算如下：1,000,000,000bit/s/8bit/（64 + 8 + 12）byte=1,488,095pps。

（6）时延

数据包从进入交换引擎到出交换引擎的延迟时间。其性能取决于 ASIC 芯片的性能。对于第二层交换数据包送入交换引擎后要分析其转发的目的地址，从内存中的 ARP 表里面找到相应的目的端口，同时要分析包的类型、VLAN 信息、优先级、组播方式等特性；第三层交换是在网络层上实现的交换，所以要对 IP 包的附加信息作更多的处理，包括协议类型、置换下一跳的 MAC 地址、TTL 减值、CRC 校验的重新计算，以实现路由交换的功能。

（7）MAC 地址表

交换机之所以能够直接对目的节点发送数据包，而不是像集线器一样以广播方式对所有节点发送数据包，最关键的技术就是交换机可以识别连在网络节点上的网卡 MAC 地址，并把它们放到一个叫做 MAC 地址表的地方。这个 MAC 地址表存放于交换机的缓存中，并记住这些地址，这样一来当需要向目的地址发送数据时，交换机就可在 MAC 地址表中查找这个 MAC 地址的节点位置，然后直接向这个位置的节点发送。所谓 MAC 地址数量是指交换机 MAC 地址表中可以最多存储的 MAC 地址数量，存储的 MAC 地址数量越多，那么数据转发的速度和效率也就越高。

3. 交换机的设备选型

一般来讲，评价交换机的优劣要从总体构架、性能和功能三方面入手。总体架构是指交换机设备的端口密度、端口支持的最高速率、交换容量等基本性能参数的值，可以让用户从总体上把握该设备的定位和档次。

固定配置式不带扩展槽交换机仅支持一种类型的网络，机架式交换机和固定配置式带扩展槽交换机可支持一种以上类型的网络，如支持以太网、快速以太网、吉比特以太网、ATM、令牌环及 FDDI 等。一台交换机所支持的网络类型越多，其可用性、可扩展性越强。

而交换机性能除了要满足 RFC2544 建议的基本标准，即吞吐量、时延、丢包率外，随着用户业务的增加和应用的深入，还增加了一些额外的指标，如 MAC 地址数、路由表容量（三层交换机）、ACL 数目、LSP 容量、支持 VPN 数量等。以 MAC 地址数为例。MAC 地址数是指交换机 MAC 地址表中可以最多存储的 MAC 地址数量，支持的 MAC 地址数越多，数据转发的速率也就越高。

（1）最大 ATM 端口数

ATM 即异步传输模式。最大 ATM 端口数是指一台 ATM 交换机或一台多服务多功能交换机所支持的最大 ATM 端口数量。

（2）最大 SONET 端口数

SONET 是 Synchronous Optical Network 的缩写，是一种高速同步网络规范，最大速率可达

2.5Gbit/s。一台交换机的最大 SONET 端口数是指这台交换机的最大下连 SONET 接口数。

（3）最大 FDDI 端口数

是指一台 FDDI 交换机或一台多服务多功能交换机所支持的最大 FDDI 端口数量。

（4）背板吞吐量（bit/s）

也称背板带宽，是交换机接口处理器或接口卡和数据总线间所能吞吐的最大数据量。一台交换机的背板带宽越高，所能处理数据的能力就越强，但同时成本也会上去。

（5）缓冲区大小

有时又叫做包缓冲区大小，是一种队列结构，被交换机用来协调不同网络设备之间的速度匹配问题。突发数据可以存储在缓冲区内，直到被慢速设备处理为止。缓冲区大小要适度，过大的缓冲空间会影响正常通信状态下数据包的转发速度（因为过大的缓冲空间需要相对多一点的寻址时间），并增加设备的成本。而过小的缓冲空间在发生拥塞时又容易丢包出错。所以，适当的缓冲空间加上先进的缓冲调度算法是解决缓冲问题的合理方式。对于网络主干设备，需要注意以下几点：

每端口是否享有独立缓冲空间，而且该缓冲空间工作状态不会影响其他端口缓冲状态；

模块或端口是否设计有独立的输入缓冲、独立的输出缓冲，或是输入/输出缓冲；

是否具有一系列的缓冲管理调度算法，如 RED、WRED、RR/FQ 及 WERR/WEFQ 等。

（6）最大 MAC 地址表大小

连接到局域网上的每个端口或设备都需要一个 MAC 地址，其他设备要用此地址来定位特定的端口及更新路由表和数据结构。MAC 地址有 6 字节长，由 IEEE 来分配，又叫物理地址。一个设备的 MAC 地址表大小反映了连接到该设备能支持的最大节点数。

（7）最大电源数

一般地，核心设备都提供有冗余电源供应，在一个电源失效后，其他电源仍可继续供电，不影响设备的正常运转。在接多个电源时，要注意用多路市电供应，这样，在一路线路失效时，其他线路仍可供电。

（8）支持协议和标准

一般指由国际标准化组织所制订的联网规范和设备标准。可根据网络模型的第 1 层、第 2 层和第 3 层进行分类如下。

第 1 层：EIA/TIA-232、EIA/TIA-449、X.21、EIA530/EIA530A 接口定义。

第 2 层：802.1d/SPT、802.1Q、802.1p 及 802.3x。

第 3 层：IP、IPX、RIP1/2、OSPF、BGP4、VRRP，以及组播协议等等。

（9）硬件配置

在设备的硬件配置上，需要考虑交换机所能安插的最大模块数和机架插槽数；固定配置式带扩展槽交换机所能安插的最大模块数和扩展槽数；一个堆叠单元中所能提供的最大端口密度和最大可堆叠数；以及配置的最小/最大 1000M 以太网端口数。

（六）行业网络工程典型案例

企业网络工程规划规范文档—工程项目　XXXX 大学校园网分层规划设计示例

为了适应高等教育的发展，目前高等院校由原来的校系二级办学体制，变为校、院、系三级管理体制，二级学院的办学规模越来越大。由于二级学院是教学的第一线，所以传统的校园网（它的主要服务对象是行政办公和图书资料共享）和系里的机房已越来越不适应现有二级学院的办学体制，严重地制约了教育的信息化进展。

二级学院有其自身的特点：一是二级学院在教学、科研以及其他资源上要依托学校本部；二是目前办学规模上越来越大，在校学生人数也越来越多，有庞大的网络用户群；三是二级学院直接面向学生，是教学的第一线，应更多地考虑网络在教学中的应用。

（1）网络规划

① 用户需求。

学院是教学科研的前沿，面对的用户主要是教师和学生，他们对计算机网络的需求主要有以下几点。

- 在学院的各个教学和办公点都应该设置网络信息点，能够方便上网。
- 网上应该提供各种信息服务，为教学科研提供丰富的信息资源和良好的硬件平台。
- 能够共享整个学校的各类资源，能够访问 Internet 获取外部信息。
- 学生们则希望网络能向他们开放，尤其是计算机、信息管理、电子商务等需学习和涉及 IT 技术的学生，更是希望学院能为他们搭建一个开放的网络平台，使他们能在网上学习和开发，掌握网络实际应用技能。

② 需求分析。

分析用户的需求，根据二级学院的特点，我们考虑整个校园网络应该包含下面的内容。

- 需要支持庞大的用户群：这不仅包括全院各教学办公部门，还应提供面向学生到宿舍的桌面连接。
- 应提供多样的网络服务：要具有广泛的资源共享和丰富的网络服务。如为全院师生提供“文件服务”；提供 Web、E-mail、FTP 等网上常规服务，还应能提供视频服务，开展网上教学，为学生开放第二课堂（网络课堂），可应用网络数据库系统开发网上电子图书馆，为师生提供信息服务。
- 提供面向学生、开放、独立的网段，为学生们学习、操作、开发网络应用提供一个真实的计算机网络环境。
- 应具有很高的网络传输速率。
- 要有很好的互联性，能方便地接入校园主干网，访问校园网上的信息，并能向校园网开放，以实现全校各学院间的资源共享。
- 在条件容许的情况下，可直接与 Internet 互联。或者可以通过校园网访问 Internet。

③ 规划原则。

校园网建设建构在多媒体技术和现代网络技术之上，为教学、科研、管理服务并与 Internet 连接的校园内局域网络环境，是一种教育科研网络。典型的校园网建设的原则如下：

- 先进性，先进的设计思想、网络结构、开发工具，采用市场覆盖率高、标准化和技术成熟的软硬件产品；
- 实用性，建网时应考虑利用和保护现有的资源、充分发挥设备效益；
- 灵活性，采用积木式模块组合和结构化设计，使系统配置灵活，满足学校逐步到位的建网原则，使网络具有强大的可扩展性；
- 可靠性，具有容错功能，管理、维护方便。对网络的设计、选型、安装、调试等各环节

进行统一规划和分析，确保系统运行可靠；

- 经济性，投资合理，有良好的性能价格比。

（2）总体设计

① 主干网的设计。

主干网可以采用星形拓扑结构，该拓扑结构实施与扩充比较方便灵活，便于维护，支持该拓扑结构的技术也已很成熟。

② 子网的设计。

子网的设计应根据具体情况灵活考虑，具体实施时应注意以下几个问题。

- 子网可按使用网络的不同用户来分，以便于管理。如学生机房、教学科研、学生寝室以及行政办公等都可以作为独立的子网划分，这不仅方便了管理，而且加强了安全性。更重要的是在较大型的网络中，这样做可以防止广播风暴的发生，保障网络的正常运行（当然能够更细微地按部门划分子网更好）。
- 子网可以是独立的网络（提供网络服务功能），也可以只是一个子网段，只用来减少整个网络内部的数据包传输量，隔离广播风暴的扩散。
- 子网间电缆一般选用双绞线以降低成本，而在主干缆上则选用光缆以增加带宽，提高传输速率。

（3）网络模型

校园网络在设计时应遵循分层网络的设计思想，较大的学院其网络模型可分为三层，规模较小的学院可按二层模型设计。三层模型分别是：核心层、汇聚层和接入层，二层网络模型可以去掉核心层（核心层并入本部校园主干网）。

① 核心层。

校园网络的所有网段都通向核心，核心是整个网络中处于最高级的汇集点，其主要任务是以尽可能快的速度交换信息。因此，核心层的设备应当选用具有较快速度及较强功能的路由交换机（具有三层交换功能），并且核心层到汇聚层的链路要具有足够的带宽。

② 汇聚层。

汇聚层处于核心层与接入层之间，所有接入层的连接都终止于汇聚层，并经汇聚层汇集到核心层，在网络的汇聚层中可以配置二层或三层的LAN交换机（视网络分段而定）。

③ 接入层。

接入层是桌面设备的汇集点，它通常是一个Hub或二层LAN交换机，也可以是多个级连的HUB或堆叠的二层LAN交换机（视用户多少而定），构成一个独立的局域子网，在汇聚层为各个子网间建立路由。

用层次化方式设计网络具有扩充性好、冗余少、业务流控制容易等优点，并且还限制了网络出错的范围，减轻了网络管理和维护的工作量，这一点对于二级学院的网络维护和管理是很重要的。

如图9-10所示的网络拓扑是采用网络分层的方式对XXXX校园网络进行整体的规划。网络架构设计基本组成结构分为：核心层，主要用于校园网络不同区域的高速交换骨干；汇聚层，主要提供不同区域网络的基于策略的连接；接入层，将校园网络中各分点工作站接入到网络中。

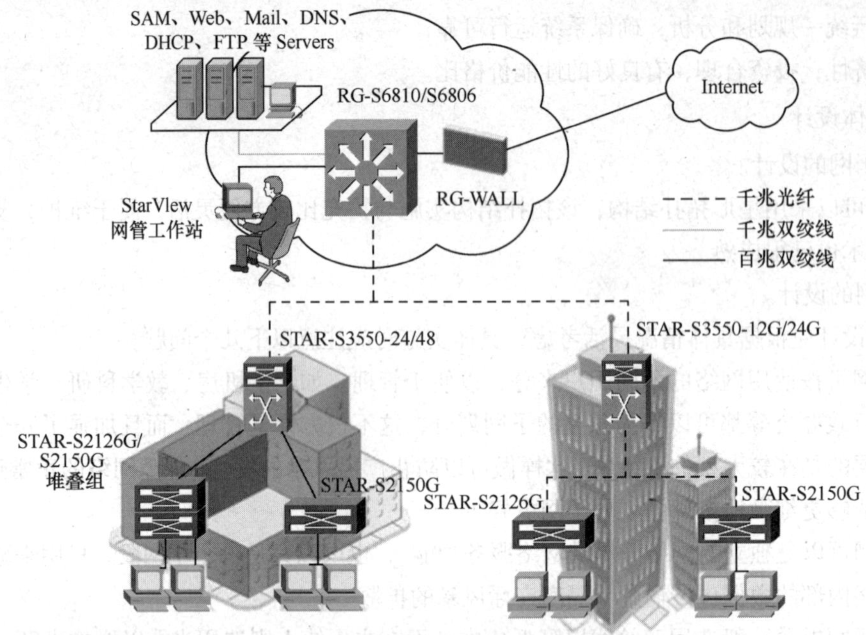

图 9-10　XXXX 大学校园网分层网络设计拓扑

（4）技术选择

考虑到校园网对传输速率要求较高，并且一般学院里已具有一定数量的以太网设备，所以建议网络主干采用技术成熟的吉比特位快速以太网技术，这样可以大大提高网上传输速率，解决因网络应用水平不断提高而对网络主干带宽不够而造成的瓶颈问题。又因为吉比特位快速以太网采用和 10/100Mbit/s 以太网同样的媒体访问控制技术，这样可以充分保护已有的网络设备投资，将它们很容易地联入网内，也可在条件允许情况下将它们平滑地升级。

（5）设备选型

由于各学院规模大小不同，网络所提供的各种服务也不尽相同（但应包含网络所提供的常规服务），因此所需的设备也不尽相同，这里以科技学院校园网络为例，对于学院网络应提供的基本服务做一探讨，设备选择中只讨论服务器和网络连接设备。

① 服务器设备选型。

根据该院网络所提供的服务和运行情况看，一个学院应该建立一个网络中心，网络中心为院主干网的汇集点，在主干网上配置如下服务器。

- 主域服务器

主域服务器是整个网络的域控制器，作为网络用户的登录服务器，保存有全院的网络用户信息。

- Web 和 FTP 服务器

该服务器为网络用户提供信息浏览和文件下载。该服务器需要有较大的硬盘和内存空间，要有较快的网络响应。这两个逻辑服务器可以设置在一台物理服务器中。

- E-mail 服务器

提供电子邮件服务，该服务器需要较大的硬盘空间。

- DNS 和 DHCP 服务器

如果网络用户较多，特别是将网络接入到学生宿舍时，应该设置 DHCP 服务器，以减少地址

维护工作和防止地址冲突的发生。这两个服务器可设置在同一台物理服务器中。

● 文件服务器

该服务器为广大师生提供文件共享服务，并在网上为师生开放“存储空间”，可以在 Windows 下非常简单地使用“网上邻居”来进行访问。

● 数据库服务器

学院管理系统的后台数据库运行平台。

以上服务器，作为 Intranet 架构的学院网络，应该是所需配置的基本服务器。

② 网络连接设备设备选型。

以三层网络模型设计，一般规模较小的二级学院可按二层模型来规划网络。

● 核心层设备

该层设备必须是具有三层交换功能的路由交换机，它不仅作为全院各独立子网的最上层互联汇集点，完成各子网间的路由，而且是接入校园主干网的接入设备，也可以通过该设备直接接入 Internet。

核心层是校园网络最重要的部分，在这里一定要选用性能稳定、安全的设备。在校园网网络设备的选型上，核心层的设备采用 RG-S6806 或 RG-S6806，这些设备都是厂商的主流设备，并且广泛应用于网络结构的核心，具有管理方便、性能稳定、安全（可增加安全模块）和高扩展性。

在本方案中，选择一台 RG-S6810E 新一代 10 吉比特机架式多层交换机作为学校校园网的核心设备，该交换机接口形式和组合非常灵活，可提供 10 个扩展插槽，完全满足网络建设中不同介质的连接需要。同时为满足网络的弹性扩展，和高带宽传输需要，可灵活弹性扩展多种类型的 10 吉比特模块。

RG-S6810E 交换机高达 2.4T 的背板带宽、1.2T 的交换容量和 857Mpps 的二/三层包转发速率可为用户提供高速无阻塞的线速交换，强大的交换路由功能、安全智能技术可同锐捷各系列交换机配合，为用户提供完整的端到端解决方案，是小型网络核心和大型网络骨干交换机的理想选择。

● 汇聚层设备

该层设备也应该具有三层交换功能，可作为各子网内部虚拟网的路由设备（有核心层时，该层设备也可以是有二层交换功能的 LAN 交换机），也可以作为较小规模学院网络接入校园主干网的互联设备。

● 接入层设备

该层设备可以是具有二层交换功能的 LAN 交换机，也可以只是共享式 Hub，该层是桌面设备的汇集点，校园网接入层的设备选型，要求设备性能稳定、价格便宜、功能强大。校园网应用比较复杂，如在接入交换机需要较强的安全控制功能，如 IP、MAC 地址与端口绑定，并要求具有完善的事后审计功能，可根据需要查出不同用户的使用记录；多媒体教学区主要是一些多媒体应用，要求交换机具有丰富的 QoS 与组播功能。使用 S21 系列产品来满足用户的需要，它有两个吉比特上链，能够充分保证上链连接的带宽。同时，高达 12.8G 的背板带宽和 6.6M pps 的包转发率也能够给用户带来一个高效和高速的网络环境。

根据以上应用特点，在接入层设备的选择中，使用 S2126G 智能型二层交换机作为接入层设备：该系列交换机分别提供 24 个 10M/100M 口及 2 个扩展槽，在本方案中使用吉比特线路上联

核心交换机，该交换机提供端口与MAC地址的绑定，大大提高了接入安全性；提供完善的QoS，通过流分类、标记、带宽限制、转发等可真正实现端到端的 QoS，可以基于交换机端口、MAC地址、IP地址、协议、应用组合进行带宽限速，保证关键应用的优先运行；提供组播源端口检测功能，屏蔽非法组播源，有效提高网络的安全性

（七）网络综合实训

【案例背景】

某中型企业要求新的企业内部网络建设，需严格遵循“安全性、可管理性、稳定性”的原则，具体如下。

① 为了保证网络出口稳定可靠性：企业向ISP申请了两条Internet线路，需要这两条线路做负载均衡和冗余备份。

② 为了保证网络安全可靠性：企业要求核心设备支持防DDoS攻击、防恶意的IP扫描。病毒侵入与非法攻击是企业网络很大的安全隐患。不发作则已，一发作就是大问题，因此，企业要求内部网络能实现在核心层、接入层防止网络蠕虫病毒扩散。要求核心和接入网络设备能支持 VLAN 的划分，降低网络内广播数据包的传播，提高带宽资源利用率，防止广播风暴的产生。

③ 管理性：网络设备需能够支持灵活多样的管理方式，可以减轻管理、维护的难度。

【拓扑结构】

图9-11所示的是某中型企业内部网络网络拓扑，为了保证网络出口稳定可靠，企业向ISP申请了两条Internet线路，需要这两条线路做负载均衡和冗余备份，具体的地址和设备规划详见其上。

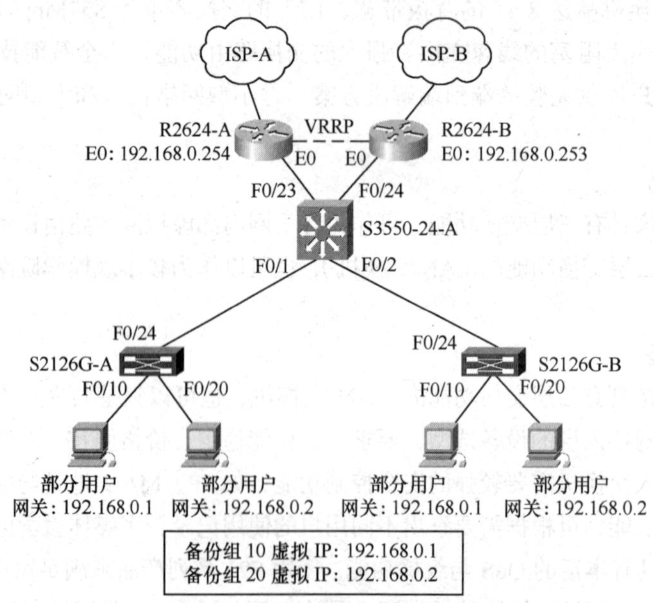

图9-11　某中型企业内部网络拓扑规划

【实验设备】

模块化路由器设备（2台）、三层交换机设备（1台）、二层接入交换机设备（2台）、测试计

算机（6台）。

【技术需求分析】

企业要求新的企业内部网络建设，需严格遵循“安全性、可管理性、稳定性”的原则。

需求1：为了保证网络出口稳定可靠性，企业向ISP申请了两条internet线路，需要这两条线路做负载均衡和冗余备份。

分析1：出口两台设备连接两条线路，可采用VRRP技术实现负载均衡，使得客户端连接外网透明化。

需求2：为了保证网络安全可靠性，企业要求核心设备支持防DDoS攻击、防恶意的IP扫描。因此，企业要求内部网络能实现在核心层、接入层防止网络蠕虫病毒扩散。要求核心和接入网络设备能支持VLAN的划分，降低网络内广播数据包的传播，提高带宽资源利用率，防止广播风暴的产生。

分析2：以上需求是对产品本身功能的需求，核心可采用RG-S6800E系列交换机，接入可采用安全接入交换机RG-S2100系列。

需求 3：网络具有可管理性，网络设备需能够支持灵活多样的管理方式，可以减轻管理、维护的难度。

分析3：所有网络设备均配置远程管理功能，使得用户可以在本地登录各个设备。

【地址规划】

表9–1 设备IP地址

设　　备	IP地址	备　　注
R2624-A	192.168.0.254/24	R2624-A E0
R2624-B	192.168.0.253/24	R2624-B E0
虚拟备份组10	192.168.0.1/24	虚拟备份组10
虚拟备份组20	192.168.0.2/24	虚拟备份组20

【实验步骤】

步骤1　设备基本配置及网络测试

① S2126G-A交换机基本配置。在实验中S2126G-A交换机用作二层设备。

```
hostname S2126G-A
vlan 1
end
```

② S2126G-B交换机基本配置。在实验中S2126G-A交换机用作二层设备。

```
hostname S2126G-B
vlan 1
end
```

③ S3550-24-A交换机基本配置。在实验中S3550-24-A交换机也用作二层设备。

```
hostname S3550-24-A
vlan 1
end
```

④ R2624-A路由器基本配置。

```
conf igure terminal
```

```
hostname R2624-A
enable password star
interface FastEthernet0
ip address 192.168.0.254 255.255.255.0
no shut
exit                                    ！为 R2624-A 的 F0 口分配 IP 地址
line vty 0 4
password star
login
```

⑤ R2624-B 路由器基本配置。

```
conf igure terminal
hostname R2624-B
enable password star
interface FastEthernet0
ip address 192.168.0.253 255.255.255.0
no shut                                 ！为 R2624-B 的 F0 口分配 IP 地址
exit
line vty 0 4
password star
login
```

⑥ 测试网络连通性。

通过 Ping 测试，网络通信正常。如果测试失败，请检查设备基本配置。

```
R2624-A#ping 192.168.0.253
Type escape sequence to abort.
Sending 5, 100-byte ICMP Echoes to 192.168.0.253, timeout is 2 seconds:
.!!!!
Success rate is 80 percent （4/5）, round-trip min/avg/max = 1/1/4 ms
！在 R2624-A 上，使用 Ping 命令来测试到 R2624-B 的连通性。
```

```
R2624-B#ping 192.168.0.254
Type escape sequence to abort.
Sending 5, 100-byte ICMP Echoes to 192.168.0.254, timeout is 2 seconds:
!!!!!
Success rate is 100 percent （5/5）, round-trip min/avg/max = 1/1/4 ms
！在 R2624-A 上，使用 Ping 命令来测试到 R2624-A 的连通性。
```

步骤 2　在路由器上配置 VRRP 功能

VRRP 功能是通过配置两台 R2624 路由器来实现的。根据实验方案实现两个备份组，虚拟出

两个 IP 地址：虚拟备份组 10 IP 地址为 192.168.0.1/24；虚拟备份组 20 IP 地址为 192.168.0.2/24。

① 在 R2624-A 上做以下配置。

```
interface FastEthernet0
vrrp 10 priority 105                  ! 设置虚拟组优先级为 105，默认为 100
vrrp 10 ip 192.168.0.1                ! 配置虚拟组地址
vrrp 20 ip 192.168.0.2                ! 配置虚拟组地址
exit
```

② 在 R2624-B 上做以下配置。

```
interface FastEthernet0
vrrp 10 ip 192.168.0.1
vrrp 20 priority 150
vrrp 20 ip 192.168.0.2
exit
```

③ VRRP 验证。

通过（1）、（2）的配置，虚拟组 10 以在 R2624-A 为主路由器，R2624-B 为备份路由器；虚拟组 20 以 R2624-A 为备份路由器，R2624-B 为主路由器。使用如下命令验证 VRRP 配置。

```
R2624-A#show vrrp brief     ! 显示当前 VRRP 状态
Interface       Grp Pri Time  Own Pre State    Master addr     Group addr
FastEthernet0   10  105  -     -   P  Master   192.168.0.254 192.168.0.1
FastEthernet0   20  100  -     -   P  Backup   192.168.0.253 192.168.0.2
          ! 对备份组 10 虚拟 IP 地址为 192.168.0.1,以 R2624-A 为主路由器
          ! 对备份组 20 虚拟 IP 地址为 192.168.0.2,以 R2624-A 为备份路由器

R2624-B#show vrrp brief
Interface       Grp Pri Time  Own Pre State    Master addr     Group addr
FastEthernet0   10  100  -     -   P  Backup   192.168.0.254 192.168.0.1
FastEthernet0   20  150  -     -   P  Master   192.168.0.253 192.168.0.2
          ! 对备份组 10 虚拟 IP 地址为 192.168.0.1,以 R2624-B 为备份路由器
          ! 对备份组 20 虚拟 IP 地址为 192.168.0.2,以 R2624-B 为主路由器

R2624-A#show vrrp                    ! 显示当前 VRRP 状态
FastEthernet0 - Group 10             ! 以太网接口名称及接口上设置的 VRRP 备份组号
State is Master                      ! VRRP 备份组状态
Virtual IP address is 192.168.0.1 configured      ! 备份组 10 虚拟 ip 地址
Virtual MAC address is 0000.5e00.010A             ! 备份组 10 虚拟 mac 地址
Advertisement interval is 1 sec                   ! VRRP 通告时间间隔
……
```

```
R2624-B#show vrrp
FastEthernet0 - Group 10
State is Backup
Virtual IP address is 192.168.0.1 configured
Virtual MAC address is 0000.5e00.010A
Advertisement interval is 1 sec
……
```

④ 网络连通性测试。

对于接在接入层设备S2126G上的用户，为其分配IP地址为192.168.0.3/24～192.168.0.252/24，网关可以指向192.168.0.1或者192.168.0.2。由于在出口路由器上配置了VRRP，VRRP功能可以为网络提供冗余备份和负载均衡功能。

```
D:\>ipconfig
Windows 2000 IP Configuration
Ethernet adapter 本地连接:
        Connection-specific DNS Suffix  . :
        IP Address. . . . . . . . . . . . : 192.168.0.234
        Subnet Mask . . . . . . . . . . . : 255.255.255.0
        Default Gateway . . . . . . . . . : 192.168.0.1
                                        ! 终端用户以虚拟组10为网关

D:\>ping 192.168.0.1
Pinging 192.168.0.1 with 32 bytes of data:
Reply from 192.168.0.1: bytes=32 time<10ms TTL=255
                          !测试PC 192.168.0.234到网关192.168.0.1通信正常

D:\>ipconfig
Windows 2000 IP Configuration
Ethernet adapter 本地连接:
        Connection-specific DNS Suffix  . :
        IP Address. . . . . . . . . . . . : 192.168.0.234
        Subnet Mask . . . . . . . . . . . : 255.255.255.0
        Default Gateway . . . . . . . . . : 192.168.0.2
                                        ! 终端用户以虚拟组20为网关

D:\>ping 192.168.0.2
Pinging 192.168.0.2 with 32 bytes of data:
Reply from 192.168.0.2: bytes=32 time<10ms TTL=255
              ! 测试PC 192.168.0.234到网关192.168.0.1通信正常
```

步骤 3　VRRP 功能测试。测试 VRRP 冗余备份与负载均衡功能

根据 VRRP 功能，在主路由器失效的情况下，备份路由器会在一定的时间里切换为主路由器；在设定了抢占模式后，在路由器故障恢复后，VRRP 会重新计算，主路由器切换到备份状态，故障路由器为主状态。

① 网络正常运行情况下，VRRP 状态及网络连通性。

```
R2624-A#show vrrp brief                          ! R2624-A VRRP 状态
Interface       Grp Pri Time   Own Pre State    Master addr       Group addr
FastEthernet0   10  105   -     -   P  Master   192.168.0.254 192.168.0.1
FastEthernet0   20  100   -     -   P  Backup   192.168.0.253 192.168.0.2

R2624-B#show vrrp brief                          ! R2624-B VRRP 状态
Interface       Grp Pri Time   Own Pre State    Master addr       Group addr
FastEthernet0   10  100   -     -   P  Backup   192.168.0.254 192.168.0.1
FastEthernet0   20  150   -     -   P  Master   192.168.0.253 192.168.0.2

D:\>ipconfig
Windows 2000 IP Configuration
Ethernet adapter 本地连接:
        Connection-specific DNS Suffix  . :
        IP Address. . . . . . . . . . . : 192.168.0.234
        Subnet Mask . . . . . . . . . . : 255.255.255.0
        Default Gateway . . . . . . . . : 192.168.0.1
                                          ! 以虚拟组 10 为默认网关的终端用户
D:\>ping 192.168.0.1
Pinging 192.168.0.1 with 32 bytes of data:
Reply from 192.168.0.1: bytes=32 time<10ms TTL=255
                   ! 测试终端用户 pc 192.168.0.234 到网关 192.168.0.1 通信正常

D:\>ipconfig
Windows 2000 IP Configuration
Ethernet adapter 本地连接:
        Connection-specific DNS Suffix  . :
        IP Address. . . . . . . . . . . : 192.168.0.234
        Subnet Mask . . . . . . . . . . : 255.255.255.0
        Default Gateway . . . . . . . . : 192.168.0.2
D:\>ping 192.168.0.2
Pinging 192.168.0.2 with 32 bytes of data:
Reply from 192.168.0.2: bytes=32 time<10ms TTL=255
```

！测试终端用户 PC 192.168.0.234 到网关 192.168.0.1 通信正常

② 在 R2624-A 路由器出现故障，VRRP 状态及网络的连通性。

在终端用户我们使用 ping 命令加 –t 参数，来观察当路由器出现故障后网络连通性的变化，我们通过将 S3550-24-A 与 R2624-A 之间线缆人为 down 掉来模拟 R2624-A 路由器故障。

a. 在网络正常运行时网络通信正常。

```
D:\>ipconfig
Windows 2000 IP Configuration
Ethernet adapter 本地连接:
        Connection-specific DNS Suffix  . :
        IP Address. . . . . . . . . . . . : 192.168.0.234
        Subnet Mask . . . . . . . . . . . : 255.255.255.0
        Default Gateway . . . . . . . . . : 192.168.0.1
D:\>ping 192.168.0.1 -t
Pinging 192.168.0.1 with 32 bytes of data:
Reply from 192.168.0.1: bytes=32 time<10ms TTL=255
                                     ……！ 在网络正常运行时网络通信正常
```

b. 当 R2624-A 出现故障时，网络连通性变化。

```
D:\>ipconfig
Windows 2000 IP Configuration
Ethernet adapter 本地连接:
        Connection-specific DNS Suffix  . :
        IP Address. . . . . . . . . . . . : 192.168.0.234
        Subnet Mask . . . . . . . . . . . : 255.255.255.0
        Default Gateway . . . . . . . . . : 192.168.0.1
D:\>ping 192.168.0.1 -t
Pinging 192.168.0.1 with 32 bytes of data:

Reply from 192.168.0.1: bytes=32 time<10ms TTL=255
Reply from 192.168.0.1: bytes=32 time<10ms TTL=255
                         ！R2624-A 路由器出现故障时刻
Request timed out.
Request timed out.
Reply from 192.168.0.1: bytes=32 time<10ms TTL=255
Reply from 192.168.0.1: bytes=32 time<10ms TTL=255
……            ！……表示 Reply from 192.168.0.1: bytes=32 time<10ms TTL=255
          ！R2624-A 路由器出现故障后，网络出现中断，之后很快网络恢复网络连通性
```

c. 当 R2624-A 出现故障时 VRRP 状态变化情况。

R2624-B#show vrrp brief

```
Interface        Grp Pri Time  Own Pre State   Master addr     Group addr
FastEthernet0  10  100   -    -   P  Master  192.168.0.253 192.168.0.1
FastEthernet0  20  150   -    -   P  Master  192.168.0.253 192.168.0.2
```

d. 当 R2624-A 出现故障，到当 R2624-A 恢复正常的过程，网络连通性变化。

```
D:\>ipconfig
Windows 2000 IP Configuration
Ethernet adapter 本地连接:
    Connection-specific DNS Suffix . :
    IP Address. . . . . . . . . . . . : 192.168.0.234
    Subnet Mask . . . . . . . . . . . : 255.255.255.0
    Default Gateway . . . . . . . . . : 192.168.0.1
D:\>ping 192.168.0.1 -t
Pinging 192.168.0.1 with 32 bytes of data:
Reply from 192.168.0.1: bytes=32 time<10ms TTL=255
Reply from 192.168.0.1: bytes=32 time<10ms TTL=255
                                                      ! R2624-A 出现故障
Request timed out.
Request timed out.
Reply from 192.168.0.1: bytes=32 time<10ms TTL=255
Reply from 192.168.0.1: bytes=32 time<10ms TTL=255
……
Reply from 192.168.0.1: bytes=32 time<10ms TTL=255
Reply from 192.168.0.1: bytes=32 time<10ms TTL=255
! R2624-A 恢复正常时刻
Reply from 192.168.0.1: bytes=32 time<10ms TTL=255
Reply from 192.168.0.1: bytes=32 time<10ms TTL=255
……
```

！当 R2624-A 出现故障，到当 R2624-A 恢复正常的过程中，网络在出现暂时中断之后恢复正常，在路由器 R2624-A 恢复正常后，网络切换回来，通信正常，不会发生中断

e. 当 R2624-A 出现故障，到 R2624-A 恢复正常，VRRP 状态变化。

```
R2624-B#show vrrp brief
Interface        Grp Pri Time  Own Pre State   Master addr     Group addr
FastEthernet0  10  100   -    -   P  Master  192.168.0.253 192.168.0.1
FastEthernet0  20  150   -    -   P  Master  192.168.0.253 192.168.0.2
                    ! R2624-A 发生故障，R2624-B 路由器 VRRP 状态，备份组状态发生变化

R2624-B#show vrrp brief
Interface        Grp Pri Time  Own Pre State   Master addr     Group addr
FastEthernet0  10  100   -    -   P  Backup  192.168.0.254 192.168.0.1
```

```
FastEthernet0    20   150    -     -    P   Master    192.168.0.253 192.168.0.2
                                   ！当 R2624-A 恢复正常，R2624-B 路由器 VRRP 状态

R2624-A#show vrrp brief
Interface         Grp Pri Time  Own Pre State    Master addr       Group addr
FastEthernet0     10   105    -     -    P   Master    192.168.0.254 192.168.0.1
FastEthernet0     20   100    -     -    P   Backup    192.168.0.253 192.168.0.2
                                   ！当 R2624-A 恢复正常，R2624-A 路由器 VRRP 状态变化
```

附录 企业网交换产品的设备选型

锐捷网络公司成立于 2000 年 1 月，秉承“敏锐把握应用趋势，快捷满足客户需求”核心经营理念，坚持“应用领先”的发展道路，公司实现了超常规、跨越式发展，跃升为网络设备民族第一品牌，跻身中国网络市场三大供应商之列。作为全球网络设备领域最早倡导并唯一大规模应用全局安全解决方案的网络安全整合专家，早在 2002 年锐捷网络便将关注的视角触及网络安全领域，凭借最前沿的安全理念和丰富完备的网络安全构建经验，领先于业界。

今天锐捷网络公司已经发展成为一家分支机构遍布全国 32 个省、市、自治区，拥有包括路由器、交换机、无线、存储、安全等完备的全系列网络产品线及基于应用的端到端网络解决方案的专业化网络厂商，其产品和解决方案被广泛应用于教育、金融、医疗、政府、电信、军队、企业等信息化建设领域。多年来，锐捷网络公司凭借专业、快捷的服务和独具特色的网络认证培训为用户网络的投资价值提供了有力保障。

1. 智能网管型交换机系列

（1）STAR-S1926G+

STAR-S1926G+是一款全线速吉比特增强网管型交换机，具有特别丰富而强大的网管功能，可以通过多重设置方式对网络进行网管操作，实现 IP 设置、Spanning Tree 设置、Port VLAN 和 Port TRUNK 设置、802.1Q Tag VLAN 和 L2 TRUNK 设置、安全控制设置、监控设置、地址老化时间修改、静态地址管理、广播风暴控制、端口动态 MAC 地址锁、端口 MAC 地址绑定、端口 IGMP 属性设置、802.1p 优先级等各种管理。S1926G+可针对用户的不同情况进行端口带宽分配，并采用业界最先进的 802.1x 安全接入控制策略，简化认证的同时实现高效的用户控制能力，其灵活的带宽分配功能和安全的用户接入控制功能使此款交换机特别适合于宽带社区、高教宿舍网、中小学、企业等多种应用场合，设备如图 A-1 所示。

图 A-1　STAR-S1926G+

（2）RG-S20 系列网管交换机

RG-S20 系列是全线速智能型增强网管交换机，具有特别丰富而强大的网管功能，在实现流量线速交换的同时，可以通过多重设置方式进行网管操作，实现 802.1Q VLAN、保护端口、链路聚合、Spanning Tree、端口监控设置、静态地址管理、广播风暴控制、端口动态 MAC 地址锁、端口 MAC 地址绑定、端口 IGMP 属性设置、802.1p 优先级等各种管理。

RG-S20 系列交换机在设置丰富管理策略时，可针对用户不同使用情况进行灵活的端口带宽分配，并采用业界最先进的 802.1x 安全接入控制策略，提供用户接入安全保障。RG-S20 系列交换机灵活上链端口扩展能力、端口带宽分配、安全的用户接入控制使该系列交换机特别适合于高校、中小学、金融网点、中小企业、政府、宽带社区等多种应用场合。设备如图 A-2 所示。

（3）RG-S2126S

RG-S2126S 是一款全线速可堆叠吉比特智能交换机，提供智能的流分类和完善的服务质量（QoS）以及组播管理特性，并可以实施灵活多样的 ACL 访问控制。可通过 SNMP、Telnet、Web 和 Console 口等多种方式提供丰富的管理。S2126S 以极高的性价比为各类型网络提供完善的端到端的服务质量、灵活丰富的安全设置和基于策略的网管，最大化满足高速、安全、智能的企业网新需求。设备如图 A-3 所示。

图 A-2　RG-S2026

图 A-3　RG-S2126S

（4）RG-S2300

RG-S2300 系列是锐捷网络为满足构建多业务支持、易管理、高安全网络量身定制的以太网交换机。灵活的端口形态为网络架构提供方便，也为未来网络扩展提供投资保护。支持混合堆叠，方便用户增加端口密度。

通过实施多种多样的安全策略，有效防止和控制网络病毒的扩散。更可提供基于硬件的 IPv6 ACL，方便未来网络的升级扩展。高级 QoS 机制适应网络中多业务的顺利开展，为服务质量提供保证。支持 802.1x 认证，控制非法用户使用网络，保障网络的合法使用。支持 RADIUS 协议，实现网络运营和计费，实现网络的运维。RG-S2300 系列包括 RG-S2328G 和 RG-S2352G 两款，为各类型网络提供无阻塞线速转发和网络安全策略。设备如图 A-4 所示。

图 A-4　RG-S2352G

（5）RG-S2900

RG-S2900 系列交换机是锐捷网络推出的融合了高性能、高安全、多智能、易用性的新一代全吉比特安全智能接入交换机。

该系列交换机支持 10 吉比特扩展和 10 吉比特冗余堆叠，满足了网络流量成倍提高和多媒体

业务的迅速增长的需要。在提供高性能、高带宽的同时，S2900 交换机提供智能的流分类、完善的服务质量（QoS）和组播应用管理特性，并可以根据网络的实际使用环境，实施灵活多样的安全控制策略，有效防止和控制病毒传播和网络攻击，控制非法用户接入和使用网络，保证合法的用户合理化地使用网络资源，充分保障了网络高效安全、网络合理化使用和运营。

RG-S2900 系列交换机特有的 CPU 保护控制机制，对发送到 CPU 的数据进行带宽控制，以避免非法者对 CPU 的恶意攻击，充分保障了交换机的安全。RG-S2900 系列交换机为方便不同管理员的使用习惯，提供了多种形式的管理工具，如 SNMP、Telnet、Web 和 Console 口等。RG-S2900 系列交换机以极高的性价比为各类型网络提供高性能、完善的端到端的 QoS 服务质量、灵活丰富的安全策略管理，最大化满足企业网高速、高效、安全、智能的新需求，设备如图 A-5 所示。

图 A-5　RG-S2900

2. 吉比特三层交换机系列

（1）RG-S3250

RG-S3250 是锐捷网络基于网络安全和易用、好管理的理念推出的新一代安全智能交换机，充分融合了网络发展需要的高性能、高安全、多业务、易用性特点，为用户提供全新的技术特性和解决方案。

RG-S3250 交换机在提供智能的流分类、完善的服务质量（QoS）和组播应用管理特性同时，并可以根据网络实际使用环境，实施灵活多样的安全控制策略，可有效防止和控制病毒传播和网络攻击，控制非法用户使用网络，保证合法用户合理使用网络资源，充分保障网络安全和网络合理化使用和运营。S3250 提供了 SNMP、Telnet、Web 和 Console 口等多种配置方式方便网络管理和维护，并提供最为灵活和完善的端口组合形式，非常利于用户根据网络布线需要，选择所需的上行链路的接口形式和扩展端口。

RG-S3250 可为各种类型网络接入提供完善的端到端 QoS 服务质量、灵活丰富的安全策略和基于策略的网络管理，是校园网、企业网、政务网、业务网、宽带小区、商务楼宇等应用的理想接入设备，为用户提供高速、高效、安全、智能的全新接入方案。设备如图 A-6 所示。

图 A-6　RG-S3250

（2）RG-S3750

RG-S3750 系列是锐捷网络推出的充分融合了高性能、高安全、多智能、易用性的新一代多层交换机。该系列交换机硬件支持多层线速交换，并提供了丰富而完善的路由协议，以适合大型网络多种路由和高性能的需要。

RG-S3750 系列交换机提供二到七层的智能业务流分类、完善的服务质量（QoS）保证和组播应用管理特性。在提供高性能、多智能的同时，其内在的安全防御机制和用户管理能力，更可有效防止和控制病毒传播和网络攻击，控制非法用户接入和使用网络，保证合法用户合理使用网络资源，充分保障网络安全、网络合理化使用和运营，并可以根据网络实际使用环境，实施灵活多样的安全控制策略。

RG-S3750 系列为方便大型网络和不同管理员的管理习惯，提供了多种形式的管理工具如

SNMP、Telnet、Web 和 Console 口等。RG-S3750 系列目前提供 2 种机型：RG-S3750-24、RG-S3750-48，其灵活复用的吉比特接口形式非常便利地满足了多个吉比特链路上链和多个吉比特服务器接入需要。RG-S3750-24/48 以极高的性价比为大型网络汇聚和中型网络核心提供了多层交换、完善的端到端服务质量、灵活丰富的安全设置和基于策略的网管，最大化满足高速、安全、智能的企业网需求。设备如图 A-7 所示。

图 A-7　RG-S3750

（3）RG-S3760 多层交换机

RG-S3760 系列是锐捷网络推出的业界第一款硬件全面支持 IPv6 的机架式多层交换机系列产品。该系列产品为 IPv4 网络的建设、IPv4 向 IPv6 网络过渡以及 IPv6 网络的建设和通信提供了最直接和最方便灵活的技术实现和方案保障。

RG-S3760 系列交换机硬件支持 IPv4/IPv6 双协议栈多层线速交换和功能特性，为 IPv6 网络之间的通信提供了丰富的 Tunnel 技术，并提供了丰富而完善的路由协议，以适合大型网络多种路由和多业务的需要。

RG-S3760 系列交换机在提供高性能、多业务的同时，其内在的安全防御机制和用户管理能力，更可有效防止和控制病毒传播和网络攻击，控制非法用户接入和使用网络，保证合法用户合理化使用网络资源，充分保障网络安全、网络合理化使用和运营。RG-S3760 系列为方便大型网络使用和不同管理员的管理习惯，提供了多种形式的管理工具如 SNMP、Telnet、Web 和 Console 口等。RG-S3760 系列以高性能、高安全、多业务、易用性等特性为大型网络汇聚和中型网络核心提供了 IPv4/IPv6 的多层交换、端到端的服务质量、灵活丰富的安全措施和基于策略的网管，最大化满足高速、安全、多业务的下一代企业网需求。设备如图 A-8 所示。

图 A-8　RG-S3760

3. 核心骨干交换机系列

（1）RG-S5750

RG-S5750 系列是锐捷网络推出的融合了高性能、高安全、多智能、易用性的新一代 10 吉比特机架式多层交换机。该系列交换机提供的接口形式和组合非常灵活，即可以提供 24 个或 48 个 10/100/1000M 自适应的吉比特电口，又可以提供 24 个 SFP 吉比特光口，还能提供 POE 远程供电的接口。每种产品型号都配合提供了灵活的复用吉比特口，满足网络建设中不同传输介质的连接需要。同时为满足网络的弹性扩展和高带宽传输需要，可灵活弹性扩展多种类型的 10 吉比特模块和 10 吉比特堆叠模块。特别适合高带宽、高性能和灵活扩展的大型网络汇聚层，中型网络核心，以及数据中心服务器群的接入使用。

该系列交换机硬件支持多层线速交换，并提供了丰富而完善的路由协议，以适合大型网络多种路由和高性能的需要。RG-S5750 系列交换机提供二到七层的智能业务流分类、完善的服务质量（QoS）保证和组播应用管理特性。在提供高性能、多智能的同时，其内在的安全防御机制和用户接入管理能力，更可有效防止和控制病毒传播和网络攻击，控制非法用户接入网络，保证合法用户合理地使用网络资源，并可以根据网络实际使用环境，实施灵活多样的安全控制策略，充分保障了网络安全、网络合理化使用和运营。

RG-S5750 系列交换机以极高的性价比为大型网络汇聚、中型网络核心、数据中心服务器接入提供了高性能、完善的端到端服务质量、灵活丰富的安全设置和基于策略的网管，最大化满足高速、安全、智能的企业网需求。设备如图 A-9 所示。

（2）STAR-S4909

STAR-S4909 是全模块化的核心路由交换机，其高达 64G 的背板带宽和 24 Mpps 的三层包转发速率可为用户提供高速无阻塞的交换；丰富的扩展模块支持灵活构建弹性可扩展的网络。S4909 支持基于 IP 的运营管理、安全控制、认证计费等各种策略，提供完备的业务控制和用户管理能力，是大中型网络核心交换机的理想选择。设备如图 A-10 所示。

图 A-9　RG-S5750

图 A-10　STAR-S4909

（3）RG-S6506

RG-S6506 是锐捷网络推出的 10 吉比特骨干路由交换机，拥有 6 个模块扩展槽，提供管理模块冗余，支持 10 吉比特、吉比特和百兆模块线速转发，可以根据用户的需求灵活配置，构建弹性可扩展的现代 IP 网络。RG-S6506 交换机高达 768G 的背板带宽和 286Mpps 的二/三层包转发速率可为用户提供高速无阻塞的线速交换，强大的交换路由功能、安全智能技术可同锐捷各系列交换机配合，为用户提供完整的端到端解决方案，是小型网络核心和大型网络骨干交换机的理想选择。设备如图 A-11 所示。

（4）RG-S6800

RG-S6800 系列是全模块化、高密度端口的锐捷 10 吉比特核心路由交换机，目前提供 10 竖插槽设计和 6 横插槽设计两种主机：RG-S6810 和 RG-S6806，多种模块，可以根据用户的需求灵活配置，灵活构建弹性可扩展的网络。

RG-S6800 系列交换机高达 512G/256G 的背板带宽和 286Mpps/143Mpps 的二/三层包转发速率可为用户提供高速无阻塞的交换，强大的交换路由功能、安全智能技术可同锐捷各系列交换机配合，为用户提供完整的端到端解决方案，是大型网络核心骨干交换机的理想选择。设备如图 A-12 所示。

图 A-11　RG-S6506

RG-S6810

RG-S6806

图 A-12　RG-S6800

（5）RG-S7600

RG-S7600 系列交换机是锐捷网络推出的以业务为核心、面向下一代网络的 10 吉比特骨干路由交换机，提供大容量、高密度、模块化体系架构，在提供稳定、可靠、安全的高性能二/三层交换服务基础上，具有强大组播功能、基于策略的 QoS、有效的安全管理机制和电信级的高可靠性设计，满足现代网络的多种业务承载融合和业务灵活分类、分流的组网需求。可以根据用户的需求灵活配置，构建弹性可扩展的现代 IP 网络。设备如图 A-13 所示。

图 A-13 RG-S7600

RG-S7600 系列交换机是锐捷网络的高端产品之一，强大的交换路由功能、安全智能技术可同锐捷各系列交换机配合，为用户提供完整的端到端解决方案，是小型网络核心和大型网络骨干交换机的理想选择。

（6）RG-S8600

RG-S8600 是锐捷网络推出的面向百吉比特平台设计的下一代高密度多业务 IPv6 核心路由交换机，满足未来以太网络的应用需求，支持下一代的以太网 100G 速率接口，提供 6 横插槽设计和 10 竖插槽设计两种主机：RG-S8606 和 RG-S8610。

图 A-14 RG-S8600

RG-S8600 系列高密度多业务 IPv6 核心路由交换机提供 3.2T/1.6T 背板带宽，并支持将来更高带宽的扩展能力，高达 1190Mpps/595Mpps 的二/三层包转发速率可为用户提供高密度端口的高速无阻塞数据交换，支持 POE 供电。

RG-S8600 系列高密度多业务 IPv6 核心路由交换机提供全面的安全防护体系，提供分布式的业务融合平台，满足未来网络对安全和业务的更高需求。设备如图 A-14 所示。

（7）RG-S9600

RG-S9600 是锐捷网络推出的面向百吉比特平台设计的下一代超高密度多业务 IPv6 核心路由交换机，满足未来以太网络和城域网的应用需求，支持下一代以太网 100G 速率接口，提供 20 竖插槽设计和 10 竖插槽设计两种主机：RG-S9620 和 RG-S9610。

图 A-15 RG-S9600

RG-S9600 系列超高密度多业务 IPv6 核心路由交换机提供 9.6T/4.8T 背板带宽，并支持将来更高带宽的扩展能力，高达 3571Mpps/1786Mpps 的二/三层包转发速率可为用户提供高密度端口的高速无阻塞数据交换。RG-S9600 系列超高密度多业务 IPv6 核心路由交换机提供业界最为强大的单机数据处理能力、全面的安全防护体系，提供分布式的业务融合平台，丰富

的局域网和广域网接口，满足未来网络对性能、安全和业务的更高需求。设备如图 A-15 所示。

4. Cisco 交换产品

思科公司是全球网络和通信领域公认的领先厂商，其提供的解决方案构成了世界各地成千上万的公司、大学、企业和政府部门的信息通信基础设施，用户遍及电信、金融、制造、物流、零售等行业以及政府部门和教育科研机构等。思科公司也是建设网络的中坚力量，现在，互联网上 70%的流量经由思科产品传递。目前，思科公司在全球拥有 5 万多名雇员，2006 全年的营业额超过 285 亿美元。

（1）Cisco Nexus 7000 系列交换机

Cisco Nexus 7000 系列交换机是一个模块化数据中心级产品系列，适用于高度可扩展的十吉比特以太网网络，其交换矩阵架构的速度能扩展至 15Tbit/s 以上。它的设计旨在满足大多数关键任务数据中心的要求，提供永续的系统运营和无所不在的虚拟化服务。Cisco Nexus 7000 系列建立在一个成熟的操作系统上，借助增强特性提供实时系统升级，以及出色的可管理性和可维护性。它的创新设计专门用于支持端到端数据中心连接，将 IP、存储和 IPC 网络整合到单一以太网交换矩阵之上。设备如图 A-16 所示。

图 A-16　Cisco Nexus 7000

（2）Catalyst 6500 系列交换机

Catalyst 6500 系列为企业园区网和电信运营商网络设立了新的 IP 通信和应用支持标准，它不但能提高用户的生产率，增强操作控制，还能提供无与伦比的投资保护。作为思科重要的智能多层模块化交换机，Catalyst® 6500 系列能够提供安全的端到端融合网络服务，其使用范围从布线室到核心，再到数据中心和广域网边缘。

Cisco Catalyst 6500 系列能够通过多种机箱配置和 LAN/WAN/MAN 接口提供可扩展的性能和端口密度，因而能帮助企业和电信运营商降低总体拥有成本。Cisco Catalyst 6500 系列交换机提供 3 插槽、6 插槽、9 插槽和 13 插槽的机箱，以及多种集成式服务模块，包括数吉比特位网络安全性、内容交换、语音和网络分析模块。 Catalyst 6500 系列中的所有型号都使用了统一的模块和操作系统软件，形成了能够适应未来发展的体系结构，由于能提供操作一致性，因而能提高 IT 基础设施的利用率，并增加投资回报。从 48 端口到 576 端口的 10/100/1000M 以太网布线室到能够支持 192 个 1Gbit/s 或 32 个 10Gbit/s 骨干端口，提供每秒数亿个数据包处理能力的网络核心，Cisco Catalyst 6500 系列能够借助冗余路由与转发引擎之间的故障切换功能提高网络正常运行时间。设备如图 A-17 所示。

图 A-17　Catalyst 6500

（3）Cisco Catalyst 4948 交换机

Cisco Catalyst 4948 是一款线速、低延迟、第二到四层、1 机架单元（1RU）固定配置交换机，

可提供进行了优化设计的的服务器集群机架的交换。Cisco Catalyst 4948 以成熟的 Cisco Catalyst 4500 系列硬件和软件架构为基础，为高性能服务器和工作站的低密度、多层汇聚提供了出色性能和可靠性。

Cisco Catalyst 4948 具有 48 个线速 10/100/1000BASE-T 端口，并另有 4 个线速端口，可容纳可选 1000BASE-X 小型可插拔（SFP）光接口。可选的内部 AC 或 DC 1+1 热插拔电源和带冗余风扇的一个热插拔风扇架提供了优秀的可靠性和可维护性。设备如图 A-18 所示。

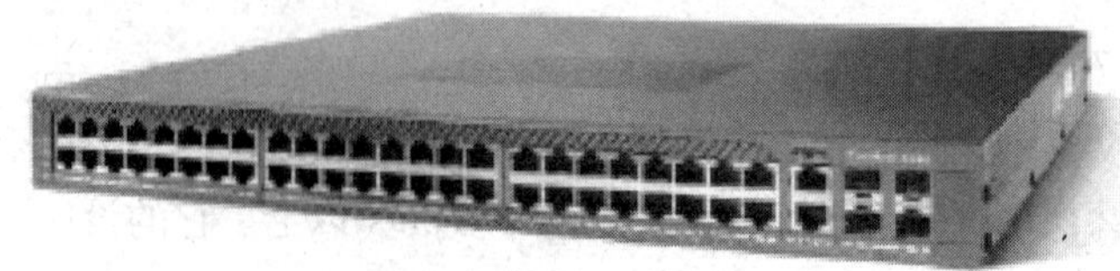

图 A-18　Cisco Catalyst 4948

（4）Cisco Catalyst 4500 系列交换机

Cisco Catalyst 4500 系列能够为无阻碍的第 2/3/4 层交换提供集成式业务弹性，因而能进一步加强对融合网络的控制。可用性高的融合语音/视频/数据网络能够为正在部署基于互联网企业应用的企业和城域以太网客户提供业务弹性。

作为新一代 Cisco Catalyst 4000 系列平台，Cisco Catalyst 4500 系列包括 3 种新型 Cisco Catalyst 机箱：Cisco Catalyst 4507R（七个插槽）、Cisco Catalyst 4506（六个插槽）和 Cisco Catalyst 4503（三个插槽）。Cisco Catalyst 4500 系列中提供集成式弹性增强包括 1 + 1 超级引擎冗余、集成式 IP 电话电源、基于软件的容错以及 1+1 电源冗余。硬件和软件中的集成式冗余性能够缩短停机时间，从而提高生产率、利润率和客户成功率。

作为 Cisco AVVID（集成语音、视频和融合数据体系结构）的关键组件，Cisco Catalyst 4500 能够通过智能网络服务将控制扩展到网络边缘，包括高级服务质量（QoS）、可预测性能、高级安全性、全面管理和集成式弹性。由于 Cisco Catalyst 4500 系列提供与 Cisco Catalyst 4000 系列线卡和超级引擎的兼容性，因而能够在融合网络中延长 Cisco Catalyst 4000 系列的部署窗口。由于这种方式能减少重复运作开支，降低拥有成本，因而能提高投资回报（ROI）。设备如图 A-19 所示。

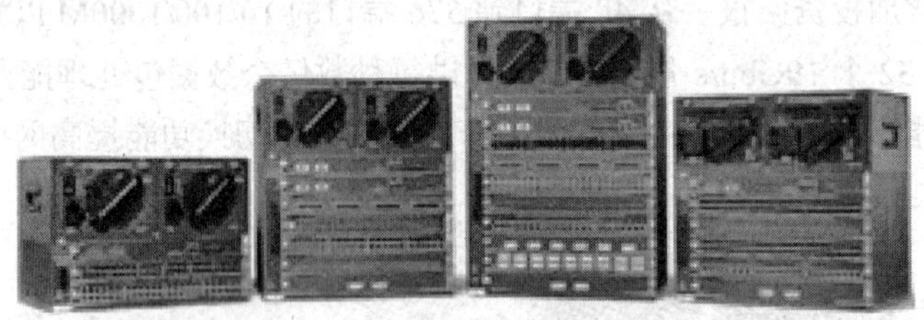

图 A-19　Cisco Catalyst 4500

（5）Cisco Catalyst 3750 系列交换机

Cisco Catalyst 3750 系列交换机是一个创新的产品系列，它结合业界领先的易用性和最高的冗余性，里程碑式地提升了堆叠式交换机在局域网中的工作效率。这个新产品系列采用了最新的思科 StackWise 技术，不但实现高达 32Gbit/s 的堆叠互联，还从物理上到逻辑上使若干独立交换机在堆叠时集成在一起，便于用户建立一个统一、高度灵活的交换系统——就好像是一台交换机一样。这代表了堆叠式交换机新的工业技术水平和标准。

对于中型组织和企业分支机构而言，Cisco Catalyst 3750 系列可以通过提供配置灵活性，支持融合网络模式，已经自动配置智能化网络服务，降低融合应用的部署难度，适应不断变化的业务需求。此外，Cisco Catalyst 3750 系列针对高密度吉比特位以太网部署进行了专门的优化，其中包含多种可以满足接入、汇聚或者小型网络骨干网连接需求的交换机。设备如图 A-20 所示。

图 A-20　Cisco Catalyst 3750

（6）Cisco Catalyst 3560 系列交换机

Cisco Catalyst 3560 系列交换机是一个采用快速以太网配置的固定配置、企业级、IEEE 802.3af 和思科预标准以太网电源（POE）的交换机，提供了可用性、安全性和服务质量（QoS）功能，改进了网络运营。Catalyst 3560 系列是适用于小型企业布线室或分支机构环境的理想接入层交换机，这些环境将其 LAN 基础设施用于部署全新产品和应用，如 IP 电话、无线接入点、视频监视、建筑物管理系统和远程视频信息亭。客户可以部署网络范围的智能服务，如高级 QoS、速率限制、访问控制列表、组播管理和高性能 IP 路由，并保持传统 LAN 交换的简便性。内嵌在 Cisco Catalyst 3560 系列交换机中的思科集群管理套件（CMS）让用户可以利用任何一个标准的 Web 浏览器，同时配置多个 Catalyst 桌面交换机并对其排障。Cisco CMS 软件提供了配置向导，它可以大幅度简化融合网络和智能化网络服务的部署。

Catalyst 3560 系列为采用思科 IP 电话和 Cisco Aironet 无线 LAN 接入点，以及任何 IEEE 802.3af 兼容终端设备的部署，提供了较低的总体拥有成本（TCO）。以太网电源使客户无需再为每台支持 POE 的设备提供墙壁电源，免除了在 IP 电话和无线 LAN 部署中所必不可少的额外布线。Catalyst 3560 24 端口版本可以以支持 24 个 15.4W 的同步全供电 POE 端口，从而获得了最佳上电设备支持。通过采用 Cisco Catalyst 智能电源管理，48 端口版本可支持 24 个 15.4W 端口、48 个 7.7W 端口，或它们的任意组合。当 Catalyst 3560 交换机与思科冗余电源系统 675（RPS 675）共用时，可提供针对内部电源故障的无缝保护，而不间断电源（UPS）系统可防范电源中断情况，从而使融合式语音和数据网络实现最高电源可用性。设备如图 A-21 所示。

图 A-21　Cisco Catalyst 3560

（7）Cisco Catalyst 2950 交换机

Cisco Catalyst 2950 系列智能以太网交换机是一个固定配置、可堆叠的独立设备系列，提供了线速快速以太网和吉比特位以太网连接。这是一款最廉价的 Cisco 交换产品系列，为中型网络和城域接入应用提供了智能服务。作为思科最为廉价的交换产品系列，Cisco Catalyst 2950 系列在网络或城域接入边缘实现了智能服务。设备如图 A-22 所示。

（8）Cisco ME 2400 系列

Cisco ME 2400 系列以太网接入交换机专为满足电信运营商的需求而构建，具有经济有效的交换功能，适于提供互联网接入、VoIP 和 IPTV 等家庭以太网（ETTH）三网合一服务。除在客户地点提供功能丰富的下一代第二层交换外，Cisco ME 2400 系列以太网接入交换机还提供：

图 A-22　Cisco Catalyst 2950

小巧机型（1RU × 9.52 in.），可轻松部署于空间有限的场所；所有接头都位于前部，可方便地在现场故障排除时进行操作；经过优化的三网合一服务特性，包括高级 QoS、速率限制和强大的组播控制；为城域以太网接入提供了最全面的安全解决方案；Cisco ME 2400 系列以太网接入交换机具有全面、深入、广泛的安全功能，它们提供了一系列服务，包括可防止网络遭受未授权流量攻击的网络安全服务、有助于保持交换机持续运行的交换机安全服务，以及可使用户免遭其他恶意用户攻击的用户安全服务。设备如图 A-23 所示。

图 A-23　Cisco ME 2400